本书受2008年国家社会科学基金一般项目“语义分析方法与当代科学哲学的发展”(08BZX022)和
教育部人文社会科学重点研究基地——山西大学科学技术哲学研究中心基金资助

科学技术哲学文库

丛书主编 / 郭贵春

语义分析方法与当代科学哲学的发展

郭贵春 ◉ 著

科学出版社
北京

内 容 简 介

语义分析方法作为当代科学哲学的重要方法论策略之一，已经内在地融入了几乎所有科学哲学研究方向中，从而成为一种横断的科学方法论。从元理论层面上对语义分析方法进行整体性和系统性考查，是当代科学哲学发展的一项主要任务。本书立足于语义分析方法在科学哲学历史发展中的重要性，讨论了语义分析方法通过规范性及计算化处理等具体论题渗入到自然科学中的过程，阐述了语义分析的语境论基础，分析了语义分析的演化趋势，并分别以数学哲学、物理学哲学及生物学哲学中的具体研究为案例，探讨了语义分析方法在科学解释中的应用，最后通过揭示西方科学哲学家针对语境论的语义分析所做的方法论辩护，说明了广泛地采用语义分析方法进行研究必将成为未来科学哲学演进的新趋势。

本书适合科学哲学专业的研究人员及相关专业的本科生、研究生和哲学爱好者参阅。

图书在版编目(CIP)数据

语义分析方法与当代科学哲学的发展／郭贵春著．—北京：科学出版社，2014.3

(科学技术哲学文库)

ISBN 978-7-03-040123-6

Ⅰ.①语…　Ⅱ.①郭…　Ⅲ.①语义分析-应用-科学哲学-研究　Ⅳ.①N02

中国版本图书馆 CIP 数据核字（2014）第 046410 号

丛书策划：孔国平

责任编辑：郭勇斌　卜　新／责任校对：赵桂芬

责任印制：徐晓晨／封面设计：无极书装

编辑部电话：010-64035853

E-mail：houjunlin@ mail. sciencep. com

科 学 出 版 社 出版

北京东黄城根北街 16 号

邮政编码：100717

http://www.sciencep.com

北京凌奇印刷有限责任公司 印刷

科学出版社发行　各地新华书店经销

*

2014 年 5 月第　一　版　开本：720×1000　1/16

2021 年 1 月第六次印刷　印张：20 1/2

字数：413 000

定价：98.00 元

“科学技术哲学文库”

总　　序

怎样认识、理解和分析当代科学哲学的现状，是我们把握当代科学哲学面临的主要矛盾和问题、推进它在可能发展趋势上获得进步的重大课题，有必要将其澄清。

如何理解当代科学哲学的现状，仁者见仁，智者见智。明尼苏达科学哲学研究中心于2000年出了一部书*Minnesota Studies in the Philosophy of Science*，书中有作者明确地讲："科学哲学不是当代学术界的领导领域，甚至不是一个在成长的领域。在整体的文化范围内，科学哲学现时甚至不是最宽广地反映科学的令人尊敬的领域。其他科学研究的分支，诸如科学社会学、科学社会史及科学文化的研究等，成了作为人类实践的科学研究中更为有意义的问题、更为广泛地被人们阅读和争论的对象。那么，也许这导源于那种不景气的前景，即某些科学哲学家正在向外探求新的论题、方法、工具和技巧，并且探求那些在哲学中关爱科学的历史人物。"①从这里，我们可以感觉到科学哲学在某种程度上或某种视角上地位的衰落。而且关键的是，科学哲学家们无论是研究历史人物，还是探求现实的科学哲学的出路，都被看做是一种不景气的、无奈的表现。尽管这是一种极端的看法。

那么，为什么会造成这种现象呢？主要的原因就在于，科学哲学在近30年的发展中，失去了能够影响自己同时也能够影响相关研究领域发展的研究范式。因为，一个学科一旦缺少了范式，就缺少了纲领；而没有了范式和纲领，当然也就失去了凝聚自身学科，同时能够带动相关学科发展的能力，所以它的示范作用和地位就必然地要降低。因而，努力地构建一种新的范式去发展科学哲学，在这个范式的基底上去重建科学哲学的大厦，去总结历史和重塑它的未来，就是相当重要的了。

换句话说，当今科学哲学是在总体上处于一种"非突破"的时期，即没有重大的突破性的理论出现。目前我们看到最多的是，欧洲大陆哲学与大西洋哲学之间的相互渗透与融合；自然科学哲学与社会科学哲学之间的彼此借鉴与交融；常规科学的进展与一般哲学解释之间的碰撞与分析。这是科学哲学发展过程中历史地、必然地要出现的一种现象，其原因就在于：第一，从20世纪的后历史主义出现以来，科学哲学在元理论的研究方面没有重大的突破，缺乏创造性的新视角和新方法。第二，对自然科学哲学问题的研究越来越困难，无论是什么样的知

---

① Minnesota Studies in the Philosophy of Science. Volume XⅧ. Logical Empiricism in North America. University of Minnesota Press, 2000.6.

识背景出身的科学哲学家，对新的科学发现和科学理论的解释都存在着把握本质的困难，它所要求的背景训练和知识储备都愈加严苛。第三，纯分析哲学的研究方法确实有它局限的一面，需要从不同的研究领域中汲取和借鉴更多的方法论的视角；但同时也存在着对分析哲学研究方法的忽略的一面，轻视了它所具有的本质的内在功能，需要对分析哲学研究方法在新的层面上进行发扬光大。第四，试图从知识论的角度综合各种流派、各种传统去进行科学哲学的研究，或许是一个有意义的发展趋势，在某种程度上可以避免任一种单纯思维趋势的片面性，但是这确是一条极易走向"泛文化主义"的路子，从而易于将科学哲学引向歧途。第五，由于科学哲学研究范式的淡化及研究纲领的游移，导致了科学哲学主题的边缘化倾向；更为重要的是，人们试图用从各种视角对科学哲学的解读来取代科学哲学自身的研究，或者说把这种解读误认为是对科学哲学的主题研究，从而造成了对科学哲学主题的消解。

然而，无论科学哲学如何发展，它的科学方法论的内核不能变。这就是：第一，科学理性不能被消解，科学哲学应永远高举科学理性的旗帜；第二，自然科学的哲学问题不能被消解，它从来就是科学哲学赖以存在的基础；第三，语言哲学的分析方法及其语境论的基础不能被消解，因为它是统一科学哲学各种流派及其传统方法论的基底；第四，科学的主题不能被消解，不能用社会的、知识论的、心理的东西取代科学的提问方式，否则科学哲学就失去了它自身存在的前提。

在这里，我们必须强调指出的是，不弘扬科学理性就不叫"科学哲学"，既然是"科学哲学"就必须弘扬科学理性。当然，这并不排斥理性与非理性、形式与非形式、规范与非规范研究方法之间的相互渗透、相互融合和统一。我们所要避免的只是"泛文化主义"的暗流，而且无论是相对的还是绝对的"泛文化主义"，都不可能指向科学哲学的"正途"。这就是说，科学哲学的发展不是要不要科学理性的问题，而是如何弘扬科学理性的问题，以什么样的方式加以弘扬的问题。中国当下人文主义的盛行与泛扬，并不证明科学理性的不重要，而是在科学发展的水平上，由社会发展的现实矛盾激发了人们更期望从现实的矛盾中，通过人文主义的解读，去探求新的解释。但反过来讲，越是如此，科学理性的核心价值地位就越显得重要。人文主义的发展，如果没有科学理性作基础，那就会走向它关怀的反面。这种教训在中国的社会发展中是很多的，比如有人在批评马寅初的人口论时，曾以"人是第一可宝贵的"为理由。在这个问题上，人本主义肯定是没错的，但缺乏科学理性的人本主义，就必然地走向它的反面。在这里，我们需要明确的是，科学理性与人文理性是统一的、一致的，是人类认识世界的两个不同的视角，并不存在矛盾。在某种意义上讲，正是人文理性拓展和延伸了科学理性的边界。但是人文理性不等同于人文主义，这正像科学理性不等同于科学主义一样。坚持科学理性反对科学主义，坚持人文理性反对人文主义，应当是当代科学哲学所要坚守的目标。

我们还需要特别注意的是，当前存在的某种科学哲学研究的多元论与20世纪后半叶历史主义的多元论有着根本的区别。历史主义是站在科学理性的立场上，去诉求科学理论进步纲领的多元性；而现今的多元论，是站在文化分析的立场上，去诉求对科学发展的文化解释。这种解释虽然在一定层面上扩张了科学哲学研究的视角和范围，但它却存在着文化主义的倾向，存在着消解科学理性的倾向性。在这里，我们千万不要把科学哲学与技术哲学混为一谈。这二者之间有着重要的区别。因为技术哲学自身本质地赋有着更多的文化特质，这些文化特质决定了它不是以单纯科学理性的要求为基底的。

在世纪之交的后历史主义的环境中，人们在不断地反思20世纪科学哲学的历史和历程。一方面，人们重新解读过去的各种流派和观点，以适应现实的要求；另一方面，试图通过这种重新解读，找出今后科学哲学发展的新的进路，尤其是科学哲学研究的方法论的走向。有的科学哲学家在反思20世纪的逻辑哲学、数学哲学及科学哲学的发展即“广义科学哲学”的发展中提出了存在着五个“引导性难题”（leading problems）：

第一，什么是逻辑的本质和逻辑真理的本质？

第二，什么是数学的本质？这包括：什么是数学命题的本质、数学猜想的本质和数学证明的本质？

第三，什么是形式体系的本质？什么是形式体系与希尔伯特称之为“理解活动”（the activity of understanding）的东西之间的关联？

第四，什么是语言的本质？这包括：什么是意义、指称和真理的本质？

第五，什么是理解的本质？这包括：什么是感觉、心理状态及心理过程的本质？①

这五个“引导性难题”概括了整个20世纪科学哲学探索所要求解的对象及21世纪自然要面对的问题，有着十分重要的意义。从另一个更具体的角度来讲，在20世纪科学哲学的发展中，理论模型与实验测量、模型解释与案例说明、科学证明与语言分析等，它们结合在一起作为科学方法论的整体，或者说整体性的科学方法论，整体地推动了科学哲学的发展。所以，从广义的科学哲学来讲，在20世纪的科学哲学发展中，逻辑哲学、数学哲学、语言哲学与科学哲学是联结在一起的。同样，在21世纪的科学哲学进程中，这几个方面也必然会内在地联结在一起，只是各自的研究层面和角度会不同而已。所以，逻辑的方法、数学的方法、语言学的方法都是整个科学哲学研究方法中不可或缺的部分，它们在求解科学哲学的难题中是统一的和一致的。这种统一和一致恰恰是科学理性的统一和一致。必须看到，认知科学的发展正是对这种科学理性的一致性的捍卫，而不是

① S. G. Shauker. Philosophy of Science, Logic and Mathematics in 20th Century. London: Routledge, 1996. 7.

相反。我们可以这样讲，20 世纪对这些问题的认识、理解和探索，是一个从自然到必然的过程；它们之间的融合与相互渗透是一个由不自觉到自觉的过程。而 21 世纪，则是一个“自主”的过程，一个统一的动力学的发展过程。

那么，通过对 20 世纪科学哲学的发展历程的反思，当代科学哲学面向 21 世纪的发展，近期的主要目标是什么？最大的“引导性难题”又是什么？

第一，重铸科学哲学发展的新的逻辑起点。这个起点要超越逻辑经验主义、历史主义、后历史主义的范式。我们可以肯定地说，一个没有明确逻辑起点的学科肯定是不完备的。

第二，构建科学实在论与反实在论各个流派之间相互对话、交流、渗透与融合的新平台。在这个平台上，彼此可以真正地相互交流和共同促进，从而使它成为科学哲学生长的舞台。

第三，探索各种科学方法论相互借鉴、相互补充、相互交叉的新基底。在这个基底上，获得科学哲学方法论的有效统一，从而锻造出富有生命力的创新理论与发展方向。

第四，坚持科学理性的本质，面对前所未有的消解科学理性的围剿，要持续地弘扬科学理性的精神。这一点，应当是当代科学哲学发展的一个极关键的东西。同时只有在这个基础上，才能去谈科学理性与非理性的统一，去谈科学哲学与科学社会学、科学知识论、科学史学及科学文化哲学等流派或学科之间的关联。否则的话，一个被消解了科学理性的科学哲学还有什么资格去谈论与其他学派或学科之间的关联？

总之，这四个从宏观上提出的“引导性难题”既包容了 20 世纪的五个“引导性难题”，同时也表明了当代科学哲学的发展特征就在于：一方面，科学哲学的进步越来越多元化。现在的科学哲学比之过去任何时候，都有着更多的立场、观点和方法；另一方面，这些多元的立场、观点和方法又在一个新的层面上展开，愈加本质地相互渗透、吸收与融合。所以，多元化和整体性是当代科学哲学发展中一个问题的两个方面。它将在这两个方面的交错和叠加中，寻找自己全新的出路。这就是为什么当代科学哲学拥有它强大生命力的根源。正是在这个意义上，经历了语言学转向、解释学转向和修辞学转向这“三大转向”的科学哲学，而今走向语境论的研究趋向就是一种逻辑的必然，成为了科学哲学研究的必然取向之一。

我们山西大学的科学哲学学科，这些年来就是围绕着这四个面向 21 世纪的“引导性难题”，试图在语境的基底上从科学哲学的元理论、数学哲学、物理哲学、社会科学哲学等各个方面，探索科学哲学发展的路径。我希望我们的研究能对中国科学哲学事业的发展有所贡献！

郭贵春

2007 年 6 月 1 日

前　言

回顾科学哲学的历史演变和发展过程，我们能够看到语义分析方法在其中所扮演的重要角色。审视未来科学哲学的发展，我们认为语义分析方法也必然会发挥重要的作用，能够为科学实在论与反实在论的论争、对话和相互融合、渗透提供统一的方法论平台。它所具有的统一整个科学知识和理性的功能，必将在方法论上推动当代科学哲学的进步。因此，在新的历史境遇和发展平台上，需要重建语义分析方法的系统结构，强化语义分析方法的合理使用，把握语义分析方法研究的新趋势，这样才能够为科学哲学的进步提供可能。

语义学的历史发展告诉人们，语义学是一门横断的具有方法论性质的学科。不仅语义分析方法已渗透到几乎所有的学科之中，而且语义学本身的存在建立在哲学、逻辑学和语言学基础之上。根本上，语义学从语法理论的边缘进入语言学研究核心，并逐步奠定进一步发展的坚实基础，始于20世纪70年代。70年代初，蒙塔古（Montague）提出了一个发展自然语言规范语义理论的模型，改变了当时语义学缺乏规范框架的状况。在这一理论模型中，对自然语言语句模型的理论解释，是通过与生成其结构表征的句法操作严格一致的规则来构造的。他的这一工作为尔后20余年的规范语义学的研究奠定了基础。与此同时，杰肯道夫（Jackendoff）在生成语法范围内提出了表征词汇语义关联的研究。这一研究主要是提供了词汇意义与语形之间关联的可进一步探究的基础。到90年代左右，由于语义学研究的规范发展，语义学在经验领域和理论解释力这两个方面都得到了进一步的拓展。尤其是在传统的语义难题求解中，出现了真正的进步。例如，经典的蒙塔古语法采取的是静态的、与句子关联的意义观，新的对解释过程的动态研究却提出要通过论述将信息的增量流动模型化的见解。同样，通过把模型理论拓展到表征论述情景的内在结构，基于情态的理论也要求对各个超语言学语境的给定游戏规则给予严格说明。而且，为了生成完备的句子解释，也需要对句子意义的独立语境组成部分进行说明。20世纪末21世纪初，在语境的基底上来谈论语义学分析，已成为一种不可忽视的趋势。换言之，它已将各种分散的语义分析模型建构在语境分析的基础之上。可以说，没有语境，便没有真正意义上动态的、规范的、结构性的语义分析理论。

伴随着语义学的发展历程，语义分析方法在科学哲学中被引入并不断成熟，有其理论的合理性和历史必然性。20世纪30年代，卡尔纳普、赖兴巴赫及后来的亨普尔之所以放弃“逻辑实证主义”而高举“逻辑经验主义”的旗帜，就是要在科学理论的解释中强化语义分析方法，从而解决不可观察对象的解释难题；就是要超越直接可观察证据的局限性，通过逻辑语义分析的途径达到对不可观察对象的科学认识和真理发现。语义分析将归纳逻辑和演绎逻辑统一起来，使得在特定语境下对归纳逻辑和演绎逻辑的统一使用，能够使对不可观察对象的说明和解释在语义上更加完备，从而坚持科学理性。20 世纪后半叶，逻辑经验主义走向衰落，历史主义和社会建构论的发展要求把社会、历史、心理等外在因素引入对科学的哲学研究中，更加关注科学史、科学理论的动态发展。但是，片面强调科学的历史性和社会性必然会忽视对科学理论内在的语义分析研究，从而面临着消解科学理性的危险。20 世纪末 21 世纪初，语境论作为一种科学哲学研究的纲领，在反思 20 世纪科学哲学、寻找未来理论生长点的基础上被提出，在强调逻辑语形分析与逻辑语义分析的同时，能够合理地处理心理实在的本质、特征及其地位问题。语境论科学哲学世界观作为构造世界的新的根隐喻，构成语境核心的语形、语义、语用的方法论意义问题凸现出来，形成了逻辑-语形分析、本体论-语义分析、认识论-语用分析的思维取向，而语义成为连接语形和语用的关键点。在此基础上，本体论与认识论、现实世界与可能世界、直观经验与模型重建、指称概念与实在意义、言语对象与语言使用内在地联成一体，形成把握科学认识和科学实践的语境视角。在这种趋势充分展开的过程中，语义分析方法作为一种方法论策略，已经内在地融入科学哲学各分支学科的研究，为当代科学哲学的发展和进步提供重要的方法论启迪。

因此，语义分析方法对于促进当代科学哲学的发展有着重要的作用，这主要表现为在更广阔的语境论研究平台上，充分应用语义分析方法来分析实在论与反实在论的论争和融合，求解各种理论难题，进一步推动科学哲学自身的进步和发展。语义分析的这种方法论重要性主要建立在以下几个方面的原因之上：① 科学理论的公理化表征形式为现代语义逻辑分析提供了充分的舞台，对形式演算赋予了合适的语义结论，从而能够审视抽象的理论模型和理论框架。② 理论模型的意向特性，要求在语境论这一整体平台上结合形式体系给出的内在特性，充分运用语义分析方法来揭示理论的建构、解释和说明过程，从而体现出理论的意义整体性。③ 在同一物理事实采用不同科学理论模型时，要在不同的指称框架下给出对理论实体的意义说明和对同一物理实体的揭示，也要采用语义分析方法。④ 给出对科学理论与实验之间的语义关联的合理解释，进而表现出理论模型的自洽性，这需要语义结构间的一致性关联，以及“语义上升”和“语义下降”之间的不断调整和变换。⑤ 对科学理论形成过程中从测量对象、测量仪器、经验现象到测量表征的整个结构系统进行物理对象指称和物理意义关联间的揭示，也要求采用语义分析方法。所有这些都要求有一种系统的、完整的语义分析方法，才能够将科学理论的形式化体系和其中科学家的心理意向同时揭示出来，进而对科学理论的意义进行充分的解释和说明。其中，同时需要形式化的规范语义分析和自然主义的语义分析。

科学哲学自身理论的发展和科学实践的促动，迫切要求从元理论层面对语义分析方法进行整体性和系统性考察。当前国内外研究中面临的主要问题包括：语义分析方法如何通过规范语义学视角，由规范性及计算化处理等具体论题渗入自然科学？如何通过自然语言语义学探索语义学的自然性和结构性论题在社会科学中的效用？语境化的语义结构如何构成科学理论解释的基础？确定与表达指称如何构成科学理论解释的核心？"二维语义学"如何成为科学方法论研究战略转向的重要选择？语义分析方法如何推动科学实在论的进步，以至在整体上推动当代科学哲学的发展？所有这些涉及语义分析方法真正内在机制和作用机理的关键性问题，因此对语义分析方法进行系统整理和理性建构，就必然成为当代科学哲学深入发展的紧迫要求。

本书试图从科学哲学层面厘清当代语义分析方法的演进过程及其提出的根本任务，辨析规范语义学、自然主义语义学等各个流派的本质内涵，提炼语义分析方法的语境论元理论特征。在此基础上，从数学哲学、物理学哲学、生物学哲学等多角度揭示语义分析方法在当代科学哲学发展和论域扩张中的重要意义。正是围绕上述议题进行的深入分析和系统研究，构成了本书的主要内容：

（1）语义分析的方法论意义。语义学理论在经历了规范语义学和自然主义语义学阶段后，走向了后现代语义学。后现代语义学将"理解的主体"和"被理解的主体"都嵌入语义分析过程，实现了语义分析的形式规范性与心理自然性的有效统一，建构了一种具有鲜明"主体"特征的语义学，成为当前语义学发展的重要走向。语义分析方法的传统及其必然性是在科学哲学的历史发展中不断得以强化的。因此，语义学分析方法作为一种横断的科学方法，其方法论意义体现在两方面：一是语义学自身的发展与完善，二是语义分析方法的应用成为科学实在论进步的标志。有鉴于此，第一章从纵横两方面来呈现语义分析的方法论意义，在横的方面分析语义学自身的发展及其在科学实在论中的应用，在纵的方面考察美国当代语义学的研究和德国语义学发展的历史。

（2）语义分析的语境论基础。只要存在着可观察世界与不可观察世界的区别，只要存在着直指与隐喻的差异，只要存在着逻辑描述与本质理解的不同，语义分析方法就是永远不可或缺的，它将永恒地伴随科学实在论进步以及科学哲学发展的历史过程。语义学作为语境的构成要素，其元理论特征必然以语境论为阐释基底，才得以呈现。因此，探讨语义学的语境论基础就成为把握当代科学哲学发展趋势的关键。第二章首先阐明语境论科学哲学的研究纲领，进而揭示出语境自身的边界性特征以及基于语义分析方法的语境论真理论思想，为语义分析方法提供坚实的元理论基础。只有以语境论为元理论支撑，语义分析方法才能够得到更合理、更自然、更深入的贯彻与实现。

(3) 语义分析的演化趋势及其语境意向。当前语义学发展的趋向是把"主体"嵌入语义学内在结构，建构一种具有鲜明"主体"特征的语义学，而语义分析的语境意向模型无疑成为揭示这种演化趋势的重要内容。语义分析的语境意向模型以语境作为基底和框架，将构成语境要素的社会、历史、指称和意义等背景关联通过主体意向性的方式引入，为语境中的科学理解和解释提供了空间，并经由对这些语境要素不断调配、整合以及持续引进新的意义和指称要素的过程，完成由心理意向网络对新的意向性对象构建的任务。科学隐喻在这个过程中起到了非常重要的作用。科学隐喻通过主体意向建构形成了不同语境要素之间概念的象征性关联，为创生从潜在性的意义来看无限的言辞表达序列提供了可能性的基础，从而通过跨领域的概念映射给出科学理论的语义解释。作为科学语义分析的重要手段，语境意向模型和科学隐喻方法促使不同领域的知识和信念体系相互影响、交汇和融合，为科学理论的解释与扩展提供源源不断的创造力。第三章具体探讨了科学解释语境的意向模型、科学隐喻的语境转向以及科学隐喻的认知结构与运作机制。

(4) 语义分析方法在科学语境解释中的应用。随着科学研究对象的日益微观化和宇观化，科学的知识体系表现为多元语境下的理论结构和不同语义关联中的概念框架，因而语义分析方法在科学理论解释和说明中的地位是任何其他分析方法无法取代的。在这个意义上，对数学、物理学以及生物学基础问题的哲学研究应当注意在其特定解释语境下，对理论及概念本身进行语义分析并研究相互间的语义关联问题。在科学发展的不同阶段，无论是研究的对象、目的、手段，还是认识基础、先期理念都有很大不同，研究的方向性和概括性也千差万别，因而对其研究对象解释的形式也不尽相同。尽管这些解释并不存在特定的规律，但都是通过建构一种解释框架来对整个科学知识体系进行解释，而这一解释框架就是广义的解释语境。所以，从语境论的视角出发来揭示不同时期科学假说形成和模型建构的目的和意义，是探究科学理论解释发展和演变的有效途径。语义分析方法作为科学文本研究的重要手段，对于理解科学理论的结构特征特别是形式化的符号系统，具有不可替代的作用。第四、五、六章具体探讨了语义分析方法在数学、物理学、生物学中的应用及其语境解释。

(5) 语境论的语义分析与科学哲学家的方法论辩护。伴随着科学哲学三大转向的不断演进，语境论的语义分析在科学哲学研究中的方法论地位日渐巩固。当代著名哲学家福多就坚持从心理语义分析的角度出发，通过物理主义的途径，尝试对信念、愿望等具有意向性的命题做出科学实在论解释；从语境论视域出发，对克里普克的指称理论进行考察，可以看出他通过强调主体意向在指称活动和实践中的重要性所要表达的放弃狭隘的微观语义分析，走向语形、语义、语用相结合的后现代语义分析的语境观；在达米特的意义理论中，他坚持意义的有机层次论观点，认为要理解句子，就必须先理解语言的框架，以便在框架中寻求句子的意义，这也正是语境论的语义分析所强调的方式。第七章主要通过对西方科学哲学家在语义分析与实在论方面的研究进行探讨，揭示科学哲学家对语境论的语义分析做出的方法论辩护，现实地展示出语义分析已经成为当代科学哲学研究必要的方法论手段，语境论的语义分析方法的广泛应用必将成为科学哲学未来发展的新趋势。

本书是国家社会科学基金一般项目“语义分析方法与当代科学哲学的发展”（08BZX022）的最终研究成果，安军、刘杰、王航赞、程瑞、康仕慧、赵丹、赵斌、王凯宁、刘伟伟、赵晓聃等同志参与项目研究。我们认为，语义分析方法在新的历史时期的重建、强调与应用，是适应当代科学哲学发展趋势的。可以说，语义分析作为方法论的一种高层次、螺旋式的历史回归，正是当代科学哲学发展的一个标志。我们相信，在未来科学哲学的研究中，语义分析方法必将展示其特有的魅力！

目　录

第一章　语义分析的方法论意义

语义学分析方法作为一种横断的科学方法，其方法论意义体现在两方面：一是语义学自身的不断发展与完善，二是语义分析方法的应用成为科学实在论进步的标志。语义学理论在经历了规范语义学和自然语义学阶段后，走向了后现代语义学。后代语义学将“理解的主体”和“被理解的主体”都嵌入语义分析过程，实现了语义分析的形式规范性与心理自然性的有效统一。语义分析方法在科学哲学中的普遍应用，为科学实在论与反实在论的论争、借鉴与渗透提供了对话的平台。

回顾与总结语义学在不同时期、不同哲学传统下的发展历程，能够进一步深化对语义学方法论的把握。美国当代语义学的发展是世界当代语义学发展的一个重要组成部分。经历了结构主义语义学、规范语义学和认知语义学的发展阶段，美国语义学未来发展的可能趋向包括与欧美语义学传统的相互融合，规范语义学与认知语义学的相互碰撞，语义的语用语境分析以及语义学的多学科扩张和多维度发展。而德国语义学诞生、发展和趋向转变发生在 19 世纪至 20 世纪初，在秉承了德国古典哲学的思想精髓并结合自然科学的研究成果基础上，形成了既强调逻辑语形构造又注重心理和意向语义分析的早期传统，其所蕴涵的心理意向分析和语境阐释等合理性思维成为了当代科学语义学建设的理论先驱和历史渊源。

本章从纵横两方面来呈现语义分析的方法论意义，在横的方面对语义学自身的发展与其在科学实在论中的应用进行分析，在纵的方面考察美国当代语义学的研究和德国语义学发展的历史。

第一节　语义学研究的方法论意义

伴随着世纪之交人们对语义学理论研究的反思和重建，语义学的分析方法已经作为一种横断的科学方法论，内在地融入几乎所有学科发展的可能趋势，其方法论地位毋庸置疑。因此，从普遍的科学研究方法论的视角，去审视语义学研究在过去几十年中的历史演进，把握规范语义学和自然语言语义学这两个方面的形式、结构、本质与特征，洞察语义学的后现代走向及其意义，就成为语义分析方法论研究的重要内容。

一、语义学的演进及其根本任务

根本上，语义学从语法理论的边缘进入语言学研究核心，并逐步奠定进一步发展的坚实基础，始于20世纪70年代。

20世纪70年代初，在生成语法框架内进行研究的语言学家们，将语义学看作是一个缺乏规范框架或未明确意义纲领的欠发展领域。对这一点，乔姆斯基在1971年就有过明确的表达："毋庸置疑，在语义学的领域中，存在着需要充分探讨的事实及原则的难题，因为不存在人们能够合理参照的具体的或明确定义的'语义表征理论'。"① 他看到了语义学的问题所在，开始致力于这一领域的研究并做出了富有启迪意义的成果。之后，蒙塔古提出了一个发展自然语言规范语义理论的模型。在这一理论模型中，对自然语言语句模型的理论解释，是通过与生成其结构表征的句法操作严格一致的规则来构造的。他的这一工作为尔后20余年的规范语义学的研究奠定了基础。与此同时，杰肯道夫在生成语法范围内提出了表征词汇语义关联的研究。这一研究主要是提供了词汇意义与语形之间关联的可进一步探究的基础。到20世纪90年代左右，由于语义学研究的规范发展，语义学在经验领域和理论解释力这两个方面都得到了进一步的拓展。尤其是在传统的语义难题的求解中，出现了真正的进步。比如，经典的蒙塔古语法采取的是静态的、与句子关联的意义观，而新的对解释过程的动态研究提出了要通过论述将信息的增量流动模型化的见解。同样，通过把模型理论拓展到表征论述情景的内在结构，基于情态的理论也要求对各个超语言学语境的给定游戏规则给予严格说明。而且，为了生成完备的句子解释，也需要对句子意义的独立语境的组成部分进行说明。20世纪末21世纪初，在语境的基底上来谈论语义学分析，已成为一种不可忽视的趋势。换言之，它已将各种分散的语义分析模型建构在语境分析的基础之上。可以说，没有语境，便没有真正意义上动态的、规范的、结构性的语义分析理论。

语义学的历史发展表明，语义的整体性就是意义的整体性，由于它是由相关语境的整体性所决定的，语义分析方法有其特殊的整合性功能。因此，语义评价也是一种整体性的评价。理论的意义不是简单的整体和部分之间的关联功能，而是一个相关表征整体的系统功能和系统目标的集合。在这个整体性的基础上，"语义学的任务就是阐释特定的原则，并通过这些原则使语句表征世界。倘若世界与表征是一致的，那么作为表征世界的特定方式而缺乏潜在的必须被满足的严

① Shalom Lappin ed. The Handbook of Contemporary Semantic Theory. Oxford: Blackwell Publishers, 1996: 1.

肃条件，就完全是不可能的了”①。无论在这些条件上不同的语义学家们有多少不同的看法，在语义学必须遵循特定的原则这一点上却是有共识的。其中，坚持语境分析的原则是最有前途的一个方向。“一个句子的意义就是从言说的语境到这些语境中由句子所表达的命题的函项（function）。”失去语境就失去了意义存在的基础。

语义学的历史发展告诉人们，语义学是一门横断的具有方法论性质的学科。不仅语义分析方法已渗透到几乎所有的学科之中，而且语义学本身的存在建立在哲学、逻辑学和语言学基础之上。以此来看20世纪30年代中期弗雷格、卡尔纳普和塔斯基的工作，可以说正是他们的工作为蒙塔古的模型理论语义学的发展奠定了最有效的前提。毋庸讳言，语义学在它的整体性、逻辑性及意向性各个方面都存在着持久的争论，协调这几个方面的关联，是建立语义学的科学性的根本问题。由于这种在语境的基底上，将语形、语义和语用结合起来去处理上述问题的做法非常重要，因此，将其作为方法论来建构，是适当的。

在这种方法论建构中，规范语义学的研究具有非常典型的意义。规范语义学试图从三个方面回应各种批评：首先，规范语义学认为对意向性表征理论的批评是不适当的；其次，有必要发展更适当的逻辑和模型结构；最后，应当对“心理实在”问题进行哲学、语言学和心理语言学的探索。各种批评是方法论意义上的，因此规范语义学的回应也应当是方法论意义上的。于是，规范语义学最大限度地将语义学的整体性概括为三类：①经验的。这种整体性表达了关于语形建构的根本主张，所以规范语义学理论在某种意义上是对能否将这一主张可持续化的问题的讨论。②方法论的。这种整体性被看作是一种对语法理论的最基本的制约，因为只有包括了清晰语形的语法才能做出构造完美的语法说明。所以，规范语义学在一定程度上讲就是对这种方法论原则的成效的探索。③心理的。这种整体性的原则并不在于它自身被给定了特殊的地位，而是对更基本的方法论原则给出了心理意向上的说明，当然这种整体性原则必须存在某种语形和语义之间的系统关联。规范语义学的这种发展，被人们称为“后蒙塔古语义学”时代。可以说，基于向科学和社会学的广泛开放，在整体性、逻辑性和意向性上进行更加深入的研究，是“后蒙塔古语义学”的必然要求。

在这种方法论建构中，自然语言语义学从另一个方面体现了语义学研究的方法论意义。由于自然语言完全不同于命题演算或谓词演算那样的形式语言，建构自然语言的意义理论，必须包容自然语言的两个最基本的特征：第一，使用语言是为了表达讲话者的交流意向；第二，这种语言的语句可以包含开放的“标志表征”（indexical expression），而这些表征的值只能在语境中予以确定。所以，在

---

① Mark Richard ed. Meaning. Oxford：Blackwell Publishers，2003：235.

自然语言语义学中，意义理论不仅包含语义分析，而且包含语用分析，由此才能决定句子如何被用于建构陈述，才能为讲话者的意向和语境给出相关的条件。这就是说，在一定意义上，语用的具体凸现过程是意向和语境得以实现的物质基础。同时，这种语用的物质条件性决定了语境的本体论意义上的实在性，即决定了在语境实在的基础上去实现语形、语义和语用的统一。可见，“语境至少是实体、时间、空间和对象的集合”①。语句表征的意向性及其意义正是在这个集合中被交流、被完成、被确定的。这样一来，语言陈述在形式上的丰富性和价值趋向上的内在性，均在语境中获得了统一。所以在语义学的框架内，“理解是语境的事情”②。在一个特定的语境中，一个陈述或表征所具有的确定意义，事实上是语境所给定的一种本质特性或者价值趋向；在语境中对相关特性或价值趋向的选择，是由与语境一致的特性条件决定的。语境决定特性或价值趋向，而特性或价值趋向决定意义。意义表现为特性或价值趋向的“值”或“函项”。归根到底，这些特性或价值趋向是语境的“值”或“函项”。所以，在理解的过程中，意义的重建从根本上讲是语境的重建问题，仅仅有语形重建的表面上的一致，并不能保证意义的一致性。只有语境的重建，才能有意义重建的可能性。在这里，语形、语义和语用在重建中的结构上的一致性，是语境同一性的表现形态。总之，语句的重建规则如何被系统化，它们如何与规范陈述的语义计算（semantic computation）相互作用，包括演算本身可能对一致性概念的任何影响，构成了自然语言语义学必须解答的核心内容。

当我们谈到语义学的历史发展时，不能不提到19世纪末至20世纪80年代在逻辑语义学中流行的“意义等价于真值条件”的静态语义观。这种语义观将语言表征与世界之间关联的意义看作是静态的关系，这种意义可能会随着时间的流逝而变化，但它自身却不会导致变化或引发变化。这一观点持续了近一个世纪，不过，逻辑语义学的开创者们如弗雷格和维特根斯坦等，对于那些他们无法处理的问题，还是坚持一种开放的视界。尽管逻辑的解决途径奠定在经典数理逻辑和集合论之上，但该方法对意义的诸多分析还不如传统“意义等价于真值条件”的表征更为适当。逻辑语义学的真正变化有待于其他概念的出现，即有待于计算机科学和人工智能等认知科学的发展及影响。这就是为什么传统逻辑语义学的挑战持续了近一个世纪的原因。但在逻辑语义学中，对静态语义观的真正挑战，产生于逻辑语义学中对“顽强难题”（recalcitrant problem）的解决，因为对

① Shalom Lappin ed. The Handbook of Contemporary Semantic Theory. Oxford：Blackwell Publishers，1996：117.

② Shalom Lappin ed. The Handbook of Contemporary Semantic Theory. Oxford：Blackwell Publishers，1996：135.

这一难题的解决要求超越静态的意义观。80 年代初由坎普（Kamp）和海姆（Heim）发展了的“话语表征理论”实现了这一超越，动态语义学由此有了自身发展的广阔空间。

这种动态语义学方法论的历史建构构成了动态的解释思想形式化的特定方式。因为，在动态的解释过程中，解释者对表征结构做了本质的应用，将解释的动态性确定在了解释过程的真正核心即意义的核心概念之中。之所以如此，就在于解释与表征形式的变化是相关的。于是，“意义就是潜在的信息变化”成了动态语义观的核心，而静态语义观则强调“意义就是真值条件的内容”。可见，静态语义学的基本概念是“信息的内容”，而动态语义学的基本概念是“信息的变化”。总之，在动态语义学中，句子的意义是与它潜在地改变信息状态相关的。

语义学在其演变和发展历史中表现形态多样，这些表现形态从不同的立场、视角、层面，以各自的方式试图求解语义学及其哲学解释的难题。但是无论哪一种语义学倾向，从心理意向的要求上来分析，它们都必须从方法论上回答这样几个最基本的问题：第一，意义与指称或真理之间的联系是什么？第二，表征的意义与认识或掌握其意义之间的关系是什么？第三，什么使有意义的表征成为有意义的？第四，意义与心理之间的联系是什么？第五，自主的意义与继承的意义之间的联系是什么？第六，为什么意义与表征系统是相关的？依据对这些问题的不同回答，可将它们区分为还原论的和非还原论的两种类型。然而，无论是哪一种类型，都不能回避由语境到指称和真值的确定这一根本问题。因为，在确定的语境基底上把意义与指称、真值的关联阐释清楚，是所有语义学研究趋向的基本问题。对这一基本问题的回答，构成了不同趋向之间的相互论争、相互渗透和相互借鉴的丰富多彩的历史局面；也构成了人们评价一个语义学方法论体系的衡量尺度或标准，推动了整个语义学的发展和进步。了解这一基本问题及对这一问题的不同答案，将有助于我们把握语义学发展的历史走向，认识其方法论研究的重大意义。

二、语义学的规范性及其计算化处理

语义学的规范性与语义学形式体系的逻辑性密切相关。塔斯基关于真理和逻辑问题的研究或许是对现代语义学最重要的贡献之一。真理的递归定义、逻辑语形学的语义、语义模型的概念、逻辑真理和逻辑结论的意义等，都是当代语义学研究的核心论题。模型理论语义学（抽象逻辑）、可能世界语义学、戴维森及其他学者的意义理论、蒙塔古的语义学甚至作为生成语形学之分支的逻辑形式，都与塔斯基的原则有关联。但塔斯基的理论是一种逻辑语义学，在他那里，逻辑的和超逻辑的术语有本质的区别。在塔斯基的语义学中，逻辑术语的规则、范围和本质以及逻辑和非逻辑语义学之间的关联并未得到适当澄清。现代语义学的许多分支虽然植根于语言与世界之间关联的逻辑理论，但都超越了塔斯基语义学的范围。只不过规范语义学到底在多大程度上能超越逻辑的基础，仍然是一个值得探讨的问题。这就是说，规范语义学既与逻辑理论有关，又必然超越逻辑理论的形式约束，二者之间的合理张力才是当代语义学发展的可能性条件。

事实上，上述问题涉及的是在当代语义学的研究中，如何处理语义和语形之间关系的问题。而在范畴语法中讨论语义和语形之间的关系是十分有意义的工作。在这里，有两种观点值得我们注意：

第一，任一语言学表征都被直接地指派了一种模型理论的解释，以作为其部分意义的显现。因而，可以把语形系统看作特定语言学表征的构造完备、可再现的描述，并且是一个以小的低层面表征建构大的高层面表征的体系，因此语义学给任一表征都指派了一个模型理论的解释。在这一点上，所有语义学理论都采用了某种关于语义学的构成论的观点，但问题的关键在于，这种构成论的语义学到底解释了表征的哪一个层面的问题。众多的观点认为，表层结构都不是被直接解释的，相反它是被导出的或被描述的，而且其意义也是被指派给了相关的层面。范畴语法研究的有意义的假设就在于，一旦语形直接建构了表层的表征，建构语义学为任一表征指派了相关的理论模型解释之后，就不需要中间的任一层面了。

第二，任何意义上，语义学所使用的特定建构论都是语形学建构的镜子，因而给定了语形的建构就可以“读出”（read off）相关的语义学；反之，则不然。因为语形系统在某种程度上比语义系统更丰富，比如语序在语形中具有重要的作用，但并不存在语义学的对应物。

在规范地解决语义和语形的关系问题上，当代计算语义学的出现和发展提供了更为广阔的应用空间。从语言学的角度讲，计算语言学假定了一种语法特征，即意义和形式之间的关联，以便使问题集中在“处理”（processing）上，比如需要计算给定形式意义的算法等。这里，计算者很自然地会把语法当成关于“意义-形式”关联的约束性集合，从而将约束决定当作是某种处理策略。正因为如此，怎样从语义学的角度阐释这种约束，并且进行语义的处理及澄清语义理论所隐含的意义，就成为了当代计算语义学（computing semantics）的重要内容。而要阐明这些内容，计算语义学必须解决这样几个问题：①解释这种假设的背景，特别是关于语言学与计算语言学之间的功能区分以及基于约束的语言学理论；②阐释基于约束的理论如何重解“语形-语义”的相互作用；③说明“约束决定”（constraint resolution）如何为计算处理提供处理的自主性；④需要提出相关计算语义学的模型理论。事实上，这一工作与人工智能研究有着极重要的联系。但在语义学研究的层面上，它更注重于语形和语义的相互作用和对语义信息的处理。

语言学和计算语言学的理论区别在于：语言学负责语言的描述，而计算语言学则负责算法和被计算对象的建构。所以，计算语言学是在语言学的基础上来赋予计算关联的特征，它们都既有经验的也有理论的层面。因而，它们之间的区别是正交的。计算语义学则不同，它既要描述算法和构造，也要进行理论的分析。计算语义学是要从本质上表明，特定的算法结构为何能被用于阐释语义学的问题，以及说明在给定的语形和语义相互作用的形式体系中，为何能从结构上对它进行计算。以这种方案来确定语义学，显然，在特定的语用语境中，不可能把语形和语义绝对区分开来。“而且在特定的形式体系中，语形和语义值所共事的结构，建构了相关语形学和语义学的相互作用。”① 把语义处理看作是特定的计算操作，其优势在于它不仅包含了语义模糊的特征化，而且提供了可从形式上描述语义清晰性的框架与阐释意义的机会。正是在这种意义上，计算语义学是某种模态语义学的特定表征。换句话说，在一种有意义的表征语言中，语形与语义的相互作用表现为特定语形结构和相关形式公式之间的一种可等价计算的关联。尽管该方式不能唯一地决定一种语义学，但它使语义学在相关的计算模型中得以具体化，从而为探索特定的对象意义和它的值域提供了有效的现实途径。

从计算语义学的角度去解决语义和语形关联的规范性问题，就必然要涉及计算语境与模拟表征的关系问题。因为，没有计算语境就没有模拟表征赖以存在的环境，而没有模拟表征就没有计算语境意义得以显现的途径。在这个问题上，弗雷格早就说过：“只有在一种语境中，一个词才具有它的意义。”维特根斯坦也进一步指出：“理解一个句子就是理解一种语境。”正是这种相互关联的方式，决定了在一种语言中特定的表征所意味的东西。② 这是建立在语境基础上的可分析的语义整体论观点。这种经典的思想在当代语义学中被重新放大和具体化，并体现在认知计算理论对表征的说明中。由于这种说明与意向表征论的关联，同时也为了从它们的特征上加以区别，所以语义解释引入了“模拟表征”（simulation-based representation）的概念。“模拟表征”是人工表征的一种结果，由于它与数学建模语境的相似性，所以在这种计算语境下给出若干“模拟表征”的特征就非常有意义了。这些特征包括：

第一，当我们处理一个特定现象的数学模型时，适当表征的标准恰恰是适当建模的标准。其典型表现是，它使用一组统计方法来决定一个数学模型是如何很好地模拟了自然法则。在此，作为资料的自然法则可以得到观察并记录下来。资

① Shalom Lappin ed. The Handbook of Contemporary Semantic Theory. Oxford：Blackwell Publishers，1996：446.

② Stephen P. Stich，Ted A. Warfield eds. Mental Representation. Oxford：Blackwell Publishers，1994：144.

料和模型不一致，则表明了该模型不能适当地模拟表征相关的对象世界或者相关的特性等。

第二，在这个计算语境中，人们试图表征的东西与成功表征了的东西之间有着明确的区别。没有人会认为，一个线性方程表征了自由落体中时间与距离的关系，仅仅是因为存在着人的意向的缘故。

第三，“模拟表征”所体现的也是一种鲜明的特定程度问题，其实质就在于一个模型所表征的适当性如何，以及它是否比竞争模型更好。

第四，“模拟表征”对于特定的目标来说是相对的，即一个特定的线性模型在系统 S 中可能比在系统 S' 中是一个更好的模型；但是，如果要问该模型到底表征的是哪一个系统则是不恰当的，这是一种不适当的理解。

第五，“模拟表征”的失败常常并非是可定域的（localizable）。当一个模型表征不适当时，可能表现为某一参量经验值上的错误 F。但是，对某种可责备性（culpability）的更清晰或更全面的判断往往不可能。

第六，在这种计算语境中，表征系统也经常存在某种实用化的因素。比如，一个复杂社会系统的线性模型对某些目标来说可是一个适当的表征，但对非线性的模型来说可能更可取，因为这在数学上可能更易于处理。

总之，在一个计算语境中，上述“模拟特征”均被应用于具体的表征之中。这生动地说明，在语义的计算化处理过程中，语义的生成、建构、说明和解释是一个相当复杂的、既是整体又是可分的系统。这种整体性和可分析性相一致的一个重要前提，就是“模拟特征”与相关计算语境所接受的信息状态是一致的。在这里，信息态的性质在某种程度上决定了“模拟特征”的特性。信息态的一般概念本质上是可能性的集合概念，这个集合由各种开放的可选择性所构成。而构成信息态的各种可能性依赖于信息对象的特性。计算语境可获得的信息一般包括两类：一类是事实信息（factual information）。它是作为可能世界的集合而表征的信息，在模拟表征上，这些世界与一阶模型相一致。而这些模型由对象集合、话语域以及解释函项所组成。另一类是话语信息（discourse information）。它间接地提供了关于世界的信息，保持了被处理对象的联结途径。在模拟表征的逻辑语言中，它是对引入的新处理对象、新主题的存在量词的使用。在这里，扩张话语信息就是增加变元和主题，并调整它们之间的关联。这两类信息通过从话语域到主题对象的可能陈述获得关联，或者间接地通过与主题相一致的变元来获得。所以，它们统一于对可能世界信息的模拟表征之中。

从计算语义学的角度去解决语义和语形之关联的规范性问题，对科学哲学尤其是物理学哲学中语义分析方法的应用具有非常重要的启迪。因为从科学语言的角度来讲，“一个理论的语形和语义特征之间的相互关联所产生的意义，是任何哲学的优越性的主张所必需的”①。这些相互关联所指称的恰恰是由普遍的完备论证所描述的对象。换句话说，正是在语形和语义的相互关联中，展示了物理描述的本质及其论证的合理性。这也从另一个侧面表明，哲学的分析若不与语形和语义的分析结合起来，将无法进行科学理论的说明。这种结合的意义在于，它一方面要通过认同逻辑上鲜明的值域特征，另一方面要通过认同特定的物理状态，或者说在某种意义上可测量物理量值的特征，来从语义上给出适当的分析，从而确定相关的物理意义。所以，一个完备的语形与语义结构的关联存在，是揭示物理意义存在的前提。这也就是为什么范·弗拉森自己明确地指出，他受到了贝斯（E. W. Beth）对语义分析方法研究的影响，并认为贝斯“对量子逻辑的分析提供了对物理学理论进行语义分析的范式”的根本原因之一。

三、语义学的自然性及其结构特征

语义学的自然性直接地体现在它作为对自然语言的意义研究之中。而且，这种自然性恰恰通过具体的独立的语用环境及其意义的自主建构来得以实现。但是，自然语言解释的这种语境独立性，本质上是一种现象，它可以根据由意义的真理论说明所定义的构成性原则的特定形式，来给定相关的状态。由于自然语言解释的线索不能独立地由句子的语词和它们结合的方式（如逻辑系统）所确定，而是在整体系统上依赖产生于其中的环境，所以独立语境解释的现象具有极其普遍的特征。正因为如此，理论情态的语境重建就成为自然语言研究的语义和语用相互作用、共同发展的一致性的前提和基础，也正是在这个不断重建的过程中，实现了意义理论解释的同一性。而且，由于解释的前提性的说明本身就是一种直接反映这一线索的形态特征的结构，所以语义、语用及语形的建构全部结合在了一起。这三者的整合，构成了自然语言独立语境解释现象的自然本性，并由此使得意义解释成为了有理由的说明。这也就是说，在自然语言的语义研究中，基于形式系统的分析与基于认知心理学的分析这两种研究纲领，在语境的解释中内在地融合在一起。这两种纲领的区别，最根本的就在于它们的说明方式上。因为，作为对言说解释说明的语用假设至少是根据言说所表达的命题形式来定义的；作为元说明解释的语义假设则诉诸完全不同于由语形构造所直接描述的东西。这些不同特征的方式，正是在自然语言解释的独立语境的说明中，自然地获得了它们的统一。

对语义学的自然性及其结构特征的意义分析，最基本的假设就在于，自然语

---

① Lawrence Sklar ed. The Nature of Scientific Theory. New York: Garland Publishers Inc, 2000: 120.

言的语形结构必须与它所表征的概念相关联，并且这种表征通过翻译或一致性规则的集合来进行。在这里，概念包括人类认识的所有丰富性及其内在的相互关联。这个要求提出了两个问题：其一，这种关联是否是直接的；其二，是否存在一种独立的可证明为统一的层面，它可被称为语形和概念之间严格意义上的语义学关联。前一种结构过于简单化。以一种结构将语义层面作为独立的存在结构，有利于对问题的认识和把握。其特征在于：①通过概念结构，语义与句子之间密切相关；②通过语义结构，概念结构与世界知识相关。这既表征了句子的语义关联，又表征了关于世界知识的关联，同时还包含了隐喻分析的语义关联在内；③通过结构性的关联，意义表征的各个方面获得显现；④具有心理意向层面的表征，因为命题态度的心理意向性，必然会在语义结构中得以显现，也必然内含于概念结构之中。由此可以看出，语义学研究的自然性与其结构性本质地联系在一起，是不可人为分割的统一体。因此，我们应该特别重视以下几个方面的研究。

1. 命题态度与语义特性的关联

命题态度和心理表征都依赖于对它们的语义特性和意向性特征的说明。因为，只有通过心理表征的语义特征，才能说明命题态度的语义特性，而且，这种语义特性同样具有实在论性的特征。因而，说明语言学实体（如语词、句子等）的实在论性的语义特征，是语义学研究的一个必然的本体论性的要点。福尔德（J. Folder）就曾指出过，一个在因果性上有效的心理状态在语义上也必然是可评价的。也就是说，是否具有语义特性是评价一个命题态度是否具有实在论性的标志之一。他有这样一句名言："命题态度的因果作用反映了作为其对象命题的语义作用。"[①] 之所以如此，是因为在命题之间的语义关联和心理状态之间的因果关联具有内在的一致性和同晶性。所以，在可操作的理想框架内，人们可以从命题对象的语义关联中导出存在于心理状态中的因果结论，对语义特征的分析和把握，正是对命题态度及其意义的分析和把握的前提和基础。

2. 语用分析与语义分析的关联

自然语言的语用学的特征就在于，它研究在社会语境中语言学的表征使用。但存在着两条极其不同的探索方式，而它们的任何表征又都依赖于语境。其一，一个句子的命题内容随着语境的转换而变化；其二，即使一个句子的命题内容已确定，它的使用仍然存在其他的重要因素，而这些因素还将随着语境而变化。"语义语用学"（semantic pragmatics）研究的是前者，即通过具体的语用语境来

① Stephen P. Stich, Ted A. Warfield eds. Mental Representation. Oxford: Blackwell Publishers, 1994: 19.

确定命题的内容和意义；后者是“语用语用学”（pragmatic pragmatics）的研究范围。语义语用学的研究既表现了语义学作为方法论的扩张，又体现了语义学分析与语用学分析的内在一致性。语义语用学的关键之处在于，在特定的语境中我们使用什么样的规则，去填充与指称要素相一致的命题内容的缺失部分。自然语言中任一这样的要素都会由相关的适当规则所支配。语义语用学的一项重要工作，就是通过语用分析与语义分析的关联，去提炼这些规则，以使它们造合相关的对象。开普兰（D. Kaplan）就将这些规则看作是函项（function）。内涵是从语词到外延的“函项”，而一个语义语用的规则是从语境到内涵的“函项”。在句子的层面上，内涵就是从语词到真值的“函项”。在某种意义上，语义语用的关联分析规则，就是从语境到内容的“函项”，开普兰将其称为“特性”。一旦把握了这些特性，我们就有可能预测到一个可能世界中所获得的内容。[①] 语义语用学的分析方法是要通过对这些特性的语义把握，来强化语义分析与语用分析方法的一致性，展示语义分析方法在语用研究中的功能和作用，从而在深度和广度上去扩张语义学的自然性及其结构性的特征。

3. 隐喻重描与语义结构的关联

在特定的语境下，相关理论解释的隐喻重描（metaphoric redescription）对理论解释的功能具有强化的重要意义。隐喻重描本质上是一种特定理论的语义重建。所以，隐喻一方面被用于指示语言学实体，具有语义的内在性；另一方面超越了观察语言和理论语言的二分法，给出了新的解释方向。在这里，隐喻分析是语义分析的重要的方法论的组成部分。它告诉人们，意义的变化归因于与其相关的语句态度的变化以及指称和使用环境的变化，所以理解一个表征的意义，就是理解它的内在的语义结构。可以这么说，隐喻在不同的语义结构中传递信息和建构思想，所以隐喻重描或“后隐喻”（post-metaphor）意义的建构，正是语义结构变化的必然结果。因此，隐喻的使用规则存在于可理解的隐喻中，这些规则也是语义规则的特例在给定语境下的表现；并且语词或符号的意义不具有独立的特征，它随着隐喻使用的变化而变化，语词隐喻因此而构成了意义的载体。特别需要强调的是，隐喻不是非理性的，它恰恰是理性的特殊表现形式。“理性就存在于我们的语言不断适应我们不断扩张的世界当中，而隐喻恰是完成这一使命的最重要的途径之一。”[②] 从这个意义讲，隐喻重描与语义结构的关联正是一种科学理性展示出来的方法论上的关联。正是隐喻重描和语义结构之间的这种合理张力，提供了对隐喻的各种形式和使用的解释。由此，当代科学哲学家们超越了亚

① William G. Lycan. Philosophy of Language：London：Routledge，2000：170.

② Jennifer McErlean ed. Philosophies of Science. Belmont：Wadsworth Publishing Company，2000：354.

里士多德的那种以一个词代另外一个词的狭隘的隐喻使用观念，表明“运用隐喻去创造意义是完全可能的”。所以，隐喻的本质在于它作为一种方法论的“创造意义”的功能，或者改变语义结构之功能的发挥和突现。隐喻重描和语义结构的重建，既体现了新旧意义之间的断裂，同时又展示了它们之间的关联。正是在这种断裂和关联的不断生成中，科学理论的新语境在不断变化，语义结构在不断建构，从而意义在不断地创造。总之，隐喻作为自然语言的普遍特征，是所有科学方法的核心要义之一。离开了隐喻的意义和离开了意义的隐喻，都是不存在的。

4. 内涵语境与语义整体性的关联

内涵语境的语义学特征是把握语义整体性的一个极其重要的问题。内涵语境是相对于外延语境所言的，二者的区别在于：①内涵语境的关联不是单纯演算的；②内涵语境展示了一种对“空洞的容忍”（tolerance of emptiness）；③内涵语境限制了相关外延表征的自由替换，内涵语境制约了量词的任意使用，并且明显限制了外在量词向内在延伸。也就是说，内涵语境更本质地体现了语义的整体性及语境对意义的决定作用，因为语句的意义由内涵语境整体地给定。另外，从某种层面上讲，内涵语境的语义结构分析与可能世界语义分析关联在一起。可能世界语义学的框架为表征命题和内涵提供了一种有效的方式。也就是说，我们可以通过一个可能世界的集合来表征一个命题，而且在这个世界的集合中，命题成真。因此命题可以作为从可能世界到真值的函项来表征。更广泛地看，还可以将各种内涵作为从可能世界到各种外延的函项来表征。比如，我们可以把一个谓词的内涵作为从可能世界到一组对象客体的函项来表征。同样，也可以将单个术语的内涵作为从可能世界到个体的函项来表征。[①] 这样，内涵语境就架起了从可能世界到所有相关外延对象之间的语义桥梁，并从根本上保证了整个语义解释的一致性和整体性。在内涵语境的基底上整合各种不同的语义结构的要素，确定相关可选择意义的趋向性并保证语义整体性的合理性，其重要性由此可见一斑。

四、语义学的后现代趋向及其意义

众所周知，后现代主义的浪潮在席卷人类精神世界所有领域的同时，也遭到了来自各个方面的激烈批评和反对。需要指出的是“后现代性”（postmodernality）作为一种探索问题的方法论视角，却与“后现代主义”（postmodernism）的极端立场

---

① Kenneth Taylon. Truth and Meaning. Oxford：Blackwell Publishing，1998：201.

和观点大相径庭。某些语义学家从“后现代性”的方法论视角去研究当代语义学的特征，并试图由此推进语义学的发展，从而形成了“后现代语义学”（postmodern semantics）的特定走向，这是一个值得我们倍加关注的方面。

语义学（semantics）一词源于法文 sémantique，它由法国语言学家米切尔·布莱尔（Michel Bréal）于19世纪末首创。① 事实上从这个概念一诞生，语义学就是要对人们如何通过语言把握世界给出令人满意的说明，而这一点对于后现代语义学家们来讲，也毫不例外。从后现代语义学的角度看，规范语义学（或形式语义学）是抽掉了“主体”（body）的不同句法形式的系统整合，它至少是缺乏语义学建构的某种“灵魂”和基础。所以，把“主体”嵌入语义学的内在结构之中，使语义学成为一种有鲜明“主体”的语义学，是后现代语义学的一个重要走向。更具体地说，是把“理解的主体”和“被理解的主体”都嵌入语义分析的过程，而不是仅仅强调语义分析的形式规范性和自然的理想化。他们尤其反对将规范的或形式的符号及系统偶像化，强调主体在语境中的重要的结构性地位；同时认为，在特定语境中内聚的意义是解释的结果，语境的复杂性只是增加了语义的相对可通约性，而不是相反。也就是说，主体的嵌入更强化了意义的可通约性，进一步防止了不同语境下语义的断裂。②

从这个视角看：首先，不能根据简单的存在性将后现代语义学中的“主体”看作是“肉体的”（corporeal）。相反，倘若我们希望语言符号与世界之间的关联是有意义的，那么“主体”就必须被重铸为某种有意义的必然性。这种必然性就在于，“主体”是作为不可或缺的语义的“世界”和背景而存在的，而且是一种具有能动性的结构性的存在。只有在这个基础上，才有可能在规范语义学与自然语言语义学之间做一个区分，尤其对后者来讲，没有“主体”便没有意义。其次，除了各种各样生动的特征之外，“主体”是作为认识论的手段或者途径而进入语义学结构的，因为它具有在可推论的界限内构成“世界”的重要意义。之所以这样认识问题，是因为后现代语义学既想消除主观论的心理主义，又想避免决定论的生理主义在语义学研究中的渗入。总之，在后现代语义学那里，“意义是对实体的可理解性的展示”。在这个基点上，意义表现了属于理解的破揭示对象的形式存在框架。一句话，走向“主体”，走向理解，走向形式与存在的统一，是后现代语义学的根本趋势。对此，我们将其称为后现代语义学的“主体转向”（body turn）。

这种朝向强调主体性的后现代语义分析，突出地认为“在语言和词典中没有意义”，语义学是社会意义的理想化，是从符号交流的行为中抽象出来的。这种

---

① Roy Harris. The Semantics of Science. London: Continuum International Publishing Group, 2005: viii.

② Horst Routhrof. Semantics and the Body. Toronto: University of Toronto Press, 1997: 4.

理想化之所以可能，是因为我们理解的层面和文化的层面，把所有的意义及其约束都限制为被约定的动力学关联。在这里，后现代语义分析注意了两个方面的区别与融合。一方面，不把规范语义学与语言学或非语言学的社会意义的语义学严格区分开来，而是既要保留一个可推演的程序集合，同时又不为所有语义学提供某种创构的元基础。另一方面，强化社会意义的理想化结果，通过这种途径，产生新的形式化体系。这两个方面不但不可偏废，而且是互补的。后现代语义学试图从以下几个方面来区分自然语言语义学与规范语义学之间的主要差异，以体现后现代趋向的基本特色：

第一，规范语义学是“同形符号化的”（homosemiotic），而非形式化的或自然语言语义学则是“相异符号化的”（heterosemiotic）。同形符号化与相异符号化之间的区别集中于意义的获得和指称的保护。对前者来说，意义可与严格的理性意义等价，并通过可定义的形式规则来约束，并且在意义的交换中不存在语义的增损。然而，在语言学系统和非语言学的符号（可将意义具体化）之间的相异符号化的关联中，则完全不同。这里，我们必须面对各种解释之间的近似性，并根据语言学表征的趋向性使各种非语言学的解释相一致。

第二，在非形式语言学中，指称是“交互符号化的”（intersemiotic）关系。在规范系统中，指称是通过在定义上使一阶系统和二阶系统相关联来得以保证的；但在自然符号系统中，意义则总是存在指称。在某种程度上后现代语义分析认为，自然符号指称在符号化的意义上完全可以被理解为不同符号系统之间的关联，从而导致对复杂的符号系统的确认。这样，既可坚持指称的确定性，又可避免传统实在论的指称意义的僵化性。

第三，规范语义学中称为意义的东西，完全不同于非规范系统中的意义。在规范意义中，由于定义是充分的，变元和常项因而得到了严格定义，并不要求它们存在直接的或具体的指称背景。相反，在自然语言表征中的非形式意义，则由共同体的实践所赋予，允许语义的相关变换。比如“民主”这一指示对象，只有当我们能够为其说明非语言学的、指称的背景时，它才可能得到理解。

第四，充分的符号表达（semiosis）针对的是自然符号语义学，而真值条件规则是针对规范语义学。在论争中，规范语义学依赖于真值条件的判断，而自然语言语义学则不能通过二值逻辑的途径来保证意义的变化。在这里，交流通过符号的充分表达来实现。充分的符号表达是一系列心理表征的原则基础，并据此给出理由去支持综合判断。所以，符号表达的充分性并不是逻辑意义上的，而是公共社会经验基础上具体语用意义上的。

第五，感觉是对“只读符号”（read-only sign）系统及其内容的关护，为了将语言表征或动作姿势之类的交流符号系统与世界关联起来，需要根据符号来重新定义世界，因为交流符号与直读符号构成了某种社会符号学。从这个视角看，我们能够更好地解释在自然语言中，语言表征的趋向系统是如何由非语言的符号所能动地体现的。在这种方式中，我们必然要把语词和非语词的表达习惯性地联系起来，从而使其一方面具有更深层次的普遍性的约束，另一方面服从共同体的交流约定的规则。

第六，自然符号语义学既非奠定于激进的相对主义，也不能建构于狭隘的形而上学实在论的基础之上。然而，任何一种语义学事实上都预设了某种形而上学的前景，比如弗雷格传统就提出了建立在实在论的形而上学假设基础上的语义学系统。后现代语义学也不例外，但它所指望的是可推演的实在论（inferential realism）或者实在论的文本论，以此来强调语义的约束性和交互符号化的解释，并通过强调所有知识的文本性质而坚持实在论立场的要求。

综上所述，在后现代语义学的框架中，意义是有条件的。这个后现代性的条件就在于意义是社会文化结构的功能，而不是规范意义的结果。但这种后现代性绝不是要对意义进行解构，相反，它是要建构解释意义的方法论视角，并在新的层面上反映意义的语形学的必然要求。换句话说，语形的规范化推演要服从于意义的社会文化建构，而语义学的意义分析要渗入语形的规范要求。这是一个问题的两个方面，它的处理超越了弗雷格和索绪尔的各自传统，将其推向了历史文化语境基础上的语义学建构的新平台。在这个平台上，后现代语义学试图达到形式化的符号表征与非形式化的符号表达之间的融合，即在自然语言中实现从不同种类符号的交互符号化关联，到语词和非语词符号的形式化的语义交换。正是通过非语词的符号行为，而使语言辩证的意义获得实现。这样，意义便成了“交互符号化”的和“相异符号化”的交流事件，成为了不同符号系统中的关联。在后现代语义学看来，这种语义分析的方法不仅适用于感觉层面的初始阅读，而且适合于复杂事态的所有交流。即使是最抽象的符号指示，也会显示它所涉及的初始社会状态的表征轨迹。所以，符号的功能远比目前人们所认识到的现状具有更大的可变性及其意义。总而言之，后现代语义学的条件是社会的、历史的、具体的，它也将随着这些条件的变化而变化。这既是后现代语义学值得我们认真关注并加以研究的地方，同时也是它不可避免的特定局限性之所在。

第二节　语义分析方法与科学实在论的进步

回顾20世纪科学哲学的演进历程，审视面向21世纪的科学实在论及其进步，我们发现：重新理解、认识、把握语义分析方法，是当代科学实在论研究的一项具有战略性意义的任务。因为，科学实在论的进步首先在于它的研究方法的进步。它只有在新的历史和发展的平台上，重建语义分析方法的系统功能，强化语义分析方法合理运用的必要性，把握语义分析方法论研究的新趋势，才具有与反实在论进行论争、对话及相互融合与渗透的可能性和现实性。事实上，把握语义分析方法论研究的新趋势，无论是对于数学、物理学、化学、生物学还是社会科学哲学的科学实在论者来说，都是十分重要的。在这里，语义分析作为方法论的一种高层次的螺旋式历史回归，正是当代科学实在论进步的一个标志。

一、语义分析方法的传统及其必然性

科学哲学的历史告诉我们，20 世纪 30 年代，卡尔纳普、赖头巴赫及后来的亨普尔之所以放弃“逻辑实证主义”而高举“逻辑经验主义”的旗帜，就是要在科学理论的解释中强化语义分析的方法，从而解决不可观察对象的解释难题；就是要超越直接可观察证据的局限性，通过逻辑语义分析的途径达到对不可观察对象的科学认识和真理发现。因此，语义分析方法在逻辑经验主义的成长中不断成熟，是有其理论合理性和历史必然性的。否则，任何科学理论形式体系中的谓词及关联词、理论术语及常项（操作符号和个体常项）的意义便无从谈起。

一个重要而又常常被忽略的事实是，1950 年，卡尔纳普在《经验主义、语义学与本体论》一文中，就谈到了各种理论实体（尤其是逻辑和数学中的抽象实体）的存在性问题。而卡尔纳普对这些问题的看法，恰恰有着科学实在论的倾向性。这表明，只要存在着可观察世界和不可观察世界的区别，只要存在着直指和隐喻的差异，只要存在着逻辑描述与本质理解的不同，语义分析方法就是不可或缺的，它将始终伴随着实在论与反实在论的论争以及实在论进步的历史过程。这就是为什么著名的科学哲学家萨尔蒙（W. Salmon）认为“在逻辑经验主义的传统中存在着科学实在论的倾向”的根本原因。① 同样有意义的是，批判的科学实在论的代表尼尼洛托（I. Niiniluoto）促使我们要注意到，20 世纪 50 年代伴随着逻辑经验主义的“死亡”而崛起的科学实在论，恰恰是继承了科学哲学中分析哲学的传统。② 他的批判的科学实在论的主要旨趣之一，就是捍卫“语义学的实在论”（realism in semantics）。因为，语义分析方法早已占据分析哲学和解释学传统的核心地位，这个传统到现在依然存在。更重要的是，“真理是语言与实在之间的语义关联”这一语义实在论的断言，至今仍然没有被打破。③

科学哲学发展的历史证明，语义分析方法本身作为语义学方法论在科学哲学

---

① Wesley C. Salmon. Scientific Realism in the Empiricist Tradition//Phil Dowe, Merrilee H. Salmon, eds. Reality and Rationality. Oxford: Oxford University Press, 2005: 21.

② Ilkka Niiniluoto. Critical Scientific Realism. Oxford: Oxford University Press, 1999: v.

③ Wesley C. Salmon. An Empiricist Argument for Realism//Dowe, Salmon, eds. Reality and Rationality. Oxford: Oxford University Press, 2005: 42.

中的运用是“中性的”，这个方法本身并不必然地导向实在论或反实在论，而是为某种合理的科学哲学的立场提供有效的方法论的论证。逻辑经验主义关注的焦点是理论术语的意义问题，而正是在意义理论上科学实在论与逻辑经验主义是完全可比较的，而且科学实在论的意义理论也完全没有超越经验主义的界限，只是拓展了对经验意义的解释域及其“语义下降”和“语义上升”的深度。在科学实在论的复兴运动中，无论是普特南、邦格（M. Bunge）、克里普克还是其他人，都自觉地运用了语义分析的方法，从而强化其科学实在论解释的可接受性。尤其是从语义分析的视角看来，在特定的语境下，归纳逻辑与演绎逻辑的互补性使得对不可观察对象的说明和解释，在语义上更加完备。所以，语义分析不是要把归纳逻辑或演绎逻辑极致化，而是要将它们统一起来。更为重要的是，语义分析方法是坚持科学理论解释和说明的科学理性的必备手段。坚持科学理性，就必须坚持科学的语义分析方法，这是同一的。

总之，塔斯基和卡尔纳普在20世纪30年代中期开创了逻辑语义学的新纪元。到50年代中期，这个趋势在模型论和可能世界语义学中达到高潮，并在逻辑语用学中延伸到对自然语言的研究。这种趋势的强大影响，甚至迫使反叛的历史主义也采取了“意义的整体论”思想。另外，修辞学是语用学一个重要的研究层面，以至于导致了欣蒂卡（J. Hintikka）的一句名言：“语义学建立在语用学的基础之上。”[①] 可见，在20世纪的语言学转向、解释学转向和修辞学转向这“三大转向”运动中，始终贯穿着语义分析的哲学传统。科学实在论顺应了这种历史的潮流，从而展现其强大的生命力。

语义分析的科学哲学传统增强了科学实在论的理论解释和说明这一事实表明，在某种意义上，语义分析与科学实在论具有不可忽略的必然性关联。正是这种必然性要求科学实在论必须在一个更广阔的语境论的研究平台上，去面对当代反实在论的形形色色的挑战，去求解各种理论难题，从而推动自身的进步和发展。同时，语义分析方法与科学实在论的必然性关联也告诉我们，科学实在论的理论解释和说明之所以离不开语义分析的方法论应用，至少有如下几个原因：

其一，任何科学理论都是具有不同程度的公理化表征系统，对它们的解释和说明涉及各个层面的意义分析，因此对于语义分析方法在科学理论解释和说明中的地位，是任何其他分析方法所不能比拟的。尤其是现代语义逻辑分析为形式演算提供了适当的语义结论，这对于理解那些抽象的、远离经验的模型框架和理论实体的物理意义，提供了恰当的视角。

其二，从整体性来讲，对科学理论的解释，除了公理化的形式体系所给定的

---

① Wesley C. Salmon. An Empiricist Argument for Realism//Dowe，Salmon，eds. Reality and Rationality. Oxford：Oxford University Press，2005：43-44.

内在特性之外，同时存在着确定这些理论模型的意向特性的问题，而这种意向特性相对于理论体系本身形式化给定的特性来说是外在的。只有这种内在与外在特性的统一，才能够真正使一个理论的意义整体性地得以完备说明，从而使理论的创造、建构过程与理论的解释、说明过程统一起来。解释清楚这个问题，正是语义分析方法在科学理论说明中最关键的作用之一。

其三，对理论实体进行解释和说明，是科学理论解释中的复杂难题；清晰地给出理论实体的意义说明，则是语义分析方法的基本目标。例如，在经典物理学中，对同一个物理事实，我们可以给出不同的理论模型，而这些不同的理论模型选择了不同的指称框架，同时这些模型都由伽利略变换关联。在这种情况下，用语义分析方法来求解这一难题，就是必然的。

其四，与检验科学理论的实验方法论相关的一个重要方面，就是理论模型的内在自洽性。对理论和实验之间语义关联的合理解释是语义分析方法的核心功能。它需要语义结构的一致性关联以及“语义上升”和“语义下降”之间的不断调整和变换。在这一点上，语义分析方法的展开有其独特的魅力。

其五，在科学理论的发明过程中，从测量对象、测量仪器、经验现象到测量表征的整个结构系统，都需要有一个结构性的、可理解的说明。这涉及物理对象的指称和物理意义之间的一系列的关联，涉及经验描述和理论模型之间的一系列属性，涉及可能性与必然性之间的一系列逻辑要求。因此，语义分析方法的结构性和整体性特征就会发挥它内在的功用。①

上述原因表明，科学实在论对科学理论进行的解释和说明是一个很复杂的系统，既关联形式化体系的价值趋向性，又关联科学家心理意向的趋向性，它们内在地交织在一起，试图把它们绝对割裂开来的任何方式都只能是幻想。因此，完全有必要建构一种系统的、完整的语义分析方法论，以便将这两种趋向性结合起来，对科学理论的意义进行解释和说明。尤其需要强调的是，将形式化的规范语义学分析与自然语言的语义分析结合起来，充分注意到语义分析对象的“主体性”地位，对科学实在论的理论建构十分重要。因为21世纪以来，对当代科学实在论最核心的批评，就是所谓由于测量证据而导致的“理论的不确定性”观点。这种“理论的不确定性”观点试图在经验的等价性的基础上，通过整体的或局域的“算法战略”（algorithmic strategy），来说明可选择理论存在的可能性，并用这种推测的可能性来否定现存理论的合理性。对于这种反实在论的批评，有的科学实在论者将其称之为“魔鬼的交易”（devil's bargain）。因为，“它仅仅是用将这一难题转入一个更古老的哲学故事的手段，以看似迷人的算法为不确定性

---

① Patrik Suppes. Representation and Invariance of Scientific Structure. Stanford：CSLI Publications，2002：8

预设提供证明"[1]。但是科学实在论者必须清醒地看到，对反实在论的"理论的不确定性"预设的反驳，不能仅仅是一种断言，以系统的语义分析方法作为反批评的战略性的方法论的支撑，应是一种必然选择。

二、语境化的语义结构是理论解释的基础

任何一个科学理论都是逻辑和语义相关联的语义结构系统，这为科学实在论的语义分析方法的展开和完成，提供了最根本的理论解释的基础。但是，在逻辑和语义的关联方面我们应注意到：首先，逻辑的等价性并不意味着意义的一致性，逻辑的概念仅涉及描述意义（descriptive meaning）。所以，逻辑的等价性对把握同一意义来说并不是充分的标准或条件。其次，真值条件和指谓（denotation）并不能穷尽对意义的理解，所以对逻辑的运用和遵从并不必然意味着一个表征的意义会必然包含在另一个表征的意义之中。[2] 这就明确地告诉我们，逻辑的特性关联并不直接涉及意义。更确切地讲，逻辑所涉及的指谓和真值条件反而是由意义，或者更精确地讲是由描述意义所决定的。所以，探索意义的逻辑途径不可避免地具有这样的局限：①逻辑并不能把握意义的所有方面，而且在某种层面上讲，逻辑无助于对真理和指称的决定。因为，具有同一描述意义但具有不同表达意义的表征，不能由逻辑方法来加以区别。②逻辑并不能把握描述意义本身，而只是它的某种效应。③逻辑并不能把握具有一致的真值条件或指谓的表征的描述意义之间的区别。特别是对于"非偶然语句"（non-contingent sentences）的意义，它不具有任何洞察力。[3] 可见，在对科学理论的解释中，一方面逻辑分析是非常重要的语义分析工具；另一方面语义分析必须超越逻辑演算的形式约束，整体性地把握表征的意义。换言之，从逻辑和语义关联的整体性上语境化地把握理论表征的语义结构，是进行实在论的理论解释和说明的基底与前提。

尽管理论的形式表征与其意义之间不存在纯逻辑的关联，但是语义实体（如意义）和语义关联属性（如指称）与语义表征之间的关联，却构成了某种特定的语义结构，并在相关的语境中发挥着它的功能和作用，从而使理论具有了它特殊的对象实在性和意义解释。正因为如此，抽象而复杂的量子力学体系才能被人们所理解，并阐释它优美的物理意义。这正像在数学中，人们将模型论看作是为算符提供了语义学的说明一样。[4] 另外，基于蒯因的传统，人们习惯于将语义学

---

① P. Kyle Stanford. Exceeding Our Grasp. Oxford: Oxford University Press, 2006. 11-16.

② Sebastian Lobner. Understanding Semantics. New York: Oxford University Press, 2002: 80-81.

③ Sebastian Lobner. Understanding Semantics. New York: Oxford University Press, 2002: 82.

④ Steven Davis, Brandan S. Gillon. Semantics. Oxford: Oxford University Press, 2004: 22.

分为指称理论和意义理论两大部分。其中，指称理论涉及模型、真理、可满足性、可能世界、表达和指称等概念；意义理论则试图说明内涵语境、意向表征、分析性、同义性、含义、不规则性、语义重复、一词多义、同音词及意义包含等。事实上，所有这些由指称理论和意义理论所涉及的语义现象，都必须在一个统一的语义结构或语义模型中去语境化地进行整体分析；否则，各种语义现象就会是割裂的、不完整的和意义缺失的。所以，语境化的语义结构是审视所有科学理论解释的基础。

再者，从语义学的角度来看，任何一种理论都必然预设了自己所伴随的语义图景。而且，这种语义图景是与特定语境中的语形结构相关的。这种语形结构是相关语句的语形描述，这些语句则是由特定语素所构成的，而正是在这种结构中，语义分析提供了特定的语义价值。无论是内在论的还是外在论的语义理论，都赞同这种语义学的特征。它们的区别仅仅在于，内在论的理论强调了语义值是心理实体，它是内在于某种语法的；而外在论的理论则关注到了某些语词术语的语义值是实体，而这些实体是外在于相关语法的。但是，无论如何它们都有一个共同点，就是语境给出了某种结构性的规则，这些规则确定了语词术语的语义值，或整个语句的语义趋向。对特定表征句子中的语词术语来说，一旦语义值被确定，语义分析就可能提供掌握这些语义值的规则，以及产生相关语义值的句子结构。总之，特定的语境参量（contextual parameters）对给出相关的语义值起到了结构性的约束作用。另外，语境参量通过语境信息的表达，使特定的语用过程得以实现。在这里，语用的推理证据、推理过程、最终的推理结果，都在特定的语境证据和背景假设中获得了现实的运用。同时，语境的功能使语用推理的相应原则得以实现，这个原则就是一方面将理论解释的效果最大化，另一方面使推理的复杂性最小化，从而达到最佳的语用效果。① 这样一来，语义分析就与语形和语用分析统一在了一个确定的语境结构之中，构成了一个完整的理论解释系统。所以，语义值的生成及其实现绝不是任意的，它具有自身强烈的规定性。在这个基础上，语义结构、语形表征及语用趋向共同地在一个语境平台上给出了特定表征的语义值，并使它获得充分的物理意义。而正是在这个过程中，具体地展示了语境所具有的一系列特性。

特别需要强调指出的是，任何语义结构的解释框架，都必然要为每一个语形范畴提供相关的“语义值域”；同时，对所有语言符号来说，在给定值域的基础上，为确定所有复杂表征的语义值提供必要的语义分析程序。在这个框架下，语用语境是作为表征的属性被构建的，它涉及相关的可能世界及时间和空间的关

① Steven Davis, Brandan S. Gillon. Semantics. Oxford: Oxford University Press, 2004: 101-104.

联。这使得命题态度语义学的分析和解释成为可能。所以，可能世界语义学分析的关键假设，就在于表明一个句子的意义只有在可能世界的集合中，它才是真的。而这就关联到把对真理的定义与对语义表征的系统说明统一起来，从而使意义理论更加完备的问题。也就是说，要把语境化了的语义结构模型化，即类似于模型论的语义学。事实上，量子逻辑的语义分析就是语义结构高度模型化的表现。具体地说，一个指谓语句的表征应当使对象世界必须满足的条件具体化，从而使句子为真；特别是对这些条件的表征，是由特定模型所提供的，而由模型所描述的真实世界恰恰是在这些被满足的条件中可比较的。这样一来，语义结构分析的模型化，便使真理的表征与实在世界的说明内在地联系了起来，架起了实在论的真理性说明与对象世界分析之间的方法论的桥梁。在这里，有三点非常重要：第一，给出语形描述的生成句法原则；第二，给出句法分析的相关规则的集合，即从一个句子的语形分析中可导出可能世界表征的某种有限集合的规则；第三，给出表征图景的合理说明，即在语义模型中表征的普遍性将使相关真理的定义或说明更恰当地具体化。

然而，无论语义表征和语义分析的结构如何去建构，有一点是必须强调的，那就是语义结构以及对语义结构的解释必须是有思想的。在这里，纯形式的演算永远是不完备的，著名的科学实在论者邦格早在20世纪60年代就指出过这一点。在邦格看来，科学是具有语言的，但它本身并不是语言，而是由语言所表征的整体思想和过程。同时，对科学的哲学解释离不开对理论表征的语言分析，但又不能局限于语言分析。所以，科学的语义分析是形式与非形式、语言与非语言的统一。① 而且，在特定的语境中，它们获得了这种统一。例如在物理学中，对物理量的语境化的语义分析就是如此。因为，物理语义解释不仅仅是要揭示物理量的逻辑结构，而且要阐释它们非逻辑的特性，即由规律陈述所决定的物理量的独特性。所以，在特定的语境下，一个符号的意义是由它的内涵与它所指谓的概念指称共同决定的。对一个给定概念来说，一个符号所表达的意义就是相关概念的“内涵-指称”对（pair）：意义（C）=（$I(C)$，$R(O)$）。在邦格看来，科学解释中，人们经常把握的是一个概念的核心内涵 I_c（C），这是由它的标记所决定的；而余项 R_c，即这个核心指称的亚集，则留待以后去研究。这样一来，就把核心意义的概念作为“亚概念”引入了：

如果 S 指谓 C，那么核心意义 $S(C) = \langle I_c(C), R_c(C)\rangle$。

如果两个对子是一致的，当且仅当对应的要素是一致的，即两个符号 S 和 S' 是一致的，因而就会具有同一的意义。所以，它们是同义的，当且仅当它们指谓

① Mario Bunge. Philosophy of Science. London：Transaction Publishers，1998：53.

了同一的内涵和外延：

$$S\text{ 指谓 }C\text{，并且 }S'\text{ 指谓 }C' \rightarrow S\text{ 与 }S'\text{ 同义}=_{\mathrm{df}}[I(C)=I(C')\text{，并且 }R(C)=R(C')]\text{。}$$

在这里，倘若两个术语指谓了同一指称，但是内涵不同，或者相反，它们就会具有不同的意义。邦格在这里特别强调：①在逻辑上等价的命题在语义上不一定是等价的；否则，语义分析就多余，而且也失去了与思想的关联；②内涵论与外延论是一个问题的两个方面，都与指称是不可分割的，语义分析恰恰是要建立它们之间的统一性和一致性，从而保证科学理论解释对意义的本质揭示；③理论表征的意义是语境化的，而且在一个语境中不表达思想的术语或符号是无意义的。[①] 当然，一个术语或符号所表达的思想既可以是数学的或逻辑的思想，也可以是描述的或经验的思想。正是这些语境化了的语义结构分析原则的存在，产生了至少以下四种科学理论的假设：①“经验-指称”假设；②“经验与事实-指称”假设；③“事实-指称”假设；④“模型-指称”假设。[②] 总之，无论人们当下对邦格的思想如何评价，但他所给出的科学实在论的语义分析趋向及其对语境化的语义结构的认识，都是值得我们认真对待的。

三、确定和表达指称是理论解释的核心

“意义决定指称”这是当代科学实在论的一个基本的信条，其目的在于避免传统对应论的“指称决定意义”的局限性。正是在这个意义上，有人认为：“谓词对于指称来说是必要的。”[③] 在这个问题上，有两个方面非常重要：第一，指称的意义与指称的对象是根本不同的，这是两个不同层面的问题，这个问题的解决确定了传统的机械实在论向当代科学实在论的转向。第二，指称在特定的语境中是有意向性的，这种心理意向性决定了特定指称在相关可能世界中使用的特殊意义。这使传统机械实在论在向当代科学实在论转向中具有内在化倾向。这两个方面决定了当代科学实在论在应用语义分析方法时所具有的后现代性的方法论特征。

具体地说，传统外延论的指称论聚焦在实际世界和集合的对象性上，而内涵论的指称论则考虑的是其他可能世界或普遍特性与关联之上。但事实上，语言的指称特性并不是意义本身，而是意义的效果。这并不是要否认指称，也不是要弱化指称的重要性，而是要强调必须根据对思想的表征来确定语词指称，因为对所

① Mario Bunge. Philosophy of Science. London：Transaction Publishers，1998：78，157.

② Mario Bunge. Philosophy of Science. London：Transaction Publishers，1998：275.

③ Wayne A. Davis，Nondescriptive Meaning and Reference. Oxford：Clarendon Press，2005：162.

表达的思想和对相关世界的事物的确定，才决定了语词所指称的对象。这就像关于物质的原子论把一个分子的化合价看作是它所包含的特定量的电子和质子的结果，但并不因此而降低化合价在化学中的作用。

另外，在自然语言中，语词指称不同于语词意义，主要有以下四个原因：第一，仅有意义的语词并不具有指称，只有表达了思想的语词才有指称。比如，“哎哟”这个词是有意义的，但并不指称任何对象。第二，“指称什么”必须在语法上跟随着对象名词。这意味着只有根据对象名词表达了思想的术语才具有指称。句子和共范畴的（syncategorematic）术语并不指称任何对象。第三，指称只适用于言语表征。第四，语词指称是明显的和完全具有关联性的，它服从于在特定的语境下一致的可替换性和确定的存在性。在这里，我们可以这样表达这一思想，即 e 指称了 φ，当且仅当：①φ 是存在的；②对于某些 φ' 来说，等价于 φ，因而在语词上 e 表达了 φ' 的思想。这样一来，我们看到了一个意义三角形（图1-1）。[①]

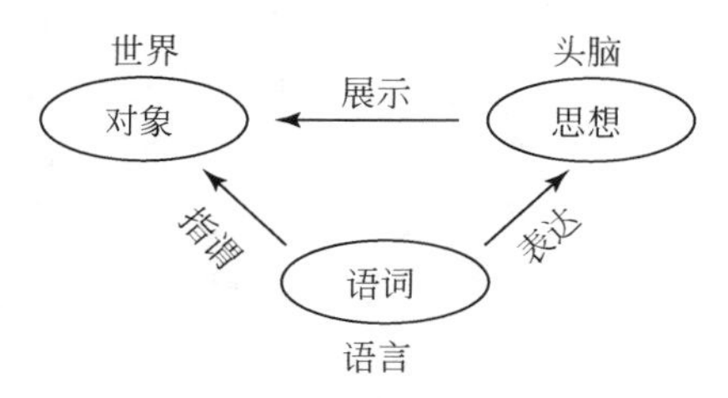

图1-1　意义三角形

这个意义三角形实际上表明，在特定的语境中表达了思想的语词才具有指称。在这里，有意义和有思想是完全不同的两个层面的问题。有意义是指有关联，但有关联不等于有思想。另外，在纯形式体系的表征中，当不在具体的语境中使用这些形式系统时，这个形式系统及其形式符号是有意义的，但不存在具体的指称。只有在具体使用的语用结构中，当它表征了特定的相关对象并且表达了使用者的思想时，它才具有指称。因此，在这个意义上，指称是具体的、有思想的和语境化的，而不是抽象的、只有关联的和非语境化的。

许多科学实在论者之所以这样认识问题的原因是：他们或者试图避免罗素式的指称理论的难题：或者试图避免弗雷格式的指称理论的难题。罗素的难题在于“有意义的语词可以不具有指称”，而弗雷格的难题则在于“具有同一指称的语词可以具有不同的意义”。应当承认，这两个难题并非没有道理，只是被绝对化而走向了极端。根据指称理论的内在要求，解决这两个难题的关键在于，意义和指称之间的关系不能被看作是一一对应的关系。同时，还应明确，语词指称是真

① Wayne A. Davis. Nondescriptive Meaning and Reference. Oxford：Clarendon Press，2005：208.

正的语词和世界对象之间的关联，但意义则不是简单的语词与世界对象之间的关联，它还包含着相关的意向趋势及其关联。意义的语义结构在广度和深度上远远超过指称。这就是为什么人们总是试图通过指称理论来告诉我们什么是意义。"但事实上，我们在确定相关术语的指称之前，恰恰需要的是一个无指称的意义理论"的根本缘由。①

历史地看，弗雷格对指称依赖意义的敏锐观察启迪了科学哲学家，由此萌生了"意义决定指称"的思想。此后，法因（Fine）关于一个术语的指称依赖其意义的思想从两个方面推动了对这一问题的研究。其一，指称"依赖"意义是与给定的指称理论不可比较的，因为"依赖"是不对称的关联，而一致性的关联则是对称的；其二，一个语词的意义不能由它所具有的指称来确证，因为它的指称依赖于它所具有的意义。以此为基础，一些科学实在论者的表征理论的本质特征集中体现为，坚持一个语词的意义是由它表征了某种思想的特性或趋向性而确定的。在这里，当一个术语通过表达一种思想而具有确定意义时，在逻辑上就避免了语义循环。同样重要的是，无论语词的使用方式如何，它只有在使用中才会生成思想。所以，在提供一个完备的意义理论的同时，必须伴随有一个指称理论的使用理论。因为，一旦使用的要素被认同，那么非同晶性、模糊性以及依赖性难题，就可以通过使用的语境而非指称来得以避免，从而清晰地确定意义。正因为如此，有的科学实在论者表示，在当代哲学中，"最赞同使用理论的恰恰是表征理论"②。还有一点必须指出的是，理想的意义理论不必否认语言表征的指称特性，或者排除对它们的研究，即使某些指称论者拒绝与指称特性一样同等地对待语义特性。因为理想的意义理论就是要在语言的表征意义上和它们所表征的思想的指称特性上，把语言的指称特性看作是被导出的。在指称理论的研究上，即使是在形式化的模态语义学中也是一致的，因为在最本质的意义上，符号化的指称特性与自然语言的指称特性具有特定的同晶性。而且，对于这种同晶性的优美，我们可以通过用符号去表达自然语言的表征所表达的思想去证明。正是在这个意义上，那种把指称特性看作是唯一的语义特性的僵化的信念，已被许多逻辑学家和刘易斯（Lewis）等规范语义学家们所抛弃了。③ 不难看出，在处理意义理论和指称理论的问题上，由表征的理由性到思想性，从思想性到具体语境的语用性，再从语用重新回归到表征的规范的形式化体系，这一过程及其转变恰恰是语义实在论所具有的后现代性的集中体现。把握这一点，对于我们理解当代科学实在论的语义分析方法论的走向极为重要。

---

① Wayne A. Davis. Nondescriptive Meaning and Reference. Oxford：Clarendon Press，2005：212.

② Wayne A. Davis. Nondescriptive Meaning and Reference. Oxford：Clarendon Press，2005：214.

③ Wayne A. Davis. Nondescriptive Meaning and Reference. Oxford：Clarendon Press，2005：226.

不言而喻，确定和表达指称的难题离不开指称和专名（proper names）的语义分析问题。在这个问题上，一直存在着三个方面的较大争论：①如何解释在特定条件下专名指谓了给定对象的问题；②如何在语义和语用上清晰地说明不能指谓专名的问题；③在规范理论中专名的逻辑作用问题。这三个问题的求解对科学实在论的语义分析方法具有重要的作用。在求解这三个问题时，形式语言依赖于语境参量是必然的，而自然语言也展示了两种语境依赖性：其一，依赖语境来决定反身标记（token-reflexive）结构的意向指称；其二，依赖语境来决定模糊语词和语法结构的意向解读。尤其是在特定的语境下，存在着不可言喻的语义直觉，使语言使用主体通过这种语义直觉进行其所特有的语义（指称和专名）的意向选择，从而实现语境结构给定的语义价值趋向的要求。这对于科学理论创造的直觉性具有极好的证明。当然，在这个问题上还存在着名称与描述之间的语义关联问题。因为，名称的意义就在于一个对象被确定为一个名称的指称，当且仅当它满足了特定的描述。无论表征名称和指称对象之间是什么样的关联，都使下列原则为真：

如果 R（t_1，t_2，…，t_n）是原子的，并且 t_1，t_2，…，t_n 是指称表征，那么 $R(t_1, t_2, \cdots, t_n)$ 是真的，当且仅当<t_1 的指称，t_2 的指称，…，t_n 的指称>满足 R。

在这里，不需要任何表征和对象之间的因果关联，就可以建立起指称的观念。不过，尽管指称是一种关联，但一个指称表征的作用，并不需要通过断言在表征和特定对象之间获得指称关联来予以确定。同时，也不需要一个指称表征总是包含着一个独立对象的思想。事实上，这种认识既坚持了指称意义的关联性，同时又规避了传统因果指称论的局限性。这里的关键在于，要坚持确定的描述可以由描述名称与专名的证明共同作为指称表征归类，从而避免建立“满足关系”而不是“指称关系”的任意性，以保证指称与世界的确定关联。这是既避免相对主义又避免机械对应论的一种努力趋向。另外，在这个问题上，我们也不能排除规范语义学的方法论作用。因为在规范的形式化表征系统中，名称的指称特性就在于，不需要靠指称来确定名称的意义。在一个理想的理论中，表征的指称特性与它的逻辑特性一起，是从它们所表达的某些思想中导出的。一个表征 e 在解释 i 中是真的，当且仅当 i 是真的。表征 e 在解释中指示了对象 x 当且仅当 x 是 i 的外延。对一种语言来说，规范语义学的方法论起始于将相关的思想和见解指派到该语言的句子和语词之中，因为它们完全可以被塔斯基式的语义理论所形式化。因而，这种形式化的规范语义学方法论可以提供对思想的结构性描述；可以把指称赋予相关的思想；可以将思想与指称的关联及指称的表征规范化；可以在构成思想的指称的基础上，使对相关思想指派真值条件形成规则；最重要的是，可以在构成其思想的真值基础上，将对复杂思想赋予真值条件规范化。所以，一个完备的具有方法论功能的语义学理论，必须具有将思想结构指派给表征它们的语形结构的形式化系统和形式化规则。这一点，将使指称的确定和表达及其意义的展示，更为充分和完善。① 这也就是说，表征模型不仅仅是表征的方式，更是表达思想或心理状态的方式。一种表征模型本质上依赖于是否直接或间接地表达了相关的思想或心理状态。正因为如此，一种表征模型才能够作为一种语义学的方法论手段存在。

从以上的分析，我们也可以看出，确定和表达指称的难题同样离不开可能世界语义学方法论的探究。可能世界语义学的方法论探究，就是要通过对标准名称赋予内涵和特性来表达它们的意思。在这里，一个简单的内涵是可能世界与外延相关联的函项；一个特性是由相关语境到内涵的函项；一个标准名称的内涵是在相关世界中将可能世界与个体相关联的函项；一个标准名称的特性将是一个常项；因此，标准名称的指称在其意义一旦被确定之后，并不随着语境的变化而变化。而且，一个函项就是“有序对”（ordered pairs）的集合，它满足这样一个限制，即在任何时候，第一个元素或中项（argument）是相同的，第二个元素（或值）是相同的。只有当这些元素存在时，这个“有序对”才存在。因而，任何函项的中项和值必须存在：

如果 $f(a)=b$，那么 $\exists x$ 满足 $f(x)=b$ 且 $\exists y$ 满足 $f(a)=y$。

在传统实在论的解释中，一个函项的值必须存在的要求，对于表达“空名”（vacuous names）的标准模态是个难题。但是，在理论解释时，把“实在性”看得更宽泛一些，把实际世界扩展到更广阔的对象领域，这个难题就不存在了。因为，只要表达了思想的、有意义的指称都是可能世界的实际对象，理论解释的“理由”的实现就很合理了。特别是在形式化的规范语义学框架内，在对可能世界的数学化的、逻辑化的符号操作或演算中，传统实在论的简单“直指”性难题已被消除了。可能世界语义学方法论的关键之处在于，它可以使我们真正地理解一个内涵函项的值是意义被表征了的相关指称。而且，形式化模型的要素必须表达术语的意义和指称，而不必是意义和指称本身。这一点，使当代科学实在论的语义分析方法获益匪浅。②

四、语义分析作为方法论研究的战略转向

语义分析作为方法论研究的进展，始于对语义学研究的某种战略性的转向。这种战略性转向的核心内容之一，就是对“二维语义学”（two-dimensional semantics）的探索性研究。近年来，“二维”语义分析方法论的研究已代表一种

---

① Wayne A. Davis. Nondescriptive Meaning and Reference. Oxford: Clarendon Press, 2005: 350.

② Wayne A. Davis. Nondescriptive Meaning and Reference. Oxford: Clarendon Press, 2005: 354, 392.

特定的学术潮流，同时它也为当代科学实在论的理论解释和说明，提供了有力的方法论手段。

“二维语义学”的本质，就是内在地处理可能世界与真值条件这两个方面的语义关联，从而为理论解释提供语义逻辑的方法论基础。更具体地说，它的重要性在于涉及了科学解释和说明中最重要的三个哲学概念：意义、理由（reason）和模态（modality）。历史地讲，首先，康德通过提出什么是必然性及其可先验地被认识的途径，建立了理由和模态之间的关联。其次，弗雷格通过假定意义（意思）的一个方面在构成上与认识论的意义紧密联结，建立了理由与意义之间的关联。最后，卡尔纳普通过预设意义（内涵）的一个方面在构成上与可能性和必然性紧密联结，建立了意义和模态之间的关联。卡尔纳普的预设是想为弗雷格进行辩护。因为，弗雷格的意义概念存在着某种模糊性，而卡尔纳普的内涵概念则被清晰地定义了。给定了理由与模态的康德联结，然后伴随着具有许多弗雷格意义特性的内涵，这样一来，卡尔纳普对意义和模态的联结，因与康德对模态和理由的联结而结合在一起，就可以被看做是弗雷格对意义和理由的联结，由此，逻辑地导致了一个在意义、理由和模态之间结构性地关联在一起的“金三角”。这个“金三角”对于人类理解、认识和说明理论与理论之间、理论与世界之间、必然性与偶然性之间、先验性与经验性之间的一切逻辑的和认识论的关系，都具有根本性意义。但不幸的是，在尔后的发展中，克里普克割断了康德关于先验性和必然性之间的关联，因此也就割裂了理由和模态之间的关联。卡尔纳普对意义和模态的关联则原封不动地搁在那里，但却不再将它建立于弗雷格关于意义和理由的关联之上。从而，这个“金三角”被打碎了，意义和模态与理由之间的关系被割裂了开来。[①] 尽管克里普克在自己的理论中，区分了指称表征与描述表征之间的不同，批判了本质主义，改变了当时的哲学图景，同时，也促进了科学实在论的语义分析手段的发展。但他对理由的抛弃与割裂，却造成了科学认识与理论解释上的严重误区。现在，我们反观上述历史演进的路程时会看到，再塑理由，重建“金三角”的语义结构关联，是语义分析理论重建的要求，也是科学理论解释的方法论重建的必然。同时，对理由的突显，也正是后现代性的本质特征之一。也就是说，在一个新的“金三角”结构平台上，重新强化语义分析的方法论意义，避免以往分析方法的片面性，是一个重大的方法论重建的任务。无论从任何角度讲，这都必然会导致语言哲学和科学哲学研究中重大的战略性转向。

“二维”语义学研究的方法论目标就是重建这个“金三角”，特别是试图以

---

① Manuel Garcia-Carpintero, Josep Macia eds. Two Dimensional Semantics. Oxford: Oxford University Press, 2006, 55.

不同的方式关注可能性的空间，从而在一个新的基础上重塑意义的概念，重新掌握在语义构成上与理由紧密相关的意义的整体性。在具体的研究路径上，抛弃仅仅关注意义与模态之间的关联，而否认了它们与理由关联的分析哲学的片面性；重新引入理由的语义逻辑地位，在新的语义结构上矫正对理由的纯理性的排斥，这就是“二维”语义分析作为方法论研究在战略转向上的本质特征。

从某种意义上讲，“二维”语义分析是新弗雷格主义解释的一种样板。这一点，在新“金三角”的重建中是值得我们注意的。在弗雷格看来，一个词的外延就是它的指称，一个句子的外延就是它的真值。因此，弗雷格的命题是：两个表征 A 和 B 具有相同的意思，当且仅当 A 等价于 B 在认识论上有意义；卡尔纳普的命题是：A 和 B 具有相同的内涵，当且仅当 A 等价于 B 是必然的；康德的命题是：一个句子 S 是必然的，当且仅当 S 是先验的；新弗雷格主义的命题是：两个命题 A 和 B 具有相同的内涵，当且仅当 A 等价于 B 是先验的。从这个比较中，我们可以清晰地看出“二维”语义分析的可能走向。还可以从另一个角度看“二维”语义分析方法的核心思想，即一个表征的外延依赖相关世界的可能状态存在着两种方式：其一，一个表征的实际外延依赖于实际世界的特征，在这个世界中，该表征是被言说的；其二，一个表征的反实际外延（counter factual extension）依赖于反世界的特征，在这个世界中，该表征是被评价的（evaluated）。与这两种依赖相应，表征也具有两种内涵，从而把可能世界的状态与外延用不同的方式结合起来。基于上述两种维度的框架，这两种内涵可以被看作把握了意义的两个维度。[①] 这种看法，促进了我们从两种不同的可能性意义上，去分析和理解可能世界的不同状态及其表征的不同真值。因此，对于理解和把握形式体系的表征及其相关的可能世界之间的实在性的语义关联，提供了语义分析的方法论基础，也为“金三角”重构提供了可能。总之，把体系化的形式理性和抽象的概念理性统一起来，把逻辑的语义分析与认识论的有理性分析统一起来，把语境依赖与语境理解同认识论的依赖与认识论的理解结合起来，从而具体地实现语义分析方法重建的目标，就是“二维”语义分析方法论的具体路径。

在这里，特别需要强调的是，根据“二维”语义学的认识论的理解，可以将第一个维度中所包含的可能性理解为认识论的可能性，而且，这个维度的内涵，表现了对对象世界状态表征的外延的认识论的依赖性。之所以这样认识问题，是因为存在着两个重要的思想：其一，这样的语义分析有着充分的认识论的理解空间，它与认识论研究的可能空间是一致的。其二，存在着特定的可理解性（scrutability）。二者表明，一个表征可以与从认识论的可能性到外延（认识论的

---

① Manuel Garcia-Carpintero, Josep Macia eds. Two Dimensional Semantics. Oxford: Oxford University Press, 2006: 59.

内涵）的函项相关联，亦即一个表征通过语义语境的分析可以与它的认识论的意义相关联。这样一来，意义、理由和模态就可以内在地联结起来，从而建立新的“金三角”。这就告诉我们，对“二维”语义分析方法论的理解是奠立在深层认识论的可能性之上的，或者从另一个角度讲，它是奠立于深层认识论的必然性之上的。在某种程度上，这是把认识论的可能性看作是可能世界的某种必然图景。①

“二维”语义分析方法论所代表的学术潮流，逐渐被人们看作是有意义的哲学方法论的研究趋势，并被人们称为“雄心勃勃的二维论”。特别是从语境分析的角度看，存在着许多研究的视角，例如缀字法的语境内涵分析、语言学的语境内涵分析、语义学的语境内涵分析、混合语境内涵分析、反身符号语境内涵分析、外延语境内涵分析、认识论的语境内涵分析等。② 它们都从不同的侧面，努力重建“金三角”。另外，在对“二维”语义分析方法论的探索中，斯塔纳克（Stalnaker）的对角线命题、卡普兰（Kaplan）的特性概念、埃文斯（Evans）的深层必然性、戴维斯（Davies）和亨伯斯通（Humberstone）的实际确定概念、凯莫斯（Chacmers）的基本内涵分析、杰克逊（Jackson）的“A-内涵”分析说明、克里普克的认识论双重性解释以及其他许多人的研究，都有着积极的、重要的推动作用。但是，我们也应清醒地认识到，对“金三角”的重建至今仍处在艰难的跋涉之中。而且，无论从什么角度去探索、重建“金三角”都应认识到一个最基本的原则：一方面，认识论的特性是建立在语义特性基础之上的，所以，得益于认识论内容的思想才具有了与认识论的关联；另一方面，语义特性也是建立在认识论特性的基础之上的，这样，得益于认识论作用的思想才具有了语义学的内容。正是这种内在的相互依存和联结，才使“二维”语义分析方法有助于我们把握意义、理由和模态之间复杂的“金三角”关联；并将自然语言分析和解释的形式化与形式化的规范语言分析和解释的自然化，视为统一的人类认识过程中有机联结的两个方面，并且不断地走向相互借鉴与融合，以实现语义分析方法论研究的战略转向。从而，真正地为当代科学实在论的理论解释和说明提供语义分析坚实的方法论基础③，推动科学实在论走向新的进步。

---

① Manuel Garcia-Carpintero，Josep Macia eds. Two Dimensional Semantics. Oxford：Oxford University Press，2006：75.

② Manuel Garcia-Carpintero，Josep Macia eds. Two Dimensional Semantics. Oxford：Oxford University Press，2006：66-75.

③ Manuel Garcia-Carpintero，Josep Macia eds. Two Dimensional Semantics. Oxford：Oxford University Press，2006：138.

第三节　美国当代语义学研究的旨趣与趋向

语义学作为一门具有横断研究方法的理论学科，在其近百年的历史时空中走过了曲折而又辉煌的发展历程。综观美国语义学演进的思想轨迹，它恰恰印证了20世纪哲学思维的几次转向，对人类理性和科学思维的进步起到了巨大推进作用。以特征而论，一方面，当代美国语义学的主流研究呈现出规范语义学和认知语义学并立并存的局面，形成了与欧洲大陆语义理论大异其趣的理论趋向；另一方面，欧美语义学在“学术全球化”的驱动下加强了对话，其中规范语义学与自然语言语义学的相互融合、语义学的语用化转向、语义学的多学科拓展也为美国语义学的发展注入了新鲜血液，共同描绘出21世纪语义学建设有意义的前景。

一、美国当代语义学的先声：结构语义理论

在20世纪五六十年代以蒙塔古为代表的美国规范语义学派诞生以前，结构主义作为一股世界性的学术潮流在很大程度上影响了美国语义学的发展动向。这一时期语义学的研究在句法分析和词汇研究方面为美国语义学的发展做出了贡献，更为重要的是在理论研究中逐步地突出了“语义”的地位，对语义学成为学科领域中的重要分析工具起到了根本性的作用。

1. 理性的强化及其工具性的意义

美国结构主义的发展直接承袭了索绪尔理论的概念系统，如句法结构和形式关系等，它强调语言形式的描写，对音位、语素、直接成分等结构形式进行详细的分类，进而把纯粹的语言形式当作语言研究的基本原则，认为可以采用形式化的或代数的方法研究语言系统——这种思想正是后来规范语义学派的纲领和旗帜。以布卢姆菲尔德和萨丕尔为代表的结构语义学家对形式与模型的推崇，为后来规范语义学的建立与完善奠定了重要思想基础。

这一时期美国语义学领域结构主义兴起和繁荣的原因与特征可以归纳如下：

首先，逻辑实证主义的渗透为结构主义的形式化取向提供了哲学基础。20世纪中期以前，逻辑实证主义在英美哲学中产生了广泛影响，它站在科学主义的立场上，采用了量化和标准的手段，运用逻辑和数学等理性工具对语言形式进行精密分析。这一点对美国结构主义也产生了潜移默化的影响：结构主义主张对语言的描写不是从语义上，而是从形式上进行的。布卢姆菲尔德就指出，现代科学知识能够精确说明和描写语言形式，从而彻底摆脱了传统语言学在概念构造和分析方法方面的模糊性，如他的著名论文《一套语言科学的公设》（1926）采取了

严谨的数学表述方式，极大改变了传统语言学中存在的定义含糊、分类标准混乱及循环论证等问题。布卢姆菲尔德的形式结构思想在他的直接成分分析方法即“IC 概念”中得到了集中体现：他认为人们在言语表达中对经验的表述大多遵循二分原则，由于语言是经验的外在表述，而既然经验的表述遵循二分原则，语言形式的分析也就同样遵循二分的原则。①

其次，20 世纪初在美国兴起的行为主义也对结构主义产生了强烈震动。行为主义的方法特征在于：①注重研究事实，借鉴自然科学方法与成果，反对抽象分析和说明；②主张客观的仪器测验和观察实验方法，试图在刺激与反应之间建立直接的函数关系，并且把 S-R（即刺激-反应）作为解释人的一切行为的公式，达到预测与控制的目的；③运用物理和化学的原理建立模型理论，具有强烈的还原论的色彩。布卢姆菲尔德的结构主义即在某种程度上吸取了同时代美国行为心理学家魏斯的科学理念，即注重语言事实，采用科学的观察和方法对实验对象加以研究，其语义理论的基础就是讲话人的刺激和听话人的反应，把词语的意义视为一种刺激-反应的过程。

综上所述，在理性主义的基础上，美国结构主义的语言分析在经验指导与严谨程序的要求下更多地呈现为对于形式和外在特征的阐释和理解，注重严格与精确的逻辑建构。另外可以作为佐证的是，萨丕尔的心灵主义尽管和行为主义处在相对立的位置上，强调意识的分析与研究，但萨丕尔在其代表作《语言论》中同样考察了语言形式问题，认为语言形式除相关联的功能外，还应当作为类型模式加以研究。

2. 语义问题的凸出与语义分析方法地位的树立

意义问题是语义学理论的核心，对语义进行科学的形式化描述是语义学领域争论的主要来源。在美国结构主义发展历史中，无论是早期的结构主义者萨丕尔和布卢姆菲尔德，还是后期的结构主义者霍凯特和哈里斯以及结构主义的集大成者乔姆斯基，在语义问题的处理上均表现出强形式化的色彩。但是，他们也采取了极为谨慎的态度，对语义问题普遍承认，并在适当的领域内加以涵盖。

在语义的本质问题上，布卢姆菲尔德认为，意义是“说话人发出语言形式时所处的场景及听话人对此形式的反应”②。对于语义的地位，他认为：语义在语言研究中“不是用还是不用的问题，而是如何恰当地加以使用的问题”③。因此，实际上他相当于明确承认了语义的重要地位。布卢姆菲尔德在《语言论》第九

① L. Bloomfield. Introduction to the Study of Language. New York：Henry Holt，1914：60-61.

② L. Bloomfield. Language. New York：Henry Holt，1933：139.

③ L. Bloomfield. Language. New York：Henry Holt，1933：245.

章中专门讨论了语义问题，在其后他发表的论文中又专门讨论了语义研究的重要性，然而遗憾的是他始终认为语义说明只是一种“未来的事业”。霍凯特在其名著《现代语言学教程》中把语言分为中心系统和外围系统，认为只有等中心系统的研究取得更多的成果后，才能更深入地讨论语义问题。后布卢姆菲尔德主义学者科尔纳也认为大部分结构主义者主张有控制地使用语义标准，而非绝对的加以排斥。当然，某些后布卢姆菲尔德主义者如哈里斯在其1951年出版的著作《结构语言学的方法》一书中采用了精密的分析手段和高度形式化的写作风格，由此而极端化的后果便是对语义的完全排斥，这一点遭到了语义学领域的强烈批判。

我们认为，语义问题作为20世纪语言哲学的中心议题之一，贯穿了历史上语言理论发展的始终，对于结构主义的语义态度，我们必须进行客观分析。在结构主义的研究中，对语义而言，抛弃它是不可能的，回避它是没有意义的，我们在结构主义的思想体系中总可以发现其所处的位置。问题在于，结构主义者在着手对语言进行研究时，更多地把注意力放在更容易形式化操作的音位学、形态学和句法学上，而语义研究在他们看来并不具有现实操作的可能性。①

在美国结构主义语义理论发展的末期，出现了乔姆斯基多元论背景的语义学派。乔姆斯基的语义理论对于美国20世纪后期语义学的发展产生了深刻的影响，原因不仅在于他在自我理论的不断更新中将语义问题提到了战略性的高度，而且还在于他极具开创性地将语义问题以形式逻辑的方式加以精确表达，由此便成为规范语义学的理论先声。更为重要的是他还提出了语义认知系统的问题，蕴涵了很多包括计算机语言和信息理论等后来成为美国语义学前沿课题的思想内容，因此我们有必要对乔姆斯基的语义观做一个简单考察。

首先，乔姆斯基语义学的发展以语义为核心进行了不断更新。20世纪50年代末乔姆斯基的名著《句法结构》问世，其中他主张句法研究可以不依赖语义概念而独立进行，说明他尚未认识到语义的重要地位。60～70年代，乔姆斯基在语义学家卡茨等人的建议下对其语义理论又进行了两次修改，提出“标准理论”和“扩充的标准理论”，对语义的所属部分进行了具体划分，即可以用形式逻辑表达的内容和其他语义问题，前者保留在语法体系中，即逻辑结构，后者则归入了语义子系统。

其次，乔姆斯基把语义问题放在人类整体认知系统中进行了考察。从根本上说，乔姆斯基的语义方法论是建立在科学主义和理性主义基础上的，他认为语言不仅表现为表面和形式的现象，更是人类一种深刻的认识能力，作为主体的人在

---

① A. Hill. An Introduction to Linguistic Structure：from Sound to Sentence in English. New York：Harcourt Brace，1958.

语言形式系统中建构起自然语言。可见，乔姆斯基已初步具备了认知科学的思想。乔姆斯基采用了数学符号和公式来建立规则和范畴，认为形式可以抽象地在认知系统之外进行考察，而语义却无法与主客观的语 境相脱离，即语义从属于认知系统。就这一点而言，乔姆斯基的语义思想实际上为后来认知主义语义学的发展间接地提供了某种可以过渡的桥梁。

二、美国当代语义学研究的旨趣与特征

20 世纪中期以后，随着人们对语义重视程度的提高和理论分析的现实需要，语义分析方法已经像“血管和神经一样渗透于几乎所有理论的构造、阐释和说明之中”[①]。美国当代语义学的研究也呈现出理论更迭频繁，学术争鸣，四方割据的局面，但是总体来说，语义研究的主要领域包括两个大的方面，即规范语义学和认知语义学，这也是当代美国语义学研究的两大主流取向。

1. 规范语义学的建构与完善

规范语义学作为美国当代语义学研究领域的主力军，走过几十年的发展历程。它目前在美国的发展已经初具规模，占据了美国语义学领域的主流地位，普遍得到了各大学和研究机构的认可，已经成为一门相对独立的分支学科，包括麻省理工学院和宾夕法尼亚大学在内的许多大学把它列为语言学和哲学专业学生的必修课程，出版了如道蒂的 Introduction to Montague Semantics、卡恩的 Formal Semantics 以及巴赫的 Informal Lectures on Formal Semantics 等教科书。当然，规范语义学本身的建立也是一个不断完善的过程，从蒙塔古最初建立规范语义学到后来克里普克等人的继续发展，出现了诸如类型理论，模态理论范畴语法，博弈语义学等新的学说，特别是后来帕蒂等人对蒙塔古语义学的不断完善，充分表明了规范语义学具有极强的生命力。

规范语义学的核心概念是形式体系，即一种抽象的模型结构，模型的抽象性意味着广泛的语义空间，进而彰显出语义自身的自由度。赛义德认为，可以采用外延方法研究语义，即使用语言来描述事实和场景，也就是研究语言表达式与外部世界的关系。[②] 以上所述也是蒙塔古语义学的主要理论基础，他认为可以采用数理逻辑的方法来处理自然语言的句法和语义问题，这一点在他的《英语也是形式语言》一书中得到了集中体现，该文开篇即指出：“我反对形式语言和自然语言截然分离的论点。”这是蒙塔古比较富有开创性的一项工作。

---

① 郭贵春．科学实在论教程．北京：高等教育出版社，2001：21.

② J. I. Saeed. Semantics. Malden：Blackwell Publishers，1997：269.

总体来说，蒙塔古语义学主要以真值条件语义学、可能世界语义学和模型论语义学为基础。在此基础上，蒙塔古把自然语言同其所指向的客观事态相互联结加以考察语义，借鉴函数与集合理论构造模态算子的语义，对自然语言进行精密的数学分析，这就使其语义分析的操作手段具有了明显的客观主义哲学色彩。客观主义认为人类所有的思维和理性都是对抽象符号的机械操作，而符号只有通过指称外物才能表征意义。这种客观主义思维已经被理论的发展证明是一种狭隘的视阈，这也是蒙塔古语义学不可避免的缺陷所在。

回溯历史可以发现，蒙塔古在逻辑语言的模型建构中所表现出的规范语义学的形式色彩在相当程度上受到了已经逐渐衰落的逻辑经验主义情绪的“感染”，尽管他在很大程度上已经实现了“弱化”，如卡尔纳普是后来流之于美国的逻辑经验主义的领军人物，他认为：“如果只分析语词与指示物，便是语义学。”[①] 也就是说，语言主要是符号与符号指示物的联结，这种联结也是卡尔纳普语义学的核心。卡尔纳普认为对自然语言必须采用人工语言进行摹写，建立完美的理想语言，而且理想语言必须是逻辑真理，由理想语言的语义学来确定。这样，由语义学出发来构造逻辑语言，进而就为自然语言的形式语义学奠定了牢固基础。可以看出，卡尔纳普的语义学具有典型的分析哲学色彩，他把真理符合论奉为圭臬，预设了语言与实在、命题与现实的同一性。实际上，这种思维存在很大漏洞，原因在于形式语言的逻辑概念具有高度的抽象性，并不与自然语言同构。

需要指出的是，规范语义学在美国后来的发展虽然在理论上进行了不断地完善和更新，但是其理论基础仍然是蒙塔古语法理论，这也是蒙塔古被尊为规范语义学奠基人的根源所在。在蒙塔古规范语义学的基础上，后来卡茨与福多在 TG 语法研究中采用形式化的方法研究语义，提出了语义成分分析方法。[②] 美国马萨诸塞大学帕蒂作为国际性的蒙塔古语法研究专家和当代规范语义学代表人物，认为规范语义学作为一个标准规范化的术语，涵盖了蒙塔古语法及其后续理论，他认为形式语义学就是句法内容添加语义因素的结果，并首次提出了蒙塔古语法的名称，把它视为一个时代的标志。

2. 认知语义学的兴起与发展

认知语义学就是在认知学的框架内研究语义，对心智进行经验性的研究。认知语义学的发展近年来在美国语义学领域异军突起，形成了一股声势浩大的思潮，1990 年美国首发《认知语言学》期刊，2001 年 7 月在美国召开了第 7 届国际认知语言学大会，对认知语义学开始了全面系统的研究。认知语义学的形成与

① Rudolf Carnap. Introduction to Semantics. Cambridge, MA: Harvard University Press, 1942: 9.

② Jerrold J. Katz, Jerry A. Fodor. The Structure of a Semantic Theory. Language, 1963, 39 (2): 170-210.

发展极大地丰富了规范语义学的思想，并且树立了自己独特的研究方法和目标，特别是认知本身的发展逐步将意向性与主体性包含在自身理论框架之内，并且潜在地为语用与语境因素的扩张奠定了基础，因此，尽管认知语义学在理论构造和解释方面仍然存在一些盲区，但它确实成为美国语义学进一步发展的理论生长点。

如前所述，乔姆斯基理论实际上已经涉猎了认知语义学的基本思想，如乔姆斯基认为语言是心理机制产生的客体，是人类心智能力的一部分——他本人也非常认同自己属于语义认知学派的提法。然而，认知语义学本质上是对传统语义学，尤其是乔姆斯基语义学的革命。它从根本上反对客观主义的真值论和成分论，反对乔姆斯基形式主义的方法，认为语义不是客观的真值条件，而是主客观相互作用的结果，取决于由情感、意图和行为组成的经验世界，因此，它与规范语义学也存在着严重的对立情绪。

首先，认知语义学强调概念的心理机制，主张概念化意义，反对意义的语义原子化。我们知道，意义的本质以及意义研究方法是认知语义学的核心问题，如作为认知语义学奠基人的塔尔米（Talmy）认为，语义具有与认知相关的自然属性，语义研究的重点应该是一般意义上的概念内容及其组织的本质研究；兰盖克（R. Langacker）把语义当作一种认知现象："意义是语言存在的理由。"[①] 兰盖克也认为，语义等同于概念化，属于认知处理的过程。

其次，认知语义学主张语义并不与客观世界具有一一映射关系，它具有动态和主观性以及经验意义的社会性，反对规范语义学真值指派的行为。如塔尔米认为，语言表述与客观事物的关系是间接的，它只有通过语言主体的大脑才能识别；福科尼耶（G. Fauconnier）把意义的构建看作是一个动态的认知过程；杰肯道夫则对语义与世界的关系进行了认知考察，他认为语义学的认知基础包括个体化，而且存在着一个心理表征层次，语法规定需要与心理表征相结合。[②]

最后，认知语义学承认日常语言意义的丰富性，认为语言能够成为经验概括的有力工具，反对规范语义学对自然语言的形式化处理。如拉科夫（Lakoff）与约翰逊（Johnson）承认语言中的隐喻行为，否认了形式分析法和真值理论的绝对性；福科尼耶认为语义的研究对象涵盖了语用后台的认知，而且与交际和社会功能相关；斯威策（E. Sweetser）也指出，复杂动态的意义可以结合包括了言语和文化的语境系统进行分析。

不可否认的是，认知语义学在当代美国语义学领域确实是一个极有前途的发展方向，原因不仅仅在于它对传统形式语义学外部缺陷的深刻认识，更重要的还

---

① R. Langacker. Foundations of Cognitive Grammar. Stanford：Stanford University Press，1989.

② R. Jackendoff. Semantics and Cognition. Cambridge. MA：The MIT Press，1983.

在于它适应了20世纪哲学转向中解释学转向和修辞学的需要，比如认知语义学家们对心理意向和背景知识的重视以及对修辞学中隐喻概念的关注都体现了这种趋向。如果说早期语义学的发展是在语言学转向框架内的建构，那么20世纪后期随着狭隘“语义图景”的破灭，语义学家们不得不在新的理论视野中从多角度对语义学展开观察和研究。当然这并不是要否定语义学的方法论意义，而是要在语境基础上赋予语义学更坚实的理论基础和解释空间。

三、美国当代语义学未来发展的可能趋向

步入21世纪，美国当代语义学在反思和批判20世纪狭隘理性主义和绝对主义思维、打破传统语义学保守性和封闭性的同时，在广阔的时间序列和社会空间上对自身的发展趋向进行了拓展，而且由于其本身所内聚的强大的阐释力和逻辑意义，从而把包括了哲学、语言学、心理学和计算机科学等学科分野的壁垒加以贯通，实现了哲学整体思维的提升和深化。其中最有前途的一个方向就是在整体语境的背景中赋予语义以解释的实在性，在包括了科学与社会、文化和历史的因素中，形成语义具体而现实的动态特征。总的来看，美国当代语义学的发展呈现出批判与继承、创新与融合并存的局面。

在语义学方法论建设的内部和微观领域，美国当代语义学的未来发展面临着需要重新反思作为语义学领域两大主流的规范语义学和认知语义学的关系，以及传统的规范语义学对待自然语言语义学态度的问题。具体来看：

首先，本质上，规范语义学的建构对于认知语义学具有很大的包容性。认知语义学对意向性表征和心理实在的关注对规范语义学产生了极大的启发，因此科学的规范语义学已经不再固守“逻辑推演”和“严格形式”的藩篱而必须结构性的联结“心理意向”。规范语义学和认知语义学各自在某种程度上认识到了自身的缺陷和不足，因此并没有采取简单的故步自封的策略，而是相互包容和借鉴，从各学科吸取营养，力图完善自己的理论结构，进而在语义学领域标榜学派，巩固地位。我们知道，认知语义学是在对规范语义学革命的基础上建立的，然而两者之间仍然具有很大的融合性，比如在意义与指称的关系问题上，它们都强调言外界域相对言内界域的重要性。然而认知语义学在对规范语义学反动的基础上似乎矫枉过正，比如它过于偏重对人脑结构和情感意图的分析，导致主观色彩过重，具有较大的随机性和变动性。[①] 帕蒂认为：“语义学家都希望最终给出一幅令人满意的语义图景，进而展示出语义如何由人的语义能力与语境的相互作

① R. Jackendoff. Semantics and Cognition. Cambridge. MA：The MIT Press，1983.

用。"[①] 从这个意义上说，作为美国当代语义学研究主流的认知语义学和规范语义学在未来一段时间仍然会占据各自的一席之地，并且二者具有很大的互补性。

其次，规范语义学对自然语言语义学提出了逻辑语形制约的主张，同时也与后者的"主体"实在性保持了适度的距离，而自然语言语义学不可避免地相关于语用语境，包含了文化社会因素，并且先天地指向作为认知语义学纲领的"意向交流"。美国规范语义学专家帕蒂认为，以蒙塔古为代表的规范语义学并非只是简单使用现有逻辑工具去分析自然语言，而是根据自然语言的特征不断完善逻辑，与运用逻辑和数学方法研究自然语言的规范语义学具有不同的研究模式。"自然语言完全不同于命题演算的形式语言"，自然语言语义学从另一个方面体现了"语义学研究的方法论意义"[②]。我们知道，在规范语义学与自然语言语义学关系处理的问题上，历来存在很多争议，早期蒙塔古语义学已经充分概括了两者的共同性。当然，差异与共性并存，规范语义系统需要保证完全性与可靠性，而自然语义则具有开放性和灵活性。帕蒂指出，自然语言有益于逻辑工具的完善，如蒙塔古曾经设计内涵高阶类型逻辑，以描述自然语言的语义性质。此外，坎普、林克等人也对语义的自然性与规范性进行过讨论。总之，自然语言表达与规范形式的双重要求，促使未来美国语义学的研究不得不慎重考虑二者的内在关系。

科学的规范语义学与认知语义学以及自然语言语义学之间的良性互动恰恰证明了在有意义的系统语境基础上进行语义分析的必然性，它们之间的合理张力指出了建立在包括了语形、语义和语用的语境基础上语义分析的可行性，进而把语义分析带入了人类公共实践和社会交际的层面。

在美国20世纪80年代以前，传统的静态语义观将语言表征与世界之间关联的意义看做是静态的关系，并且把这种关系凝固和永恒化。认知语义学的提出本身已经对传统的静态语义观造成了极大的冲击和挑战，动态语义学的提出更是证明了在广义语境基础上全面客观的研究意义问题的必要性。动态语义学把语言理解为一个动态变化的过程，认为语义学不能仅仅局限于表达式的意义，而是要致力于话语场景和社会交际的研究。如塞尔的意义理论把关于命题的形式建构拓展到言语行为中，不对语言的表现功能进行考察，而且开始研究语言的社会交际和实用功能。这样，把语言置于社会生活中来考察，强调语言的语义性，由此便能够弥补单纯研究语言形式结构的片面性。另外，动态语义学者坎普认为，语言是用来交际的，掌握一种语言就是掌握如何用它来交际，因此必须揭示意义与语言形式之间的关系。

---

① 邹崇理．从逻辑到语言——Barbara H. Partee 访谈录．当代语言学，2007，9（2）151-165.

② 郭贵春．语义学研究的方法论意义．中国社会科学，2007，（3）：79.

我们认为，当代美国语义学领域的语义动态化倾向特别是帕蒂教授指出的规范语义学与自然语言语义学的良性互动，恰恰表明了经典语义学“意义等值于真值条件”观点的狭隘性，指明了语义语用化转向，进而在语用语境的基础上构建规范性语义分析理论的合理性。帕蒂认为，语义学与语用学的融合是当今语言哲学的发展趋势。他指出，语义学与语用学的首次合流出现在蒙塔古和路易斯等人的著作中：把内涵语义最终扩展到作为整体且包含了主体和意向因素的言语行为语境。我们知道，20 世纪语言哲学的发展见证了语义学向语用学的转向，在语境的基础上，“语义语用学”研究通过具体语用环境确定命题内容和意义，“语义语用学”研究确定的命题内容使用中存在的其他影响因素，这表明了语义学分析与语用学分析的内在一致性。因此，伴随着语义语用化转向，卡尔纳普三元划分的语义学模式必将进一步被打破，而站在作为语形、语义和语用统一的语境基底上去发挥语义学的方法论意义，必将成为美国当代语义学发展的一大潜在趋势。

在语义学学科发展的外部和宏观层面，美国当代语义学的继续研究出现了欧洲大陆语义学传统与美国语义学发展旨趣的相互渗透，以及语义学多学科扩张和多维度发展的整体趋势。

首先，虽然从总体上看当代美国语义学的发展以规范语义学和认知语义学作为主流，然而与此同时美国语义学界研究的触角也在不断向外延伸。传统上，欧洲大陆的人文主义和非理性主义气息相对浓厚，表现在哲学上就是 20 世纪欧洲大陆传统与英美理性主义传统的对立和隔膜。这种世界观背景的差异也造就了欧美语义学研究的不同旨趣。欧洲大陆的语义学研究更多的是与语言学、语言哲学、信息论相关，如近几十年来兴起的计算语义学就是哲学家、逻辑学家和语言学家合作的结果。帕蒂认为，规范语义学为计算语义学奠定了理论基础，同时计算语义学也促进了规范语义学的研究，原因在于语义学也存在实际应用问题，在这一点上规范语义学相对计算语义学可以算做纯科学。[①] 他同时还指出，规范语义学出现之前的美国，语言语义学在计算机理论研究方面除了词汇之外毫无进展，直到 20 世纪八九十年代，美国语义学在欧洲语义理论的影响下，计算语义学才开始蓬勃兴起并迅速发展。语义学家们不断参与一些前沿的计算机项目，直到 1999 年在美国成立了计算语义学协会。由此可以预见，随着学术壁垒的不断突破和理论交流的不断加深，未来美国语义学的发展必定是以更为开放的、国际化的视野继续前进。

其次，20 世纪后期美国语义学的发展本身已经表明了语义学作为一种分析

① 邹崇理. 从逻辑到语言——Barbara H. Partee 访谈录. 当代语言学，2007，9（2）151-165.

的方法论工具的重要意义，它具有的统一整个科学知识和哲学理性的功能，形成了把握科学世界观和方法论的崭新视角。一方面，美国未来语义学的发展必然更加广泛地涉猎多种学科，以期丰富自身的理论内涵。例如，规范语义学就融合了逻辑学、数学、哲学、系统学等学科知识，而认知语义学更是把诸如心理学、人工智能、语言学等学科加以贯通。美国语言学家和哲学家近年来就已经进行了深入合作，如坎普和帕蒂（1995）、库柏和帕森斯（1976）、巴威斯和库柏（1981）等就共同发表了很多著作。因此，未来美国语义学发展的走向已经不是单独一个学科如何修改和完善的问题，而是多种学科相互融合和协作的问题，这进一步体现出人类思维全面性与整体性的特征。另一方面，语义学作为一种普遍的研究方法和“分析利器”，各种具体学科必然一如既往的会把它与自身学科的推动和建设结合起来，像血管和神经一样渗透于几乎所有的理论构造、阐释和说明中。如在工业设计领域，工程师们提出了“产品语义学”的概念，并在1984年美国克兰布鲁克艺术学院由美国工业设计师协会（IDSA）举办了“产品语义学”研讨会。在生物和生命科学领域，坎特伦（J. F. Cantlon）和布兰农（M. Brannon）等开始从语义和认知的角度分析神经与心理机制。在社会学领域，安德森（B. Anderson）和布兴（C. Busching）等把语义分析方法应用于社区和家庭结构的研究。

综上所述，美国当代语义学的发展在各个语义流派不断推陈出新、相互竞争的局面下，从总体上呈现出研究思维相互融合，研究手段相互借鉴，研究领域相互贯通，研究目标逐步清晰的崭新图景。在这个过程中，语义学的学科地位和方法论意义得以充分确认，并且开始朝向具有充分开放性和社会文化意义的所谓“后现代性”的阶段过渡，从而为世界语义学的发展做出新的贡献。

第四节　德国语义学发展的历史趋势及其内在特征

客观地回溯历史，德国语义学由科学研究的边缘地带进入哲学和语言科学研究的核心区域始于19世纪。19世纪德国语义学的产生与发展一方面来源于德国深厚的古典哲学传统积淀，另一方面也与同时期自然科学的进步以及相关语言科学的发展密切相关。这一时期德国语义学的发展在同时期欧洲语义学发展的进程中走在前列，极大地影响和促进了欧洲其他国家语义学的发展和繁荣。19世纪中期以后，德国语义学从孤立的语词研究开始更多地关注在历史和语境系统中意义的语用功能，并且自发地形成了早期语形、语义、语用相结合的语境思维。这种尚处在萌芽阶段的语境分析思维的重要意义就在于，初步认识到只有在整体和统一的语境基础上才能凸显出语义分析方法论的重要价值。

一、语义分析逻辑传统的诞生与建构

综观19世纪德国语义学的发展脉络，康德纯粹直观的语义缺陷尤其是他以“哥白尼式革命”为旗帜开创的认知理论模式成为了语义学家们理论建设的基础和哲学批判的对象，这集中地反映在语义学理论范畴的建立和意义分析思路的展开等方面。正是在对以康德为代表的德国古典哲学传统批判和反思的基础上，19世纪的德国语义学开始趋向于寻求更加科学、更具合理性的语义分析工具。

1. 古典哲学传统中康德诉诸纯粹直观的先验理论成为19世纪德国语义学发展的巨大障碍

其原因在于，康德式的唯心论传统并没有真正认识到先验性问题的理解与概念命题和意义之间具有本质的关联，并且语义学概念的分析是先验性问题理解的基础。因此，步入19世纪之后，伴随着对于康德先验理论的批判过程，以意义和概念理论研究为核心的德国语义学开始逐步诞生。

首先，康德认为概念和分析之间的关联并不是绝对的，在这方面他具有典型的经验主义倾向和意义表征的物理主义色彩。我们知道，意义和概念的本质紧密相关，因为概念的理解就是下定义，而定义本质上就是分析，因此意义与概念的本质紧密相关。客观来说，概念的明晰和确定是哲学分析的基本原则，然而康德所理解的概念明晰性却完全依赖于心理表征，他认为我们达到概念明晰的过程就是所谓的分析：“关于明晰，首要的是由概念而实现的分析或论证的明晰。”① 为了达到概念的明晰，分析过程必须达到不可分解的原子概念，意义的理解就主要体现在概念分析的解释过程中。在此过程中，康德划分了心理表征概念和概念本身之间的绝对界限，然而他并没有认识到两者在心理基础上的统一性，而这种统一性恰恰是概念分析和认识活动的基础。因此，在康德的理念中概念与分析之间的稳固关联并没有得以确立。

其次，康德认为综合判断并非建立在纯粹概念的基础上，而是建立在直观的基础上。就综合判断原则的基本内涵来说，康德认为在综合判断中把概念联结起来的成分必须包含直观，同时综合判断只有在直观强调了主体的概念时，才具有可能性。另一方面，康德把分析性和纯粹概念混淆起来，然而实际上分析的基础是概念理解，对概念的分析要求对概念本身的理解。因此，尽管康德认为，分析知识的基础是复杂性概念，但是简单概念并不依赖于直观，同时它也是先验知识的基础，这进一步说明了我们对于概念的理解不能只根据它的结构特征或逻辑构

---

① 康德．纯粹理性批判．韦卓民译．武汉：华中师范大学出版社，2000：10.

造，而且也必须与分析判断的基础结合起来。

最后，康德在先验判断基础的考察中强调其存在的主观性而忽视了对客观性的考察。康德认为，分析与综合的区分是概念分析的结果，分析借助于意义在逻辑上具有真值，同时概念只有通过分析的过程才能为知识奠定基础。此外，判断的分析性与概念分析的关联并不是直接的，概念分析是分析判断实现的途径。这样，康德把概念理解中分析和综合的区分应用于判断，但是分析性与先验性的区别在于它不具有真理的必然性。因此先验真理并非建立在概念分析的基础上，而是建立在先天判断的基础上。在这里，康德把知识的语义基础完全归诸于范畴分析，但是在此综合判断的语义基础问题并没有引起他的重视。

总体来说，康德认为综合判断并非建立在语义学的基础之上，这样意义问题就成为了理解的核心和关键。同时，康德的先验性理论也构成了概念判断命题发展的障碍，这就意味着语义学的发展必须摒弃先验哲学和唯心论的传统思维，而这也正是19世纪德国语义学产生和发展过程中的必然趋势。

2. 新康德主义的逻辑观为语义分析的形式化走向奠定了基础

随着19世纪非欧几何等精确性算术科学的提出与发展，人们开始反思命题直观性的思想基础。在德国古典先验哲学趋向于瓦解的过程中，新康德主义仍然选择了康德的纯直观作为理论分析的基础，这不可避免地构成了其局限性所在。与此同时，新康德主义的马堡学派在康德先验论的基础上，提出了语言形式纯粹逻辑构造的设想，为现代规范语义学的发展做出了贡献。

首先，马堡学派强调感性直观与逻辑思维之间的紧密关联。我们知道，在先验认识论中，康德承认了时空结构作为感性形式的先天性，但是也隐含了对感性内容客观性的理解，其原因在于自在之物对于感性形式的作用。在马堡学派看来，感性事物是由纯粹思维产生的主观构造，思维规定了事物的形式和结构，因此感觉与思维具有内在的统一性。在这里，认识作为思维形式并非源于感性知觉，而是建立在内部的抽象思辨过程中。因此，柯恩认为："感性知识并非先于逻辑，思维的原因在于自身，而不在其外。"[①] 在这里，马堡学派实际上是主张通过严格的科学理性将精确自然科学发展的规律与康德批判哲学相结合，这也体现了新康德主义的一大普遍特征。

其次，马堡学派在意义理解的过程中，强调纯粹逻辑方法论的建构，坚持语言与世界绝对二元对立的狭隘语义理论，认为意义的真理性就存在于逻辑分析的过程中。同时，马堡学派的逻辑主义特征还表现为"反心理要素"的倾向，为

① Hermann Cohen. The Logik der Reinen Erkenntniss. Berlin：Hildesheim Press，1902：12.

此赫尔茨海指出："在马堡学派看来，认识批判的有效性在于排除认识中经验和实证的心理要素。"① 另一方面，在纯粹思维的结构中，逻辑范畴具有先验性，同时逻辑的结构与世界的结构具有统一性，因此逻辑原理构成了世界存在的基础。这样，在康德先验式的逻辑构造中思维与认识对象的结构具有了同一性，逻辑的结构与世界的结构也就具有了对应性。

由上可知，马堡学派逻辑方法论的实质就在于用逻辑的结构来阐释世界的结构，把哲学的任务归结为知识的逻辑分析，并且力图为科学理念和经验判断奠定绝对化的逻辑基石。从德国语义学后来的发展来看，新康德主义马堡学派语义分析的逻辑形式化构造与逻辑实证主义的主张不谋而合，其共同的实质就在于主张将逻辑语言作为科学描述的基础，进而把经验事实的研究还原为理性的物理分析。

3. 弗雷格的语义学理论开创了逻辑语形分析的历史传统

在语义学发展史上，弗雷格最大的贡献在于突破了传统形式逻辑纯粹数学规则推演的历史传统，在逻辑与意义之间建立了有效关联，并且把意义的理解建立在稳固的逻辑基础上。弗雷格的反心理主义意义分析和逻辑主义纲领被后来逻辑实证主义的发展所继承，成为他们科学阐释和分析的重要手段，对分析哲学、语言哲学的兴起产生了重要影响，同时也使其成为了德国现代语义学发展史上奠基性的历史人物。

首先，弗雷格针对传统形式逻辑中的范畴类型提出了逻辑推理和证实的基本原则。历史上，形式逻辑主张主谓结构的区分，弗雷格则用功能和对象的区分代替了主谓区分，他认为系词作为非饱和性（unsaturatedness）概念中的组成部分并非是连接主谓的独立要素。同时，在自然语言的句型中，词的关联与概念结构并非完全对应，其中也包含了非表征特征的事实和要素。在这里，弗雷格实际上是认为思想中的逻辑和客观因素与心理因素无关。他认为只有"表征意义的符号"及其相关的符号关联才有意义，为此，他认为："必须严格把心理和逻辑的东西区分开来，把主观和客观区分开来。"② 这就是说，客观表征区别于主观表征的原因就在于它主要体现在联结基础上的功能，由此弗雷格的这种语义态度构成了其知识论的基础。

其次，弗雷格提出了意义问题的研究，强调意义与逻辑真值的关联性。我们知道，命题理解的功能在语义学中具有重要地位，在历史上相当长的时期内，意义问题的研究并没有得到哲学的重视。弗雷格的转变就在于他把命题态度看作实

---

① 赫尔茨海．新康德主义中的认识论与逻辑．哥尔腾堡大学出版社，1980：10.
② 弗雷格．算术基础．王路译．北京：商务印书馆，2001：9.

体的存在，认为理解并不是考察命题态度的有效方式。同时，意义与实际事态并不等同，而是与世界中的真值紧密相关。在这里，由于语法单元并不包含命题意义的基础，而是与世界中的真值特征相关，因此具有真值的意义一定是某种确立关联性的机制。

最后，弗雷格考察了概念起源的基础以及指号、意义和指称的关系。在弗雷格的语义学中，概念具有最为重要的意义，它与可能判断内涵的理解密切相关。弗雷格认为，概念的形成是从判断开始的，它具有多种指称的解释力，并非源自于抽象。在这里，我们可以看出，弗雷格把从判断到概念的推理过程看作某种数学程序，不再简单地把表层语法和主谓形式看作概念分析的工具。此外，弗雷格认为："意义、指号和指称之间的关联在于意义对应于相应的指号，指称对应于相应的意义，然而与指称相对应的指号并不一定具有唯一性。"① 这表明弗雷格的语义学已经内在地融合了意义理论和指称理论，这是语义学发展中的一大进步。

综上所述，弗雷格的语义学思想突出地体现了在现代逻辑和精确性数学分析工具兴起之后，语义学家们力图在客观主义的基础上建立统一完善的语言分析工具的迫切愿望，这使其彻底与传统语义学主观主义、心理主义的狭隘性划清了界限，同时他所采取的逻辑语义分析的策略和手段也鲜明地标示出了现代语义学发展的典型面貌与主要特征。

二、心理语义分析和语义意向性的提出

19 世纪德国语义学的发展同时受到德国思辨哲学传统和心理哲学的影响，对于词的意义开始在心理表征中去寻求，把意义看作是与词相关联的心理表征。同时，受到布伦塔诺意向性理论的影响，语义学家们开始将意向性分析与意义的理解结合起来，开意向性语义分析的先河。在这里需要指出的是，心理语义性和语义意向分析之间具有直接的关联，因为意向性研究涉及心理内容的基础，在某种程度上意向性问题就是心理内容问题。另一方面，意向性问题本身不是心理现象最根本的属性，而心理状态则是由于具有特定的心理内容或语义性才具有了意向性，因此"心理状态的意向性根源于心理表征的语义性"②。在这个意义上，对 19 世纪语义学发展中的心理语义分析思想和意向语义分析理论进行认真的总结和梳理，就显得尤为重要。

---

① Frege. On sense and reference. Oxford: Blackwell & Mott Press, 1981: 58.

② J. Fodor. Psychosemantics or Where Do Truth Conditions Come from? //W. Lycan, ed. Mind and Cognition. Basil: Blackwell, 1990: 313.

1. 意义的心理表征和心理语义分析

本质上，科学语义学的建设必须回答意义与心理的关系以及意义与表征系统的关联问题。我们知道，心理状态借助于心理表征表现为命题态度，而命题态度是主体与心理表征的心理语句关系，同时心理表征的语义属性意味着心理语句也有意义和真值条件，这种命题态度的根本特征就是心理语义性。在这里，心理语义性的问题就是意义问题，因此19世纪德国语义学家们自觉从心理表征的状态出发，对概念和意义问题进行了全面考察。

首先，语义学家们在康德表征理论的基础上，结合心理学的方法和原则，为语义学的概念和范畴赋予了新的理解。雷西格（Resig）认为，意义可以理解为某种心理表征，心理表征之间特定类型的关联决定了意义的变化。海伊（Hey）认为语义学建立在心理学方法的基础上，为此应该分析语义现象的心理类型和原则，这样才能确立语义学的科学性。赫尔巴特（Herbart）认为，与心理学相关的事实应该得到解释，它与感觉印象的观念和表征心理状态的相互作用有关，统觉范畴只是一种心理的能力。冯特（Wundt）则强调了态度和行为中心理因素的重要性，认为语言是心理活动的外化，只有通过心理内部活动的外部表征，才能实现对统觉内在过程的理解，同时只有通过对语义现象的心理过程的分析，才能实现概念意义的理解。由上可知，19世纪语义学家们在意义理解和分析的过程中已经自觉融合心理状态和心理表征的理论，这不仅打破了康德先验逻辑的独断论，而且为意义问题的解决提供了更多在科学性上突破的途径。

其次，语义心理主义建立在经验主义立场之上，这种心理学的经验论不是把语义分析看作是心理表征理解的基础，而是将心理状态和过程的理解当作语义分析的基础，这既是其立论的前提，同时也是其不可避免的局限性所在。赫克特（Hecht）认为，心理学方法是语义分析的重要基础，其中经验心理学具有重要意义，在心理活动中包含了当经验对象与显现相关联时由心灵产生的新的意义。拉扎鲁斯（Lazarus）则强调语言是一种客观心理的构造，是一种普遍的集体心理活动的系统结果，这种系统性区分了不同的客观心理和语言，因此语义学应该研究这些系统的运动和转换。总体来看，心理主义语义学把心理分析当作科学认识的重要工具，而心理学本质上是以事实为基础的经验科学，它以作为事实性存在的共同体心理为研究对象，因此语义心理分析的基础也必然是共同体存在的事实。

最后，语义学的心理分析在意义理解的过程中，普遍存在着一种心理"纯粹化"和绝对化的趋势，而这种心理活动的结构并不能完全解释逻辑的构造和概念规律的形成。施泰因塔尔（Steinthal）企图用纯心理的机制替代概念的逻辑分析，为此他把概念区分为感觉、直观和表象等三个层次，直观将感觉加工为表象，表象作为心理简单层次是一种直观的直观。在语言发展中，纯统觉具有重要意义，统觉既构建了意义，也可以产生不同概念，这样在统觉基础上形成的词语便具有了新的感知能力，产生了意义的外延，因此词语的意义和形式是实现统觉的一种工具。值得一提的是，胡塞尔早期也持这种心理主义立场，为此还曾受到弗雷格的批评，因此在《逻辑研究》中胡塞尔对这种意义的心理主义进行了反思。他认为，心理主义的关键在于它没有理解本质直观的明证性是本质自身“原本的被给予性”①。由此，明证性被当作心理实在的感觉，结果是混淆了逻辑关联与心理实在的联结。

总而言之，我们在这里对19世纪德国心理语义分析的思想进行总结，其目的在于说明在近代语义学诞生和发展的初创阶段，语义学家们对于意义和概念理解的界域是相当广阔的。其中，注重语义学理论的心理建构是其中一大重要特征。尽管它作为一种分析的手段和方式还并不完善，存在种种缺陷，但它至少在理路上证明了心理分析作为科学研究的重要方法对科学理论构造和概念的理解具有重要意义。这既是被后来的逻辑实证主义所忽略的一大领域，同时也是当代语义学的发展必须倍加重视的一个方面。

2. 意向性理论与语义分析的结合

在语义学的意向性分析过程中，19世纪德国意向理论的发展明显受到了奥地利心理学家布伦塔诺意向理论的影响，对此这一时期意向理论的代表人物如胡塞尔和梅农（Meinong）等也正式予以承认。其中，胡塞尔是意义与意向分析理论的集大成者，他将意向性理论与语义学分析结合起来，一方面使得语义学分析成为意向性理论进一步展开的基础，另一方面也使得语义学的发展不再局限于逻辑语形分析的狭隘视阈，从而开辟了意向语义分析的路径，为语义学的发展提供了崭新空间。

首先，胡塞尔考察了作为意向性语义分析基础的知识对象和心理分析的关系，这与19世纪之前的认识论形成了很大差异。我们知道，17世纪德国的莱布尼茨曾经认为，对对象的理解没有必要直接将思考付诸实践，而只需拥有这种思考力，这种能力不仅是感知能力，而且包括我们不必通达事物而表征事物的方法。康德也认为，表征的目的，表征本身与它的对象具有同晶性。布伦塔诺曾经认为，心理状态的导向性产生对象的意图，同时意向性强调了意向语境中的语义学。胡塞尔则认为，数学知识的精确性是有限的，我们可以理解具体的事物，但对于抽象事物却很难把握，其原因在于表征的心理经验并不把对象当做隐性内涵

① 胡塞尔．逻辑研究．倪梁康译．上海：译文出版社，2006：49-51.

包括在内，而是在某种意义上对事物的意向。由此，胡塞尔对于语义真值的理解就摆脱了二元对立的逻辑观，倾向于对真理的直接把握。其原因在于，意识活动既是认识的基础，同时也是意向活动的结果，因此认识的真理性无需辩护，是一种本质直观的显现。

其次，胡塞尔认为意向行为本身具有意义，是语言意义的基础，这就使得胡塞尔的语义理论与康德的理性主义彻底划清了界限。胡塞尔认为意义具有三个层次的要素：①具有意义的行为——意向性。②此类行为的内容或表征的意义。③此类行为的对象或者表征的客观性。其中，意向行为乃是指意识活动本身，意向内容则是指意识活动的意义，而对象则包括观念和实在的事物。同时，语言的意义在于它表述了说话者意向行为中的意向内容和说话者的表述意图。为此，胡塞尔反对实用主义把意义与实现意义的行为相等同的做法，认为命题的意义与主体的行为无关，只有意向性才具有决定作用。

最后，胡塞尔在逻辑理性主义反叛的基础上将意义理解的意向性分析过程与现象学理论的展开紧密结合起来，他的现象学还原作为一种哲学“语义上升”的过程，为20世纪现象还原方法论的建立做出了重要贡献。在意向结构中，胡塞尔强调直观和体验的重要性，他认为命题的意义源于以体验方式获得的意识行为中，具有一种自明性。同时，意向与意义是一种通过内省而实现的客观性的先验性原则，这种所谓“内省”就是一种在主观知觉之外的先验式思维。因此，我们必须通过反思以考察我们意识活动中直接呈现的经验，同时意向性意义的显现也就成为了现象学分析的目标，我们可以通过研究意向活动的构造达到对象事态的理解。

概而言之，以胡塞尔为代表的德国19世纪意向论者，力图在意义分析的过程中对意向性的本质特征和结构属性进行阐述和说明，从而使得语义和意向性具有了内在的关联。同时，胡塞尔在布伦塔诺意向性理论基础上所引入的现象学方法论路径，拓宽了意向性的研究领域，深化了意向性分析的理论体系。从现代语义学的视角来看，意向性分析本身就是语义学理论中的重要领域，它消解了理性论和感性论的冲突，超越了单纯逻辑形式的分析，为20世纪逻辑实证主义终结之后心理学的回归和语言学的转向奠定了基础，并且进一步成为了当代语义学成长和前进的重要生发点。

三、语义学的语用分析和语境思维的产生

站在当代科学语义学发展的立场上，回顾德国语义学演变的历史趋势，我们可以清楚地看到19世纪至20世纪初的语义学家们在科学思维与科学理性逐渐成长的过程中，不断为语义学的发展注入新的血液，其语义分析思维的触角是灵活

的，所倚赖的背景是广阔的，他们并没有把语义学狭隘地局限于概念范畴的演绎和扩展，而是自发地选择了语境作为意义理解的基石，从语义学逻辑形式化的建构到心理意向的分析再到“语用语义学”概念的提出以及文化历史背景中的语义建构，其中越来越鲜明地彰显出在语境视野中语义分析的必要性和价值所在。

1. 命题语境在意义理解中具有基础性的地位

命题语境是语境的重要组成部分，历史上语义学家们一直认为词语是语言构造的原子要素，弗雷格则敏锐地意识到了只有判断句型即命题才是意义构成的基本单位。弗雷格的这一思想也直接启发了维特根斯坦关于语言的基本单位是命题以及命题与事实关系的思想，并影响到后来逻辑实证主义维也纳学派的意义理论和证实标准。

首先，弗雷格认为，概念与对象之间的关联并不是固定的，只有在命题语用中才具有确定性，其中命题语境对于意义的形成具有重要作用。也就是说，词语和句子是隶属关系，词语意义的表达要由作为整体的句子来决定，词语的功能体现在句子的语用中，由此句子或命题便具有了原子要素的意义。弗雷格认为：“必须在句子的语境中考察语词的意义，而不能孤立地研究语词的意义。”① 这就意味着在句子中，我们不能孤立地研究词的意义，而必须在语词的关联中分析句子的意义和思想。

其次，弗雷格主张用意义的语境原则来取代意义的指称理论。他认为意义的指称理论是相当局限的，尤其是在涉及诸如数和逻辑的抽象对象时显得并不适用，更为严重的是，意义指称理论有可能把虚构的心理表象同所指称的对象混淆起来。在逻辑语形的构造中，对于分析命题中所涉及的词的意义，我们是根据规律和定义来理解的。由于定义和规律必然要用句子来表达，所以只有在句子中才能弄清楚分析命题所涉及的概念的意义。在此单纯的追问其所指称的对象并没有意义，只有通过分析它在句子中使用的语境才能了解它们的规律和定义。

最后，弗雷格强调句子意义的真值与世界的实际事态相关。在规范语义学和自然语言语义学的理论对立和关联中，弗雷格一方面认识到日常语言的缺陷和他所建立的以命题逻辑和谓词逻辑为基础的理想语言的完善性和合理性，另一方面他也充分意识到理想语言不能取代自然语言的全部功能。为此，弗雷格探讨了语句的认识价值和真值的关系问题，他认为句子的意义在于它的真值，这种真值并非由意义单独决定，而是和意义、实际事态关联的方式有关。

总而言之，从命题语境的分析过程来看，弗雷格语义学所采取的基本态度是

---

① Frege. The Foundations of Arithmetic. Translated by J. L. Austin. Second Revised Edition. New York: Harper and Brothers Press, 1960: 22.

开放的，他所理解的意义理论也区别于纯粹哲学逻辑分析的范畴。在这里，意义构造实际上就是语境构造，意义的内涵空间超越了逻辑语形的构造，在语形、语义、语用相结合的语境平台上达到了意义的沟通与交流，这充分显示了在语境中诸多要素之间内在的统一性和整体性。

2. 人类历史和群体文化是语义阐释和理解的基本背景

在人类发展的长期历史中，语言是人类思想和知识的载体，它与人类思维和实践的发展同步，因此语言本身就是包括历史、文化和自然等多种因素在内的综合体。在历史和文化系统中，语境包括形式表征和心理意向等多种要素，因此语言命题的基础是文化和历史的存在。站在历史和现实的角度上，德国语义学发展过程中这种理论趋向的形成，既与德国古典哲学人文传统有着一脉相承的关系，同时也与 19 世纪以“主体回归”为口号的新康德主义思潮在语言科学研究领域的影响和渗透不无关联。

首先，雷西格认为语义学的基本规范与人类思维的一般原则相关，为此他强调在历史中研究文本的必要性。雷西格认为词汇具有意义的特性，但这种意义既不依赖词源，也不依赖句法规则，因为这种意义不仅由表征一个观念的功能构成，而且也由一般语言状态和依据一定方式的词的使用决定。另一方面，雷西格强调语言是一种历史和群体的产物，通过社会群体中人的交际而进行扩展，并且其演化受制于语言的使用，因此意义的理解中存在着历史动因以及文化和社会的因素。在文化中，概念的指称发生转换而产生新的指称和术语，因此语言的历史是一种共时态的语言使用现象，这种语用的阐释就为意义的理解奠定了基础。

其次，施泰因塔尔强调了语义学研究中历史事实的基础性作用。他认为，语言的演化包括表征的历史以及建立在语义学基础上言语的历史。在人类语言从简单反射到抽象语言的转变中，语形和语义的分析都与人类的认识过程相关。总的来看，人类语言发展经历了三个阶段，即拟声词阶段、词源学阶段和纯粹指谓阶段。其中，最重要的是抽象纯粹的指谓阶段，它表现为语言的使用抛弃了元初意义的探索，也就是说词语在命题的表述中本身并没有意义，而只有在语用中确定的表象或意义才得以应用，从而完成认识的过程。

最后，拉扎鲁斯在意义理解的过程中提出了历史语义学的概念。他认为意义真值的考察只有在整体的社会和历史背景中才能确定，语言是人类的“客观”心理表征，在历史中它处在一种不断演化的过程中。就语言本身而言，它是建立在人类历史活动基础上的系统活动。其中，源于言语历史的系统性可称为自然系统性，源于科学的系统性可称为人工系统性。“我们必须研究这种系统的历史演化，因此只有历史语义学才能揭示心理的内在活动。”[1] 在这里，我们可以看出拉扎鲁斯实际上是在意义转换的过程中否定了语言是一种绝对确定思想的简单表征，进而凸显了在个体之间交流过程中对意义的建构。

总体而言，德国语义学发展中这种将意义的内涵与历史或文化的语境相关联的态度与方式是有意义的。任何语言形式都不是空洞的存在，任何意义的形成也不是脱离时空历史的虚构，语形的构造要依赖语用的推演，语义的理解也要满足语形的需要，同时语境的整体系统性也决定了思想表征中语言的形式及其意义结构。这种语境系统性为意义的理解提供了广阔的发展空间，体现出其社会交往和文化价值功能，由此使得意义的理解不仅包含了语义分析，而且包含了文化历史的语用，进而这种意义的语用分析过程也为意向和语境奠定了物质基础。

3. 具体的公共生活实践和有效的交流是意义理解的重要环节

本质上，语境是以实现人类交流为目的而存在的一种认知结构，语境构成了公共实践的具体形式。从德国早期众多语义学家们语义分析过程的展开来看，朴素的语境整体论视野已经萌芽或者得以应用。在语境整体论的视野中，语形、语义和语用具有内在的关联，意义的理解就建立在交流和理解的基础上。其中，逻辑形式化的演绎不再具有绝对性的意义，命题真值的判断也不再仅仅依赖与命题关联的语境存在，而是紧密与整体语境中的实践经验相关。在这一点上，我们必须承认，上述研究趋向不仅标示出了德国早期语义学所理解的语境平台的开放性和所投射的语境视野的科学性，而且启发了当代世界语义学发展的趋向和前进的道路。

首先，瓦格纳（Wegner）在语言交流和理解的基础上提出了意义理解的“语言生活理论”。他认为词语本身并不具有意义，只有在完整的语境中以及主客体的理解中才能获得意义，同时语用先于语义和句法，而意义和语法都源自于交流。语言的功能性作用在于，语言的交流超越了纯粹的词汇语义学，从而使得言者和听者在语用语境中以一种互动的关联实现意义的理解。在他看来，“个体的存在属于表征的社会群体，个体之间具体意义的交流和活动具有典型的意向性和目的性”[2]。我们可以看出，瓦格纳所理解的作为意义基础的语境已经将具有能动性结构的主体包括在内，并且力图在自然语言意义的语用建构中实现逻辑性和意向性的整体统一，从而使得语境的推演逐渐成为意义理解的基本背景。

---

① Brigitte Nerlich. Semantic theories in Europe 1830-1930. Amsterdam：Benjamins Publication Company，1992：33.

② Brigitte Nerlich. On Wegener's theory of ‘speech acts’. France：DRLAV Revue de Linguistique，1986：34-35，301-315.

其次，保罗（Paul）的语义学在意义分析的过程中也涵盖了系统的语境因素。为此，保罗区分了一般意义和具体意义，所谓一般意义是指具体意义的共性，而具体意义则建立在一般意义的基础上，包含了讲话者的意图，在语境中被阐释和重构。他认为，这种具体意义的语境依赖性表现为依赖于某种由听者和言者共同拥有的背景、先于言语的内涵以及具体的言语场合等因素。他说："具体意义是一般意义的衍生，具体的意义只能指称某种具体的事物，而一般意义则指称抽象的事物。"① 在这里，保罗清楚地意识到了词语的内涵和界限是变化的，因而意义也是相对的、不确定的，在使用中具有极大的灵活性和变动性。

最后，额尔德曼（K. O. Erdemann）提出了意义交往和理解的网状结构理论。他认为，在日常语言中，我们对于词的意义的描述仅仅是一种线状网络，不是完全固定的，它根据外延来界定，这种界定的途径不仅通过对外部世界的指称，而且通过对语言使用者定式思维的指称来实现。在使用过程中，词语通过与句子中其他词语的关联得到意义的明确，但是其中最重要的还是具体语境中个体之间的沟通和交流。为此，额尔德曼认为，我们必须理解词的价值，即词的经验建构，同时也必须结合各种语境类型以及说话者的立场和行为。在这一点上，额尔德曼对后来奥格登（Ogden）和理查德（Richard）意义分析的语境理论也产生了一定的影响。

站在历史的高度上，19 世纪至 20 世纪初德国语义学发展的总体态势与其后逻辑实证主义（在德国以柏林学派为代表）兴起的时空承续和内在历史逻辑关联来看：①自康德开始所强烈突出的哲学分析传统所强调的对概念和逻辑的重视成为逻辑实证主义语义理论的纲领和旗帜，由此逻辑实证主义所主张的形式规范传统在先进的自然科学理性工具的指引下越来越倾向于对语言的分析和对数理逻辑的推崇。②从 19 世纪开始迅速扩张和膨胀的科学革命（如物理学和数学的变革）所带来的对于"精确性"和"实证性"工具方法的过度迷恋，表现为重视经验操作和经验观察，这种思维倾向在 19 世纪的语义学研究中已经逐渐渗透和渐趋深化，而随后兴起的逻辑实证主义则进一步将其纯粹化和极端化，由此意义确定的标准和"科学主义"的证实性紧密关联起来，命题的意义只有在逻辑的证明和实证的观察中才能具有有效性。③尽管 19 世纪德国历史科学和精神科学所研究的语义主题和范围是宽广和丰富的，但是它从根本上并未被逻辑实证主义的严格"科学"纲领所采纳，在其中意义确定的心理分析、历史考察和社会学探索成为了空白。因此，在德国尽管对于意义分析的语用和语境理解已经具备了 19 世纪深厚的文化历史积淀，但是同一时期"语境"意义分析的理念尚局限在

① Brigitte Nerlich. Semantic theories in Europe 1830-1930. Amsterdam：Benjamins Publication Company，1992：91.

语言学的界域之中，在逻辑实证主义理论建构中意义的“语境”分析与社会和文化的因素也自然保持着严格的距离。

综上所述，在以逻辑实证主义为代表的，同时以严格主客二元对立为特征的语义分析理论走上 20 世纪现代语义学发展的历史舞台之前，德国 19 世纪至 20 世纪初的语义学发展所取得的成果是丰富的，理论分析的过程是深刻的。在此过程中，意义的理解不断远离词源学的关联而接近于语用语境的分析，语言的形式和结构及其内在意义逐渐被看作是整体思维中的结合物，同时语境要素分析的整体性和公共实践的具体性也逐渐取代了严格的逻辑推演。在德国古典哲学高度发达的抽象逻辑思维和深厚人文精神的氛围中，这一时期德国语义学的发展同时紧密结合了同时代最新科学分析的理念和手段，从而使其不仅站在了同时期欧洲乃至世界语义学理论发展的前列，而且引领了德国现代语义学分析的崭新旗帜，成为了德国现代语义学崛起的先声，并且跨越时代为我们当代科学语义学的建设和发展提供了可资借鉴的思想材料和分析路径。

第二章　语义分析方法的语境论基础

作为语境论的构成要素，语义分析方法的元理论基础必然是建立在语境论这一阐释基底上的。语境论科学哲学研究的纲领，是在反思 20 世纪科学哲学、寻找未来理论生长点的基础上提出的，是科学哲学发展的逻辑必然。语境的本体论性、动态性、方法论的横断性、结构性决定了以语境作为基底的科学哲学的优势，它能够回避历史上科学哲学不同流派的片面性，在强调逻辑语形分析与逻辑语义分析的同时，能够合理地处理心理实在的本质、特征及地位问题。而语境论的体现及语境分析方法的运用，是以确定语境的边界为前提的，离开了边界，一切意义理论的谈论都只能是抽象的和不可言说的。确立语境的边界及其意义，可以通过语形边界、语义边界及语用边界的划分来完成。真理观是语境论科学哲学研究纲领的核心内容之一。如何把语境论贯穿到对真理问题的研究中，其核心主张是什么，基本特征有哪些，优势在哪里，这些问题都是语境论的真理观试图要回答的。这种真理观的确立，能够一方面维护科学认识的客观性，另一方面容纳科学认识的社会性与建构性，这是与后现代语义分析方法相一致的，是语义分析方法的语境论基础之一。

本章试图澄清语义分析方法的语境论元理论基础。在确立语境论是一种科学哲学的研究纲领之后，给出语境的边界及其意义，把语境论贯彻到真理问题上，提出语境论的真理观，所有这些都是在为语义分析方法提供基础，正是在语境论的框架下，语义分析方法才能够得到更合理、更自然、更深入的贯彻与实现。

第一节　语境论的科学哲学研究纲领

在科学哲学发展到今天，回溯反思 20 世纪的科学哲学研究，剖析不同学派存在的问题，寻找解决这些问题的对策，成为探寻未来科学哲学发展的必要基础。应当在一个什么样的基点上求解科学哲学的难题，奠定未来科学哲学发展的出发点？如何把科学的、逻辑的、理性的、历史的、社会的、文化的和心理的层面统一到一个不可还原的、整体的基点上？这些问题都是新的科学哲学研究纲领需要回答的，而语境论能够担此重任，成为未来科学哲学发展的一个非常有前途的方向。

一、语境论科学哲学研究纲领的提出

怎样认识、理解和分析当代科学哲学的现状，是我们把握当代科学哲学面临的主要矛盾和问题、推进它在可能发展趋势上获得进步的重大课题。20 世纪 60 年代以来，随着逻辑经验主义的衰落，科学哲学经历了许多根本性的变化，其论域空间由重视辩护的语境扩展到重视发现的语境；研究方法由对科学陈述与概念的逻辑分析，扩展到重视科学实践的语境分析；基本信念由拒斥形而上学、倡导理论与观察的二分法，转向观察渗透理论的整体论信念；研究视野由理论结构的静态分析，转向从科学史和社会学的视角对理论变化和实验室工作的动态分析。然而，一方面，逻辑经验主义陷入了困境，受到了批判，逐渐走向了衰落；另一方面，历史主义、社会建构主义等的兴起让科学哲学走向无政府主义的多元状态，至今仍没有一条普遍公认的新进路。

反思 20 世纪科学哲学的整个发展历程，我们发现，当代科学哲学面临着四个“引导性难题”：其一，重铸科学哲学发展的新的逻辑起点。这个起点要超越逻辑经验主义、历史主义、后历史主义的范式。可以肯定地说，一个没有明确逻辑起点的学科肯定是不完备的。其二，构建科学实在论与反实在论各个流派之间相互对话、交流、渗透与融合的新平台。在这个平台上，彼此可以真正地相互交流和共同促进，从而使它成为科学哲学生长的舞台。其三，探索各种科学方法论相互借鉴、相互补充、相互交叉的新基点。在这个基点上，获得科学哲学方法论的有效统一，从而锻造出富有生命力的创新理论与发展方向。其四，坚持科学理性的本质，面对着前所未有的消解科学理性的围剿，要持续地弘扬科学理性的精神。这一点，应当是当代科学哲学发展的一个极其关键的要义。同时，只有在这个基础上，才能去谈科学理性与非理性的统一，去谈科学哲学与科学社会学、科学知识论、科学史以及科学文化哲学等学派或学科之间的关联。否则，一个被消解了科学理性的科学哲学还有什么资格去谈论与其他学派或学科之间的关联？

这四个从宏观上提出的“引导性难题”内在地体现了 20 世纪科学哲学两个极其鲜明的特征：第一，科学哲学的进步越来越多元化，所提出、求解和涉及的一系列理论难题，均在一定意义上与语境问题本质相关，即试图从不同的语境视角去重构或重解这些难题。第二，多元的立场、观点和方法又在一个新的层面上展开，愈加本质地相互渗透、吸收与融合，通过“再语境化”的途径，以朝向后现代性发展的趋势，抛弃一切单纯形式的、经验的、范式的或框架的依托，而转向将所有科学之历史的、社会的、语言的和心理的层面统一到一个不可还原的、整体的语境基点上去。因此，经历了语言学、解释学和修辞学“三大转向”的科学哲学，而今走向语境论的研究趋向是科学哲学发展的一种逻辑必然；或者说，把“语境”构建为科学哲学理论未来发展的生长点，不仅是战略意义的选择，而且具有重要的理论价值。把语境作为语形、语义和语用结合的基础，从语境的基底上透视、扩张和构建整个科学哲学的大厦，是回答了以什么样的形式、什么样的方法以及什么样的基点或核心去决定科学哲学未来走向的一个重大理论问题。这一回答与语境本身所具有的内在本质是分不开的。

“语境”至少有下列四个方面的内在本质：其一，语境是一种具有本体论性的实在。正像所有实体的存在都是在相互关联中表达的一样，语境作为一种实体是在诸多语境因素及其相互关联中实现的，并由此构成了整个科学哲学理论分析的十分“经济”的基础。其二，语境是在一切人类行为和思维活动中最具普遍性的存在，它不仅把一切因素语境化，而且体现了科学认识的动态性。这是因为，一旦消解了语境与实体的二元对立的僵化界限，一切认识对象便都容纳于语境化的疆域之内，并在其中实现它们现实的具体意义。同时，“所有的语境都是平等的”。因为语境本身并不具有任何超时空的特权或权势，因而科学的平等对话的权利更有益于人们去面对科学真理的探索及其富有规律性的发展。其三，语境作为科学哲学的研究基底具有方法论的横断性。在一切科学研究中，证据绝对不等同于方法，而方法必然要超越一切特殊证据的背景要求的狭隘性。因而对所有特殊证据的评判只有在语境的横断性的方法论展开中，才能获得更广阔的意义和功用。在这里，语境在某种意义上的超验性与它的方法论的横断性是一致的。其四，语境绝非一个单纯的、孤立的实体，而是一个具有复杂内在结构性的系统整体。语境从时间和空间的统一上整合了一切主体与对象、理论与经验、显在与潜在的要素，并通过它们有序的结构决定了语境的整体意义。语境的实在性就体现在这些结构的现存性及其规定性之中，并通过这种结构的现实规定性展示它一切历史的、具体的动态功能。

总之，语境的本体论性与结构性决定了语境的灵活性与意义的无限性，它有可能为科学实在论取消一元论哲学的特权，摆脱二分法的固有困惑，走出追求终极真理的困境，在多元背景下重新审视科学，提供方法论的启迪。

在科学研究活动中，任何一种关涉理解的活动都必然与语境相关。正如解释学家海德格尔曾指出的那样，理解需要以“前有”“前见”和“前设”所构成的“前结构”为中介。“前有”是指理解者所处的文化背景、知识状况、精神物质条件及其心理结构的影响形成的东西，这些东西虽不能条理分明地给予清晰的陈述，但决定着他的理解。“前见”是从“前有”中选出的一个特殊角度和观点，成为理解的入手处，通过“前见”，外延模糊的“前有”被引向一个特殊的问题域，进而形成特定的见解。“前设”是理解“前有”的假设，从这些假设得出“前有”的结果。在这里，海德格尔所说的“前有”“前见”和“前设”说明了理解语境的存在性。只有在理解语境中，理解者才能通过特有的约定形式对可能的意义进行意向的说明、重构与筛选。特别是当一个理解对象从一种时空向另一种时空变换时，其指称与意义的同一性与非同一性，正是由语境结构的具体性所给定的。语境的结构性确保了意义由现象到本质、由一般到特殊的飞跃。因此，理解活动本质上是创造意义的活动，而不是对本文的内在意义的还原。理解语境所体现出来的是一种理解对象与理解者直接当下的背景信念、价值取向、时空情景相关的真理性对话，而不是对对象固有特性的终极揭示。

在语境的理解活动中，“超语境”与“前语境”的东西没有直接的认识论意义，任何东西都只有在“再语境化”的过程中融入新的语境之中，才具有生动的和现实的意义。从这个基点上讲，语境的本质就是一种“关系”。也就是说，在语境的意义上，任何东西都可解构为一种关系，并通过这种关系理解其内在本质。而这种关系的设定则依赖于特定语境结构的系统目的性。这是因为，关系的趋向性的确定就是一种结构性的变换。同时，从关系的视角看，语境也是一个“结”，或者说，是一个必需的联结点。一切人类认识的内在和外在的信息，都只有通过语境才能得以联结、交流和转换。或者说，“再语境化”是一个“意义的创造性”的问题，它集中体现了人类思维和认识的发展程度和时代特征。各种相关要素只有在被语境化和“再语境化”的过程中，才能必然地带有语境的系统性和目的性，而不会孤立地作为单纯的要素存在。与此同时，各种要素被语境化与“再语境化”的过程，也将语境本身历史化与过程化了。

二、语境论科学哲学研究纲领的优势

强调语境并不意味着消解或忽视文本，更不意味着把科学哲学的具体研究对象淹没在语境中，而是相反，立足于语境的本体论的关联性把多层次、多视角的研究联系起来。因此，在语境的基础上构建整个科学哲学大厦和重解科学哲学论题，具有独特的优势。

第一，从本体论意义上来看，语境是科学理解活动最“经济的”基础。可以把它看成是用“奥卡姆剃刀”削去不必要因素的最直接的阐释基底，而不需要在形式上再做抽象的本体论还原。这是因为，在语境中理解对象，不是将对象特性与意义的表达仅仅作为终极真理的载体来看待，而是强调理解的当时性与相对性。这种理解避免了单纯真值理解的狭隘性，而且，从多重语境因素及其相互关联中理解对象，会使对对象的理解更加丰富或丰满。所以，从整体论的意义上讲，语境的本体论性既是一种有原则的“撤退”，同时，也是一种方法论性的“前进”；它在减少“还原”的同时，原则性地扩展了“意域”。

第二，在某种程度上，语境的本体论性是一种关于意义的最强“约定”，它构成了判定意义的“最高法庭”。因为只有在这个“法庭”之内，一切语形、语义与语用的法则才是合理、可生效的。在一个确定的语境内，人们可以通过特有的约定形式对可能的意义及其分布进行不同意向的说明和重构，甚至导致不同范式之争。但是，语境的本体论性的本质决定了不可能通过任何形态的约定，去生发或无中生有地构造意义。这就是说，语境的本体论性决定了它的约定性，而语境的约定性只是展示了意义的各种可能的现实性，不是它的本质的存在性。因此，语境的本体论性作为一种关于意义的“最高约定”，涉及主体的一致性评价问题。然而，值得注意的是，主体间的信仰的区别并不等同于特定语境下的意义的不同，信仰问题是一个潜在的背景趋向问题，而意义问题则是一个特定语境下各要素之间的协调性和一致性问题。两者虽然是相关的，但是，却有着本质的区别，不容混淆。语境的本体论性的现存性与约定的相对性之间既相互统一，又相互矛盾。正是这种矛盾推动了科学理解的深入展开。

第三，语境的本体论性是它的实在性的具体化。这种具体化是时间和空间上的具体化。它要求获得时间、空间以及在其间一切可观察的和不可观察的整个系统集合。这一集合包含对象的整个可测度的运动轨迹、因果链条或合理的可预测性。当然，这一点可以是直接的或潜在的、显形的或隐形的，但绝对不是现存的。同时，这种具体化表明，任何一个有意义的语境都不是偶然的、绝对无序的，在它们的现象背后隐含着不可缺少的规律性和必然性；或者，反之，任何一个有意义的语境都不是完全必然的、绝对有序的，在它们的背后也同样隐含着必然的统一。即便是在以形式体系表现的科学语境中，“任一语境所需要的定律也都不能唯一地决定那些抽象的实体”，决定这些实体的必然是一个具体的系统集合。所以，这种具体化是要创造一种确定意义的环境，而这种环境必然能够突破逻辑本身的自限、形式表征的自限，甚至是人类理性的自限。这是因为，人们不可能在形式上求得完备的表征。而语境对于特定命题意义的规定性，只在于它的内在的结构系统性。

第四，语境本体论性的根本意义是要克服逻辑语形分析与逻辑语义分析的片面性，从而合理地处理“心理实在”的本质、特征及其地位问题。命题态度作为讲话者对其提出的命题所具有的心理状态，如信仰和意愿等，是心理表征的对象。从语境的本体论性上讲，这种对象性就是一种实在性，即承认实在地存在具有意向特性的心理状态，并且这种状态是在行为的产生中因果性蕴涵的。而且，这种实在的意向性同样具有语义的性质，即使是在表征科学定律的符号命题中也同样存在着意向特性；同时，那些在因果性上具有相同效应的心理状态，在语义上也是有价值的。从这一点讲，“关于命题态度的实在论，其本身事实上就是关于表征状态的实在论”。这样一来，就可将外在的指称关联与内在的意向关联统一起来，扩张和深化实在论的因果指称论，展示实在论发展的一个有前途的趋向。语境本体论性的这些基本特征表明，语境不是一个单纯的、孤立的概念，而是一个具有复杂结构的整体系统范畴。这种整体论的语境观恰恰是立足于实在论的立场，去消解传统认识论中将主体与客体、观察陈述与理论陈述、事实与价值、精神与世界、内在与外在等进行机械二分的方法论途径，它正是要在实在的语境结构的统一性上去解决认识的一致性难题。因此，在语境的基底上构建整个科学哲学大厦具有传统的科学哲学研究进路无法比拟的独特优势。

第五，语境论的科学哲学纲领还有下列三大优势：①在认识论意义上，它比较容易理解“为什么后来被证明是错误的理论，却在当时的研究语境中也曾起到积极作用”这个沿着传统的科学哲学思路无法回答的敏感问题，有助于解答科学实在论面临的非充分决定性难题，从而为科学实在论坚持的前后相继理论总是朝着接近于真理的方向发展的假设提供了很好的辩护，也有力地批判了各种相对主义的科学哲学对科学实在论的质疑，更用不着担心会出现理论间的不可通约现象。在科学史上，后来证明是错误的理论，并不等于是一无是处的理论，反过来说，科学史已经表明，即便是正确的理论也会有一定的适用范围。②在方法论意义上，比较容易解释关于科学概念与科学观点的修正问题。科学研究越抽象、越复杂，研究中的人为因素就越明显，科学家之间的交流与合作就越重要，科学研究的语境性特征也就越明显。③在价值论意义上，能更合理地理解与反映科学的真实发展历程。语境论的科学观作为反基础主义和反本质主义、消解绝对偶像、排除唯科学主义等的必然产物，在科学实践中结构性地引入了历史的、社会的、文化的和心理的要素，吸收了语形、语义和语用分析的优点，借鉴了解释学和修辞学的方法论特征，超越了逻辑经验主义所奠定的僵化的科学哲学研究进路，架起了科学主义与人文主义、理性主义与非理性主义、绝对主义与相对主义沟通的桥梁，因而是一种更有前途且更富有免疫力的新视域。

三、语境论科学哲学研究纲领的核心构成

语境论是一种世界观与方法论，强调从综合的和动态的视角考察科学及其发展。语境论的科学哲学研究纲领主要由语境论的科学观、语境论的实在观和语境论的真理观所构成。

语境论的科学观强调把科学放在现实的社会、文化、历史等多元语境中来理解，把科学看成是依赖于语境的产物。科学发生在特定的语境中，因而，无论是科学理论，还是科学事业本身都必然地受到特定历史语境和社会语境的影响。当我们在理解科学理论或科学事业时，把其置于相应的语境中，更能够理解具体科学理论的阶段性，理解具体科学事业的特殊性，从而既不需要担心由于一旦发现科学知识的语境性与可错性，便会盲目地走向非理性主义的科学观，也不需要在排斥人文文化的前提下来捍卫科学实在论。相反，这种科学观有助于把多学派的

各种观点联系起来，为真正地架起科学主义与人文主义沟通的桥梁提供可能。

语境论的实在观不再是从科学的纯客观性与绝对真理性出发，而是从科学的语境性与可错性出发，在科学知识的去语境化与再语境化的动态发展中，阐述一种语境论的实在论立场。这种立场一方面能够包容反实在论的各种立场，使它们成为理解科学过程中的一个具体环节或一种视角，得以保留；另一方面，也不等于把科学研究看成如同诗歌或散文等文学形式那样，是完全随意的主观创造和情感抒发。在科学研究实践中所蕴涵的主观性，总是要不同程度地受到来自研究对象的信息的约束，是建立在尽可能客观地揭示与说明实验现象和解决科学问题的基础之上的。

语境论的真理观不再把真理理解为科学研究的结果，不再把单一的科学研究结果看成纯客观的，或者说，不再把纯客观性作为科学研究的起点，而是把真理理解为科学追求的目标，把科学研究结果看成主客观的统一。这样，有可能把已有的这些真理论看成是从不同视角对真理的多元本性的揭示，看成互补的观念，科学理论的发展变化、科学概念的语义与语用的不断演变、运用规则的不确定性、科学论证中所包含的修辞与社会等因素，使其不再构成关于科学的实在论辩护的障碍，而是科学理论或图像不断逼近实在的一种具体表现。这使科学研究中蕴涵的主观性因素有了合理存在的基础，并使其成为科学演变过程中自然存在的因素，被接受。

语境论强调把科学研究中的所有因素都语境化，然而，这并非是相对主义的。语境论既强调科学认识的条件性与过程性，也强调科学真理发展的动态性与开放性。但是，强调认识与真理的条件性不等于走向任何一种形式的相对主义。这是因为，相对主义最典型的特征是突出理论、方法或价值之间的不可比性或相对性，而条件性不等于不可比性或相对性。强调动态性意味着，在科学研究实践中，现存的真理论只代表了主客观相互作用方式中的两种极端的理想状态，而实际存在的却是许多中间状态，这些中间状态体现了不同程度或不同层次的主客观的统一。因此，我们应该始终在一个动态的、开放的、主客观统一的语境中理解科学的发展。科学的形象既不像真理符合论所要求的那样是对世界的镜像反映，也不像各种形式的主观真理论所描述的那样是社会运行的产物或主观意愿的满足，而是关于世界机理的一种整体性模拟。模拟活动的表现形式体现了理论模型描述的可能世界与真实世界之间的相似性。所以，语境论的真理观使真理成为一个与科学研究过程相关的程度性概念，而不再是一个与科学研究结果相关的绝对性概念。

总之，语境论的科学哲学研究纲领是在反叛传统思维方式的基础上形成的。它一方面维护了科学认识的客观性，另一方面容纳了科学认识的社会性与建构性，从而使科学认识的社会化与符号化过程有机地统一起来，把逻辑和理性从它们先前高不可攀的高度降低到历史和社会的网络当中，把作为一个维度和一种影响的心理、社会和文化等因素从科学的对立面融入理性的行列。

第二节　语境的边界及其意义

语境论作为当代科学哲学研究的一个最有前途的研究方向，已经日益被人们自觉地予以意识。然而，在这一研究中最鲜明也似乎最模糊的一个难题，就是如何确定语境的边界问题。尤其是从方法论的视角讲，语境的洞察性（contextual sensitivity）显示了不同表征命题及其意义与不同使用语境之间的相关性，突出展现了语境洞察必然是与相关语境的给定边界分不开的；同时，这也正是语境的根本特征之一。因此，如何划分语境的边界，怎样认识语境边界确立的意义，就成为一项非常重要的研究课题。本节试图从语境的语形边界、语义边界及语用边界的划分中，努力给出确立语境边界的可能性及其意义的合理性，从而为有效地把握语境分析方法提供一些有意义的视角和思路。

一、语境的语形边界

在当代科学哲学与语言哲学相互渗透和相互融合的发展趋势中，无论是逻辑分析的形式化走向，还是日常语言分析的自然化走向，都必然在方法论层面上与语境化分析结合在一起。所以，在科学解释中，"把语境化看作是解释的一个方面，是完全合理的"。而且，"一个表征的语言学结构的表达，就是把语形与它的语词的初始意义的语义解释结合起来并且具体化了"[①]。

这深刻地表明，一个表征的内容不仅仅是由它的语言学的结构决定的，而是语言学的结构与其符号表征的语境一起共同决定的。[②] 可见，语形结构与符号表征的语境是一致的和统一的，不能离开这种统一去看待语境。也就是说，语境离不开语形结构，语形结构表现了语境意义。所以，语境的语形边界恰恰是这种统一的结果。在这里，语形边界就是语境边界的表现形态，就是语境的语形洞察与结构洞察的统一。语境边界的确定，首先就在于语形边界的确定。特定的科学解释语境，绝不可能超越给定语言的语形边界，尤其是像数学、物理学这样的形式化的语境研究对象，它的语境必然存在着相关的逻辑语法或形式算法的语形边界

---

① Jerry Fodor, Ernie Lepore. Out of Context. Proceedings and Addresses of American Philosophical Association, 2004, 78 (2): 90.

② Jerry Fodor, Ernie Lepore. Out of Context. Proceedings and Addresses of American Philosophical Association, 2004, 78 (2): 77.

的限制。正是在这个意义上讲，有的哲学家认为“语法的范围”就是语境的边界。①

在数学和物理学中，求解任何一个难题都是给定边界条件下的难题。而给定了边界条件，就是给定了求解相关难题的语境。因此，给定条件下的解，就意味着给定语境下的意义。求一个给定条件下的解，就是探索给定语境下的意义，这完全是同一的。所以，在形式化的理论演算中，“数学语言学”（mathematical linguistics）的地位和意义就不言而喻了。特别是在现代计算机科学中，对语形分析、语义分析和语用分析的结合，就鲜明地体现了语境分析方法与数学语言学的有机结合。因为，离开了特定的语境及其语形边界的约束，“数学语言学”的演算功能就失去了意义。反之，“数学语言学”的方法论功能的彰显，又会突出语境及其语形边界的重要性。所以，“数学语言学”是我们探求语境的语形边界的一个非常有效的视角。当然，一个科学理论的形式化的质量依赖于对初始假设的信念程度以及该系统数学演算的精巧程度。换句话说，在经验的理想假设与形式体系的精巧性之间的张力，决定了“数学语言学”的语境化的结构系统性。正是对语境及其语形边界的敏感性，造成了“数学语言学”对形式语法研究完备性的必然追求；同时，探索语境的语形边界之内的“意义集合”，成为“数学语言学”最关注的问题之一。②

倘若我们换一个角度来考察语境的语形边界，那我们就会看到，一个标准的形式化的理论就在于，它是在具有同一性的一阶谓词逻辑内进行形式化的。一阶逻辑的通常逻辑“工具”（apparatus）是被假设的，主要是覆盖要素和逻辑常项的同一集合的变元范围，特别是句子的联结词、普遍的存在量词以及同一性的符号。因此，有三种非逻辑的常项：谓词或关联符号、操作符号和个体常项。所以理论的表征，或者说理论语言符号的有限排列，被分成了术语和公式。同时，任何循环定义都是给定的，最简单的术语就是变元或个体常项。在适当的结构中，通过将简单的术语与操作符号结合起来以构建新的术语。原子公式由单一谓词和适当的术语组成，分子公式即组合公式则是通过句子的关联词和量词，由原子公式构成的。在这里，我们必须强调的是，在一个具有标准形式化的理论中：首先，我们必须起始于所构建的术语和公式的循环定义；其次，我们必须明确该理论的什么公式是被作为公理的。总而言之，适当的逻辑推理规则和逻辑公理是被假设的，这是理论构造的前提。③ 这个前提告诉我们，越是完备的公理化的理论体系，它的语境的语形边界就是越清晰的；它正是通过语形结构及其语形边界的

① András Kornai. Mathematical Linguistics. London：Springer，2008：77.

② András Kornai. Mathematical Linguistics. London：Springer，2008：4-10.

③ Patrik Suppes. Representation and Invaniance of Scientific Structure. Stanford：CSLI Publications，2002：25.

构造，使其理论的公理化程度更加完备。所以，没有对一个理论的语境化的分析手段，不能把握它的语境的语形边界，要想对一个公理化系统进行科学解释和说明是完全不可能的。

从另一个角度讲，任何理论命题都具有双重特性。一方面，命题是一种根本逻辑类型的意思单元（units of sense），它由具有真值的句子所表达。另一方面，命题也是概念和思想的内容，如意向行为和表征态度等。但是，这两个方面并不是逻辑地独立的。因此，每一个命题都是可能的言说语境中的一个句子的意思，同时也是具有意向行为的命题态度的内容。总之，这是一个语境中的两种语义值或两种语义趋向的不同。它们既有区别，又不可避免地联系在一起，存在着本质的统一性。这都是由这些命题的形式边界以及这些边界的交叉所决定的。因为：第一，命题具有特定的构成结构，也是由相关的原子命题构成的。第二，命题构成的要素是意思（sense）而不是对象（object）。正像弗雷格指出的那样，如果不将对象列入意思并给定它们的特性，我们就不能指称对象。所以，命题逻辑的形式本体论性是实在论的而非唯名论的。第三，命题是结构有限的复杂意思。因为人类的认识能力是有限的，只能在言说语境中使用有限的句子。同样，也只能指称有限的对象和预测有限的对象特性。因而，命题作为句子的意思就成了具有有限命题构成的命题。第四，命题的集合是递归的。因为基本命题是最简单的命题，其他所有命题都是复杂的，它们通过改变原子命题或真值条件去进行命题演算，并得以获得自身的存在。这一切之所以能够发生，就在于所有的命题都是语境化的，并且是给定了形式边界的。

进一步从当代“计算词汇语义学”（computational lexical semantics）的研究角度讲，任何语词的语义分析都离不开给定形式边界的语境分析。因为“计算词汇语义学”必须遵循这样几个原则：第一，必须建立一个清晰且完备的语义的形式化概念，因为这对于可能世界意义理论的特性化是必需的。这样才能满足对语词意义概念的抽象化，从而避免不相干语义的干扰。第二，词汇语义学必须探索比其他方式更为丰富的形式表征，以此来丰富语义构成的递归论（recursive theory），进一步完备语义形式化概念，从而在语义学中诉诸不同层次的理论解释。第三，语词不仅仅是动词，它要求注重所有词语的语义属性及其本质特征。总之，对于当代“计算词汇语义学”来说，必须回答在什么语义表征层次上是必需的。在我们看来，人们必须在以下几个表征层次上把握语词的意义：①论证结构。对一个语词来说，这是预测论证的结构，它指明了如何将语形表达图景化的取向。②事件结构。对一个语词或一个短语来说，这是对特定事件类型的确证。③事物的特性结构（qualia structure）。这是由词汇术语定义的相关对象的本质属性，是由特定语境给定的。④遗传结构（inheritance structure）。它表明了一个语词是如何在词汇中与其他概念是完全相关的。[①] 这四个结构在本质上构成了语义表征的不同层次为什么需要词汇语义学的计算理论的根由，表明了每一个层次作用于不同的语词意义的信息系统。但是，它从更深刻的意义告诉我们，正是形式体系本身约束了语义的表征范围，确立了语义使用的不同层次，从而也就规定了语义价值趋向所要求的表征界限，给定了相关语义分析所能实现的语境的形式边界。所以，一切语境都有着人类认识的局限所给定的形式边界，并且在这个界限内去发挥语义和语用的功能，是我们思考一切科学理论解释的前提。

二、语境的语义边界

在任何理论表征的科学解释中，在确定了语形边界的前提下，相关语境的内在的系统价值趋势，也就必然地规定了特定表征的语义边界。因为，只要超越了这一已规定的语义边界，也就超越了该相关语境本身，就会导致语境的更迭或"再语境化"（recontextualization），那就是另外一个层面的论题了。所以，语义边界就是语境边界的意义规定，就是语境的语义洞察与价值洞察的统一。

我们之所以这样来看待语境的语义边界问题，是因为语义的构成性原则从本质上告诉我们，一个理论表征的意义就是其组成部分与构成这些部分的方法之间的意义函项。无论是在经验的基础上还是方法论的基础上，人们都试图用它来求解理论解释的难题。无论有着多少论争，许多哲学家们仍然一如既往地坚持着。所以，有人说："通过函项的应用是统一意义的唯一方式。"有人认为："复杂符号的意义是由它们的构成系统决定的。"有人指出："通过构成性我们才能意识到整体的意义是其部分的意义的系统函项。"还有人说："构成性就在于存在着一种系统地从部分的意义导出整体的意义的方式。"[②] 这些思想都从根本上表明，正是语义的构成性原则，规定了在特定语境下语义解释的张力范围，确立了语义解释的伸缩度，以及相关的语义解释的意向价值。进一步地讲，也正是语义的构成性原则，实现了特定理论表征的语词和命题与相关指称对象和指称世界之间的内在关联。

但是，对语境的语义边界的研究，不能不受到后历史主义之后科学哲学发展所带有的后现代性特征的影响。这种后现代性的特征，明显地表现在科学解释和科学说明的如下转变上：第一，从注重结构转向注重过程；第二，从注重部分转向注重整体；第三，从注重实验科学转向注重认知科学；第四，从注重构建转向

① Steven Davis，Brendan S. Gillon，eds. Semantics. Oxford：Oxford University Press，2004：377.

② Steven Davis，Brendan S. Gillon，eds. Semantics. Oxford：Oxford University Press，2004：134.

注重网络模型；第五，从注重真理转向注重对最终探索的客观性的最大限度的描述。[①] 这种后现代转向的一个最大的特征就是，更明确地突出了从对象客体到结构关系的转变，从而更突显了在科学解释中把握意义的语境基底以及语境的语义边界的必要性。正是从这个角度讲："意义就是语境，因为正是这种方式，使各种事物适合于更大的整体。"[②] 同时，一个特定的语境也就是一个相关的给定边界的语义解释的"单位"。所以，"语境意义就成为了这个新的语言学单位的约定意义"[③]。总之，这正是由科学共同体的后现代价值趋向所决定的；但是，它都从另一个层面上促进了我们在科学解释和科学说明中，更加自觉地强化语境的意识以及划分语义边界的功能及其重要性。

从另一个角度讲，注重语境的语义边界的研究，也同时受到了语义学研究本身的一个战略性转向的影响。这个战略转向的目的就在于，应对名称和自然种类术语的结合构建描述分析：①发现确定指称描述可以消解克里普克式的语义论证；②或者通过规范这些描述，或者通过坚持在同一语句中它们超越了模型算符的范围，去避免模型论证；③通过内在地处理可能世界与真值条件之间的语义关联的"二维语义学"的分析方法，去避免单纯认识论的论证，从而能够解释公认的后验必然性与先验偶然性的案例。[④] 尽管这一战略转向存在着各种各样的问题，但它推进了人们对语义学和语境论的研究则是不言而喻的。虽然人们往往把"二维语义分析"看作是对自然语言系统的语义分析理论，但事实上它的作用远远超越了这个界限。由马丁·戴维斯（Martin Davies）和里奥德·亨伯斯通提出的规范的（形式化的）二维模型，就对任何一种语言提供了精确的语义分析，即一个具有标准的必要算符、实际算符和新算符的命题演算的模型。它对特定语境下的可能状态的描述和语义分析，超越了自然主义的界限，并适用于典型的公理化的表征系统。[⑤] 可以说，对自然语言解释和分析的形式化与对形式化规范语言解释的自然化，恰恰是科学哲学后现代转向中的一个必然特征；而这种一致性的前提就是在给定语义边界的条件下进行科学解释和说明。否则的话，没有确定的语义边界，这种一致性就是没有意义的，也是不可能实现的。

---

① Elibieta Tabakowska. New Paradigm Thinking in Linguistics//Roy Dilley, ed. The Problem of Context. New York：Berghahn books，1999：74.

② Elibieta Tabakowska. New Paradigm Thinking in Linguistics//Roy Dilley, ed. The Problem of Context. New York：Berghahn books，1999：76.

③ Elibieta Tabakowska. New Paradigm Thinking in Linguistics//Roy Dilley, ed. The Problem of Context. New York：Berghahn books，1999：79.

④ Frank Jackson，Michael Smith eds. Contemporary Philosophy. Oxford：Oxford University Press，2005：408.

⑤ Frank Jackson，Michael Smith eds. Contemporary Philosophy. Oxford：Oxford University Press，2005：411.

从具体的科学解释和说明的层面看，语境化的意义分析就是某种程度的“框架分析”（frame analysis），它体现了研究对象存在的结构性以及强调和表征这一结构的原则性。比如，量子力学的形式体系，就是用它的形式表征给定了相关研究对象的语境结构及其物理意义的语境边界。简单地讲，任何一个框架，都可以由核心框架、不同层级和边界三者构成，并进行表征。比如：

$$F = I_n + 1[I_n \cdots [I_2[I_1[I_0]]\cdots]]$$

其中，I_0表征核心框架，F表示边界，$0 \sim n$的I值表征它们之间的层级。这一形式表征清晰地告诉我们，F这一边界表征了科学解释对象的主体语境结构的基本模型。[①] 事实上，这也就是告诉人们语境是有边界的，并且由于语义边界的确定性，语境的边界同时也是相对的，因为它可能是整个研究对象中的结构的一部分。因此，对特定对象进行语境结构框架分析，就是在给定语义边界内进行意义分析。我们需要强调的是，由于这种框架分析是科学共同体之内的交流，因此它具有强烈的主体间性，它是在表征一种给定语义边界内的主体间性的语境模型。[②]

事实上，在对量子力学的科学解释和说明中，这种语境论的模型思想在玻姆对量子力学的因果解释中就早已存在了。然而，贝尔在1964年提出的定理表明，非局域性是隐变量理论的一个必然特征，这样才能再现量子力学的统计预测。更重要的是，这迫使一些物理学家承认了隐变量理论的语境特征。所以，这种语境论的数学和物理学的确证就不能不被重新思考，而且对语境论在科学解释中的地位和作用也获得了更深入的探究。更重要的是，由于物理直觉是构成语境论基础的一个重要方面，从而使得个体测量结果对语境的依赖性与测量统计结果的整体解释之间的比较成为可能。[③] 这种比较的本质就在于，量子力学形式体系的物理意义是在语义上有边界的和有条件的，是部分的和整体的统一。进一步说，通过对贝尔定理基础的不断完善，物理学家们更清晰地看到了语境论的可能的数学特征涉及由算符生成的代数结构，而这些算符表征了在希尔伯特空间中亚系统的观察对象，与在“EPR-玻姆”相关实验中被考虑的综合系统之间，存在着特有的关联性。[④] 这实际上是从更高的层次上看到了量子力学形式体系所给定的物理意义，即语境解释的语义边界。在这里的物理直觉，实际上就是假定了语境论的一

---

① Thomas J. Scheff. The Structure of Context: Deciphering ‘Frame Analysis’. Sociological Theory, 2005, 23(4): 38.

② Thomas J. Scheff. The Structure of Context: Deciphering ‘Frame Analysis’. Sociological Theory, 2005, 23(4): 38.

③ Federio Landisa. Contextualism and Nonlocality in the Algebra of EPR Observables. Philosophy of Science, 1997, 64(3): 478.

④ Federio Landisa. Contextualism and Nonlocality in the Algebra of EPR Observables. Philosophy of Science, 1997, 64(3): 480.

个条件可以被设定在个体测量结果的层面上。同时，语境论的物理意义是从语义上假定了局域的物理实在性与语境化的统一。所以，语境论的意义包括了观察对象的实在论及其物理意义的给定边界。因而，雷德黑德（Redhead）在1987年将这种解释称为“本体论的语境论”，即某种物理学的语境实在论。[①] 在此我们必须指出的是，统计结果不依赖于局域的个体测量语境，但并不是说它本身无语境，而是一种系统综合的统计语境，它超越了个体测量的局域语境，使语境在一个新的整体性的层面上获得了更高的实现。所以，量子力学的物理意义是在这两种不同层次的语境的统一中，给定了量子力学解释的语义边界。对于这种语境论的语义边界的存在及其意义，人们在对玻姆关于量子力学解释的因果理论的不断深入研究中，已看得更加明晰。

三、语境的语用边界

当我们对任何研究对象进行语境分析的时候，都会发现科学的解释和相关的语境是联系在一起的。而科学解释恰恰是要揭示语境自身内在的以及不同语境之间的必然关联和功能，即在特定语境中科学语言使用的主体、要素、目标及其结构的关联。正是在这种语用的结构关联中，一个对象的意义及其表征系统被确定了。所以，语境是解释中的语境，解释是给定语境的解释，它们是在研究主体的语用过程和语用方式使用的展开过程中获得动态统一的。从方法论的意义上讲，“语境化”是一种特定的科学解释的行为方式，通过这种方式可以有效地揭示研究对象的本质意义。同时，又可在语用的过程中把语境建构与解释行为的意义统一起来。所以有人讲，语境是特定解释对象的“关联建构的集合”[②]。可见，语境并不是不证自明的，它需要解释；而解释也不是任意的，它需要语境的约束。这就是语境的语用边界所发挥的功能。在这个基点上讲，语用边界就是语境边界的使用范围，是语用洞察和背景洞察的统一。

不言而喻，语境的语用边界的意义就在于表明，任何一个语境都是在相关的时间、空间和确定形式范围内被动态地分析的。同时，也是作为一种方法论分析的模型被建构的。所以，对语用边界的确定，是语境分析模型的方法论要求。在这里，语境的语形、语义和语用边界是一致的，语用给定了语形和语义的边界和趋向，而语形和语义则表征和显现了语用的价值和确定边界的目的要求。因为，这些是特定研究对象或分析对象的语用本质所规定了的，在语用的过程中，它们

---

① Federio Landisa. Contextualism and Nonlocality in the Algebra of EPR Observables. Philosophy of Science, 1997, 64(3): 486.

② Roy Dilley ed. The Problem of Context. New York: Berghahn Books, 1999: 2.

不可分割地联系在一起。换句话说，一个科学命题及其理论的现实的语用方式及其求解难题的使用过程，就是一个具有自主性的语境的实现和完成，它确立了“语境的自主性原则”（context independence principle），从而也就决定了相关语境的语用边界。同时，在这个确定的语用范围内相关语境的价值趋向的实现，就是该语境的系统目标及其形式体系的实现，它从语形、语义和语用的结合上体现了“语境的一致性原则”（context unanimity principle）。而无论是“语境的自主性原则”还是“语境的一致性原则”，都是以特定语境的语用边界确定性为前提的。当然，也正是在这种语用边界的不断变化和更迭中，导致了科学解释的“再语境化”过程，形成了科学语境的相对确定性与普遍的连续性的统一。

在这里，我们特别需要强调的是，一定要把语境的语用边界的相对性与各种形式的相对主义区别开来。有的哲学家就清楚地意识到：“依赖语境是一种有限的相对论，但从哲学的视角看，相对主义却是无边界的。”① 这是一种非常理性并且客观的评价。这就是说，语境论的语用边界的确是具有相对性的，但是这种相对性绝对不等同于相对主义，它们之间具有本质的区别，因为语境论并不会将求解具体难题的相对的方法论分析无边界地扩张。反之，我们也无法想象任何一种研究方法在求解特定难题的时候，它本身是无边界的，因为它只有在相对的语用边界内才是合理的和有效的。正是在这个意义上，“语境论作为相对性的一种形态从来没有远离过普遍性”②。因为语境论的相对性正是在普遍性的关联中，展示了自己在特定时空及条件下的相对性的可接受性。总而言之，语境的使用是有边界的，而这种语用边界的相对性与普遍性是统一的，而不是绝对对立的。事实上，后期维特根斯坦的语用论的思想，本质上就是一种相对的语境论的思想。在他看来，语言陈述的意义正是在有边界的使用中被相对地体现的；所以，语境论事实上包含了语言游戏及其特定的规则。正因为如此，语言的使用可以被看作是一种行为方式，并且是在具体的边界内相互关联的、丰富的和充满活力的。从这个语用学的角度看，特定对象的相对的语用边界就是与其相关的语境的边界，因此，我们永远不能将特定语境的语用边界的相对性与不断“再语境化”的普遍连续性割裂开来。

另外，在研究语境的语用边界的问题上，语用边界的确定之所以构成了相关语形和语义整体统一的舞台和基础，其中一个非常重要的关节点就在于，在任何命题的具体使用中，命题态度都是必然地存在着的。而恰恰是命题态度体现了语言使用者的心理意向，从而构建了相关语境的语形边界与语义边界的一致性，奠定了语境在给定语用边界的范围内所具有的价值意义和价值取向。福多之所以能

① Roy Dilley ed. The Problem of Context. New York: Berghahn Books, 1999: 7.

② Roy Dilley ed. The Problem of Context. New York: Berghahn Books, 1999: 7.

在后现代性的意义上推动意向实在论的发展，就在于他始终坚持了构成性的心理表征的理念，因为只有根据这种表征，语言使用者才能在语用的操作中进行逻辑推理并将其形式化。离开具体语用的心理语义的单纯形式推演，是毫无意义的。只有在具有给定语用边界内的语义内容的表征，即具有实在对象指称和真值的命题表征，才是真正有意义的表征。因此，命题态度的语义对象是非常重要的，即使是计算的概念也内在地与诸如内涵、确证、逻辑结果等语义概念联系在一起。尤其是在给定的语用边界内，一种计算事实上就是表征的变换，但却从本质上展现了语义关联的结构性特征。① 不难看出，通过命题态度所显示的心理意向是与形式结构的演算具有同一性的；同时，实在对象的物理特性通过语义的表征，融入了心理意向的表征形式及其演算，从而奠定了语用边界在语境结构中的结构性地位及其功能。正因为如此，特定对象语境的大小，即语境的语用边界的确定是由对象域的深度和广度所决定的；对象域有多大，语用的边界就有多大，它完全服从于在命题态度中所体现的语用语境的目标设定和价值要求。

当我们研究语境的语用边界时，同样需要引起我们关注的是"加强语意的语言行为"（illocutionary acts）所具有的加强语意的言说力量对语用边界的影响。对于在具体语境中的加强语意的行为来说，目前已经有了一些令人满意的规范语义学的基础。丹尼尔·范德维肯（Daniel Vanderveken）用证明论和模型论对这些理论进行了形式化，并且使加强语意的言说逻辑能够形式化地表达历史的模态等。从加强语意力量的表征来说，存在着两种意义：其一，在语境解释中一个句子的意义是由言说的可能语境集合到加强语意的语言行为集合的函项；其二，在一个特定的语境中，句子的意义就是特指的加强语意的语言行为。但这二者是相关的，它表明加强语意的语言行为可以应用于任何语境中的命题表征，从而产出命题态度的显现度，使命题态度在语用中更加鲜明。与此同时，它也证明了命题态度所具有的语言使用的创造力，也使语用的边界更加清晰。当然，我们要看到正像加强语意的语言行为与不同的内涵相关联一样，在语境的深层结构中，句子也总是与不同的衍推（entailment）关联在一起。比如加强语意言说力量的衍推，真值条件的衍推，对满意度的加强语意的言说力量的衍推，以及成功的真值条件的衍推等等。在特定语境的有效边界内，这四种衍推关联总是内在地存在的，并使语境的语用边界实在化。因此，范德维肯讲过这样一句名言："将真正的加强语意的语言行为作为语境中对于句子的语义值来设定，语义学能够更好地描述语言逻辑。"② 而且，"一般语义学能够将所有的类型或句子的有效规则形式化"③。

① Steven Davis, Brendan S. Gillon, eds. Semantics. Oxford: Oxford University Press, 2004: 327.

② Steven Davis, Brendan S. Gillon, eds. Semantics. Oxford: Oxford University Press, 2004: 731.

③ Steven Davis, Brendan S. Gillon, eds. Semantics. Oxford: Oxford University Press, 2004: 732.

所以，当代逻辑和规范语义学才可能在给定的语境中，把加强语意的语言行为纳入理论推理的形式化系统之中。这从另一个方面也告诉我们，使命题态度更加自然化的加强语意的言谈行为，体现了在给定语境中具有意向性的“理由”在形式体系中的真正本质，并且构成了可确定的“自然逻辑”。在某种意义上说，这种“自然逻辑”，就是鲜明的“语用逻辑”，它是形成语境结构，确定语境边界，给定语境价值取向的重要因素。总之，就是一句话，正是这种“自然逻辑”的力量，从根本上决定了语境的语用边界，并且促进了人类科学认识的创造力。

从20世纪80年代开始高扬的关于语境论的研究，被人们称之为“语境化运动”（contextualising move）。这种“语境化运动”有着三个主要的发展趋向：第一，从广义上讲，语境化创造了一种“外在的语境”，给出了现象（语言）域和世界之间的指称关联；第二，语境化创造了一种“内在的语境”，它给出了语言中内在关联的意义，使逻辑语义的意义性更加鲜明；第三，语境化超越了符号和指称物之间的关联意义分析，而走向了符号使用者内在的心理意向状态分析，或称之为“心理语境”分析。① 事实上，真正有前途的“语境化运动”的方向不能这样机械地进行分割，这些方向在语形、语义和语用分析的语境基础上是一致的。所以，语境分析就是充分展示语义分析方法的意义分析，是意义理论的拓展和进步。“语境化运动”的一个重要方面，就是要寻找一个有前途的语义分析方法恰当运用的领域、范围或者边界。离开了这个边界，一切意义理论的谈论都只能是抽象的和不可言说的。而本节的目的，就是要在这一“语境化运动”的潮流中，探索语境分析方法的边界并给出它们内在的意义。

第三节　语境论的真理观6

在当代科学哲学的发展中，语境论（contextualism）作为一种方法论与世界观，正在越来越受到人们的普遍关注。较有代表性的人物是女性主义者海伦·隆吉诺（Helen Longino）和认识论的语境论者基思·德罗斯（Keith DeRose）。前者基于案例研究，揭示了语境价值在科学研究过程中产生的影响，并阐述了“语境经验主义”（contextual empiricism）的观点。② 后者主要从命题的逻辑分析出发，认为语境论能最好地说明我们的认识判断，并且为解决怀疑主义产生的困惑提供一条最佳途径。这些研究是开创性的。但令人遗憾的是，他们都没有对语境论的

① Roy Dilley ed. The Problem of Context. New York: Berghahn Books, 1999: 2.

② H. Longino. Science as Social Knowledge: Values and Objectivity in Scientific Inquiry. Princeton: Princeton University Press, 1990.

真理观做出明确的阐述。在我们看来，当试图站在语境论的立场上理解科学时，关于真理观的问题无疑是一个无法回避的重要问题。那么，语境论的真理观的核心主张是什么？与其他真理观相比，它具有哪些基本特征？表现出怎样的主要优势？当前，对这些问题的思考与回答，不仅有助于架起沟通科学主义与人文主义的桥梁，而且有助于解决其他科学实在论立场所面临的难题。

一、真理：科学追求的目标

在西方哲学史上，关于真理本性的哲学讨论与哲学本身一样古老。最早出现的、也是最直观的真理论是真理符合论（the correspondence theory of truth）。20世纪以来，受到分析哲学训练的哲学家习惯认为，对给定概念的分析总是有某种正确的方式理解它；如果给定一个概念的意义，那么，对于这些概念的理解与运用就不可能有歧义；有歧义的词是那些我们赋予不同意义的词。于是，他们主张抛开语言，回到原始概念，分析真理问题。语言哲学家则认为，抛开语言的意义与用法，单纯立足于逻辑形式结构来讨论问题是非常幼稚的。于是，他们分别从符号论、指称论、生活实践等层面阐述新的真理论，相继提出了真理融贯论（coherence theory of truth）、真理实用论（pragmatic theory of truth）以及真理紧缩论（deflationary theory of truth）等不同形式的真理观。

从当代科学哲学的视角来看，这些真理论大致可归为两大类：一类是基于经典自然科学的研究实践，首先强调把科学理解成是建立在纯客观的证据和普遍可靠的方法论基础之上，然后把纯客观的证据理解成是与研究者无关的、可重复的、可传播的实验结果或感知经验或逻辑推理，把方法论理解为确保获得真理性认识的一组方法、一组技巧、一套程序或一系列规则等具有可操作性的规定或准则，其作用是确保所获得的实验结果或感知经验或逻辑推理的普遍性与正确性，因而把科学的形象归属于理论的必然性、无错性和客观性等与主体无关的特征；另一类是基于实验室研究、对科学史案例的剖析或对科学成功的说明，强调把科学理解成建立在逻辑的融贯性、理论的实用性、解决问题的实际能力或科学家之间的协商与谈判或主体间性之基础上，从而明显地弱化了实验证据与感知经验或逻辑推理的决定性作用，强化了研究者个人的主导性与社会性地位，最终把科学的形象归属于理论的一致性、有用性、协商性或论辩性等与自然界无关的特征。

然而，尽管这两类真理论对科学形象的理解存在着如此大的实质性差异，但在深层次的基本思路上，它们都没有跳出真理符合论设定的思维定势，隐含着相同的基本假设：一方面，它们都把真理理解为科学研究的结果；另一方面，它们都假设科学研究的结果一定是纯客观的，即排除主观性的，然后再为这种纯客观性寻找方法论与认识论根据。在这一点上，培根、笛卡儿、莱布尼茨、穆勒等与波普尔、库恩、拉卡托斯、费耶阿本德、劳丹、范·弗拉森等之间并没有本质性的差别。或者说，他们的事业是相同的，他们都运用着同样的思维方式，支持着共同的基本假设。正是因为如此，在事实判断的基础越来越弱化、价值判断的地位越来越突出的当代科学研究中，由于研究对象的隐藏性、研究方法的多元性、理论与观察的交互渗透性以及研究活动中的社会性等因素的存在，使得科学哲学家不得不作非此即彼的选择，即从对客观真理的强调转向对主观真理的强调。

更明确地说，某些科学哲学家基于客观真理论，把科学大厦理解成是如同垒积木一样一层一层地拔地而起，其中每一块积木都是真理的代表。对科学的这种理解在20世纪50～60年代达到了高峰，当时逻辑经验主义者试图用科学的研究方法改造哲学，科学社会学则把科学家描述为一个具有普遍性、公有性、无私利性及有组织的怀疑主义的特殊人群，把科学研究中的社会因素的介入理解成是对科学的干扰因素或“污染源”。而另一些科学哲学家则走向其反面，基于主观真理论，把科学理解成是社会建构的产物或主观意愿的满足等。20世纪70年代之后，随着科学知识社会学的深入发展，随着科学哲学研究中的解释学转向与修辞学转向的深入展开，对科学研究中存在的人为因素与社会因素的强调越来越占有市场，甚至出现了过分夸大、走向极端的相对主义倾向。

从科学史与科学哲学的发展来看，在科学哲学家中间，基于共同的前提假设所发生的这种认知态度的转变的确是有根据的。首先，其科学根据主要来自数学、物理学和生命科学领域。在数学领域内，非欧几何的诞生使人们认识到，曾经作为普遍真理的欧几里得几何是可以被修改的；在物理学领域内，相对论与量子力学革命庄严地宣告，曾经作为绝对真理的经典力学定律并不具有无条件的普适性；围绕量子测量问题的争论更是明确地表明，以传统的真理符合论为前提理解量子测量过程时，必然存在“观察者悖论”。这是因为，对量子测量系统进行的任何一种形式的分割，都必然会导致像“薛定谔猫”那样的悖论①；在生命科学中，随着人工生命等新型研究领域的开拓，关于还原主义、物理主义、随附性、复杂系统中的组织与自组织的研究，颠覆了把科学理论理解成是由真理性陈述构成的语言结构的观点，确立了把科学理论理解为对真实世界进行模拟的模型论观点。

其次，其哲学根据主要来自对科学实践的重新解读。20世纪物理学的发展明确地表明，曾经被当作是清晰而明确的决定性、因果性、时间、空间、物质、

① 成素梅．在客观与微观之间：量子测量的解释语境与实在论．广州：中山大学出版社，2006.

质量、测量、现象等基本概念，都无法幸免于被修正的命运，从而致使康德意义上的先验范畴失去了应有的普遍性，并被赋予了经验的特征。这些来自科学领域的对传统哲学概念的语义学与语用学的修正，导致了对科学概念与理论的实在性的重新反思。从一些典型的科学史案例来看，不论是伽利略对其立场的执著辩护，还是达尔文对其思想的广泛传播，抑或是当代科学实验（比如探测引力波与磁单极子的实验、记忆力传递实验等）的具体实施，都内在地表明，科学家在为自己的理论辩护时，并不完全是用事实来说话的，其中包含了不同程度的修辞论证因素。[①] 特别是，当前盛行的对科学的人文社会学研究成果已经表明，科学活动的每个环节，从符号、语言、仪器、推理规则的运用，到实验的设计、申请、批准、实施和检验的进行，再到科学事实的形成和科学理论的传播等各个环节，都与人的因素相关。因此，科学的认知进路不应该排斥科学的心理进路与社会进路。

问题在于，虽然当代科学的发展已经明显颠覆了真理符合论所塑造的理想化的传统科学形象，但是，上述真理论由于把真理理解为科学研究结果的共同假设所决定的二值选择逻辑，即把真理要么理解为对世界本质的揭示，要么理解为对主观意愿的满足，因而都不足以反映当代科学研究的真实本性。一方面，承认科学事实与理论所蕴含的人为性、社会建构性，并不完全等同于说它们是纯主观的；而只是说明，科学事实与理论是对实在的理解，而理论的变化与更替则是向着揭示更高层次的客观理解的方向演进的。正是由于存在着这种逼近客观性的发展方向，才构成了科学研究的实际进行与不断追求的内在动力。因此，我们认为排斥主观性的真理观是片面的。另一方面，走向相反极端、完全排斥客观性的真理观，同样也是片面的。二者共同的思维前提，决定了它们必然会得出这种截然相反的逻辑结论。

现在，如果我们站在语境论的立场上，不再把真理理解为科学研究的结果，不再把单一的科学研究结果看成是纯客观的，而是把真理理解为科学追求的目标，把科学研究结果看成是对实在的理解，或者说，把真理理解为依赖于语境的概念，那么，我们就可以把已有的这些真理论看成是从不同视角对真理的多元本性的揭示，看成是互补的观念。在这种意义上，我们虽然承认，任何一个现实的科学研究过程都是对世界进行概念化的过程，这个过程是以一定程度上的客观理解为起点的，而且承认，科学研究的对象越远离人的感官世界，对研究条件的要求就越高，揭示其属性过程中的创造性与社会性因素就越多，其去主观性的发展空间也越大；但同时我们也认为，科学理论的发展变化、科学概念的语义与语用

① Pera Marcello. The Discourses of Science. Chicago: The University of Chicago Press, 1994.

的不断演变、运用规则的不确定性、科学论证中所包含的修辞与社会等因素，却不仅不再构成关于科学的实在论辩护的障碍，反而是科学理论或图像不断逼近实在的一种具体表现。这就使科学研究中蕴含的主观性因素有了合理存在的基础，并作为科学演变过程中自然存在的因素被接受下来。这样，科学认知价值的语境化就体现了科学真理的语境化，形成了一种新型的真理论——真理的语境论（contextual theories of truth）。真理的语境论构成了语境论的真理观。

二、语境论真理观的主要特征

与现有的真理观完全不同，语境论的真理观把真理理解为科学追求的理想化目标，而不是个别研究的单一结果；它既强调真理的条件性与过程性，也强调真理发展的动态性与开放性。但是，强调真理的条件性不等于走向相对主义。这是因为，相对主义最典型的特征是突出理论、方法、标准或价值之间的不可比性或相对性，而条件性不等于不可比性或相对性。强调动态性意味着，现存的真理论只代表了二值逻辑的思维方式中的两种极端的理想状态，而科学研究实践中实际存在的却是许多中间状态，这些中间状态体现了对实在或世界的不同程度或不同层次的理解。因此，我们应该始终在一个动态的、开放的语境中理解科学理论的真理性。科学的形象既不像真理符合论所要求的那样，是对世界的镜像反映，也不像各种形式的主观真理论所描述的那样，是社会运行的产物或主观意愿的满足，而是关于世界机理的一种整体性模拟。模拟活动的表现形式体现了理论模型描述的可能世界与真实世界之间的相似性。这样，语境论的真理观使真理成为一个与研究过程相关的程度概念，而不再是一个与研究结果相关的关系概念。这些性质决定了这种真理观至少具有以下五个方面的主要特征。

1. 语境性

语境论的真理观把真理理解为科学追求的目标，首先，突出了科学认识的语境性或即时性特征，即它是此时此地的经验与认识；其次，突出了科学认识的动态性与过程性，承认任何一种形式的科学认识都既包括有真的成分，也包括有假的成分，是“在当下语境中形成的认识”。“当下的语境”既是对过去进行批判与继承的结果，也是未来准备扬弃与发展的前提。因此，语境论真理观的语境性特征揭示出世界是变化不定的，变化过程中的因与果既不可分离，也不能离开它们所发生的语境来理解；强调对世界的认识取决于不断变化与发展的语境，当下的认识总是一头联系着过去，另一头联系着未来。因此，人类对世界的当下认识永远不会是最终形式，更不可能是绝对真理，而只能是特定语境条件下的认识，或者说，是特定语境中的产物，是有待于进一步完善与发展的认识。

2. 动态性

真理的语境依赖性决定了语境论真理观的动态性特征。这种动态性是通过理论与世界之间的相似性程度体现出来的。这种相似性程度处于从根本不同到完全相同这个变化范围之内。在规范的科学实践中，理论所描述的可能世界与真实世界之间的相似性程度，既是动态发展的，也是有条件的。理论系统的模型集合与真实世界之间的相似程度决定着理论的逼真性。逼真度越高的理论，越具有客观性，也越接近于真理。真理是理论的逼真度等于1时的一种极限情况。这是对基本的认识论概念的逆转：传统的逼真性理论是用命题或命题集合的真理作为基本单元，来衡量理论距真理的距离——这种做法由于没有可操作性而饱受批评；真理语境论则正好反过来，是通过对逼真性概念的理解来达到对真理的理解。因此，它是对“把科学研究的目的理解为追求真理”这句话的最好解答。

3. 层次性

基于相似性，用理论的逼真度来衡量理论的真理性认识的要求以及理论模型的更替发展，决定了语境论真理观的层次性特征。这种特征表明，其一，科学研究语境既是相对稳定的，也是变化发展的。在特定的语境论域内，理论说明的成功是理论逼近真理的一个象征或一个结果或一个必要条件。凡是逼真的理论都必定能够对实验现象做出成功的说明，反之则不然：并不是每一个拥有成功说明的理论都是逼真的理论。在理论的说明中，理论的逼真度与不断增加的成功之间的联系通常是一个认识论问题，而不是一个语义学问题。其二，科学认识是从较低层次的主客观统一运动到较高层次的主客观统一。在这个运动过程中，低层次的认识模型会在高层次的认识模型中找到自己的边界。所以，在科学认识活动中，主客观统一的难易程度与认识层次的高低成正比，即认识层次越高，达到主客观统一的过程就越复杂，理论选择的难度就越大。

4. 开放性

真理发展的动态性和层次性决定了语境论真理观的开放性特征。这种特征是科学家在科学探索活动中不断地去语境化（de-contextualized）与再语境化（re-contextualized）的结果。去语境化是对过去认识中的主观性因素的扬弃；再语境化是对新的客观性因素的接纳。数学中关于数的意义的讨论、物理学中关于场概念的理解便是很好的事例。在科学实践中，语境的不断变迁与运动通常向着纵横两个方向同时发展。语境的横向运动是通过学科间的交叉与融合体现出来的，是对已有认识的扩展与检验；语境的纵向运动表现为学科自身的演进与变化。在这种意义上，科学研究活动如同盲人摸象的故事所描述的一样：不同的盲人从大象的不同部位开始摸起，最初，他们所得到的对大象的认识是不相同的，因为每个人根据自己的触摸活动只能说出大象的某一个部分；只有当他们摸完了整个大象时，他们才有可能对大象的形状做出依赖于语境的主客观统一的描述。不过，不可否认的是，虽然他们对大象的描述始终是从自己的视角为起点的，并建立在个人理解的基础之上，但是他们的触摸活动总是以真实的大象为本体，因此他们的理解是受到来自大象本身的客观信息的制约而形成的主客观统一的图像，并且这个图像永远是开放的和可修正的。

5. 多元性

真理的语境依赖性以及把理论的逼真度作为理论选择标准之一的主张，决定了语境论真理观的多元性特征。在科学探索活动中，科学家对世界进行概念化的方式通常是多元的，即不是唯一的；语境论的真理观既允许存在着相互竞争的理论体系，也允许共存有多学派的观点。在科学共同体中，这些理论与观点都是对实在或世界的一种理解，或者说，相互竞争的图像分别在不同程度上模拟了世界的某些内在机理；理论的选择是根据理论模型与世界之间的相似性比较来进行的：通常情况下，越经得起实验检验并越具有预言能力的理论，其逼真度会越高。这样，通过逼真度或相似性的比较，在相互竞争的理论之间做出的选择，如同生物进化那样是自然选择的结果，是在科学实践的规则与活动中的自然求解；这时被淘汰掉的理论并非一定要被证伪，尽管证伪也是因素之一。语境论真理观的多元性特征内在地表明，科学总是在探索中前进的，前进的道路并非是平坦的或一帆风顺的；科学探索的动力是不断地揭示世界的秘密，探索的方向是不断地逼近真理。

三、语境论真理观的主要优势

与把真理理解为科学研究结果的现有真理观相比，把真理理解为科学追求的目标的语境论真理观的上述基本特征，决定了这种真理观至少拥有下述特有的优势：

首先，在认识论意义上，它比较容易解释为什么后来被证明是错误的理论，却在当时的研究语境中也曾起到过积极作用这个传统科学哲学无法回答的敏感问题。例如，天文学中的“地心说”、化学中的“燃素说”、经典力学中的“以太”等，尽管它们分别被后来的“日心说”“氧化说”和“以太不存在”的理论或观点所推翻，但是在后来那些新理论或新观点提出之前，它们至少在当时起到过促进科学研究的积极作用。这就为科学实在论所坚持的前后相继的理论总是向着接近于真理的方向发展的假设提供了很好的辩护，也有力地批判了各种相对主义的科学哲学对科学实在论的质疑，并使人们用不着担心会出现理论间的不可通约现象。科学史已经表明，后来证明是错误的理论并不是一无是处；反过来说，即使是正确的理论也会有适用范围的限制。

其次，在方法论意义上，比较容易解释关于科学概念与科学观点的修正问题。科学研究越抽象、越复杂，研究中的人为因素就越明显，科学家之间的交流与合作就越重要。2006 年的国际天文学联合会大会所采取的解决科学争端的方式就是典型事例。该年 8 月 24 日，国际天文学联合会大会以投票的方式宣布了关于新的行星定义的结果。有趣的是，被天文学家认为在科学上是正确的、进步的关于新的行星定义的决定，在程序上竟是以近 2500 名天文学家投票的方式来决定的，而不是通过某个权威的经验结果或公认事实来决定的，这在科学史上是极其少见的。这个新的行星定义推翻了 70 多年来一直使用的行星定义，把冥王星从行星的位置降低为“矮行星”，或者说，从那一时刻起，天文学家将把冥王星从行星的范畴中驱逐出去，修改早已被大众所接受的太阳系有九大行星的定义。这必然将带来一系列的改变，特别是教科书、字典、词典等的修订。这种有趣的方式明确地揭示出天文学家之间存在的激烈争论以及他们最终采取的解决争论的一种有效方法。

最后，在价值论意义上，能更合理地解释与反映科学的真实发展历程。例如，诺贝尔物理学奖获得者丁肇中在中国的多次演讲中以人类认识宇宙构成单元的历史为例，阐述了“物理上的真理是随着时间而变”的观点。在中国的古代对物质基本结构有两种不同的看法，一种看法认为最基本的结构是粒子，粒子是可以数得出来的；另外一种看法认为宇宙中最基本的结构是连续性的。粒子的观念起源于阴阳观念。连续性观念是道家创始人老子提出的。在过去的两千年里，西方国家对基本粒子也有不同的看法。在两千年以前，西方认为土、气、水、火是最基本的东西。16 世纪，人们认为最基本的东西除了土、气、水、火以外，还有水银、硫黄和盐，变成了 7 种。在 100 年以前，所有的科学家都认为我们已经知道宇宙中最基本的东西就是化学元素，制定了元素周期表。20 世纪 60 年代，我们认为宇宙中最基本的东西是原子核，也有 100 多种。到了 60 年代末期，我们认为宇宙中最基本的东西不是原子核，而是好几百种基本粒子。现在，我们认为宇宙中最基本的东西是 6 种夸克和 3 种轻子。

可见，科学观念与科学事实上总是处于不断的调整之中，而进行这种调整的目标，正在于不断地探索实在的深层奥秘，不断地接近真理。站在语境论真理观的立场上看，人类观点的这种不断调整与变化，不仅没有为各种不同形式的相对主义或反实在论提供依据，反而证明人类对实在的认识，是在不断地修改偏见的过程中，向着客观理解的方向发展的。这也说明，科学家所阐述的理论事实上是一个产生信念的系统，是在特定语境条件下对世界的隐喻式描绘；这些描绘总是有条件的，是真假成分的融合；它们构成了一个信念整体。真理语境论把科学理论看成是对实在或世界的理解，允许科学理论中含有主观的东西，承认主观性存在于科学研究的起点，追求客观性是科学研究的目标。也就是说，在科学研究活动中，研究主体的意向性不仅参与语境的建构，而且受到语境的影响，从而构成了动态的、发展的、变化的、复杂的研究活动。正是由于人类渴望揭示包括自身在内的大自然的秘密，才赋予人类共同的求知欲望。问题在于，这个大自然的“秘密”并不是永远不变地存在于那里，等待着好奇的人类去捕获，而是在与人类的相互作用中发生着变化。因此，大自然本身也是在语境中变化不定的。当前的大气变暖便是一个很好的例子。

真理的语境论与符合论一样都承认科学的客观性，但是它们在许多方面是有很大差异的。首先，前提不同。真理的符合论通常与经典实在论联系在一起，是以经典实在观的下列三个基本假设为基础的：世界的独立性假设、因果性假设和可分离性假设。真理的语境论是与语境实在论联系在一起的，是以语境论的科学实在观的下列三个基本假设为基础的：世界的独立性假设、统计因果性假设和非定域性假设。其次，出发点不同。真理的符合论忽略了认识中的主观性，从客观性出发阐述问题；而真理的语境论恰好相反，是以承认科学研究中始终包含有主观性为出发点，探索与揭示更深层次的客观性。最后，思维方式不同。真理的符合论主要源于常识性认识，其基本思维方式是从宏观领域延伸外推到微观领域或宇观领域。其中，认识者始终扮演着“上帝之眼”的角色：他只是科学研究活动的操纵者与观察者，而不是参与者；而真理的语境论则源于当代科学的前沿性认识，其思维方式是以微观领域或宇观领域的新认识重新评价宏观领域内的常识性认识。

与各种建构主义和相对主义的真理观相比，语境论的真理观虽然也承认科学认识是依赖于人心的，承认科学研究活动中蕴含了主观能动性与创造性，但是，它不会走向相对主义或反实在论，因为它持一种弱实在论的立场。所谓弱实在论立场，是指在根本意义上坚持实在论立场，但又不同于经典实在论以纯客观性为出发点来阐述问题；它以主客观的统一为出发点，以提高客观性为目标来阐述问题。这种立场既避免了像社会建构论或各种反实在论那样抓住科学研究中存在的主观性因素而全盘否定科学的客观性的极端做法，同时又有利于把现有的各种主观主义的真理论有机地结合起来，使它们分别成为语境论真理观的一个侧面或一个维度，因而从个体性、社会性、实践性等多种维度，系统地揭示了语境论真理观的客观性、动态性、过程性、可变性、一致性、实用性、条件性等特征。

综上所述，语境论的真理观一方面维护了科学认识的客观性，另一方面也容纳了科学认识的社会性与建构性，从而使科学认识的社会化与符号化过程有机地统一起来，把逻辑和理性从先前高不可攀的高度降低到历史和社会的网络当中，把心理、社会和文化等因素从科学的对立面融入理性的行列。因此，语境论的真理观是一个有发展前途、值得深入研究的真理观。

第三章　语义分析的语境意向

逻辑实证主义作为早期语言哲学理论的继承者，将科学解释视为一种与主体理解无关的外在逻辑演绎，从而在本质上限定其只不过是由客观定律所支配的语形学和语义学的关系。然而，在语义分析过程中，主体的理解、意向和语用是绝对不能被忽略的要素，而这些又正是构建语境意向框架的基础。语义分析的语境意向研究视角以语境这个相对稳定的平台作为基底和框架，突出和强调了心理意向因素在科学解释过程中的地位，既保证了以科学作为解释得以实现的重要背景，又不排斥社会文化作为解释语境因素的重要性。语义分析的语境意向模型将构成语境要素的社会、历史、指称和意义等背景关联通过由主体意向性的方式引入，为语境中的科学理解和解释提供了空间，并经由对这些语境要素不断调配、整合，以及持续引进新的意义和指称要素的过程，完成由心理意向网络对新的意向性对象构建的任务，而科学隐喻在这个过程中则起到了非常重要的作用。科学隐喻通过主体意向建构形成了不同语境要素之间概念的象征性关联，为创生一个从潜在性的意义上来看无限的言辞表达序列提供了可能性的基础，从而通过跨领域的概念映射给出科学理论的语义解释。作为科学语义分析的重要手段，语境意向模型和科学隐喻方法促使不同领域的知识和信念体系相互影响、交汇与融合，为科学理论的解释与扩展提供源源不断的创造力。

第一节　科学解释语境的意向模型

对世界做出解释是人类科学实践活动的重要目的。而研究揭示科学解释的一般方法和特点、科学解释的一般标准、科学解释与非科学解释的区别，对科学解释做出认识论或知识论层面的建构和评价，则是科学哲学的中心任务之一。纵观20 世纪科学哲学的发展历程，科学解释研究大致经历两个阶段：第一阶段是亨普尔等立足于逻辑实证主义的哲学架构，从语形和语义学层面建立了科学解释的标准模型；第二阶段是范·弗拉森等在哲学解释学转向和语用学转向的背景下，建立了语用学的科学解释理论。然而，无论是20 世纪中期的标准模型还是20 世纪后期的语用学理论，最终都未能令人满意地解决科学解释问题。总结以往科学解释理论的成败得失，以新的思想基底整合科学解释的诸多因素和内外维度，把科学解释问题的研究推向新的阶段，这既是求解科学解释难题的出路，也是我们构建21 世纪科学哲学的基础性工作。

一、科学解释的标准模型及其局限

尽管近代认识论哲学围绕科学知识的性质、范围和辩明问题所展开的研究，实质上就是要对世界的真实理解、对世界事物的科学解释给出认识论根据，但是，把科学解释处理为一个专门的问题，并对之进行深入而系统的研究，则是随着当代科学哲学的形成在逻辑实证主义的哲学架构中展开的。逻辑实证主义作为早期语言哲学理论的继承者和当代的基础主义认识论，其科学哲学目标是要在语言哲学和现代逻辑所构筑的思想平台上，为科学知识建立一个客观的基础、制定出探求科学知识的标准方法论，使人们能够牢靠地获得那种超越任何特定主体而又为一切健全的人类主体必须承认的客观性知识。其方法论途径是：仅仅根据涉及直接所予的概念把一切知识领域的概念加以理性重构。"不只限于把某一门经验科学的概念系统化，而是同时还尝试着把全部经验概念纳入某种系统的推导关系中。"① 把经验科学方法处理为规范的逻辑方法、把经验科学处理为逻辑构造系统、处理为由理想化的形式语言构成的逻辑推理系统、试图从若干记录直接所予的观察语词构造出整个科学系统，这是逻辑经验主义科学哲学的根本特征。

这样一种基本的科学哲学框架中，科学解释问题也就自然地成为科学命题之间的逻辑推导问题；科学解释也就成为解释项（explanans）对被解释项（explanandum）的逻辑证明关系、成为以直接所予为基础的逻辑句法学和经验语义学关系；而主体的理解、意向和语用的问题则成为全然无关的东西。"这种解释模型可以和元数学中所理解的那种数学证明概念相比。……证明作为数学之理论模型的功能就在于：它通过揭示每一步之间的逻辑联系展示数学证明的合理性；它为任何被建议的证明提供评价标准；它还为严格而冗长的证明理论、可证明性、可判定性及其他相关的概念提供基础。"② 质言之，逻辑实证主义架构的科学解释理论是要从语形和语义学层面构造科学解释的普遍逻辑图式。

正是沿着这样的理路，亨普尔（C. Hempel）和奥本海默（P. Oppenheim）于1948年发表《解释的逻辑研究》一文，建立了科学解释的标准模型—演绎—定律模型（deductive-nomological model, D-N 模型），并由此开启了当代科学哲学围绕科学解释问题的一切争论和演变。

按照亨普尔的看法，科学解释必须满足如下四个条件。

（1）解释必须是一个从解释项达到被解释项的有效的演绎推理。

---

① 施太格缪勒．当代哲学主流（上卷）．王炳文，王路，燕宏远，等译．北京：商务印书馆，1986：401.

② C. Hempel. Two models of scientific explanation//Y. Balashov, A. Rosenberg. Philosophy of Science. London: Routledge, 2002: 49.

（2）解释项至少包含一个在演绎推理中实际需要的普遍定律。

（3）解释项必须是经验上可检验的。

（4）构成解释项的那些语句必须是真的。

第一个条件是为了保证解释项与被解释项之间的逻辑相关；第二个条件是为了保证这个演绎推理是一个解释；第三个条件是为了保证这个解释是科学的解释，这个条件也是逻辑经验主义的认识论要求；第四个条件是为了保证边界条件和定律的真实性。亨普尔认为，这四个条件的每一个都是科学解释的必要条件，这四个条件合起来则共同构成对特定事实进行科学解释的充分条件。满足了这四个条件的解释，就是一个科学解释。

科学解释的 D-N 模型提出之后在科学哲学领域引起了广泛的关注和争论。一方面是内格尔（E. Nagel）、萨尔蒙等在接受其基本思想的前提下提出了对之进行修正和完善的评论建议。另一方面则是汉森、库恩等人分别从格式塔心理学和历史解释的层面对之进行了否定性的批评。

内格尔、萨尔蒙等指出：D-N 模型中的定律只包括那些严格地普遍有效的定律，但科学中的许多定律并不是严格普遍性的定律，而是概率性的；而且，许多现象我们实际上无法运用严格的普遍定律做出解释。在社会科学、生物科学以及研究亚原子层次物质现象的自然科学领域，其基本定律都是统计规律，更不可能运用 D-N 模型进行科学解释。鉴于萨尔蒙等提出的批评意见和改进建议，亨普尔又于 1965 年发表《科学解释的若干方面》，补充提出了科学解释的演绎-统计模型（deductive-statistical，D-S 模型）和归纳-统计模型（inductive-statistical，I-S 模型）。这三种模型虽然形式不同，但实质则完全一样：都是为了把科学解释处理为一种与主体的理解无关的外在的逻辑关系，处理为本质上由定律所支配的语形学和语义学层面的关系。因为“正是定律把被解释事件与解释项中所引用的特定条件联系了起来；正是定律授予了后者对于被解释现象的解释因素（而且在有些情况下是原因）的地位”①。

然而，如果说在数学证明中语言的语用维度还可以在证明过程中暂时忽略，那么，在科学解释中语言的语用学维度是绝不可能被忽略的。因为解释必然要涉及人们的信念和理解，正是理解、信念和意向决定着人们如何使用语言以及使用语言去达到什么目的。要求对某事件进行解释的那些人的信念及其理解是科学解释的一个本质性因素。这在传统解释理论的 I-S 模型中尤其显得突出，因为被作为定律的概率相关性是以主体的置信度为基础的；如果忽视主体的信念和置信度这些因素，I-S 模型便不可能做出正确的解释。汉森、库恩等正是立足于解释学

① C. Hempel. Two models of scientific explanation//Y. Balashov, A. Rosenberg. Philosophy of Science. London: Routledge, 2002: 52.

转向和语用转向的这一基本哲学背景，对传统科学解释理论赖以建立的哲学前提展开了批判，从而根本否定了仅仅在句法和语义学层面中求解科学解释问题的可能性。库恩从科学史视角尖锐地指出：覆盖律模型“无论在其最初提出的领域中有多少优点，却完全不适用于历史”，完全不适用于实际的科学历史和具体的科学实践。① 库恩等要求从科学史、现实的科学实践和科学的实际应用来求解科学解释难题。

二、科学解释的语用学转向及其疑难

在科学解释理论的发展中最具重要意义的，是范·弗拉森于70年代从语用学层面对传统解释理论所展开的批评。这种批评进一步扩张和引申了库恩等关于科学解释问题的洞见，真正把科学解释导入了一个新的方向、带入了另一个广阔而全新的思想空间之中。

针对科学解释的覆盖律模型，布拉姆伯格（Bromberger）和范·弗拉森构造了如下这个著名的“旗杆阴影反例”。

（1）光沿直线传播。(定律)

（2）2002年6月2日下午3时太阳以45度角照射旗杆所在的市中心广场地面，并且旗杆与地面垂直。(边界条件)

（3）旗杆所投射的阴影是50英尺②长。(边界条件)

（4）有两个角相等的三角形是等腰三角形。(数学真理)

所以：

（5）旗杆是50英尺高。

这个解释满足覆盖律模型的所有四个条件。但它显然不是关于旗杆高度的一个令人满意的解释。因为它的演绎推理的前提已经引用了旗杆的高度。阴影的高度正是由旗杆的高度引起而不是旗杆高度的原因；建造那座城市并在市中心广场竖立旗杆的人们的心理意向才是旗杆50英尺高的真正原因。③

据此，范·弗拉森指出，解释不仅仅是逻辑和意义的问题、不仅仅是句法学和语义学的事情，它更多的是一种语用学（pragmatics）的事务、是人们在语言实践环境中根据心理意向使用语言的问题；仅仅在事实陈述之间寻求独立于人类语境（contexts）的客观逻辑关系，并仅仅以这样的逻辑关系来对事物进行解释

---

① 库恩．必要的张力．纪树生，等译．福州：福建人民出版社，1981：15.

② 1英尺 $=3.048\times10^{-1}$ 米．

③ B. Fraassen. The pragmatics of explanation//Y. Balashov，A. Rosenberg. Philosophy of Science. London：Routledge，2002：66.

不具实际的解释效用。只有把上述的那种覆盖律模型的演绎推理纳入围绕旗杆竖立者的心理意向构造的特定语境之中，比如那座城市的建造者意图以50象征那个城市的辖域、以阴影与旗杆有相等的长度象征黑人与白人的平等地位这样的语境，关于旗杆高度的那种覆盖律模型的解释才能具有意义。因此，除非我们已经考虑了科学解释所包含的语用因素、除非我们理解了做出某个科学解释的人类语境，否则便不可能真正达致成功的科学解释。

概括地讲，科学解释的语用学理论主要包含三个实质性论点。①科学解释是满足人们特定愿望的一种科学应用。它不仅是科学理论与解释事实之间的逻辑语形关联和静态语义关联，而是涉及了科学理论、解释事实和在场的语言使用者的三元关系。由于"科学解释的条件主要地是由语境和说话者的兴趣所决定的"[①]，由于人们的愿望隶属于特定的知识网络，并与满足愿望的相关因素处于不同的关联方式，所以，在不考虑语言使用者的语形学和语义学层面上科学解释不具现实性。要言之，科学解释应是语言使用者特定愿望的满足。②科学解释的真理性依赖于语用学维度上以言取效行为的真正实现。科学解释是为了回答"为什么"的问题、是为了解决困惑和疑难，是通过以言取效的言语行为使用科学理论获取"同化疑难"的效果。由于解释场景中语言使用者的背景状况不同，由于以言取效言语行为的实现途径不同，所以，对事件的正确性解释就不只是一个，而是有多个。什么构成对问题的合理回答、构成对事件的科学解释，本质上是由语用因素实现的。③科学解释是把一个"未明事件"融于主体的视域、是作为主体的解释者和求解者的视界融合。而这一过程则是通过意向性地语言交流和构造经验来实现的。因此，科学解释依赖于主体，科学解释实现的过程就是解释者使用语言成功地进行交流和构造经验的过程。由于不同的解释主体都拥有属于自己的一个特定语言域（某人特有的词汇表、表达风格和惯用法等），一个言语行为是否构成对所予事件的解释，本质上在于其在语用学维度上介入主体特定语言域的程度。

范·弗拉森等从语用学层面对传统解释理论所进行的批评使科学解释问题彻底摆脱了逻辑实证主义的狭隘逻辑框架，使之从句法和语义学伸展到语用学的广阔思想领域。但是，另一方面，范·弗拉森对传统科学解释理论的批评却有着极端化的倾向。这就是，他在正确地批评了逻辑经验主义科学解释理论的狭隘性的同时，无限地延伸这种批评的力量，最终从语用学的维度模糊了科学解释与其他人类解释活动乃至其他人类语言活动之间的区别。范·弗拉森在《解释的语用学》一文中得出的最后结论是："在科学中不存在解释。""解释的确是一种美

---

① B. Fraassen. The pragmatics of explanation//Y. Balashov, A. Rosenberg. Philosophy of Science. London: Routledge, 2002: 64.

德，但这种美德与以人为中心的愉悦相比仍然只是一种微不足道的美德。”① 科学解释的语用学理论不能相对于人类事物中众多的非科学解释而阐明科学解释的实质，从而在根本上模糊了人们对事件寻求科学解释的努力和价值。这是它的根本缺陷。

三、语境意向论的科学解释模型

范·弗拉森虽然在他关于科学解释的著作中多次提及语境（context），但他对科学解释问题的解决实质上并不是在语境而是在语用的界面上完成的。作为思想框架和哲学方法论，语境与语用有着根本的不同。语用实际上并不是特定的问题可以在其中展开研究的建设性理论构架，它主要是一种语言分析方法。而语境及其分析方法则不同，它虽然囊括了语形、语义和语用的诸多因素，但语境分析本然地与特定的问题域相联系。因为它不仅是语境的分析而且是在语境中进行的分析，语境论本然地要求对问题的分析、论证、判断和解答联系特定的语境即特定的问题域来进行。② 再则，语用仅仅指人类对语言的使用这个最一般的特征，所以，语用分析往往在语言的使用这个一般层面上模糊乃至取消所考察问题在次语言基底上的独特性。与语用论不同，语境尽管是开放的，但它无论如何都必然地是一个有着次语言边界的理论空间或问题域。要言之，相对于语用来说，语境的根本特征在于它本然地内蕴了分析和解决问题是在某个次语言思想基底上进行。例如科学解释问题。从语用的层面来看，科学解释也就是人如何使用语言满足愿望的问题，这样，科学解释相对于其他人类语言活动的特异性便在“语用”中暗淡消退了下去。所以范·弗拉森从语用学得出的最后结论是：科学解释只是一种微不足道的“美德”、只是“以人为中心的愉悦”问题。③ 另一方面，从语境论视域来看，科学解释问题虽然也是语言问题，但它还要求这问题要落实在“科学”和“解释”等这样的语境层面上来解决。所以在语境论中科学解释不会流变为一般人类语言行为问题。最后，也是最重要的，语用及其分析虽然可以无限度地伸展，但它又仅仅是一种直线式或平面式的延伸，而不是立体的扩张。与此不同，语境虽然给出了思想的基底和边界（当然这个基底和边界是开放的），但它又是一个立体的架构；在这个架构中，语形、语义和语用以及其他诸多相关因素（如心理意向性等）都能够被有机地统一进来。所以，语境是给出了稳定

① B. Fraassen. The pragmatics of explanation//Y. Balashov, A. Rosenberg. Philosophy of Science. London: Routledge, 2002: 69-70.

② 郭贵春. 论语境. 哲学研究，1997，(4)：46-52.

③ B. Fraassen. The pragmatics of explanation//Y. Balashov, A. Rosenberg. Philosophy of Science. London: Routledge, 2002.

思想基底、涵盖了多元方法论工具、包含了诸多相关因素的立体架构。

从我们这里讨论的科学解释问题来看，在语境这个基本框架中还必须突出和强调心理意向因素的地位。因为：首先，不仅解释（explaining）活动本身与心理意向性密切相关，而且与解释活动直接相关的理解（understanding）、意义（meaning）等概念本质上都以心理意向性为前提，都是由心理意向性赋予的。正是心理意向性构成包括解释活动在内的任何特定语言行为的根由。其次，在诸多语境因素中，其他一切因素都是外在的、显像的、确定的东西，比如作为语境要素的文本、诸物理因素等，只有意向性因素是一种内在的、能动的和驾驭性的因素；其他一切因素居于怎样的地位、具有何种意义、发挥何种作用都处于心理意向性因素的能动支配之下。再次，作为语境构成要素的社会背景、历史背景、指称和意义的背景关联等都是由主体意向性地引入的；正是主体的心理意向性使诸语境因素具有了即时的、在场的和生动的意义，并从而为语境以及语境中的解释和理解展开了空间。最后，语境的运作过程实际上是诸语境要素不断调配、整合并不断把新的意义和指称要素引入的过程，而语境要素的整合、新语境要素的引入以及新意义的生成等，归根结底都要通过心理意向网络构建新的意向性对象来完成。因此，虽然心理意向性也是语境要素，但它与其他语境要素有着实质性的不同，它在语境中居于驾驭性和能动创造性的地位。在科学解释中心理意向性的这种独特语境地位尤其显得重要。因为科学解释正是通过语言行为把特定的心理意向性内化到求释者的意向网络中而得以实现。

基于对语境和心理意向性作为科学解释架构的上述把握，我们给出如下的语境–意向论的科学解释模型。

（1）科学解释是在包括了求释者、解释者、一个 Why 问题、科学背景和其他语境因素构成的语境中完成的。在这一语境中 Why 问题处于中心地位，一切语境要素的整合、新语境要素的引入等均围绕 Why 问题的展开而进行。

（2）科学解释的目标是求释者实现对 Why 问题的理解，科学解释过程将随着求释者达到对 Why 问题的满意理解而完成。所以，理解是科学解释过程的关键环节也是最后环节。把握科学解释的关键就是要揭示理解的实现过程。从心智的意向性理论来看，所谓理解（make sense）就是构建新的意向对象，“制造”新的意义并使之融合于意向网络、进入主体的视界。当然，这个实现意义的过程并不是任意的，而是在心理意向网络与诸多语境要素相互融合、整合的过程中实现的。

（3）科学解释本质上是以特定的言语行为来实现特定的语言目的，所以，科学解释主要是一种以言取效行为。科学解释这种以言取效行为主要依托于特定的科学文化背景来完成。

（4）因为科学解释这种以言取效的言语行为是围绕 Why 问题展开的，所以，科学解释不是也不可能是脱离理解的句法和语义程序，而必定是在语境中完成特定的语言行为、取得特定的语言效果。例如，对于“为什么天空是蓝的？”（而不是“绿的”）和“为什么天空是蓝的？”（而“星体”却是白的）这两个需要解释的问题，从句法学和逻辑语义学上来看，二者并无区别；但是从言语行为的界面来看，二者要求的显然是不同的科学解释。所以，科学解释这种语言行为更加直接地呈现出心理意向对语言意义的“颐指气使”特征。

（5）科学解释过程是主体在特定语境中通过心理意向来建立新的语境性关联的过程。从语言行为的心理模式来看，Why 问题本质上就是要寻求两个或多个语境要素之间的理解性关联。这种关联的建立是通过把其他相关因素不断地引入语境来实现的。有时只需引入一个要素就可建立问题要素的可理解性关联，有时则需要引入多个要素才能完成这种关联。新要素不断地语境化，并且在语境化过程中不断地生成新的意义，新要素和新意义又不断地进入求释者意向网络之中，使其意向网络发生整合、调配和建立新的意向性关系并最终实现建立问题要素关联的意向状态，实现对求解事件的理解。这就是科学解释的本质所在。科学解释的这种语境-意向的互动过程，如图 3-1 所示。

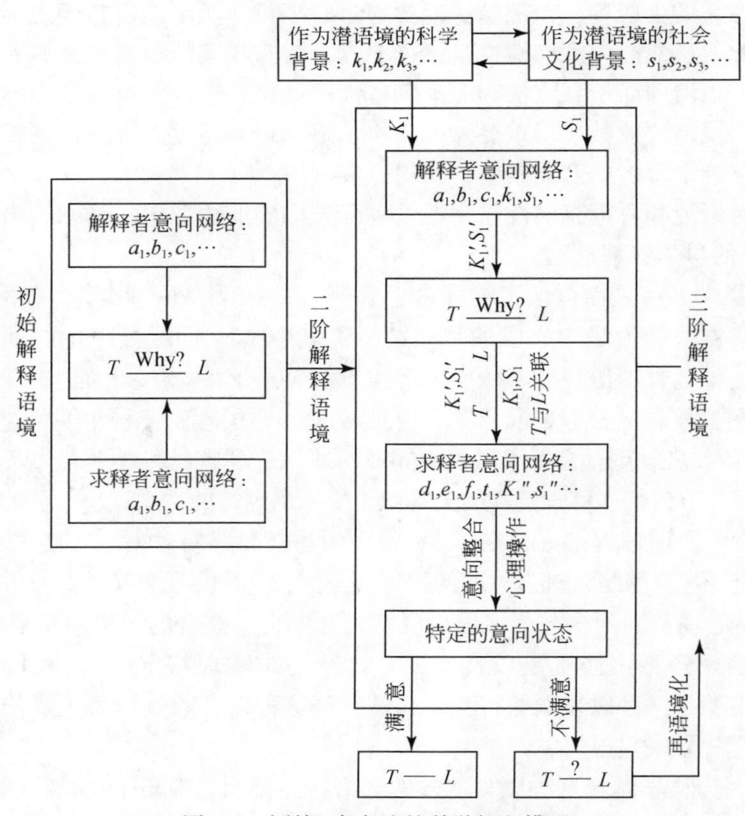

图 3-1 语境-意向论的科学解释模型

图3-1中，首先是求释者对 T 与 L 之间的关联发生疑问，他想对 T 与 L 之间的关联求得一种理解，而在他已有的意向网络中，T 与 L 之间不能建立起令他满意的关联。解释者援引相关的科学背景因素 K_1 和相关的社会文化背景因素 S_1，通过自己的意向网络使之进入解释语境，解释者运用自己的意向网络对 K_1、S_1 进行整合后，把它们作用于 T-L 问题，试图对 T-L 问题给出解释；解释者所做的解释通过语言表达形成意义并传达于求释者的意向网络。因为 K_1、S_1 是经过解释者意向网络整合的，所以在它们通过语言表达作用于 T-L 问题时又有其特定的形式 K_1' 和 S_1'。最后，进入求释者的意向网络的那些意义因素被求释者意向性地吸纳并与其他意向网络因素相互作用，经过意向整合和心理操作后，求释者最终形成表征 T-L 问题的特定意向状态；这种意向状态有被满足和不被满足两种情形；如果这个意向状态所指向的事态是其生活世界的实在事态并与其他意向网络内容融贯一致，那么求释者就会满意于这个解释，解释过程完成；如果不是这样，如果求释者不满意于这种解释，求释者将提出新的 Why 问题；这个新的 Why 问题被再语境化之后便进入三阶解释语境，三阶解释语境将再次通过类似于二阶语境的那种运动方式生成新的意义和新的解释；这样的意义和解释运作方式可能会进行多次，直到消除疑惑，达致皮尔士所说的那种心智的确信状态。

语境-意向论的这种科学解释模式既不同于传统的语义-逻辑型解释模式，也不同于以范·弗拉森为代表的语用—文化型解释模式。它把语义和逻辑因素吸收进来作为科学解释的一个重要维度，但又不把科学解释局限于语义和逻辑的刚性界域。它把语用和以言取效作为科学解释的一个重要方法论原则，但又以科学解释语境对之无限流动性倾向加以制约。它虽然以科学作为其解释得以实现的重要背景，但并不因此排斥社会文化作为解释语境因素的重要性。它虽然强调科学逻辑推导和科学语义相关的重要性，但又认为这种关联性是在特定语境中才得以具体实现的。要言之，其根本特点在于，它以语境这个稳定的基底和框架克服了语用论解释的无限制流动性，又以心理意向克服了传统逻辑型解释模式那种外在主义的强硬刚性，从而使科学解释得以在主体的语言实践世界中现实地展开和完成。

第二节　科学隐喻的语境转向

20世纪后半叶以来，随着西方哲学语言学、解释学、修辞学三大转向的不断深入推进，尤其是在后现代主义哲学潜移默化的影响之下，科学哲学的整体发展态势也鲜明地表现出与这些思想潮流发展趋向相一致的时代特征。其中，对于科学隐喻（scientific metaphor）的敏锐关注无疑是20世纪科学哲学研究中出现的一种具有重要意义的新元素和新景观。针对这一现象，美国著名逻辑哲学家苏珊·哈克（Susan Haack）指出，在当今时代，几乎所有的隐喻著述者都赞同：隐喻在“长篇宏论和公众演讲”、文学写作以及关涉“纯粹真理和真正知识”的领域都具有一种合法性地位。“事实上，许多人走得如此之远，以至于宣称隐喻不仅发挥一种合法性的或有益的功能，而且在理论性探究的过程中具有本质性的作用。”①

一、科学隐喻的凸显

所谓“科学隐喻的凸显”即在科学隐喻存在性的被发现、其功能与意义日渐彰显的基础上，相关研究被正式上科学哲学的议事日程以及这一专门领域的形成过程。这一过程的历史事实就在于，隐喻研究经过两千余年的蓬勃开展和整体推进，最终在20世纪自觉而主动地触及了科学及其哲学的领域。这是隐喻研究所进入的最后一块思想文化领地，之前它已经先后在诗学、文学、语言学、修辞学、古典文献学等学科的主要论域占据了一席之地，后来又强劲地渗透到文艺学、宗教学、历史学、政治学、法学、经济学、社会学等几乎一切人文社会科学的研究领域，最后终于自然而又必然地进入了科学及其哲学研究的范围。

科学隐喻是与原始科学相伴而生的。但是，它却在人类思想史上几乎被遮蔽了两千余年，迟至20世纪才开始正式地作为一个研究对象进入人类哲学反思的领域。这里面有着深刻的历史原因，是西方哲学传统与科学传统双重影响的产物。在哲学传统方面，自柏拉图以来，西方哲学传统的主流一直把隐喻当作一个可疑的甚至是危险的敌人。这种忽视甚至歧视、反对隐喻的哲学传统的一个基础性前提建立在“真理”与“隐喻”的二元对立中：科学真理是一种严格的与“现实”或“实在”的相符或契合；而隐喻则是一种虚浮、夸饰的东西，是一种危险的诱惑物，极易将使用者导向与真理之路相偏离的歧路。使用隐喻在本质上是逃避现实、否定真理。这种观念在苏格拉底与智者学派的对立中萌生出其最初的根芽。随着历史的发展，真理与隐喻之间水火不容的对立愈演愈烈，在康德以后的启蒙哲学中进一步发展为科学与艺术之间的截然对立。20世纪初期起，维也纳学派所开创的逻辑实证主义推动了“语言学转向”风潮在西方哲学界的蓬勃兴起，最终导致作为现代西方哲学研究两大基本范式之一的分析哲学的全面兴盛。分析哲学以英美形式主义或逻辑主义语言学派为依托，推崇概念的确定性、表达的明晰性以及意义的可证实性，不断要求强化语言的逻辑功能。在这样一种理智氛围中，隐喻的哲学地位自然是边缘化的。在科学传统方面，整个古代社会

① Susan Haack. Dry Truth and Real Knowledge//J. Hintikka. Aspects of Metaphor. Dordrecht：Kluwer Academic Publishers，1994：3.

的数学和自然科学处于萌芽状态，被包括在哲学和神学的整体范围中，其发展受到了极为严重的束缚，无法取得独立的机会。随着近代启蒙运动的影响，数学和自然科学开始挣脱哲学和神学的束缚而且以不可阻挡之势蓬勃兴起。这一时期，数学所代表的形式化的符号语言系统在不断地走向成熟，并被崇奉为自然科学所必须采用的规范性语言，构成科学语言的基本范式。在这种整体趋势的冲击下，形成了一种单一的、严格的、逻辑的、无歧义的科学真理观：真理仅仅关涉一种严格的基于字面的语言，是绝对地与隐喻性语言水火不容的。这种科学真理范式因此对于以隐喻为代表的所有修辞形式都加以严格排斥。只有单义的、稳定的字面语言被科学家接受为能够对于科学现象进行客观准确的描述。这里的根本原因在于，在当时的人们尤其是科学家们看来，字面语言是无歧义的因而无争议，而隐喻语言是充满歧义的，因而充满争议，将一种有争议的元素引入客观的科学显然是非理性的；真正的科学理想要求：必须把任何一种科学理论的建构及其语言和论证系统建立在绝对准确、可靠、简洁的数学和字面语言描述的基础之上。这样的一种认识和努力确实推动了科学的发展，并塑造了十分强大的科学理性主义思潮。在这种情况下，数学与自然科学的势力开始膨胀，科学语言超越其他一切语言成为一种最强势的语言，以其理性和可证实性理想对于其他语言形成压迫；科学实践的经验和知识也顺理成章地超越其他领域的经验与知识构成一种典范。“所有的知识与真实世界之间的关系是根据表征知识的命题方式来讨论的，科学语言与概念的意义由它所表征的世界来确定，它们不仅在本质上具有固有的字义，而且语言本身的字面意义就是使用词语的标准。语言的意义不仅与语言的用法无关，而且被认为是客观地对应于世界的各个方面。科学的话语总是关于自然界的现象、内在结构和原因的话语。”① 在这种情况下，隐喻在科学世界被严重地边缘化，科学隐喻研究当然不可能获得其存在的土壤和空气。

事实上，隐喻与真理的对立从一开始就是可疑的。长期以来，隐喻一直被哲学和科学所排斥。这种排斥反映了一种传统的惯性，即人们一方面不愿放弃数学与自然科学作为一种严格的、客观的科学那种特异性和独立性的地位，另一方面对于隐喻本性的理解还不够深刻，或者不愿意正视其在科学中的实存性。随着当代认知科学对隐喻认识的不断深入以及科学修辞学的推进，科学隐喻逐渐在科学概念的发明、科学理论的建构、科学活动的交流过程中得到了越来越清晰的“显影”。科学隐喻是伴随着科学事业的出现而出现、伴随着科学史的发展而发展的，但是其地位和意义直到20世纪才被人类理智所捕捉到，并作为一个具有重要意义的研究对象。正如《牛津哲学指南》所指出的：随着科学隐喻研究的不断深

① 成素梅，郭贵春．语境实在论．科学技术与辩证法，2004，(3)：62.

入，“在近来的几十年，哲学家们同样更清楚地意识到了隐喻在科学……中所发挥的功能问题”①。对于科学隐喻认识的这种历史性进步有其深刻的思想基础和知识前提：20世纪以来，认知科学取得了革命性的进展，出现了一大批新成果，提出了一系列新观点。认知科学家通过大量的实验揭示了一直被遮蔽的两个事实：概念和推理在极大的程度上依赖于身体，主要以隐喻为代表的思维映射过程是概念和推理的重要渊源。广义的隐喻包括了隐喻、类比和其他形象性语言结构，是语言和思想的最基本的、无所不在的成分，人类的概念系统不可避免地由此构成。此后，对于科学隐喻的传统偏见开始逐渐地被一种客观、现实、开放的视野所取代。首先，科学哲学的发展使得人们开始对科学所具有的那种超然独立的地位产生质疑，人们发现，科学本质上是人类所从事的一种活动或事业，它与人类从事的其他领域的活动或事业并没有本质的不同，只有相对的独立性；科学理论也并不是一种零度修辞的绝对客观中立的语言，而是与日常语言有着千丝万缕的联系，科学中事实上存在着大量的隐喻。这种对于科学的认识上的深化反映了人类对于科学本质反思的时代性进步。其次，有赖于对于隐喻地位、功能和意义的再认识与再评价。经过自亚里士多德以来两千余年的反复探讨，人们逐渐认识到，隐喻是一种客观存在的语言现象；这种现象如此广泛而普遍地存在于几乎一切语言系统中，似乎在深刻地显示着它应该在人类思维结构的深处有其存在的根本原因；隐喻绝不仅仅是一种修辞学的发明，它昭示着人类有待发现的许多非常重要的东西。这两方面的原因是科学隐喻研究在20世纪开始得以凸显的两个根本原因。在以上两大因素的合力推动下，科学隐喻在科学史中贯彻始终的使用逐渐被一些敏锐的科学家和哲学家所意识到，对科学中的隐喻的专门研究也终于在20世纪初期出现其滥觞。

在1912年8月30日出版的《科学》杂志上，发表了《科学中的隐喻》一文，作者是加拿大达尔豪西大学（Dalhousie University）的弗莱舍·哈里斯（D. Fraser Harris）。作为最早的专门研究科学隐喻的文献之一，该文以化学、生理学和生物学为例，极富说服力地指出了科学隐喻的现实存在性、表现、功能及其意义。作者开篇即开宗明义地指出：“在科学史中存在着诸多实例：在这些事例中，一个起初通过某种隐喻表达法进行表征的概念，伴随着时间的进程变成了一种具体的存在。绝大多数科学学科都包含着这样的例子；起初与一门科学相伴而生的概念通常是最为模糊含混的，是关于某一类事物的原则性的、特征或潜在性的概念，而最终该门科学揭示出一种实体、一种物质的种类，这是可感触并且可度量的：这时原初的概念就变得拟人化了。”② 哈里斯在该文中考察的第一个

---

① Ted Hondefich. The Oxford Companion to Philosophy. Oxford: Oxford University Press, 1995: 555.

② D. Fraser Harris. The Metaphor in Science. Science, 1912, XXXVI, (992): 263.

例子是无机化学中的隐喻。他指出，当法国化学家拉瓦锡在对于我们今天称之为氧的物质的特性进行研究的时候，并不是有如神助地突然获得了一个绝妙的主意就把氧分离出来，从而紧接着推进到对于这种新的化学产物的性质的研究。事实上，氧的发现的历史事实与此相去甚远：1774 年 10 月，拉瓦锡发现了一种新的气体，命名为“酸素”（principle of acids）。拉瓦锡写道，“我将通过‘酸素’这个名称，或者正如某些人所更加倾向于的希腊文中具有同样意义的‘oxygine principle’这个名称指示一种当其处于化合态或稳固态时去燃素的气体，一种极不寻常的可供呼吸的气体。”这种有待进一步考察的未知的物质一旦在空气中煅烧或燃烧时就会与金属相化合并产生酸性，即“oxygine principle”。100 多年后，这种“酸素”成为一种可见并且可触的实体，即液化的、钢青色的氧气。这种从“素”到物质的转变意味着拉瓦锡的“酸素”隐喻变成了实存性的东西。[1] 除化学隐喻之外，哈里斯还详细地考察了生物学、生理学、医学等诸多自然科学学科中的隐喻案例。他认为，科学中所使用过的最富于成果的隐喻可能就是英国生理学家威廉·哈维（William Harvey）在研究血液运动过程中所提出“圆周循环运动”的隐喻。血液循环的事实的发现，是生理学创立的最为关键性的基础，但是，这一事实的命名来自于哈维精心挑选的隐喻“圆周循环运动”。这也就是说，“圆周循环”的隐喻后来变成了生理学语言的重要组成部分。后来，“血液循环”的隐喻在 1660 年获得了证实。[2] 哈里斯主要是在科学概念发明的意义上来考察科学隐喻的存在性及其功能。他指出，成功的科学隐喻所具有的一种整体性的特征倾向就在于：由主观性走向客观性，由不可见性走向可见性，由纯概念性走向实存性，由猜想性走向可证实性。

二、科学隐喻的转向

自从 1912 年《科学中的隐喻》一文问世以来，科学隐喻的研究不断得到深入的推进。科学隐喻在科学中的合法性地位和重要意义正在得到科学哲学界的普遍承认，同时也在相当数量的科学家群体中引起越来越一致的共鸣。以至于到了 20 世纪六七十年代，隐喻研究的整体态势非常明显地呈现出一种向科学隐喻“转向”的特征。这种隐喻研究的“科学转向”或“科学隐喻转向”的突出表现就在于：传统隐喻研究对于诗学、文学、哲学隐喻的关注程度逐渐降低，更多地

---

① Richard D. Johnson-Sheehan. Metaphor in the Rhetoric of Scientific Discourse//J. T. Battalio. Essays in the Study of Scientific Discourse. Ablex Publishing Corporation, 1998: 263.

② Richard D. Johnson-Sheehan. Metaphor in the Rhetoric of Scientific Discourse//J. T. Battalio. Essays in the Study of Scientific Discourse. Ablex Publishing Corporation, 1998: 264.

把视线和兴趣投向了科学隐喻这一有待开发的处女地。所谓科学隐喻的转向主要包括以下三个方面的含义。

1. 科学隐喻研究的兴盛

在20世纪后半叶以来科学隐喻研究的开展过程中，科学哲学界乃至科学家群体对于科学隐喻的认识发生了根本性的变化，关于科学隐喻的本体论、认识论、方法论问题的研究引起了西方几乎所有知名的科学哲学家的探索热情，随之而来的就是大量有关科学隐喻的专著和论文陆续问世。1966年，英国剑桥大学的科学哲学家玛丽·海西出版了《科学中的模型与类比》，此书最后一章是关于科学隐喻的研究。海西的科学隐喻研究是“这一领域最早的综合性探讨之一”。[①] 1974年，莱瑟代尔（W. H. Leatherdale）的《科学中类比、模型和隐喻的功能》出版。1976年，麦科马克（MacCormac）出版了《科学与宗教中的隐喻与神话》。1977年，“隐喻与思想”学术研讨会在美国伊利诺伊大学召开。与会者提交的论文结集为《隐喻与思想》，于1979年由安德鲁·奥特尼（Andrew Ortony）编辑、剑桥大学出版社出版。在这部文集中，有两篇关于科学隐喻的文章特别引人注目，这就是理查德·博伊德（Richard Boyd）的《隐喻与理论转换》和托马斯·库恩（Thomas Kuhn）作为对博伊德文章回应的《科学中的隐喻》。1982年，美国明尼苏达大学的罗格·琼斯（Roger S. Jones）出版了《作为隐喻的物理学》一书。1984年，丹尼尔·罗特巴特（Daniel Rothbart）在美国《科学哲学》杂志发表《隐喻语义学与科学结构》一文。同年，格哈特（M. Gerhart）和罗素（A. M. Russel1）合著的《隐喻过程：科学与宗教理解的创造》出版。1997年，罗特巴特的《科学知识发展的说明：隐喻、模型与意义》出版。1999年，汉纳·普拉车夫斯卡（Hanna Pulaczewska）的《物理学中的隐喻视角：案例研究》出版。2000年，哈林（F. Hallyn）编辑的《各门科学中的隐喻与类比》出版。2003年，美国伊利诺伊大学科学家西奥多·布朗（Theodore L. Brown）所著《制造真理：科学中的隐喻》出版。在这些重要著作中，“科学隐喻”作为一个专有名词被大量地使用。据美国鲍灵格林州立大学（Bowling Green State University）哲学系教授迈克尔·布雷德（Michael Bradie）统计，即使按保守的数字估计，自20世纪60年代以来出版的与科学隐喻相关的文献就达800多种。[②]

---

① Richard D. Johnson-Sheehan. Metaphor in the Rhetoric of Scientific Discourse//J. T. Battalio. Essays in the Study of Scientific Discoures. Ablex Publishing Corporation, 1998: 173.

② 迈克尔·布雷德. 科学中的模型与隐喻：隐喻性的转向. 王善博译. 山东大学学报（人文社会科学版），2006,（3）: 93.

2. 科学隐喻合法性地位的确立和巩固

随着科学隐喻研究的蓬勃展开和深入发展，科学隐喻的合法性地位不断得到确立和巩固。人类对于科学隐喻的传统观念经历了革命性的跨越。这就表现在，在科学隐喻转向的整体语境中，一种新的、为越来越多的科学哲学家和科学家所认可的科学隐喻观逐渐形成了：科学隐喻是隐喻的一种特殊形态，具有一般隐喻的语言学特征。但是，因其所处载体的特殊性，与文学隐喻、宗教隐喻又有着显著的区别。从本质上来讲，科学隐喻是以一定语形构造为载体、在特殊的语用语境中生成的一种语义映射。正是在特定科学语境中语形构造、语义映射、语用选择的统一，决定了相关隐喻的生成及其本质意义。作为一种特殊隐喻形态的科学隐喻可以将传统理论概念体系中的各种成分和要素加以整合，即通过再概念化和理论间的链接与转换，不断提出新的科学研究方向、造出新的科学理论。它是通过理解语境的传递，由已知到未知、由旧的理论知识通达新的理论知识的桥梁和媒介。这就是说，科学理论的发展从一定意义上来讲是由科学隐喻历时地"再语境化"所推动的，而"再语境化"的过程就是新旧隐喻交替嬗变的过程。科学隐喻为科学理论提供了一种原型语言；与此同时，那些前科学的话语以及非科学的话语又被科学隐喻所丰富了的科学语言所改变和影响。"当日常语言的资本通过隐喻被投资到科学中之后，这些语词带着它们的科学关联的增长了的利息又返回到日常语言之中。"① 日常语言如果仅仅局限于其自身范围之内，很难获得形式以及意义更新的动力。它的演化、发展和丰富实际上在相当大的程度上是在与文学语言、哲学语言、科学语言等其他语言系统的对话和交流中获得实现的。正是在这样的意义上，我们可以合理地将科学理论的历史演变视为由越来越成熟有效的科学隐喻所构成的历史，而不是传统观念所认为的那样一种对客观世界的实在状况不断进行逼近、描摹得越来越细致的历史。从这样的视角来看，所谓科学革命实质上只不过是对于自然的一种隐喻式的重新描述，而不是一种对于自然内在本性的真正的洞识。对于一个特殊问题的不同观点是由各个学科所持有的普遍化隐喻而引起的。对于一个问题共享不同的隐喻表征能够为创造性思维开辟更大的可能性。一种正确的对于科学隐喻功能的理解来源于对于科学隐喻概念本性以及科学本质的理解。在科学发展的过程中，从其最初的开始到作为成熟的知识与理解体系的完善发展，科学隐喻都发挥着核心的作用。这种作用不仅表现于科学家最初的创造性冲动，同时也表现在对于实验数据的解释中、科学说明的形式化

① W. H. Leatherdale. The Role of Analogy, Model and Metaphor in Science. New York: Americal Elsevier, 1974: 242.

表达中，以及科学家共同体内部、科学共同体与社会公众之间的交流过程中。[①] 科学隐喻是一种形式表现似乎非常简单但内涵却极为复杂的语言与思维现象，它在不同的科学理论语境中、在不同的科学实践语境中往往扮演着不同的角色，因此其类型也是丰富的、多种多样的。根本上，科学隐喻的发明和应用出于科学家共同体认知、交流、建构相关理论的需要；是基于实现对客观实在世界某种特征猜测、探察和描述的目的，而从一种相对中立的认知标准出发去捕获特定的、尚未被完全揭示的关于客观实在的知识。

3. 隐喻分析成为科学哲学研究的一种新范式

隐喻研究尤其是科学隐喻的研究从一个重要的方面启迪了科学哲学的新进展，隐喻分析方法正在逐渐成为当代科学哲学研究的一种新范式。当代科学哲学的发展在客观上需要超越传统的纯粹以归纳逻辑为方法的思想体系，要求建立一种能够容纳各种不同的科学方法的、立体网状结构的理论系统。这就要求科学哲学的未来研究不能不朝着立体的、整体的、综合的方法发展，只有这样才能够体现出科学哲学在 21 世纪发展所应当具有的时代特征。这种时代特征随着以隐喻为主导的科学修辞学转向体现得更加明显。隐喻不仅跳出了形式语言的逻辑预设，更加注重科学论述的语境，给战略性的心理定向以广阔的语言创造的可能空间，从而在相当大的程度上促使科学哲学进一步排除了在理性与非理性、语言的形式结构与理论的意向结构、逻辑的证明力与论述的说服力、静态的规范标准与动态的交流评价之间的僵化界限，削弱单纯本体论的独断性，更加强调心理重建与语言重建的统一。总之，随着科学隐喻研究的深入，科学哲学的理论域面必将得到进一步的拓展，隐喻分析在科学哲学研究中的广泛开展也必将使得语境论、整体论、社会文化分析思想在科学哲学全部领域得到渗透和强化。

三、转向的影响及其意义

总的来说，对科学隐喻作为一种重要的科学探究模式与解释方法论的观点，目前在科学哲学界已经得到了比较普遍的承认。当代科学隐喻研究以哲学运动中语言学、解释学和修辞学的“三大转向”为基本的知识背景，以语言哲学、科学哲学、认知科学的最新成果为理论依托，以科学实践活动包括科学概念发明的隐喻思维、科学理论陈述的文本内容以及科学交流的隐喻修辞等为基本分析对象。20 世纪六七十年代以降，逐渐形成一股不可小觑的潮流，80 年代和 90 年代

---

① Theodore L. Brown. Making Truth: Metaphor in Science. Urbana, Chicago: University of Illinois Press, 2003.

达到一个高潮。这一时期，“隐喻热”（metaphormania）在思想界与学术界的蔚然成风推动了一种新学科“隐喻学”（metaphorology）的成型，一些知名的隐喻研究者甚至被称之为“隐喻学者”或“隐喻学家”（metaphorologist），所有这些都包含着科学隐喻转向所促成的强有力的推动。

1. 科学隐喻转向极大地拓展了科学哲学研究的问题域

对于科学隐喻的沉思促使科学理论语言与科学思维这两个相关领域的本质问题被暴露出来。对于科学隐喻是什么的追问又必然引起科学理论语言是什么以及科学思想是什么的问题。也就是说，科学隐喻与科学语言、科学概念、科学思想之间究竟是一种什么样的关系？它们之间又是如何进行沟通的？从科学哲学的角度来看，这些问题又必然地衍生出一系列亟待深入探讨的课题：隐喻与科学有无本质关联？如果这种关联确实存在，它具体体现在哪些方面？科学是否如通常理解或人们更愿意相信的那样是隐喻化的或者说非隐喻化的？抑或科学从本质上来说就是隐喻性的？科学隐喻的提法是否是合法的？科学隐喻是否存在或是否可能存在？如果存在，表现为何种形态？概括地说，这些问题事实上是在追问两大主题：首先，科学隐喻的本体论地位问题；其次，其本体论地位的根据问题。对于这些具有本质性问题的思考进一步拓宽了当代科学哲学研究的视阈和进路。对于这些问题，哲学家们从不同的角度进行了各种各样的回答，提出了大量富于启发性的新思想和新理念，不断地澄清着科学隐喻与科学哲学之间内在的关联性。科学哲学家们的共识是：隐喻作为语言现象有着深刻的思维根源，这就在于，人类关于世界所进行的绝大多数思维活动和推理过程都是隐喻性的。在另一方面，隐喻这一现象也从一个侧面透视出语言与思维的相互依赖性。在这种相互依赖的关系中，认知能力和语言学形式之间是一种彼此补充和强化的关系。

2. 科学隐喻的转向表现出人文与科学的融合趋势

科学隐喻的转向是在语言哲学和科学哲学相互借鉴、渗透和融合的基础上实现的。这就表现在：“对于科学活动的分析不再脱离关注修辞格与词汇表的语言哲学，在科学想象中情形更是如此，因为它是处于一种发现或确证的语境之中的。”① 科学隐喻的转向并非一朝一夕的事情，也绝非个别哲学家或哲学流派兴之所至的结果。科学隐喻之被提上科学哲学在20世纪的正式议事日程、获得广泛而深入的关注，正深刻地反映出当代人文哲学与科学哲学、科学主义与人文主义发展的内在逻辑与历史趋向性的统一。这种统一隐含着科学隐喻转向潜在力量

---

① Gerard Simon. An analogies and Metaphors//Kepler F. Hallyn. Metaphor and Analogy in the Sciences. Dordrecht: Kluwer Academic Publishers, 2000: 71.

的可能性与现实性。科学隐喻的转向绝不意味着文学、诗学、宗教等其他类型的隐喻的遮蔽。毋宁说，科学隐喻的研究必然是以一般隐喻的研究为基础和前导的。简言之，科学隐喻与一般隐喻是统一而非分裂的。也就是说，尽管与其他类型的隐喻如文学隐喻、宗教隐喻相比，科学隐喻具有自身所特有的性质，但它本质上仍然是作为一种隐喻而存在的。因此，企图在排斥一般隐喻理论的基础上建构某种独立的科学隐喻理论，在逻辑上和事实上都是不可能的。正是由于这一原因，任何关于科学隐喻的讨论和研究的一种理性和现实性的范式都是首先从一般隐喻的理论开始，然后以某种方式过渡或切入科学隐喻的理论。事实上，这种过渡和切入仅仅是科学哲学家的论述表面上所展现出来的形式，它本质上是一种引入。没有一般隐喻理论，就没有科学隐喻理论。科学隐喻本质上是一般隐喻的一个特殊的类属。对这个特殊的隐喻类属的考察，单纯的人文哲学或科学哲学都是力不从心的，单纯的人文主义或科学主义视角也是注定褊狭的。只有在它们相互结合和统一的基础上，才能达成对于科学隐喻的真正的、全面的理解和解释。

3. 科学隐喻转向提示对于科学的真正本质做出新的理解

对于科学隐喻的正确理解归根到底取决于一种对于科学本身的适当理解。对于科学本质的理解，在思想史上大致存在着这样两种互相对立的基本观念：第一种观念认为，科学是一种完全讲求理性和逻辑性的事业，其最终目的在于对终极真理的把握，因此是绝对客观的、独立的；第二种观念认为，科学只是在相对的意义上是理性的、客观的事业。赞同第一种观念的哲学家把“扎实的科学事实”和“主观的”或“隐喻”对立起来；赞同第二种观念的哲学家则认为，科学只是人类诸多活动之一，在科学中，人类所见到的并不是一个“扎实的”、与人类没有关涉的实在，在其看来，科学家群体创造出特定的科学理论，都是一种对于世界的特定描述和理解，都是为了有利于预测和控制某些特定事件的发生。这样一种实践活动与艺术工作者或者政治思想家为同样的目的创造出对世界的其他类型的描述在本质上并无不同。但是，把这些不同种类的描述中的任何一种，譬如科学描述，视为对于客观世界的本然状态的准确再现，则是一种形而上学的虚妄追求。这些哲学家认为，这种对于科学是客观世界本来状态再现的观念本身是值得怀疑的，甚至可以说是没有意义的。① 我们认为，只有在后一种意义上理解的科学观念，才能够为科学隐喻提供一种合法性基础和在科学系统中的适当位置。也就是说，科学隐喻只有在这样的语境中进行研究才有意义，才可能谈论其必要性以及其他方面的特征。当然，采取这样一种对于科学理解的基础性观念并不是

① 理查德·罗蒂．偶然、反讽与团结．徐文瑞译．北京：商务印书馆，2003：12.

要贬低科学本身，而是要以一种更加开放的和更加具有现实性的视角来看待科学、科学家及其实践活动。事实上，随着当代科学哲学研究的深入，对科学本身地位和性质的理解正在不断地趋向于后一种模式。

要正确认识并且合理评价科学隐喻的转向，需要注意以下几个方面的问题：首先，从本体论的意义上来看，把科学语言的历史视为科学隐喻的历史，就是对科学语言存在某种独立、先验、前定的本质的否认。因此，对于科学隐喻的主张蕴涵着这样的一种基本的认识：科学语言与科学思维绝对不是自然或者任何一个具有超越性的精神实体基于某种特定的目的而设计出来的；相反，它们的历史乃是向这样一种目标趋近的过程，例如，能够表现越来越多的意义，或再现越来越多的事实。[①] 其次，从科学语言发展动力学的宏观角度来看，科学隐喻是将一种当下通用的科学语言系统与其起源和历史流变有机地联系和统一起来的纽带。因此，科学隐喻研究必须采用历时的方法在科学语言发展演变的现实轨迹中去把握其实质。科学隐喻的动力学根源深刻地在于人类在社会历史文化实践过程中观念及意义作为所指的不断丰富和深入的变化过程。再次，一般意义上的隐喻与科学隐喻的关系本质上是一种种与属之间的关系，二者之间在逻辑上不是断裂的，不存在截然的鸿沟。但从对于一般意义上隐喻的了解到对于科学隐喻的关注，确实经历了一个历史的认识深化过程。这一过程的基本前提和可能性就在于科学的发展以及对于科学认识的不断深化。正如不存在一种统一的语言哲学理论，也不存在一种统一的一般隐喻理论，更不存在一种统一的科学隐喻理论。“并不存在一种区别于其他智力活动领域的独立的关于科学中隐喻的理论，也不应该有这样一种理论。如果我们想要对于科学工作中隐喻作为一种本质性元素获得充分的认识，就必须在更一般的意义上理解它在思维、语言和行动中所具有的功能。”[②] 科学隐喻本质上是一般隐喻理论在科学中的运用，只不过更强调科学共同体作为其特殊使用对象，科学活动作为其基本的语用语境。最后，需要适当地引申科学隐喻的含义，才能从其蕴涵的深刻启发中受益。如果过分地或者在错误的方向上引申了某个隐喻的含义，就可能会对相关的科学研究工作产生误导。例如，科学史上曾出现过的燃素隐喻和以太隐喻所产生的不良影响。正如人们会误用任何强大的工具一样，科学家也可能误用隐喻，但它的强大的功效，还是会成为科学智慧工具箱中的一个宝贵部分。“隐喻本身既不是一个多么好的东西，也不是一个多么坏的东西；毋宁说，它是一种既能够作好的使用也能够作坏的使用的一种语言学工具，有时是有助益的，有时是无害的，有时是一种妨碍。因此，一种关于

---

① 理查德·罗蒂．偶然、反讽与团结．徐文瑞译．北京：商务印书馆，2003：27-28.

② Theodore L. Brown. Making Truth: Metaphor in Science. Urbana, Chicago: University of Illinois Press, 2003.

隐喻如何运作的适当理论应当能够使得同时说明隐喻的有益性及其危险都成为可能。”① 现在有一些科学隐喻的批评者援引了一些在科学史中失败的隐喻案例试图对隐喻的方法论意义加以否定，但显然这些案例并不能成为科学隐喻在方法论上整体失效的根据。正如马克斯·布莱克所指出的，毫无疑问，隐喻是有其可能的危险性的，尤其是在哲学方面。但若因此而反对隐喻的使用，这就将对我们的研究能力造成一种蓄意的和有害的限制。最后，由于隐喻本身具有一种“光滑的”性质，因此，建构一种科学隐喻理论可能涉及“无限领域”（利科语）。针对这种情形，有一些科学哲学家主张：对于科学隐喻的问题，并不需要建构太多的理论，更重要的和更有意义的是以现存的科学文本为依据进行更多的、更细致的隐喻分析。只要有语言就有隐喻，只要有科学陈述就必然存在科学隐喻的分析问题，隐喻分析所具有的启迪性、创造性，是其他分析方法所不能取代的，它正在逐渐引起普遍关注。正是在这种意义上，以科学理论文本为基本依据的隐喻分析代表了一种科学哲学研究的新范式，也必将会引领未来科学哲学发展的一个新的方向。

基于以上认识，我们相信：进一步细致、深入、持久地开展科学隐喻的系统分析工作，尤其是针对具体科学理论文本的微观语境分析，自然而又必然地成为继续推进和深化当代科学哲学研究的重要工作内容和着力方向。“由于隐喻与语用语境的本质关联，因此，将科学隐喻研究与语境论相结合，从语形、语义、语用三个维度全面地考察科学隐喻的生成、发展、本质、功能和意义，应当是未来科学隐喻研究的一个重要趋向。”② 总之，科学隐喻研究不仅将极大地推动科学修辞学乃至整个科学哲学的深入发展，而且对于科学理性的进步也将起到其应有的积极作用。

第三节　科学隐喻的认知结构与运作机制

人类进行的一切认知活动都是以一定的概念为基础的，科学认知活动也不例外。在科学的认知活动中，科学隐喻作为一种基本的概念认知结构发挥着重要而不可替代的作用。科学概念史的研究表明，科学家所从事的科学研究工作本质地蕴涵着一种科学隐喻概念认知的内在机制，也就是说，科学家用来解释其观察对象的科学模型和科学理论在本质上均为一种基于科学隐喻概念认知的建构。科学隐喻的概念认知结构是隐喻思维的基本组成元素，隐喻思维则是隐喻概念认知结

① Susan Haack. Dry Truth, Real Knowledge//J. Hintikka. Aspects of Metaphor. Dordrecht: Kluwer Academic Publishers, 1994: 3.

② 郭贵春. 科学隐喻的方法论意义. 中国社会科学, 2004, (2): 101.

构的整合和统一体。依据科学隐喻概念认知结构的不同层次和深度，可以将其区分为一般概念隐喻层次和根隐喻层次两个方面。

一、科学隐喻的概念认知结构

概念隐喻一般指包含两个更为广泛领域的概念并列的隐喻，这种概念并列通过把相关的认知内容从提供域抽取出来而在接受域中触发一种特殊的概念意义的应用。概念隐喻的表现形式往往是隐含的。根本上，概念隐喻首先表现为一种概念现象而非语言学现象。概念隐喻只是在概念现象的本质中、并通过这种概念现象才得以展现为一种语言学形式的表达法。概念隐喻将两个在逻辑分类学意义上或常识观念中相距遥远的经验领域统合、吸收到一起，而这种统合和吸收的结果是提出一个部分共同或部分共用的概念结构，如果这些经验领域在语言中已经被现实化，那么，此时就要提出一个部分共同的语义学网络。概念隐喻是作为一种隐含的象征性关系的来源而发挥其作用的，这也就是说，仅仅在语词和短语等特殊的言辞表述层面上是无法充分理解概念隐喻的本质的。通过概念隐喻建立起来的不同经验领域之间的象征性关联为创生一个从潜在性的意义上来看无限的言辞表达法序列提供了可能性的基础。在这种意义上，也可以将之称为扩展隐喻。当然，在现实的、历史性的语言应用实践过程中，这种可能的、无限的言辞表达法序列中只有特定的一部分能够获得最终的现实性的转化，也就是进入言语系统中并被词典编纂者收集从而获得语言共同体约定俗成的确认。但是，除了这些被实际使用的表达法之外，这个言辞表达法序列的其余部分随时都有可能在不同的语境中被引入言语系统，获得其语言学形式。例如，在物理学中，一个扩展性的概念隐喻的例子就是利用具有事件性的空间的概念来隐喻时间。这个典型的概念隐喻把对于首要意义上空间介词的用法的语义学限制进行提升，从而允许将其应用于对于时间的指称。① 概念隐喻对于科学语言的产生和展开有着极为重要的触发和先导作用，同时，许多科学类比和科学模型也都是概念隐喻的非言语性表现形式。

概念隐喻结构的澄清及其影响人类认知系统途径的揭示，是加深对于科学理论的意义和真理性之理解的必要条件之一。当代认知科学指出，人类全部的抽象概念都是由一个或更多的隐喻进行界定的。对于科学隐喻而言，隐喻语言显然只是体现出概念隐喻的轨迹，更为根本性的元素在于科学家根据其他概念领域对科学领域进行再概念化的方式之中。科学隐喻的一般理论正是通过描述这种跨领域

① Hanua Pulaczewska. Aspects of Metaphor in Physics. Tübingen：Max NiemsyerVerlag Gmblt，1999：59.

的概念映射而给出的。就此而言，科学隐喻本质上就是一种概念化的过程，体现出概念化的结构。当人类谈论抽象概念的时候，几乎总是选择取自某一具体领域的语言。例如对于心灵问题的探讨就是使用空间模型隐喻非空间对象：在我们的心灵之中（in）、之上（on）或在其角落有某种东西，我们从心灵中提取出事物，事物经过我们的心灵，我们把某物召唤到心灵之中，诸如此类。事实上，人类理解非感受性概念的最主要的方法就是通过具体经验情形进行隐喻。[①] 概念隐喻是一种常规化、固定化了的科学隐喻，它与新颖的科学隐喻是有一定的区别的，这就在于它作为一种已经被广泛约定的、基础性的概念框架在科学理论语言的陈述和科学概念的运作中发挥作用。在这种意义上，科学的概念基础完全是隐喻的。

科学隐喻主要是作为各学科中的概念隐喻而存在并发挥作用的。概念隐喻是横跨语义域、将来源域的推理结构投射到对象域之上的一种概念映射。这种概念映射绝不是任意的，而是可以在经验的意义上进行研究并且做出准确陈述的。概念隐喻之所以并非任意的，是由于它是被人类的日常经验尤其是身体经验所激发的。当代概念隐喻理论的研究显示，在所有人类概念系统中都存在概念隐喻的扩展性常规结构。概念隐喻的映射结构不是孤立的，而是发生在复杂的语义系统中并且以复杂的方式相结合。和人类概念系统的其余部分一样，常规概念隐喻系统隐而不彰地潜藏在意识层次之下。当科学家有意识地创造出一个新的科学隐喻的时候，往往只是利用了无意识常规隐喻系统的机制。显然，概念隐喻的基本载体并非语词，而是思想。例如，在数学概念的构造中，存在两种最基本的概念隐喻类型：基础隐喻和连接隐喻。基础隐喻使数学概念建立在日常经验的基础之上，通过形成收集、建构对象或在空间中移动的意象使算术运算被概念化。由于保留了推理的结构，这种概念化过程成功地把日常经验领域中的收集、建构和移动概念映射到算术的抽象领域中，构成一种关于容器、路径、实体、连接等等对象的认知图式。基础隐喻正是因此把我们了如指掌的日常经验领域的精确的图式结构以及推理形式映射到数学领域中。连接隐喻所起的作用在于把数学的某个分支与其他分支之间建立起有效并且有意义的连接。例如，当我们在隐喻的意义上把数理解为一条直线上的点的时候，实际上就是把算术和几何学有机地联系在一起。因此，连接隐喻的本质在于把数学知识中某一领域的特征映射到其他领域。

以算术领域为例，基础隐喻的结构形式表现为以下三个方面：首先，算术是一种对象的聚合。这个隐喻包括以下子隐喻：数是具有同一形式的物理对象的聚合，数学工具是对象的聚合者，算术运算是组构对象聚合的行为，算术运算的结果即是对象的聚合，单位一是最小的聚合，数的大小是该聚合的物理大小，一个

① David Rummelhart. Some Problems with the Notion of Literal Meaning//A. Ortony ed. Metaphor and Thought. 2nd ed. Cambridge：Cambridge University Press，1993：71.

数所衡量的量是这个聚合的量，相等是对平衡的聚合量的衡量，加法是把不同的聚合放到一起形成更大的聚合，减法是从较大的聚合中抽掉较小的聚合而形成另一个聚合，乘法是对具有相同大小的聚合进行给定次数的重复相加，除法是对一个给定聚合进行分解为更小单位聚合的重复过程，零是一个空的聚合，等等。其次，算术是一种对象的建构。这个隐喻包括以下子隐喻：数是物理对象，数学工具是对象的建构者，算术运算是建构对象的行为，算术运算的结果是一个建构的对象，单位一是最小的整体对象，数的大小是对象的大小，一个数大小的衡量需要被建构为对象的最小整体对象的聚合，相等是对平衡的对象量的衡量，加法是把不同的对象放到一起形成更大的对象，减法是从较大的对象中抽掉较小的对象而形成另一个对象，乘法是对具有相同大小的对象进行给定次数的重复相加，除法是对一个给定对象进行分解为更小单位对象的重复过程，零是任何对象的空缺，等等。最后，算术是一种运动。这个隐喻包括以下子隐喻：数是一条路径上的定位，数学工具是这条路径上的运动者，算术运算是在这一路径上运动的行为，算术运算的结果是在这一路径上的定位，零是这一路径的原点或起点，最小的整数一是从原点向前走的一步，数的大小是从原点到定点的轨迹的长度，被一个数所衡量的量是从原点到定点的距离，相等是到相同定点的路线，加一个给定的量是向右或向前移动一段给定的距离，减一个给定的量是向左或向后移动一段给定的距离，乘法是对具有相同大小的量进行给定次数的重复相加，除法是对一段给定长度的路径进行分解为更小路径的重复分割。① 连接隐喻一般是基础隐喻的变体。例如，把集合论与算术连接起来的连接隐喻“数是集合”就是“算术是对象聚合”这一基础隐喻的技术性变体。又如，数学中关于连续性的隐喻。对于连续性的隐喻描述是理解诸如运动、流变、过程、时间转换以及整体性等认知内容的必要方式。这些认知内容是从基于身体经验的图像模式和自然形成的映射到人类概念系统的自然概念扩展的结果，主要建立在来源、路径以及目标模式以及虚拟运动隐喻的基础之上。因此，数学家们所做的工作是把对于运动、流变、整体性日常理解的推理结构扩展到人类理解的一个特殊领域，即函数和变分的领域。由此产生的概念可以称之为自然的连续性。② 在数学中，布尔数学逻辑是容器模式的一种扩展，是通过容器逻辑的概念隐喻投射而被认识的。这种概念投射保留了“出”“入”以及传递性结构的原初推理，而后者最初是经由对于现实容器的物理经验而得到发展的，只是在后来才被无意识地投射到一整套抽象的数学概念上。

---

① Jean Pierre Koenig. Discourse and Cognition Bridging the Gap. CSLI Publications, 1998: 222-225.

② Rafael Núnez. Conceptual Metaphor and the Embodied Mind//F. Hallyn, ed. Metaphor and Analogy in the Sciences. Dordrecht: Kluwer Academic Publishers, 2000.

二、作为根隐喻的科学隐喻

根隐喻（root metaphor）实质上是一种深层次的概念隐喻或者说是概念隐喻的元隐喻。对于这一概念，不同的哲学家给予了不同的命名：恩斯特·卡西尔（Ernst Cassirer）将其称为“根源隐喻”（radical metaphor），史蒂芬·佩珀（Stephen C. Pepper）将其称为“根隐喻”，威尔伯·厄班（Wilbur M. Urban）将其称为“基本隐喻”（fundamental metaphor），唐纳德·舍恩（Donald A. Schon）将其称为“核心隐喻”（central metaphor），阿尔伯特·曼拉比（Albert Mehrabian）将其称为“工具隐喻”（tool metaphor），厄尔·麦科马克将其称为“基础隐喻”（basic metaphor），兹德拉夫科·拉德曼（Zdravko Radman）将其称之为“关键隐喻”（key metaphor）。这种隐喻包含着对于世界基本结构的理解，因此在某种意义上具有一种世界观的功能，有对于“实在”进行解码的基本能力。“根隐喻”本身就是一个十分形象生动的隐喻，最初被称作“绝对隐喻”（absolute metaphor）。后者是德国学者汉斯·布卢门贝格（Hans Blumenberg）于20世纪60年代初提出的概念。布卢门贝格用这个概念指一种前理论的假定，这种假定在本质上反对任何将其转译为精确的、基于严格定义的科学术语的企图，但与此同时，它又确实无疑地构成相关科学研究的前提性条件。由于这种隐喻是根据科学实践活动中理论范式的元语境揭示而得到例示的，因此，试图将这些隐喻的确定、清晰的意义完全地发掘出来是不可能的，能够做到的只是发现它们在特定科学理论话语中的位置，从而做出一种相对的并不确定的意义描述。“绝对隐喻”的功能就是我们将之确定为“元理论”，将之描述为建构并且连接一般意义上的知识以及特殊的物理学对象的进路所具有的功能。换言之，根隐喻的意义在于确定科学研究目的和可能性的观点，确定能够有理由并且有意义地加以追问的科学问题的种类，简单来说，就是通向科学研究的一种自理解。

1. 作为科学学科观的根隐喻

美国明尼苏达大学物理学教授罗格·琼斯在其著作《作为隐喻的物理学》中认为，存在四种最为基本的物理科学的根隐喻建构，即空间、时间、物质和数。由于这四种根隐喻建构对于现代物理学中宇宙概念的确立是至关重要的，是物理学量化的起点，为物理学整体提供了一个基础，因此可以将其恰当地称为物理学的四种首要隐喻。首先是空间隐喻。空间隐喻最为根本的概念是分离和连接。现代物理学的空间隐喻是一种复合隐喻，包含了人类对于分离、差别、连接、隔绝、定界、分割、区分以及同一等观念和经验的综合。点的不可入性以及延展的观念是空间隐喻的本质。空间隐喻作为现代物理学的概念基底之一，提供了一种“单一性”和“整一性”的经验，这种“单一性”和“整一性”涵括了历史上所有哲学家和科学家所追问的混沌以及宇宙统一体的终极状态。如果没有空间隐喻，甚至连最简单的记数都是不可能的。“既然我们的空间建构是我们赖以表征自身经验的根本性隐喻，既然它们是我们用以组织否则就会混乱无序的感官知觉的那种先验范畴，因此，它们必定反映了我们特殊的、异质的、并且是唯一的世界观。”其次是时间隐喻。根本上，时间就是以空间为隐喻的，这一点在时间测量的问题上尤其明显。当我们说到时间的“间隔”与“延续”或者时间的“顺序”与“序列”的时候，在我们的心灵中出现的是一种想象的长而直的时间之轴，在此轴上分布着与事件相对应的点以及用以测量事件之间时间流逝而产生的距离。正是“间隔”“延续”“顺序”和“序列”这些概念所产生的空间图像帮助我们构想时间及其测量的观念。为了量化的和相关的概念目的，我们将时间描述为某种一维的连续性空间，正是由于这种原因，相对论将时间视为第四维，增附到物理的三维空间之上。只要稍加留意就可发现，时间的空间隐喻遍布在大量的物理学文献之中。① 再次是物质隐喻。物质概念是整个物理科学得以建立的基础。著名哲学家、数学家罗素认为，人类所建构的物质概念作为一种定义的结果是不可入的：在某处的物质就是在那里的所有事件，并且因此没有其他的事件或物质的部分能够同时在那里。这是一种非常明显的对于物理事实的科学隐喻。物质构成的原子、基本粒子的隐喻性也是极为明显的。最后是数的隐喻。数作为首要隐喻之一在整个科学史中发挥着基础性的作用。古希腊哲学家、数学家毕达哥拉斯认为，数是整个宇宙得以构成的最为根本的素材。直到现代，理论物理学家基于纯数学的基础，基本上仍然主张一种毕达哥拉斯式的理念。所不同的是，现代物理学家更加关注量的描述，而毕达哥拉斯的兴趣更多地放在质的描述以及符号的意义上。②

2. 作为科学世界观的根隐喻

只有极少数的范畴集合被证明为能够足够有效地获得对于世界事实全域的相对而言比较正确的解释，能够作为特殊的科学世界观的根隐喻就属于这种范畴集合的序列。作为科学世界观的根隐喻能够被归结为以下四种主要形式：①形式主义根隐喻。形式主义根隐喻是基于相似性的根隐喻，或者是基于特殊的范例多样性中单一形式的同一性。在数学哲学中，形式主义认为数学应当被设想为不可解释的符号之排列，只有语形学而没有语义学。只有在使得我们从一些观察达到其他经验结论的过程中，形式主义才是有效的，但它本身并不引入某种特殊的主

① Roger S. Jones. Physics as Metaphor. Minneapolis, MN: University of Minnesota Press, 1982: 78-79.
② Roger S. Jones, Physics as Metaphor. Minneapolis, MN: University of Minnesota Press, 1982: 141.

题；②机械主义根隐喻。机械主义认为，一切事物都可以通过形成于 17 世纪的科学说明概念的模式得到解释。它从统治粒子之间相互作用的数量法则中提取出自己的范式，据此，物质的所有其他特征都能够最终被理解。机械主义根隐喻是基于物质性的推拉或者在对于电磁以及重力场的感知中获得的吸引与排斥的根隐喻；③有机主义根隐喻。有机主义是一种基于动力学的有机整体的根隐喻，认为世界中所发生的所有事实都可以依据植物或动物有机体的特征进行理解和解释；④语境主义根隐喻。语境主义认为，任何一种文本都只能在其历史或文化环境的语境中才能得到恰当的理解，或者只有在与同一作者其他文本的比较或映衬下、在某种传统中才能被正确地解释。语境主义一开始被美学、伦理学所使用，后来扩展到哲学乃至科学中，成为一种基于具有暂时性的历史境域及其生物学张力的根隐喻。①

根隐喻意味着经验观察的一个基本立足点，是一种“世界假设”源的原点。当科学家面对一个问题而茫然无措的时候，他会自然地基于特定的根隐喻进行推论以寻求解决问题的方法。根隐喻所包含的富于启示性的类比引起一种假设，可用于问题的解决。那种具有原始性的类比事实上就是一种世界假设的根隐喻，对于根隐喻的分析产生出这种假设的各种范畴。这种假设的适当性依赖于这些范畴对于世界特征的解释具有精确性和无限制的范围的能力。一种世界假设与仅仅在其无限制的范围之内的其他假设是不同的。其他假设如果不是明确地就是隐含地局限于一个正在处理的局部性的问题，或者正如在特殊的科学中那样，局限于一个特殊的主题领域。诸如此类的假设可能永远否认特定的考虑是处于其探究领域之外的，一种世界假设则永远不会如此。世界假设是任何提供的批评项目的解释的原因，是一种无限制的假设。② 根隐喻的概念以不同于世界假设范畴来源的方式进入了语言哲学，它通常用于指称任何一种具有核心作用的理念，这种核心理念是任何复杂问题能够得以进行组织的前提。然后，根隐喻变成对于一种受限制的或特殊的假设的指称之点。库恩在《科学革命的结构》中认为，在科学程式中作为具有引导性的概念模式而起作用的范式与在世界假设中同样作为引导性的概念模式而起作用的根隐喻之间，实际上是没有区别的。根据库恩的描述，科学的历史基本上与有限范围的根隐喻的历史可以视为相同的：在揭示特定领域事实的过程中，根隐喻通过预言和阐释追求一种适当性，一切具有能产性的经验理论的基础在原则上都是根隐喻。③

---

① Stephen Pepper. Metaphor in Philosophy. The Journal of Mind and Behavior, 1982, 3: 3.

② Stephen Pepper. Concept and Quality: A World Hypothesis. Open Court, 1967: 3.

③ Stephen Pepper. Metaphor in Philosophy. The Journal of Mind and Behavior, 1982, (3): 4.

三、科学隐喻的运作机制

科学隐喻的运作机制以其独具的开放性为基本依托，其本质则在于隐喻映射过程在特定科学理论语境中的展开和实现，其目的在于表达出为我们具体知晓的、作为特定语义载体的概念语词和具有更大的意义或重要性但较少为我们所知晓的作为语义要旨的概念语词之间的相似性。由于任何科学隐喻必须通过特定概念语词的方式才能够成立，因此它预设了一种作为媒介的图像或概念。当用一个合适的概念语词进行指示的时候，这些图像或概念就能够很容易被理解。这实质上意味着，科学隐喻的起始运作必定依赖于某种字面概念语词意义的基础，是以后者为基底和平台的。①

美国认知语言学家莱考夫和约翰逊提出了科学隐喻运作机制的三个基础性假定：心灵是内在地涉身的；思想在一般意义上是无意识的；抽象概念绝大多数是隐喻的。这就意味着，在对世界进行推理以及解释观察对象的过程中，科学家在很大程度上依赖于隐喻概念。由于认知结果来自于心智建构，因此，哲学家安德鲁·奥特尼将之称为一种“建构主义”从概念隐喻理论的视角来看，这种对于世界表征的心智建构建立在涉身推理和经验格式塔的基础之上，所建构的理解元素来自于日常生活。科学隐喻运作机制的起点在于：科学中存在许多不同种类的问题，这些问题始源于不同的科学学科，因此属于不同的科学文化，并且在不同的度量层次上应用于自然，在这种过程中，采用不同的科学隐喻对于以一种“科学的”方式所观察到的世界的推理和交流是一种至关重要的组成要素。② 科学史中的许多案例都表明，理论科学在用以表征某些特殊概念的词汇方面不断地产生过危机。这就在于，科学的目的是为了描述客观实在的事物，而许多客观实在事物超越于所有可能的观察，因此就有必要发明出一些可以用于描述这些存在物的语词。此时科学家不得不求助于科学隐喻。在这种情形中，科学隐喻的使用就具有一种自然而又必然的意义。诚然，在最终的意义上，科学家想要建立的是一种专门的、细节完备的、尽可能精确的理论，但是，在发展这样一种理论的过程中，具有某种程度的含混性的概念可能是极有帮助的有效资源。由于科学隐喻是开放的、非特定的，因此非常适宜地引导了这种特定的专门化和填补细节的过程。科学隐喻在起初可能是不合理的，但它确实将研究者引导到未经探索的路径上。在任何意义上，隐喻将引导性和新异性的有机结合确实使它在科学研究的早

---

① Philip Wheelwright. Metaphor and Reality. Bloomington：Indiana University Press，1962：73.

② Theodore L. Brown. Making Truth：Metaphor in Science. Urbana，Chicago：University of Illinois Press，2003：188.

期的摸索性阶段极为有效。[1] 科学隐喻的来源是从多种多样的人类经验领域中被挑选、改造、导出并且利用的，从而被应用于不同的科学理论语境之中。科学隐喻的运行并不是单向度的，而是双向的：既有从世界到理论的方向，又有从理论到世界的方向；在不同的科学语境中，它所运行的方向也是不同的：在科学发现的语境中，它的运行方向是从世界到理论；在科学证实的语境中，它运行的方向是从理论到世界。

法国修辞学家方塔尼尔根据内涵的不同将隐喻的运行划分为五种基本类型：将一个有生命的东西的专有名词用于另一个有生命的东西的转用过程、将无生命的物理的东西的专有名词用于纯精神性的或抽象的无生命的东西的转用过程、将无生命的东西的专有名词用于有生命的东西的转用过程、以有生命的东西喻无生命的东西的物理性转用过程、以有生命的东西喻无生命的东西的精神性转用过程。如果对这五种隐喻运作的类型作进一步概括，可以划分为两大基本类型：物理性的转用过程，即对两个有生命或无生命的物理对象进行比较的隐喻；精神性的转用过程，即将某种抽象的、形而上学性质的或精神层面的东西与某种物理的东西进行比较。[2] 事实上，科学隐喻的运作机制就是不同的语义场之间跨概念领域的一种映射机制，这种映射具有不对称性以及局部性特征。每一个隐喻映射都内在地包含着隐喻的来源域实体与目标域实体之间的某种本体论的对应，这种本体论对应表现为一个固定的集合。当那些固定的对应被激活时，隐喻映射就能够将来源域的推论模式投射到目标域的推论模式上去。这种投射遵循一种不变性原理，即隐喻来源域的图像图式结构以一种与内在的目标域结构相一致的方式被投射到目标域上。这种隐喻映射并不是任意的，而是基于身体以及人类的日常经验和知识。一个概念系统包含着难以计数的常规隐喻映射，这些映射构成一个具有高度结构性的概念系统的亚系统，无论是概念映射还是图像图式映射，均遵循不变性原理。[3]

科学隐喻的运行可以在两个层次上被描述和分析。在一种显而易见的宏观层次上，它作为一种概念置换的程序而起作用，这种概念置换又可以分为四个不同阶段：调换、解释、修正以及阐明。第一个阶段意味着概念切换到一种新的语境条件中，与此同时在新旧语境之间确立起一种可比较的关联性。调换与第二阶段即解释阶段是不可分割的，这包含着一个概念从旧的语境向新的语境条件的某个特定方面的分派。调换和解释都从属于一种事先已经存在的概念可接受性的结

---

① Susan Haack. Dry Truth and Real Knowledge//Jaakko Hintikka, ed. Aspects of Metaphor. Dordrecht: Kluwer Academic Publishers, 1994: 15-16.

② 保罗·利科. 活的隐喻. 汪堂家译. 上海：上海译文出版社，2004，79-80：145.

③ George Lakoff. The Contemporary Theory of Metaphor//A. Ortony, ed. Metaphor and Thought. 2nd Ed. Cambridge: Cambridge University Press, 1993: 238.

构，对于这种结构的部分进行抗拒的结果是置换过程中的一种调整，这种调整可以被称为修正。修正意味着相互之间的适应，它可以根据不同的语境条件采取多种多样的形式。最后，当这个概念非常妥帖地显示自身被新的语境所吸纳，就可以认为它已经被阐明了。这种阐明并不是一个已经完结的过程，实际上概念仍然在语境之间保持运动。①

在亚里士多德看来，隐喻的运行内容包括以下四种基本类型：从“属”到“种”的映射、从“种”到“属”的映射、从“种”到“种”的映射、类同字之间相互借用的映射。与此类似，科学隐喻运行的内容大致包括：从具体事物到抽象概念的抽象化映射、从无生命事物到有生命事物的有机化映射、从宏观世界到微观世界的缩小化映射、从微观世界到宏观世界的放大化映射、从一般对象领域到机器领域的机械化映射、从日常语言到专业化术语的技术化映射、从想象领域到现实性领域的推理化映射。在所有这些类型的映射过程中，毫无例外地都包含着科学抽象的内容。当然，科学隐喻的运行不同于简单的抽象，但却基础性地包含着抽象。抽象是科学隐喻运行的一个隐含的思想内容。“通过抽象，语词为了涵盖一般意义而舍弃了对个别对象的指称关系，一般意义则为在概念的相反意义上的隐喻抽象确定方向。在这种意义上，我们可以谈论隐喻的普遍化。因此与所有其他名词相比，隐喻化的名词与表示属性的名词更为相似。”② 需要注意的是，隐喻的普遍化并不意味着它是作为逻辑上“种”的符号而存在的。由于隐喻抽象成为表示一般属性的载体的名称，因此它能够适用于具有表达出来的一般性质的所有对象。也就是说，隐喻的普遍化应当通过具体化得以补偿。

科学隐喻运作的结果在于：首先，科学隐喻构成科学语言与科学概念的要素，遍布于科学理论的陈述之中。其次，科学隐喻构成科学观察语言的理论负载。在已有的科学实践中，寻找一种没有理论负载的、完全摆脱了隐喻影响的纯粹观察语言已经被证明是一种不可能的任务。维特根斯坦在其后期著作中所提出的家族相似观念，从一个重要的方面否定了传统科学理论观念中观察语言与其所指之间存在一种无歧义的、一一对应的映射关系的论点。最后，科学隐喻构成相关科学范式的核心内容。科学隐喻塑造出关键性的概念用于定义科学研究的不同领域。事实上，科学隐喻就是托马斯 · 库恩所谓的范式所包含内容的核心元素：一个科学范式包含至少一个理论的、概念的内核，这一内核基于一个或更多的科学隐喻的基础之上。因此，科学隐喻在运行过程中更多地表现为一种载体，通过这种载体，来源于某一学科的观念和模型被转换到另一学科。“被转换的词项成

① Eleonora Montuschi. What is Wrong with Talking of Metaphors in Science//Zdravko Radman, ed. From a Metaphorical Point of View. New York: Walter de Gruyter, 1995: 317-318.

② 保罗 · 利科. 活的隐喻. 汪堂家译. 上海: 上海译文出版社, 2004: 145.

为表示现有属性的最适当符号。换言之，成了主要属性的指代者。”[①] 也就是说，在特定的科学隐喻被成功地应用于科学实践活动之后，原本互不关联的两种科学概念、对象或现象通过“是”的连接，突然被构想为具有某种一致的共通性。“是”把之前未被察觉到的科学思想之间所暗含的相似性以一种令人印象深刻的方式展现出来，其结果就是使得与每个概念对象相联系的知识和信念体系，与另一个知识和信念体系产生相互影响、交汇和融合，从而带来了一种创造性的科学理论知识的扩展。[②]

① Theodore L. Brown，Making Truth：Metaphor in Science. Urbana，Chicago：University of Illinois Press，2003：185.

② 卡林·诺尔-塞蒂纳．制造知识：建构主义与科学的与境性．王善博，等译．北京：东方出版社，2001：94.

第四章　语义分析与数学的语境解释

从弗雷格、早期维特根斯坦到维也纳学派的语义学传统，其哲学洞见的共同之处就是把必然性的根源和先验归结为语言的使用。于是哲学家们把他们的注意力转移到了关于数学的语言问题上来，首先在数学哲学研究中兴起了“语言学转向”运动，进而把它渗透到整个哲学研究领域中去。数学断言的逻辑形式是什么？何种语义学才是数学语言的最佳语义学？等等，成为当代数学哲学研究的核心议题。

纵观数学哲学研究的历史发展，我们发现，现有的三种数学哲学研究范式（规范的数学哲学、描述的数学哲学、自然主义的数学哲学）都不能为恰当为数学的语义学提供一种合理的、令人接受的、与我们关于世界的整体观点相一致的说明。因此探寻一种满足上述目标的新研究范式，成为当代数学哲学领域的基本诉求。“数学哲学的语境解释”正是我们为探索这种研究范式所做的努力。其核心理念是，数学哲学研究的基点应该以数学实践为基础，数学的形而上学（哲学）探究不能被其他任何形式的研究所取代，这种探究要与科学的世界观保持一致，在整体论的、动态的语境论世界观的框架中进行。在这样的框架中，我们把数学当作一种动态的历史事件，摒弃“第一哲学”式的先验探讨，将分析传统中使用的逻辑和语言分析拓展到以“语境论”为核心的研究方法，既涉及狭义的语义分析（逻辑和科学文本分析）又考虑广义的语境分析（历史、心理和社会学分析），使传统的数学语义学的相关问题与当前的数学实践相互结合，保证数学学科、数学哲学以及数学史能够形成一个整体，从而真正体现数学哲学的价值和意义。本章在后两节从自然主义集合实在论和数学真理困境的不可或缺性论证出路为例，系统论证了数学哲学的语境解释研究范式的合理性。

第一节　走向语境论世界观的数学哲学

面临当前国际数学哲学研究现状及趋势，为了规范数学哲学的学科发展，推动国内学科进步，以达到与国际同行有效对话，形成中国自身的研究风格和传统，在数学哲学自身研究任务的基础上，我们提出一种“语境论世界观的数学哲学”研究范式，使该学科在特定的问题域、研究方法和理念的范式支持下，逐步走向繁荣。

一、数学哲学的研究范式及其任务

毋庸置疑，在以问题为主导的数学哲学研究范式的框架内，任何一位数学哲学家如果想提出自己的观点或者解释立场（比如像数学柏拉图主义、结构主义、虚构主义、模态唯名论、自然主义、社会建构论等），那么他/她在形成自己的观点并为之辩护之前一定有其依赖的背景性预设框架。简单地说，我们把这种背景性的预设框架理解为关于“数学哲学的定位”或者“数学哲学的研究范式”。事实上，在当前的数学哲学界，构建一种合理的“数学哲学的研究范式”已经变得相当迫切，不仅哲学家们之间展开了广泛地争论，甚至连数学家、数学史家和数学教育学家们也迫不及待地加入这个行列。其中一部分原因在于，一些数学家已经无法忍受由（过去的和当前的）某些倡导数学柏拉图主义的哲学家们为数学所描绘出的图像：数学是对柏拉图式的抽象数学世界的研究，数学真理就是关于这些抽象对象（或者结构）的真理，数学家们所从事的就是这种探索数学真理的一项事业，数学对象或者结构的存在和数学真理独立于数学家们的实际研究活动。在他们看来，数学柏拉图主义的哲学家们为数学描绘出的这幅图像实在令人担忧，因为这些哲学家们极有可能正在从事（或许将来也一直从事）一项误解真实的数学实践面貌的冒险事业。这样，许多职业数学家忧心忡忡地加入数学哲学的研究队伍，他们开始关注数学哲学家们的研究工作，并反思数学的本质，思考数学哲学究竟该如何前行。根本上，上述那些质疑的声音不仅仅是对传统数学哲学观点的反对，它们更直接关系到了数学哲学的规范性问题：数学哲学家们实际需要承担的任务是什么？

坦白地说，这个问题是数学哲学家们实际从事研究的背景性的预设前提，它是一个元数学哲学问题或者说是一个数学哲学的元理论问题。从逻辑上来讲，数学哲学家们在从事具体的研究之前首先应该非常清楚数学哲学的任务，毕竟正如只有在确切地知道了航行的目的地和航线之后，一艘航船才能顺利抵达终点一样，如果任由这艘航船自行探索，极有可能徒劳无功甚至适得其反。然而，令人遗憾的是，数学哲学的情形恰好如此。人们对于数学哲学究竟应该赋予自身一种什么样的责任似乎依然不是十分清楚。迄今为止，数学哲学研究的探索旅途中相继出现了三种不同的研究范式：①规范的（或者“第一哲学”的）数学哲学；②描述的（或者“与哲学不相关”的）数学哲学；③自然主义的数学哲学。

1. 数学哲学的三种研究范式

第一，规范的数学哲学范式。这种研究范式的基本理念在于，以一种先验的“第一哲学”的探究方式为数学实践规定一幅标准的图景。根据这种观点，数学家们应该按照这幅图景从事研究，数学哲学先于并决定（或者指引）数学实际被探索的方式。当数学和哲学发生冲突时，数学家们应该纠正自己的实践来满足相应的哲学要求。比如，数学中的柏拉图主义和直觉主义就是典型的以“第一哲学”为思考框架的数学哲学。在柏拉图主义者看来，数学实体（它们既不是物质实体，也不是心灵实体，而是一种独立于人类思想和活动的第三种实体，即抽象实体）客观地存在着，我们的数学定理就是关于这些数学实体的客观真理，数学中的抽象单称词项指称着这样的实体。因此，数学家们的工作就是发现这些数学实体和数学事实，对其性质和结构进行描述，并且对这些描述给予严格的数学证明。这样，当我们在实际的数学演进中发现了有错误的数学定理时，这条数学定理就不再应该被继续接受为“数学定理”，既然数学中的定理都是客观真理。

类似地，数学中的直觉主义认为，数学实体的存在和一个数学陈述是否为真依赖于数学家们的心灵和构造活动。“只有被构造的才是存在的”是他们明确的口号，当代著名的英国哲学家达米特（Michael Dummett）就是一位典型的数学直觉主义者。这样，经典逻辑、非直谓定义、选择公理和实无穷就应该从经典数学中排除出去。因为，“不存在先于数学活动而被确定的所有实数的静态集合”①，简单地说，人们无法构造出一个现实的无穷序列，实无穷自然就是不合法的。

持有这种研究范式的数学哲学家们基本上都是受过严格训练的哲学家或者逻辑学家，他们的目标似乎并不是为了使人们更好地理解现行的数学实践，而是试图给出关于数学的一种绝对的规范性说明。在这种说明框架中，所有的数学似乎必然地都符合一些给定的特征，所有的数学都按照一种模式演进。例如，逻辑主义和新逻辑主义的信条就是把数学看作逻辑，数学的演进俨然符合演绎推理，数学被看作一门演绎科学。他们的根本缺陷就在于忽视了现行的数学实践，是一种典型的非历史说明。当然我们知道现今的实验数学已经使用了大量的归纳推理，简单地把数学看作一门演绎科学的观点已经过时了。又如，当前流行的各种版本的结构主义数学哲学，它们都认为数学研究的核心就是结构，数学也被看作是一门研究结构的科学。但是，只要我们关注一下真实的数学，就会发现这种结构主义数学观仅仅描述了部分数学，像数论和集合论这样的数学分支很难用结构的术语对其进行描述。因此，试图用一种规范的、绝对的、普遍的“第一哲学”的传统方式来描绘出关于数学的一幅全景图像，似乎已不能适应这种要求。

第二，描述的数学哲学范式。这种研究范式的基本信条在于主张，数学哲学没有自己特定的研究主题，数学哲学家们关于数学的哲学说明不会对实际的数学进步产生任何影响，数学不需要哲学来指引，数学是独立的，数学哲学唯一需要

---

① S. Shapiro. Philosophy of Mathematics: Structure and Ontology. New York: Oxford University Press, 2000: 23.

做的就是把实际的数学面貌如实地加以描述。按照这种主张，无论是声称抽象的数学对象存在的数学柏拉图主义还是认为根本不存在这样的对象的数学反柏拉图主义，都不会改变数学家们实际从事研究的态度和方法。数学家高尔斯(William Timothy Gowers) 明确地指出了这一事实："如果A是一个在柏拉图主义意义上相信数学对象存在的数学家，那么他的外在行为将和他的同事B的外在行为没有什么不同，而B相信这些数学对象是假想的（虚构）实体，依次地，B的外在行为就像C的外在行为一样，然而C相信关于数学对象是否存在的问题是无意义的。"[①]既然如此，数学的实在性问题对于实际的数学研究而言就是无关紧要的，取而代之的则是试图理解并描述数学实践。因此，"与诸如理解数学对象(本体论) 或者数学知识（认识论）这样的传统目标相对照，数学哲学的新趋向很大程度上是一种试图理解数学实践这个概念的一种努力"[②]。显然，描述的数学哲学极有可能取消传统数学哲学的研究主题，在这个意义上，数学哲学是可有可无的！

持有这种研究范式的数学哲学家们一反传统的"第一哲学"式的思考，转而更多地强调数学的历史维度和社会实践。比如，拉卡托斯(Imre Lakatos) 就倡导以经验的历史方法回到数学史中寻求对数学知识的说明。正如欧内斯特(Paul Ernest) 所看到的："拉卡托斯的目的是要提供一种更为准确的关于数学的描述性理论，这种理论可以说明数学知识的起源和确证，同样也能说明数学的历史和它的逻辑证明结构。"[③]拉卡托斯的研究不再恪守由逻辑实证主义为数学描绘出的那种先验的、教条式的欧几里得式的演绎图景。因为，"在演绎主义的风格之中，所有的命题都是真的，并且所有的推演皆是有效的。数学表现为一个不断增长的永恒不变的真理集合。反例、反驳、批评都不可能进入"[④]。然而通过历史地考察，拉卡托斯发现真实的数学活动是一项试探性的事业，数学知识也是可错的。另一方面，比拉卡托斯激进的一些数学社会建构论者和数学人文主义者们则试图从社会维度来理解数学实体和数学知识的本质。上述两种路径的共同之处在于，他们都对数学知识的问题感兴趣，试图描述现实实践中的数学演进。但是当他们为数学提供出这样一幅描述性图景时，忽略了数学与实在世界之间的关联

① W. T. Gowers. Does Mathematics Need a Philosophy? //R. Hersh. 18 Unconventional Essays on the Nature of Mathematics. New York: Springer Science & Business Media Inc, 2006: 198.

② T. Tymoczko. New Directions in the Philosophy of Mathematics. Revised and expanded edition. Princeton: Princeton University Press, 1998: 385.

③ P. Ernest, Social Constructivism as a Philosophy of Mathematics. New York: State University of New York Press, 1998: 116.

④ I. 拉卡托斯. 证明与反驳——数学发现的逻辑. 方刚，兰钊译. 上海：复旦大学出版社，2007: 154.

（比如，数学是如何应用的，数学在实在世界中居于一个什么样的位置等）。

第三，自然主义的数学哲学范式。这种研究范式的基本倾向在于，试图把数学哲学的问题还原为科学问题（科学自然主义）或者还原为数学问题（数学自然主义）。科学的自然主义者试图用自然科学的方法取代传统的先验的哲学方法。他们的根本目标旨在"放弃第一哲学"，用自然科学的研究取代相应的哲学研究。对这种观点的提倡和积极辩护源自当代哲学家蒯因。按照科学自然主义的研究方案，数学的本体论和认识论问题都应该交由科学来回答。因为，在蒯因看来，自然科学是实在的唯一仲裁者，并且我们关于实在世界的知识必定且只能通过科学的方式获得。他分别在其论文《自然化的认识论》（1969）和《经验主义的五个里程碑》（1981）中论述道：

认识论，或者某种与之类似的东西，简单地落入了作为心理学的因而也是作为自然科学的一章的地位。[①]

自然主义把自然科学看作是对实在的一种探究，自然科学是可错的和可纠正的，但是它不对任何超科学的法庭负责，并且不需要超越于观察和假说-演绎方法之上的任何辩护。[②]

这样，数学哲学的事业就可以被自然科学的事业所取代。

与科学的自然主义相类似，数学自然主义者马迪（Penelope Maddy）也主张拒绝第一哲学的探究方式。不同之处在于，在马迪看来，数学知识的确证应该根据数学自身的标准来衡量，而并非取决于外在于数学实践的科学标准。她明确声称：

> 要从数学之外的任何一种优势地位对数学方法做出评判，比方说从物理学的优势地位，似乎对我而言走向了作为所有自然主义的基础的基本精神的反面：自然主义确信一个成功的事业，无论它是科学还是数学，都应该按照它自己的术语被理解和评价，……数学不对任何超数学的法庭负责，不需要任何超越于证明和公理化方法之上的确证。蒯因认为科学独立于第一哲学，我的自然主义认为数学既独立于第一哲学，也独立于自然科学（包括和科学相连的自然化的哲学）——简言之，独立于任何外在的标准。[③]

因此，按照这种评判标准，至少数学的认识论问题能够被自然化为数学问题，既然只有通过现行的数学方法我们才有可能获得关于数学真理的知识。这样，作为哲学分支之一的数学认识论就可以被取消。

---

① 涂纪亮，陈波主编．蒯因著作集．第2卷．北京：中国人民大学出版社，2007：409.

② W. V. Quine. Theories and Things. Cambridge, M A: Harvard University Press, 1981: 72.

③ P. Maddy. Naturalism in Mathematics. New York: Oxford University Press, 1997: 184.

此外，值得注意的是，马迪的数学自然主义的方法并不能够把数学的本体论问题自然化为数学问题。因为按照现行的数学实践，像“存在无穷多个素数”和“空集存在”这样大量的数学存在性断言，数学告诉我们的仅仅是“素数”和“空集”存在，至于它们存在的本质（比如是否存在于时空中）则没有进一步说明。这样，“数学存在的本质最终就是一个开放的问题，……对于数学自然主义来说，本体论外在于数学”①。然而，即使如此，根据数学自然主义的标准，哲学仍然不能对数学的本体论问题进行任何评论。这样，“数学哲学的恰当作用就完全是描述的：哲学，外在于数学，既不能批评也不能对数学的陈述和方法进行辩护；它只能分析现行的数学实践”②。

2. 数学哲学的根本任务

如上所述，从某种程度上而言，当代关于数学本质的哲学争论实际上潜藏着各种观点和解释立场背后所依赖的各种不同研究范式之间的竞争。我们现在所要解决的问题是，当哲学家们试图给出数学本质的说明和解释时，他们依赖的研究范式本身是否合理。这个问题值得每一位数学哲学家深入思考，尤其是当数学哲学界各种派别的观点僵持不下时更是如此。

因此，为了使数学哲学的进一步探索免于任何莽撞的冒险，我们首先需要检验上述三种研究范式，或者在其中做出选择或者另行开启一条新的航线。鉴于此，考虑下述问题对我们的考察将是有益的：

（1）数学的实践是否应该遵循先验的“第一哲学”标准？哲学的探索可以指引或者决定数学实际被做的方式吗？

（2）数学哲学对于我们探索实在世界的本质真的无能为力吗？数学哲学的研究事业是否应当被取消？

（3）如果我们承认数学的哲学探索是有意义的，那么这些研究能够通过科学的方式或者数学自身的方式得到回答吗？或者说数学的哲学问题是否能够被还原为科学问题或者数学问题？

可以肯定，上述问题是任何一种数学哲学探究在其具体的起航之前必须予以回答的。否则，我们艰辛的努力极有可能导致下述结果：

（1）为真实数学实践描绘出一幅虚假图像，误解甚至歪曲了数学的实际面貌。

---

① J. W. Roland. Maddy and Mathematics：Naturalism or Not. The British Journal for the Philosophy of Science，2007：（58）：439.

② J. W. Roland. Maddy and Mathematics：Naturalism or Not. The British Journal for the Philosophy of Science，2007：（58）：426.

（2）从事着一项由数学家和数学史家也能完成的事业，并且我们的研究在本质上没有任何实际的意义，自身的哲学研究得不到辩护，终将徒劳无果。或者换言之，由数学家和数学史家告诉我们的数学形象就囊括了关于数学之说明的全部。

（3）数学的本体论和认识论问题应当由科学或者数学自身的探索加以回答，没有任何超科学或者超数学的评判标准，而实际上我们的研究恰恰使用了外在于科学或者数学的哲学探讨方式。

不难看出，在我们的分析中已经隐含了对上述问题的回答。这就是：一方面，我们首先必须拒绝传统的先验的“第一哲学”的研究范式（因为，数学哲学最根本的目标在于给出实际数学的合理说明，而不是修改现行的数学实践）；另一方面，我们还必须为自己的数学哲学事业进行辩护（否则我们的一切努力都将白费，毕竟这是任何一种研究方案得以前行的必要前提）。

这样，当前数学哲学研究的一种合理性的背景性预设框架逐渐明晰起来：①数学哲学的根本任务在于对实际研究中的数学给予合理说明，这就要求我们的哲学探索必须以数学家们的实际工作为基础，关注真实的数学实践。毕竟，不了解范畴代数就对其进行说明和评论，这种哲学立场是无法让人接受的。②数学的哲学探索一定有着自己特定的研究主题，哲学家们（为理解数学以及数学在我们的实在世界中所处位置）的探讨方式不能被其他的研究所取代。③关于数学的哲学说明还必须与我们的科学的世界图像（即科学的世界观）相一致。

由此看来，研究范式的选择取决于数学哲学自身的任务。在我们看来，一种合理的数学哲学的根本任务已经由充满智慧洞识的数学哲学家希哈拉（Charles S. Chihara）所意识到：“它试图寻求提出一种对数学本质的连贯的、整体的、普遍的说明（这里的数学，我指的是由当前数学家们实践和发展的实际的数学）——这种说明不仅与我们关于世界的当今的理论观点和科学观点相一致，而且也与我们作为具有这类感觉器官的生物有机体在世界中的位置相一致，这种位置由我们最佳的科学理论所刻画，而且它还与我们所知道的关于我们对数学的掌握是如何获得和检验的相一致。”①

通过上述分析，我们已然看出：规范的（或者“第一哲学”的）、描述的（或者“与哲学不相关”的）以及自然主义的研究范式都不足以完成由希哈拉所规定的数学哲学的根本任务。这样，我们就必须致力于寻求满足上述数学哲学目标的一种合理的新的研究范式。

在这种新范式的引领下，我们希望数学哲学家们的工作能够从拉卡托斯所描

① C. S. Chihara. A Structural Account of Mathematics. New York：Oxford University Press，2004：6.

述的下述时代中扭转过来，即“数学史，在缺乏哲学的引导下，已变得盲目了；而数学哲学，在置数学史上最引人入胜的现象于不顾时，已变得空洞了”①。我们期望21世纪将会呈现出如下图景：不仅数学哲学和数学史能够有效对话，而且数学哲学家们的工作也能切实引起实际从事研究的职业数学家们的充分关注，通过数学哲学、数学史和数学学科间的合作，以共同推动数学学科自身的进步，同时也将有助于我们进一步理解数学进而更好地理解外部的实在世界。然而，我们必须清醒地意识到，这项事业的探索是一条漫长的、任重而道远的艰难之路，即使如此，数学哲学还是应当勇于承担起这样的责任。毕竟，不关注数学实践和现实世界的“学院式”的数学哲学探究，或许充其量仅仅是一座只有令哲学家们自己孤芳自赏的海市蜃楼的幻景。

因此，我们当前的任务是必须规范数学哲学的功能，而且有必要探索一种适用于学界所共同遵守的数学哲学研究范式。在这个范式下，学界共同体在研究的特定主题、解决问题的恰当方法、背景性的预设框架、未来数学哲学的发展方向等方面意见一致。在给数学哲学合理定位的前提下开展一系列研究工作，以使我们的数学哲学事业更加繁荣，并且也可以为相关学科提供启发性的思路。或许更有意义的是，对于国内学者而言，我们可以预期和国际同行取得对话，而且还能有我们自己的特色。

我们所要倡导的“语境论世界观的数学哲学”正是探索这样一种研究范式所做的努力之一。它的核心理念在于主张，数学哲学研究的基点应该以数学实践为基础，数学的形而上学（哲学）探究不能被其他任何形式的研究所取代，这种探究要与科学的世界观保持一致，在整体论的、动态的语境论世界观的框架中进行。

二、数学的形而上学定位

既然我们是要为上述的数学哲学任务提出一种合理的数学哲学研究范式，因此，我们首先必须为我们的学科事业进行辩护，以此表明关于数学的哲学探索的必要性及重要意义。

正如上面的分析所指出的，为了避免出现“数学的哲学解释有可能误解或者歪曲真实的数学面貌”的倾向，一种合理的数学哲学观必须首先建立在尊重真实数学实践的基础之上；但是在强调这个导向时，我们必须谨慎。因为，这样做的另一个可能的倾向就是会使人们趋向于“就数学论数学”或者“仅仅是为了说

① I. 拉卡托斯. 证明与反驳——数学发现的逻辑. 方刚，兰钊译. 上海：复旦大学出版社，2007：ii.

明数学而说明数学”的状况，它随之带来的危险就是：数学哲学的事业逐渐萎缩甚至有可能被取消。退一步来说，即使数学哲学的研究是有意义的，但是这项工作一旦被还原为仅仅是科学问题或者数学问题，那么数学哲学的存在仿佛形同虚设一般。简言之，我们为了避免另一个极端倾向的出现——即人们对认真而严肃的数学哲学事业产生严重误解的倾向，因此，我们必须对有意义的关于数学的哲学探索进行辩护。此时，关于“数学的形而上学”的考察恰好能够担此重任。下面我们进行详细分析。

应当承认，或许有相当一部分人对数学的形而上学[①]（比如数学本体论）研究长期持有一种漠视和怀疑的态度，出现这种情形不难理解。这来源于两种认识：第一，数学的哲学探索不会对实际的数学研究和演进产生任何影响，数学的本体论探究更是如此（因为它不能深入数学内部挖掘出一些真正有趣和有意义的数学分支并对其有价值的部分给予说明）。第二，哲学界，确切地说科学哲学界，曾经盛极一时的对待“形而上学”的漠视和贬低的普遍态度加剧了人们对它的厌恶情绪。哲学家昂（Bruce Aune）和西格（William Seager）分别指出了这种境况：

> 在20世纪初期，当逻辑实证主义者将“形而上学”视为“哲学的胡说”的同义词并坚持形而上学论断是“认识论上无意义”的时候，对形而上学的批判态度变得特别明显。当前，对形而上学的兴趣得到了有力的复兴，但由于它长期受忽视，这门学科仍受到极大的误解，对它的“信任凭证”的怀疑仍在增长。[②]
>
> 在当前的科学哲学中，“形而上学”基本上是贬义词，被运用于所有认作是不正当的非经验领域。[③]

事实上，客观地说，形而上学研究有着其他科学所不具备的真正价值，我们应该认真而严肃地对待它。这就需要我们：一方面，澄清人们对形而上学长期以来产生的误解；另一方面，使人们真正了解形而上学的本质及其不可替代的价值。

关于第一点，上述误解来源于“人们往往通过别的标准来衡量形而上学”的不正确的形而上学观。比如，科学家们或许不自觉地经常用科学的标准来衡量，人们对待形而上学的这种态度有时候非常类似于科学家们对待科学哲学的态

① 本节中的“形而上学”在两种意义上使用：第一，作为一般哲学（包括本体论和认识论）的代名词；第二，专指具体的“本体论”研究。

② 昂．形而上学．田园，陈高华译．北京：中国人民大学出版社，2006：3.

③ 西格．形而上学在科学中的作用//牛顿-史密斯．科学哲学指南．成素梅，殷杰译．上海：上海科技教育出版社，2006：341.

度，正如当代著名的科学哲学家牛顿-史密斯（W. H. Newton-Smith）所言："科学家尤其不时地表露出对科学哲学的失望。他们错误地期望科学哲学本身将会促进科学的进步。……科学哲学的目标在于为我们提供某种理解，而不一定会使我们在它让我们理解的对象上做得更好。……科学哲学的价值在于增加我们对科学的理解，而不一定会使我们成为更好的科学家。科学哲学不会这一套。"①因此，形而上学一定有着不同于科学的自身任务，这就涉及我们上述提到的第二点。

我们首先在学科划分的意义上对科学与形而上学做出区分，然后对形而上学的本质特征加以说明。

1. 科学与形而上学

在作为一门学科的意义上，科学与形而上学有着各自不同的功能，两者不能互相替代与还原。比如，"现实中并没有抽象的科学，而只有具体的科学，如：物理学、化学、气象学、几何学、生物学、心理学、社会学。这些科学（当然还有别的科学）都有其严格划定的范围，而要区分它们的范围，就必须对它们可以探讨的问题做出规定。对于这一任务，每一门科学都会推诿。……当这个任务没人管时，它就不得不推给某一门科学。"②这门科学就是形而上学，形而上学研究的恰好就是具体科学都无法回答的那些问题。

概言之，形而上学是对世界上最基本的实在范畴及其特征进行的研究。更准确地说："形而上学关注的是最基本的事物种类的存在，这里，'基本'的意思是'由其他科学预设的最普遍的种类'。比如，它关注像下述这样的问题：物质事物和非物质事物都存在吗？……存在心灵事物吗？……形而上学家们问这些最基本的事物种类是否存在并且也问这些事物种类是其所是的原因。"③这样，"科学""科学所探索的实在世界"以及"科学是如何为我们揭示这个实在世界的本质的"就都进入形而上学的研究领域。从形而上学最广泛的意义来说，探索实在世界的科学自身就是一种形而上学，虽然它并不是形而上学的全部。

人们对形而上学的排斥态度还在于，在他们看来，人类关于实在世界本质的全部洞识都来源于科学为我们所揭示出的世界图像，除此之外，根本不存在别的获取途径。由于不存在形而上学所断言的事实，因此形而上学对于探究实在世界而言就是无效的。然而，实际的情形却是："所有伟大的科学家都会以各种方式

---

① 牛顿-史密斯．科学哲学指南．成素梅，殷杰译．上海：上海科技教育出版社，2006：8-9.

② 海尔．当代心灵哲学导论．高新民，殷筱，徐弢译．北京：中国人民大学出版社，2006：6.

③ C. Macdonald. Varieties of Things：Foundations of Contemporary Metaphysics. Malden：Blackwell Publishing，2005：6.

诉诸形而上学的原理，有时，是作为他们理论的中心元素（例如，牛顿假定的绝对空间）。”[①]这样，形而上学对于探究实在世界而言就具有一种不可替代的地位。因此，西格肯定地断言：“了解世界是困难的、勇敢的，而且，思辨性的工作总是既通过真实的形而上学的劳动又通过经验的劳动来提供大量的信息。放弃这项工作，那么，科学只不过是技巧而已。”[②]

2. 形而上学的本质特征

当代哲学家麦克唐纳（Cynthia Macdonald）总结阐述了形而上学的以下四个基本特征：

（1）形而上学研究世界上有什么。形而上学关注一些诸如“事物的‘真实’本质、世界上真实存在的最基本的事物有什么”这样的问题。

（2）形而上学的先验本质。“先验”指的是它的主题独立于感觉经验能够被认识。形而上学关注的问题是不能通过经验观察和实验来回答的问题。

（3）形而上学关注的事物具有最高的普遍性和一般性。比如，物理学可能关注的是那些存在着的各种各样具体的物理事物，但是它并不提问物理事物是否存在。如果这样，与一个非物理的事物相对照，一个物理事物指的是什么。然而，形而上学精确地提出了这样的问题。

（4）形而上学的必然性。形而上学的本质是以一种先验的方式处理世界上真实存在着的事物种类及其本质的那些最为一般和最基本的问题，因此，形而上学的命题传统上就一直被认为是必然的，而不是偶然为真的。[③]

因此，从这些本质特征来看，形而上学既有自己特定的研究主题，又有着不能被其他任何一门具体科学所取代的特定方法。形而上学是独立和自主的。

3. 数学的形而上学定位

现在，我们可以对“数学的形而上学”给出一个合适的定位。由上述分析我们能够推出，数学的形而上学研究同样可以进入对实在世界的探索中。这样，借用哲学家卡茨的术语，数学的形而上学（或者数学哲学）既可以被定位为二阶学科：试图理解并说明作为一阶学科的数学，又可以被定位为一阶学科：对数学对象的本质进行分析。简言之，数学的形而上学因而具备了两个基本功能：

---

① 西格．形而上学在科学中的作用//牛顿-史密斯．科学哲学指南．成素梅，殷杰译．上海：上海科技教育出版社，2006：348.

② 西格．形而上学在科学中的作用//牛顿-史密斯．科学哲学指南．成素梅，殷杰译．上海：上海科技教育出版社，2006：351.

③ C. Macdonald. Varieties of Things：Foundations of Contemporary Metaphysics. Malden：Blackwell Publishing，2005：7-8.

①给出实践中的数学一个合理说明；②对数学实体的本质及其在整个实在世界中的位置给予解释。这样，如果我们试图给出关于数学及其与实在世界之关系的一幅连贯而全面的图像，就只能诉诸一种严肃而认真的形而上学探索。

上述任务的规定已使我们能够清晰地看出：数学哲学不能仅仅是对数学进行描述，它必须有自己的主题，也就是对数学背后所隐含的实在性本质给予一种形而上学的说明，而这种说明无论是科学还是数学自身都无法做到。因此，无论是规范的（“第一哲学”的）数学哲学，还是描述的数学哲学和自然主义的数学哲学，这三种学科研究范式都不能够充分地完成数学哲学自身的任务。

总之，给予数学哲学一个合理的定位可以让我们认识到：数学的形而上学研究具有非常实际的价值，它并不像某些人认为的那样无足轻重，它是最基本的关于数学的哲学探索。

三、当代数学哲学界的研究传统及趋向

在我们提出这样一种“语境论世界观的数学哲学”范式之前，我们必须考察当前国内外学术共同体所遵循的是哪一种范式，我们倡导的这种范式在学界处于何种位置，以及我们在今后应该向哪个方向努力。这些考察是重要的，因为在学科发展的意义上，我们也期待我们所做的工作对于推进数学哲学的进步会有一些贡献。当然，对于国内同行的研究有所启示也更是我们愿意看到的。

众所周知，20 世纪前半叶，主宰数学哲学发展主流的是探讨数学基础的基础主义三大学派：逻辑主义、直觉主义和形式主义。如今人所共知的事实是：基础主义途径已然成为一种历史退出了数学哲学的中心舞台。因此，我们关注的焦点主要集中在 20 世纪 50 年代一直到今天的这段时间。

纵观最近 60 年来数学哲学的演进历程，我们发现在基础主义的传统之后，西方数学哲学的研究出现了三种不同的研究路径或者趋向：

第一，以哲学家的研究占主导地位的“分析传统”。客观来看，当代关于数学的哲学讨论仍然是以哲学家们关注的问题及其分析方法为数学哲学的研究主流。这个传统涵盖了当前流行的各种观点：数学柏拉图主义、新逻辑主义或者新弗雷格主义、结构主义、虚构主义、不可或缺性论证、自然主义、模态唯名论、数学实在论、数学中的语义反实在论等。他们关注的核心问题是：抽象的数学对象是否存在？数学家们是如何获得这些抽象对象的知识的？数学真理是否独立于数学公理和证明？数学真理依赖于数学家吗？先验的数学知识如何能够成功地应用于科学和对世界的说明中？数学陈述的真假是如何得到确证的？数学中的抽象单称词项指称了一种实在对象吗？数学的研究主题是作为个体的数学对象还是数学结构？……这些问题基本上都属于传统的数学本体论和认识论关心的领域。这

个传统显著的特征是，他们都继续秉承了基础主义者传统的研究路径，即运用语言分析和逻辑分析作为其论证的工具。

值得注意的是：上述各种不同的观点中，很少有来自具体的实际的数学实例给予支持。即使是倾向于关注现实实践的数学结构主义者夏皮罗（Stewart Shapiro）和自然主义者马迪，他们主要的论证策略仍然是“第一哲学”式的，并且其关注的领域也极为狭窄。比如，马迪就只关注到了数学中最基本的集合论。这样，正如我们在前面分析的：哲学家们关于数学的这些说明几乎很难让现实的数学家们感到满意，甚至这些说明会误解和歪曲真实的数学面貌。因此，面对这样的境地，数学哲学界相继出现了一些质疑传统观点的“反传统”的声音。这也就是我们要谈到的第二种研究倾向。

第二，与“分析传统”对立的强调关注数学实践的“反传统”革新。这个传统一方面竭力反对分析哲学的传统研究路径；另一方面强调要关注现实的数学实践，旨在从真实的数学面貌中给出其合理的描述。其典型的特征是彻底放弃传统的语言和逻辑的分析策略以及以哲学导向为主的传统论题，试图从数学史、实际的数学研究、数学人类学、数学的认知科学、数学社会学、数学的文化和数学的教育等方面寻求新的养料和方法。

这个路线主要的代表人物和著作有：拉卡托斯的《证明与反驳》（1976）、戴维斯（Philip Davis）和赫什（Reuben Hersh）的《数学经验》（1980）、基切尔（Philip Kitcher）的《数学知识的本质》（1984）、阿斯普雷（William Aspray）和基切尔合著的《现代数学史和数学哲学》（1988）、托马兹克（Thomas Tymoczko）的《数学哲学中的新方向》（1986，1998）、吉利斯（Donald Gillies）等著的《数学中的革命》（1992），还有最近10年中出现的著作：赫什的《什么是数学，真的?》（1997）、欧内斯特的《作为一种社会建构论的数学哲学》（1998）、格拉斯赫尔茨（Emily Grosholz）和布雷格（Herbert Breger）合著的《数学知识的增长》（2000）、科菲尔德（David Corfield）的《走向一种真实数学的哲学》（2003）、赫什的《18篇论数学本质的反传统文章》（2006）以及克尔克霍夫（Bart Van Kerkhove）和本德格姆（Jean Paul van Bendegem）合著的《数学实践的观点：把数学哲学、数学社会学和数学教育结合起来》（2007）等。

他们的目标非常明显：重新复兴数学哲学，拓宽数学哲学的研究论域，其根本的途径在于关注那些由数学家们实际从事的数学是什么样子，然后对其进行描述和说明。比如，托马兹克和赫什就分别在其著作中表明了这种观点：通过对数学家和那些使用数学的人的现实实践进行重新评价，数学哲学就会有一个新的开始。[①] 一种充分的数学哲学至少要知道主流数学研究的某个现行领域（动力系统，或者说随机过程，或者代数/微分几何/拓扑）。[②]

与此同时，他们对于传统的数学哲学给予了激烈的抨击，甚至认为传统数学哲学的研究（包括其讨论的问题和方法）没有任何实际的价值，在根本上应该予以否弃，或者这种研究应该交由职业数学家、数学史家、数学社会学家、人类学家、认知科学家、语言学家、计算机科学家等人进行研究，不应该从数学的“内部”或者形式方面，而应该从数学的“外部”或者非形式方面（历史的、社会的、文化的等领域）进行探讨。这样，“人文主义的数学哲学”和“社会建构论的数学哲学”也流行起来，并且有了自己生长的一片土壤。比如，像英国数学教育学家、数学社会建构论者欧内斯特就创办并编辑了《数学教育哲学杂志》，旨在把数学理解为一种人类的社会活动，在数学教育的历史活动过程中理解数学的本质。而美国数学家赫什则告诉我们，目前一个关于哲学的特殊的兴趣小组在美国数学协会也异常活跃。一些数学家、数学教育学家、认知科学家及其他学者正在独立地从各种不同角度试图对数学的本质进行探讨。为此，赫什编撰了《18篇论数学本质的反传统文章》，并明确指出，该书的目标就是“要表明这种新近思考的可能性，密切地关注现实实践，勇敢地向标准观点发射”[③]。除了把数学定位为一种“社会-历史-文化”现象之外，他似乎也暗示了传统的哲学问题可以用科学的方式加以解决的趋向：

在过去几个世纪，一些古老的问题——“什么是人?”“什么是心灵?”“什么是语言?”——已经从自由思索的哲学问题被翻译成科学问题。语言学、心理学和人类学的主题从哲学中分离出去变成了自主的学科。或许“什么是数学?”这个问题也将被认为是一个科学问题。[④]

如果按照我们在前面给出的三种研究范式的划分，粗略来看，“分析传统”属于“规范的数学哲学”研究范式；“反传统”革新属于“描述的数学哲学”研究范式。在这两种传统中，都有一些解释路径属于“自然主义的数学哲学”研究范式。比如“分析传统”中的不可或缺性论证和自然主义，“反传统”革新中的数学的涉身认知进路、数学的人类学等。正如我们所论证的，这三种研究范式都无法为数学提供一种连贯、合理和全面的说明。事实上，我们发现除上述两种传统之外，最近出现了试图把“分析传统”关注的核心问题、分析方法与“反

---

① T. Tymoczko. New Directions in the Philosophy of Mathematics. Revised and expanded edition. Princeton: Princeton University Press, 1998: xvi.

② R. Hersh. What is Mathematics, Really? New York: Oxford University Press, Inc., 1997: 25.

③ R. Hersh. 18 Unconventional Essays on the Nature of Mathematics. New York: Springer, 2006: xv.

④ R. Hersh. 18 Unconventional Essays on the Nature of Mathematics. New York: Springer, 2006: vii.

传统”革新强调的关注数学实践相结合的第三种崭新的趋向。

第三，将当前的和历史上的数学实践作为哲学反思的典型案例，具有“分析传统”特征的数学实践哲学。这种新趋向的倡导者们首先承认数学的哲学探索是有意义的，并且他们满怀信心地在繁荣数学哲学的学科事业上积极努力。这样，这个新传统的工作必然导致：①摒弃以往“第一哲学”式的先验探讨；②避免将数学的哲学思考理解为仅仅是对现行的以及历史上出现的数学事件及理论给出描述；③任何科学的探讨都无法取代哲学家的分析及反思。这个传统的发起人之一，美国加利福尼亚大学的哲学系教授曼科苏（Paolo Mancosu）前瞻性地意识到，“在一般方法论和经典的形而上学问题（实在论与反实在论、空间、时间、因果律等）与专门科学（物理学、生物学、化学等）中详细的案例研究相互结合的共同影响下，自然科学哲学取得了蓬勃发展。富有启迪作用的案例研究既有历史的（爱因斯坦的相对论，麦克斯韦的电磁理论，统计力学等），也有当代的（量子场论新领域的研究等）。与此相对照，除个别情况例外，数学哲学没有相应的详细的案例研究就发展起来了”①。因此，曼科苏一方面明确声称：“关注数学实践是复兴数学哲学的一个必要条件。”② 另一方面，他还强调将“分析传统”所使用的方法拓宽到囊括更多的数学领域的分析中。值得注意的是，这种新生力量仿佛在向我们暗示：在新世纪，一种欣欣向荣的数学哲学一定与数学家和数学史家们关注的问题和领域保持着密切联系。当然，也只有这样的数学哲学才是令人向往和真正有发展前途的。

这种新趋向运动中出现的主要代表人物和著作（论文）有：曼科苏的《17世纪的数学哲学和数学实践》（1996）、《数学实践哲学》（2008）、由曼科苏、约根森（Klaus Frovin Jørgensen）和佩德森（Stig Andur Pedersen）主编的《数学中的可视化、说明和推理种类》（2005）、曼科苏的论文《数学说明：问题和前景》（2001）等；布朗（James Robert Brown）的《当代数学哲学导论：证明和图像的世界》（1999，2008）；贾昆托（Marcus Giaquinto）的《数学中的视觉思考：一种认识论研究》（2007）；麦克拉蒂（Colin McLarty）的论文《探索范畴论的结构主义》（2005）、克罗默（Ralf Kromer）的《工具和对象：范畴论的历史和哲学》（2007）等。这种新趋向运动关注的问题主要有：数学说明、视觉（图像）推理、数学确证、数学应用、数学发现、数学中的概念和定义、数学结构、数学中的理解等。其中，涉及大量的数学分支学科，如扭结理论、分形几何、范畴论、数学物理学、代数拓扑学、计算机数学、复分析等。

我们需要注意的是，与传统的基础主义和当前“分析传统”中只关注算术、

---

① P. Mancosu. The Philosophy of Mathematical Practice. New York: Oxford University Press, 2008: 2.

② P. Mancosu. The Philosophy of Mathematical Practice. New York: Oxford University Press, 2008: 2.

集合论和几何等基本数学分支相比，这种新的探索途径极大地拓宽了数学哲学的研究范围；与最近50年来贝纳塞拉夫（Paul Benacerraf）主导的当代数学实在论和反实在论之争的统治局面相比，它突破了数学哲学只关注本体论和认识论的传统研究域面；与“反传统”革新中的描述性倾向和关于一般的数学知识的元理论探讨相比，它具有哲学传统的规范性和更多令人信服的局部案例研究；当然，上述的所有方面都体现了哲学家们的研究视角从关注静态的数学理论转向把数学当作一种动态的实践活动来加以理解。总而言之，我们可以非常自信地预测，在不久的将来，这第三种研究倾向将成为取代“分析传统”的真正的主导性研究方向。因为，它既可以为传统的主流研究带来新鲜的空气，避免学院式的“第一哲学”研究风格，同时还可以继续保持数学哲学的规范性研究范式。当数学哲学融入数学、数学史、逻辑哲学、语言哲学、心灵哲学、物理哲学、认知科学哲学、一般科学哲学以及形而上学和认识论等学科探索的整个大海时，数学哲学为这些相关学科带来的启发性思路才会真正体现出数学哲学作为一门独立学科的价值和意义。

相对于当前国外的研究传统及趋势，我们国家无论是在“基础主义”“拉卡托斯传统”还是“分析传统”研究的深度与广度方面仍有较大差距。特别是，关于处于西方数学哲学主流的当代数学实在论和反实在论的争论，我们学术界给予的关注始终不够。至于国外最新出现的试图调和“分析传统”与“反传统”革新的数学实践哲学，国内同行似乎还没有意识到。正是基于当前学界的现状及为了推动今后中国数学哲学学科事业的良好发展，促进与国外同行的交流，我们正在做的（或许甚至也是在今后很长一段时期内要做的）就是试图提出一种“语境论世界观的数学哲学”研究范式，并期望在这块尚未开垦的广阔领域中与国内学者一道努力，实质性地展开一系列研究，做出更多、更好的成就。

四、“语境论世界观的数学哲学”学科范式及前景

经过前述论证，我们认为，数学实践哲学可以充分满足数学哲学为自身设定的合理目标和根本任务。当这种有着真正前途的新趋向运动开始之初，相应地，我们需要明确提出一种符合该趋向的新的研究范式。因为按照库恩的观点，如果我们要在一种范式的引导下取得有价值的研究成果，繁荣该学科的发展，那么必备条件就要求：①该“范式”能够吸引一批持久的拥护者；②该“范式”能为新的从业者们开辟有待解决的各种问题。[①] 当然，为了达到上述要求，我们还需

① T. S. Kuhn. The Structure of Scientific Revolutions. 3rd. Chicago: The University of Chicago Press, 1996: 10.

要在库恩“范式”的另一种意义上来使得该范式具有实际的可操作性。库恩指出：“‘范式’代表着一个特定共同体的成员所共有的一整套信念、价值、技术等。”① 在这个意义上，“语境论世界观的数学哲学”研究范式，粗略来看，包括下面三种核心要素：背景信念、问题域和方法。

背景信念——坚持一种语境论的世界观。具体而言，就是强调把数学当作一种动态的历史事件，置于其所在的各种语境中加以理解和说明。

问题域——把具体的数学实践和传统的哲学问题结合起来，比如上面所列的第三种研究倾向中所包括的问题。

方法——将“分析传统”中使用的逻辑和语言分析拓宽到“语境论”核心的研究方法，即语境分析方法。其含义涉及狭义的语言分析（语形、语义和语用分析）和广义的非语言分析（语言、逻辑、历史、心理和社会学分析）。

在上述基本信条的支持下，我们有理由坚信，数学实践哲学成为真正引领未来数学哲学的主流研究传统，指日可待。②

现在，我们用一个具体的示意图来描绘当代数学哲学的研究传统、趋向、归属范式以及“语境论世界观的数学哲学”范式所处的位置（图 4-1）。

从图 4-1 可以看出，“语境论世界观的数学哲学”强调的是，把传统的数学本体论、认识论和语义学的相关问题与现行的数学实践结合起来，进行探讨。比如，数学中的范畴论就为数学哲学中结构主义的说明提供了新的分析原料，数学的现实应用及来自数学物理学的洞见也可以和数学实在论的不可或缺性论证相联系，而图表推理和数学说明则可以为我们理解数学真理的传统认识论问题提供新的线索等。这种新的视野和领域将为数学哲学带来勃勃生机。

总之，“语境论世界观的数学哲学”范式为我们提供了今后学界有待研究的问题域、基本理念和方法。由于每一门学科的成熟都有着自己特定的研究问题和研究范式，我们期望数学哲学在这种范式的引导下能取得像自然科学哲学一样的繁荣局面，能和数学史、数学学科形成一个相互促进的整体。或许只有这样，数学哲学才会体现出它真正的价值和意义。

当然坦白地说，我们要取得这样的局面需要经过一段长时间的艰辛探索。因为：首先，我们需要具备深厚的哲学传统的分析工具；其次，我们必须及时掌握当代数学的前沿和历史；最后，我们需要了解并熟知其他哲学学科甚至科学学科的动向及方法。上述每一个方面都至关重要，并且需要数学哲学家们长期充满高

---

① T. S. Kuhn. The Structure of Scientific Revolutions. 3rd. Chicago：The University of Chicago Press，1996：175.

② 由于篇幅有限，此处给出的“语境论世界观的数学哲学”范式的基本理念和方法只是一种粗略的描述，具体的核心思想是以后要继续的工作，感兴趣的学者可随时关注。

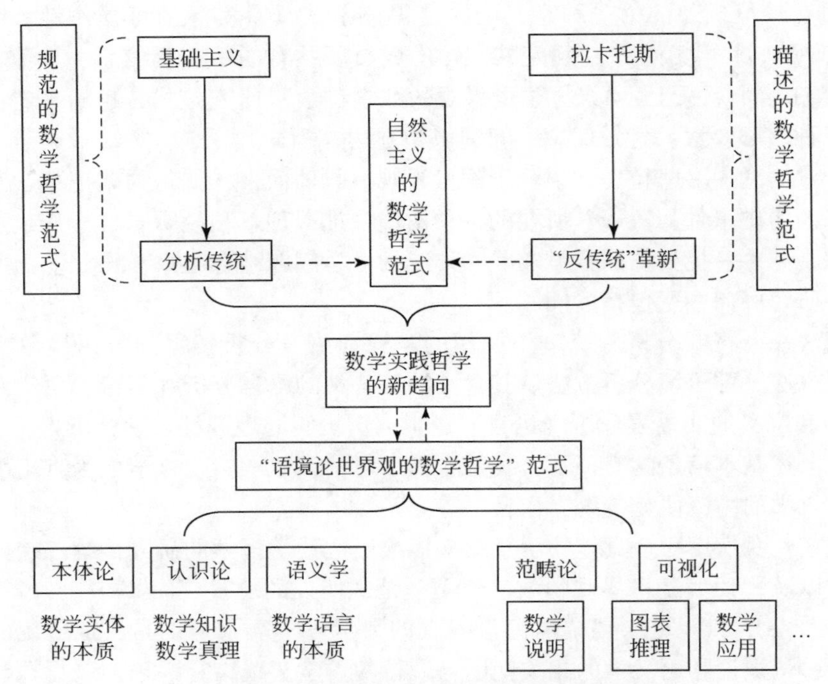

图 4-1　当代数学哲学的研究范式及传统

图中虚线表示研究范式包括的具体研究路径，实线表示具体研究的历史发展脉络

度热情的关注。

在上述“语境论世界观的数学哲学”范式理念的引领下，21 世纪数学哲学研究有可能在下面三个大的领域有新的进展和突破：

第一，传统的数学本体论、认识论和语义学研究领域。比如，我们可以用更多的局部案例研究和语境分析方法重新思考下述问题：数学研究的核心究竟是作为个体的对象还是各种不同的数学结构，或者还是其他的什么？这些对象的实在本质又是什么？何为数学知识？数学知识的可靠性是如何得到保证的？数学陈述的真意味着什么？什么是数学真理？数学中的存在性断言意味着什么？我们需要在字面上理解数学，还是需要隐喻地加以理解？

第二，与科学哲学探讨主题保持一致的一般的数学哲学研究领域。这类主题涉及：数学说明的本质是什么？数学中有哪些推理？数学确证的本质是什么？数学是如何被应用的？数学与实在世界的关系是什么？如何理解数学陈述？数学公理被选择依赖的根据是什么？图形证明的意义是什么？数学说明与数学证明之间的关系等。

第三，数学各分支领域中的哲学问题。比如，关于范畴论中结构的哲学思考、计算机证明的可靠性、分形几何的哲学意义、中国古代数学的哲学反思、集合论中的哲学问题等。

同时，由“语境论世界观的数学哲学”范式主导的研究将呈现出与以往在任何一种范式下研究所不同的显著特征。或者换言之，这带给数学哲学和数学哲学家们一种新的形象：第一，数学本质的哲学探究寻求更多的跨学科间的合作，突破了以往仅仅依靠先验的逻辑和语言分析作为其主要的研究工具的局限。第二，哲学家、历史学家和科学家们可以在“语境论世界观的数学哲学”研究范式的平台上进行有效对话，在彼此交流中共同促进。第三，数学哲学能在关注数学实践的基础上，继续保持分析传统的规范性，彰显其区别于数学史、数学文化、数学教育等研究的自身独立自主的学科特性。

总之，21 世纪的数学哲学研究充满着希望。但是，要致力于突破这些研究难题则具有比以往任何时候更大的挑战性，我们希望我们的努力能对国内数学哲学学科的发展有所贡献！

第二节 自然主义集合实在论与数学哲学研究范式

最近 50 年来，数学实在论和反实在论之争一直统治着当代西方数学哲学中主流方向的发展。1990 年，佩内洛普·马迪提出一种自然主义集合实在论（set theoretic realism）的主张。这种方案为数学哲学带来了一种全新的研究理念：关注数学实践。尽管马迪在为数学实在论辩护的思想中充满着混乱和矛盾，但是她倡导的数学自然主义足以为我们建立一种合理的数学哲学研究范式提供“革命性”的洞见。正是在研究范式背景信念的支撑下，我们将详细分析和评判自然主义的集合实在论立场，在此基础上，试图明晰数学哲学学科的根本任务，提出一种合理的数学哲学研究范式所需的必备条件。

一、当代数学实在论的困境

20 世纪数学基础大论战之后，以弗雷格为先驱、哥德尔为代表的当代数学实在论很快占据了数学哲学发展的主流，曾一度成为“什么是数学”的一种流行的哲学说明。由此，数学实在论为我们描绘出了一幅崭新的“数学图像”：①数学是研究像数、集合、函数、几何图形和空间等各种数学对象及其性质的一门科学。这些数学对象是真实的，不占有特定的时空位置、非因果、不经历变化、独立于人类的心灵和一切物质对象、是不能被人类所感知到的抽象实体。②数学真理是关于实在的抽象数学世界的准确描述，数学陈述的真假由数学事实决定。③数学家们的大多数数学信念为真，即人类可以获得该数学世界的真理。④数学实践中的语言是字面的，我们可以通过数学语言谈论并指称这些抽象数学对象。

然而，美国哲学家贝纳塞拉夫于20世纪六七十年代发表的两篇论文《数不能是什么》（What numbers could not be，1965）和《数学真理》（Mathematical Truth，1973）直接威胁到了上述数学实在论的本体论和认识论基础，使数学实在论陷入了如下的巨大困境之中。

1. 数学实在论的本体论困境

自弗雷格把数的本质定位为一种“抽象对象”的解释以来，虽然20世纪30年代哥德尔的不完全性定理彻底摧垮了逻辑主义、直觉主义和形式主义的哲学规划，但是弗雷格的数学柏拉图主义思想却得到了哥德尔的有力支持。以至在这之后，以数学柏拉图主义为代表的数学实在论占据了数学哲学领域中的主流地位，后又得到具有深远影响的哲学家蒯因的进一步辩护。直到1965年，贝纳塞拉夫以结构主义的立场在其论文《数不能是什么》中明确对数学柏拉图主义提出挑战，这种认为数学研究的就是个别的对象及其性质的独领风骚的局面才被打破。

针对弗雷格关于“每一个个别的数是对象，数字指称数”的本体论断言，贝纳塞拉夫试图以现实的数学实践为基础，通过考察策梅罗–弗兰克尔集合论（另加选择公理，ZFC系统）和冯·诺伊曼–贝尔纳斯–哥德尔集合论（NBG系统），论证数不能是集合，从而根本就不是对象。理由在于：“如果数是集合，那么它们一定是特殊的集合，因为每一个集合都是某个特殊的集合。但是，如果数3真的是一个集合而不是另一个，那么给出某种这样认为的令人信服的理由一定就是可能的。”[①] 但是，根据弗雷格给出的对象同一性的判别标准和实际的数学情形，贝纳塞拉夫认为，要确定数3究竟是哪个集合实际上是做不到的。

这是因为，按照ZFC和NBG公理系统，自然数序列可以分别记为：

(1)$\varnothing,\{\varnothing\},\{\varnothing,\{\varnothing\}\},\{\varnothing,\{\varnothing\},\{\varnothing,\{\varnothing\}\}\},\cdots$

(2)$\varnothing,\{\varnothing\},\{\{\varnothing\}\},\{\{\{\varnothing\}\}\},\cdots$

对于ZFC系统，一个数n的后继是由n和n的所有成员组成的集合，即$n\cup\{n\}$，而对于NBG系统而言，n的后继仅仅是$\{n\}$。这样，如果把数看作是一个特定的集合，那么，在ZFC系统中，数n有n个成员；而在NBG系统中，数n仅仅有一个成员。于是，根据（1），我们就有$3=\{\varnothing,\{\varnothing\},\{\varnothing,\{\varnothing\}\}\}$；根据（2），我们有$3=\{\{\{\varnothing\}\}\}$。同时，根据集合的外延公理，我们知道给定任意两个集合A和B，$A=B$，当且仅当A和B有相同的元素，即$\forall A\forall B(\forall x(x\in A\leftrightarrow x\in B)\leftrightarrow A=B)$。这样，既然$\{\varnothing,\{\varnothing\},\{\varnothing,\{\varnothing\}\}\}$和$\{\{\{\varnothing\}\}\}$的元素并不相同，

① P. Benacerraf. What Numbers Could Not Be, The Philosophical Review, 1965, 74 (1): 62.

那么这两个集合不等同。不可能有：$3 = \{\varnothing, \{\varnothing\}, \{\varnothing, \{\varnothing\}\}\}$；同时，$3 = \{\{\{\varnothing\}\}\}$。正因为如此，所以3根本就不能是集合！

对于贝纳塞拉夫而言，上述ZFC和NBG公理系统对于数的解释似乎都是正确的。因此，“数根本不可能是集合——理由是没有令人满意的理由说任意一个特殊的数就是某个特殊的集合。……所以，扩展导致数不可能是集合这个结论的论证，我就能论证数根本不可能是对象……”①

这样一来，弗雷格式的数学实在论者就面临着需要更加深入细致地探讨数学实体的本质（比如，数究竟是个体的对象还是别的什么），进而涉及讨论数学的核心（比如，数学研究的究竟是作为个体的对象还是结构，抑或其他）。

2. 数学实在论的认识论困境

贝纳塞拉夫的另一篇论文《数学真理》对数学柏拉图主义的认识论提出了挑战。根据贝纳塞拉夫的分析，如果数学柏拉图主义不能够提供一种令人满意的认识论，那么这种立场应该被拒绝。

贝纳塞拉夫以经验自然科学的语义学和认识论解释为出发点，期望数学和自然科学能够有一个统一的语义学和认识论基础。然而经过考察，他发现数学不能同时遵循这两种解释，这两种解释互不相容。首先，在贝纳塞拉夫看来，数学的语义学解释应该和科学的语义学解释相一致。科学的最佳语义学是塔斯基的标准语义学，其解释图示为：“雪是白的”为真，当且仅当，雪是白的。也就是说，科学真理和事实之间有一种对应关系。如果数学的最佳语义学也遵循这种解释模式。那么“3是奇数”为真，当且仅当，3是奇数。这就要求3存在并且具有奇数的性质。因此，按照塔斯基的语义学，一个数学语句为真的真值条件就是，该语句中所包含的单称词项所指称的数学对象存在。换言之，数学的语义学解释预设了数学柏拉图主义的本体论。其次，他认为数学认识论应该和科学知识的认识论相一致。科学的最佳认识论是知识因果论（CTK），即如果X要知道p，必须满足的条件之一是，X的信念p和引起X相信这个信念为真的事实P之间应该有一种适当的因果关系。事实P是引起X相信p为真的原因。除此以外，贝纳塞拉夫还赞成指称的因果解释。即我要知道“桌子上有个杯子”这个陈述为真，就需要在我和语词“杯子”的指称对象杯子之间有某种因果联结（比如我用我的眼睛看到了它）。

然而，经过仔细分析，数学和科学应该有一种统一的语义学和认识论基础的愿望最终不能实现。这是因为，一方面，如果数学的语义学解释遵循塔斯基的标

---

① P. Benacerraf. What Numbers Could Not Be. The Philosophical Review, 74 (1), 1965: 67-69.

准语义学，那就不得不放弃知识因果论，既然数学对象是因果内在的、与其认知者因果隔绝。另一方面，如果数学知识遵循知识因果论，那么数学家和数学对象之间具有因果关系，这就要求数学对象处于具体的时空之中。于是，我们将不得不接受以下两种情形：要么把处于时空中的数学符号直接看作数学对象，要么我们就把数学证明看作是获取关于数学对象的知识（即数学真理）的途径。但是，这样的选择又迫使我们必须放弃塔斯基的语义学。因为，按照塔斯基的观点，一方面，符号和它所指称的对象是不等同的；另一方面，决定一个数学语句为真或假的是数学事实，而不是数学证明。因此，数学的标准语义学解释和一般知识的因果理论是相互冲突的。从而数学柏拉图主义和知识因果论互不相容。

这样，以知识的因果解释作为前提，贝纳塞拉夫提出了数学柏拉图主义面临的认识论困境。如果知识和语词指称的解释标准是因果理论，那么数学柏拉图主义就会使得数学认识成为不可能的。因为，按照数学柏拉图主义的解释，数学陈述涉及抽象数学对象。既然数学对象不在时空中，是抽象的，又由于因果相互作用只有在特定的时空中才发生且抽象对象不起这样的因果作用，那么具体时空之内的认知者和时空之外的抽象数学对象（比如2）之间就不会获得因果关联，因此，每一个涉及抽象数学对象的知识就是不可能的。这样，根据知识的因果解释和对数学对象的柏拉图主义刻画，就能推出："如果柏拉图主义是对的，我们就没有数学知识。但是，我们确实有数学知识，因此，柏拉图主义一定是错的。"①数学柏拉图主义认识论挑战的具体论证模式如下：

（1）人类（即认知者）存在于时空中。

（2）如果数学对象存在，则它们存在于时空之外。

（3）因果相互作用发生在特定的时空中。

因此，

（4）如果数学对象存在，则抽象数学对象和其认知者之间不具有因果关系。

于是，

（5）如果数学陈述 p 涉及了这样的抽象数学对象，则事实 P 和认知者对数学陈述 p 的信念之间不具有因果关系。

这样，根据知识因果论（CTK），

（6）如果数学柏拉图主义是正确的，即数学陈述是对抽象数学对象及其性质和关系的真实描述，那么认知者就不具有关于这些对象的知识。

（7）数学家们确实有数学知识。

因此，

---

① Penelope Maddy. Realism in mathematics. Oxford：Oxford University Press，1990：37.

（8）数学柏拉图主义不正确。

简言之，自数学柏拉图主义遭到贝纳塞拉夫的本体论和认识论诘难之后，当代的数学实在论者和反实在论者都投入说明“数学的本质究竟是研究对象还是结构”和“数学是否是实在的？如果是，那么一种合理的数学认知机制是什么”这样的核心问题。在这股潮流中，由美国哲学家佩内洛普·马迪于20世纪90年代提出的带有自然化倾向的集合实在论（set theoretic realism）便是这样一种捍卫数学实在论的努力。

二、自然主义集合实在论的立场及辩护

作为对贝纳塞拉夫所提出的数学柏拉图主义的本体论和认识论困境（1965年和1973年）的回应，马迪在其1990年的著作《数学中的实在论》（Realism in Mathematics）中明确提出一种自然主义集合实在论的主张，以调和数学实在论和知识因果论之间的矛盾，试图为数学实在论提供一种新的辩护。

简要地说，马迪所倡导的自然主义集合实在论的核心立场主张：数不是集合，数是集合的属性（性质）；数和集合存在于宇宙时空之中，人类能够以因果的方式获得关于数和集合的知觉信念。围绕上述要点，马迪对数学实在论的本体论和认识论困惑的具体回答如下：

首先，就“数的本质究竟是什么”的数学本体论难题来说，马迪显然同意贝纳塞拉夫关于“数不是集合，从而根本不是对象”的分析。这样马迪就需要进一步回答：如果数不能是集合，那么数和集合之间的关系究竟是什么？对这个问题的探讨是任何一种充分的数学本体论必须予以解决的。马迪的答复是：数不是集合，而是集合的属性。我们注意到，这个断言是马迪所持的数学实在论主张的一个自然推论。因为在她看来：“数学是对客观存在着的数学实体的科学研究，就像物理学是关于物理实体的研究一样。数学陈述为真或为假依赖于那些实体的属性，独立于我们确定其真值的能力……”[①] 又因为“按照科学和数学的类比，就像物理学研究物质对象以及它们的属性，其中（比如）长度居于二者之一一样，集合论研究集合以及它们的属性，其中数居于二者之一”[②]。这样，既然数不能是集合，数就只能是集合的属性。另一方面，关于贝纳塞拉夫对冯·诺伊曼序数和策梅罗序数同一性的质疑，马迪认为自然数就类似于作为物理属性的长度。比如，一个人的身高既可以用米制尺测量，也可以按照英尺的标准测量。与此相类似，自然数既可以用冯·诺伊曼序数来表示，也可以用策梅罗序数来表示，

① Penelope Maddy. Realism in mathematics. Oxford：Oxford University Press，1990：21.

② Penelope Maddy. Realism in mathematics. Oxford：Oxford University Press，1990：87.

冯·诺伊曼序数和策梅罗序数只是不同的衡量标准而已。让我们用一个具体的例子来看马迪是如何论证的。按照马迪的标准，一个自然数如果是某个特定集合的属性，那么就意味着这个自然数与该集合等数。比如，如果3是集合$\{\varnothing,\{\varnothing\},\{\varnothing,\{\varnothing\}\}\}$和$\{\{\{\varnothing\}\}\}$的属性，那么3就与集合$\{\varnothing,\{\varnothing\},\{\varnothing,\{\varnothing\}\}\}$等数，并且也与集合$\{\{\{\varnothing\}\}\}$等数。又因为“与集合$\{\varnothing,\{\varnothing\},\{\varnothing,\{\varnothing\}\}\}$等数”和“与集合$\{\{\{\varnothing\}\}\}$等数”具有共同的外延3，因此，“与集合$\{\varnothing,\{\varnothing\},\{\varnothing,\{\varnothing\}\}\}$等数”和“与集合$\{\{\{\varnothing\}\}\}$等数”只是确定同一个集合的两个不同的概念或者谓词。简言之，“如果数被理解为科学属性而不是集合或者谓词，那么冯·诺伊曼类型的数和策梅罗类型的数事实上是同一的”①。这样，贝纳塞拉夫对数究竟是哪一个集合的困惑也就被消解了。

其次，既然马迪是一个数学实在论者，那么她需要为其立场提供一种合理的认识论基础，以避免或者抵挡贝纳塞拉夫对数学实在论的责难。为此，马迪采取了一种自然主义的解决策略：“我打算拒绝传统柏拉图主义者对数学对象的刻画。我将把它们带入我们所能认识的世界，和我们所熟悉的认知器官相关联。”②按照马迪的思路，如果能够以一种科学的方式而不是靠神秘的力量来解释哥德尔所谓的数学直觉，那么人类获得数学对象信息的认知能力就可以得到科学的回答，这样，数学实在论和因果认识论也就可以相容。事实上，马迪对数学家这种认知能力的科学解释最终仍被归结为贝纳塞拉夫认为的科学的最佳认识论——知识的因果理论的解释。在此过程中，马迪选用集合作为典型的数学对象进行论述，主张集合存在于因果时空序列，并且人类能以一种适当的因果方式获得关于集合的知觉信念。就是说，人类能够知觉到数学对象，从而数学知识是可能的。具体来看，马迪对数学实在论的认识论困惑的回应和论证策略如下：

第一，人类能够感知到集合。举一个日常的简单例子：假定我们看到冰箱中有三个鸡蛋。首先，我们获得了“冰箱中有三个鸡蛋”这样一个数字信念，由于我们亲身感知到了这个经验事实，因而上述信念是一个知觉信念；其次，这个知觉信念是关于一个集合的信念，该集合有三个成员。简言之，我们看到了冰箱中有三个鸡蛋，这个带有数字的信念是关于集合的，因此我们实际上感知到的就是集合。在此，马迪特别论证了为什么拥有数属性的是集合而不是其他。她区分了两个概念：集合（set）和聚集物（aggregate）。在马迪看来，“集合不能仅仅是物质聚集物，因为虽然一个集合有确定数量的成员，但物质事物的聚集物却没有。比如，如果我们在纸箱里有三个鸡蛋，那么3是适合于鸡蛋集合的唯一的

① Penelope Maddy. Realism in mathematics. Oxford：Oxford University Press，1990：94.
② Penelope Maddy. Realism in mathematics. Oxford：Oxford University Press，1990：48.

数，但是鸡蛋原料的聚集物是由三个鸡蛋、……更多的分子，甚至更多的原子组成的"①。换句话讲，我们具有数 3 的这种知觉信念是关于集合的信念，而不是关于物质原料聚集物的信念。因为物质原料的聚集物没有一个确定的数属性，与此相反，集合却拥有唯一的数属性。除此之外，根据马迪倡导的数学自然主义的核心理念，即数学的确证依靠学科自身的标准，因而"集合论的巨大成功，既作为其他数学分支的基础，也凭借自身作为一种数学理论，有助于使得鸡蛋的集合对于数的承担者的作用而言是最有吸引力的候选者"②。简言之，上述推理的核心思想为：我们获得的数字信念是关于集合的信念，我们感知到了冰箱中有三个鸡蛋，就意味着我们感知到了一个由三个元素组成的集合。

第二，集合存在并且存在于具体的宇宙时空之中，集合所在的位置就是集合成员所在的位置。根据前述论证，对于马迪而言，我们能够感知到集合，当然感知的前提条件之一就是该集合存在。由于马迪承认对世界的最佳说明来自于科学理论，而数学实体在科学理论中又是不可或缺的，因此数学实体存在。另一方面，从数学实践的角度看，"数学本体论的最佳理论是（至少有一些）数学实体是集合"③，因而集合存在。但随之而来的问题是，集合存在于哪里？显然，集合不会存在于柏拉图式的抽象世界中，因为马迪的初衷恰好是要放弃传统数学柏拉图主义的这一主张。由此看来，我们似乎还得回到自然化认识论的起点，由于马迪主张我们能感知到集合，而感知发生于因果时空序列，因此被感知的对象——集合也应该处于这个因果时空序列之中。这样，集合就有了特定的时空位置。简言之，马迪所赞同的自然化的认识论途径最终导致了其自然化的本体论立场。集合不再是传统的数学柏拉图主义意义上的抽象对象，而是可以被人们感知到的具体对象。比如，我们看到的由三个鸡蛋构成的集合所在的位置恰好就是那三个鸡蛋所在的位置。同样，鸡蛋的集合、由鸡蛋的集合构成的集合、由鸡蛋集合的集合构成的集合等高阶集合所在的位置都是这些集合相应的鸡蛋所在的物理位置。

然而，上述的解释似乎使人们陷入了这样的困惑中：按照马迪的主张，在相同的位置上，人们似乎既可以感知到冰箱中由三个鸡蛋构成的集合，也能感知到冰箱中由三个鸡蛋的集合构成的集合、同样还能感知到冰箱中由三个鸡蛋集合的集合所构成的集合等。这样，既然鸡蛋的集合、由鸡蛋的集合所构成的集合和鸡蛋占有相同的时空位置，那么集合实在论者就必须说明，他们是如何知道人们在相同的视网膜刺激下，有时观察到的是鸡蛋的聚集物，有时观察到的是鸡蛋的集

① M. Malaguer. Platonism and Anti-Platonism in Mathematics. New York：Oxford University Press，1998：30.

② Penelope Maddy. Realism in mathematics. Oxford：Oxford University Press，1990：62.

③ Penelope Maddy. Realism in mathematics. Oxford：Oxford University Press，1990：59.

合，有时观察到的则是由鸡蛋的集合所构成的集合等。对这个问题的回答，马迪依然采取了自然主义的途径。她根据神经生理学的相关成果，借助于一种叫做"细胞集结"（cell-assembly）的概念，力图为人们关于数学对象的认知能力提供一种科学的说明。

第三，人类大脑中神经中枢的细胞集结是人们能感知到像集合这样的数学对象的认知器官。时空之内的数学对象引起认知者的视网膜刺激，相应的神经中枢的细胞集结被激活，从而引起认知者对这些数学对象的知觉信念。这样，数学对象就以一种适当的因果方式参与到了认知者的知觉信念的产生过程中。细胞集结具体的工作原理由心理学家赫布（Donald Hebb）给出，即"大脑形成一种对象感受器，部分是作为大脑自身内在结构的一个结果，部分是作为与物质对象因果相互作用的一种反映"①。需要注意的是，这种对象感受器是大脑中一种特定的细胞结构，是大脑内部或者大脑与外部物质对象相互作用所形成的一种自然的生理现象，它正是马迪所谓的"细胞集结"。换句话说，"一个细胞集结从根本上来说是一个神经识别器：每当我把一个对象识别成 X 类型的对象，是因为我的 X-细胞集结被激活了。（这样，细胞集结和概念相对应：我有马的一个细胞集结、小车的一个细胞集结、圆圈的一个细胞集结等等。而且，一个细胞集结的形成和一个概念的获得相对应；在对一个给定种类的对象的大量知觉经验之后，一个细胞集结就在我的大脑中形成了，并且我获得了相应的概念。）无论如何，马迪的主张是，在一个特定的场合我们看到的是集合还是聚集物依赖于一个集合的细胞集结被激活了还是一个聚集物的细胞集结被激活了"②。这样，通过细胞集结的概念，马迪相信她已经为数学的认识论提供了一种科学的解释。

总的来看，面对贝纳塞拉夫提出的挑战，马迪既不想成为一个绝对的数学柏拉图主义者（放弃因果认识论），也不想成为一个纯粹的数学经验论者（放弃数学实在论）。因此，马迪试图通过自然主义的方式寻求因果认识论和数学柏拉图主义相容的一种中间立场——带有自然主义倾向的集合实在论。但是，马迪倡导的自然主义和她关于数学哲学学科定位的认识之间存在大量的混乱和矛盾，致使自然主义集合实在论最终仍不能逃脱传统数学柏拉图主义的困境。不过无论如何，这些许的缺憾仍然遮蔽不了马迪强调尊重数学实践所带来的数学哲学新的研究理念转变的耀眼光辉。

---

① M. Leng. Proof, Practice, and Progress. Doctorial Dissertation of Philosophy. Microform edition. ProQuest Information and Learning Company, 2002: 43.

② M. Balaguer. Platonism and Anti-Platonism in Mathematics. New York: Oxford University Press, 1998: 33.

三、当代数学实在论的出路和数学哲学的研究范式

自数学实在论的本体论和认识论立场遇到挑战以来，包括马迪的自然主义集合实在论在内的许多新的实在论形式陆续涌现出来。当前最关键的问题在于弄清楚：第一，这些新版本的数学实在论是否合理地回答了数学的本体论和认识论问题，即长期以来一直困扰哲学家们的“数的本质是什么?”和“人们关于数学对象的认识机制是什么?”这两大难题；第二，这些新版本的数学实在论背后隐含的预设框架（或者说数学哲学的研究理念）是否可以被视为一种合理的研究范式?它们成功了吗?由此引发的进一步的问题是，数学哲学应当赋予自身何种目标，其相应的研究范式是什么?毕竟只有明确了数学哲学学科的定位，它的本体论和认识论问题才有可能得到令人信服的解答。

以自然主义集合实在论为例，对其做出评判的最有效策略就是考察其倡导者马迪具有的关于数学哲学的背景信念，因为正是她的背景信念支撑着她的自然主义的实在论策略。只有在数学哲学研究范式的基础上对自然主义集合实在论的背景信念进行批判性分析，才能从根本上找出当代数学实在论的一些可能出路。我们全文的立足点和核心就是选择一个新的视角，对不同的数学哲学立场背后的根基性的研究范式进行分析。比如在马迪的背景信念中，我们发现她预设了三种不同的数学哲学研究范式：①“第一哲学”的数学哲学；②科学自然主义的数学哲学；③数学自然主义的数学哲学。马迪本人声称她自己遵循的是第三种，她明确反对“第一哲学”式的研究，同样也认为科学自然主义不适合对数学的本质进行评判和解释。正因为如此，她才开创性地提出了数学自然主义这种新的研究理念或者范式。但是，马迪在其为数学实在论辩护的实施策略中，她并没有自始至终只坚持一种研究范式，而是在上述三种研究范式之间摇摆不定，结果导致其自然主义集合实在论的主张最终没能成功。下面我们将从研究范式的视角对自然主义集合实在论最根本的缺陷进行具体分析：

第一，马迪倡导的数学自然主义和“第一哲学”研究范式之间的冲突。

如前所述，马迪认为数学哲学的研究应该遵循数学自然主义的研究范式，拒绝传统的“第一哲学”的指导准则。在马迪看来，数学哲学的任务是对数学实践和现有的数学理论进行描述和说明，因此哲学家们的活动一定要以数学实践为基础，在尊重数学实践的前提下对数学的本质给出哲学说明。她明确拒绝任何违反数学实践的哲学解释。比如，数学中的直觉主义否认排中律和数学中的非直谓定义，认为只有被构造的才是存在的，否认数学所依赖的经典二值逻辑，这样数学中的很大一部分在直觉主义那里将变得不合法，这种哲学说明由于和现实的数学实践不符而遭到马迪的反对。除此之外，数学柏拉图主义也是由于先验的哲学

论证才陷入了认识论的困境，因此马迪的策略从传统的“第一哲学”转到了关注数学实践。但是，在马迪的具体论证过程中，“第一哲学”的影子似乎依然占据着其核心位置。这种论证不仅与数学自然主义的研究理念相悖，而且同样得出了与数学实践不符的哲学解释。

对“自然数的本质是什么?”这个问题的探讨，从弗雷格的《算术基础》(1884) 一直持续到现在仍然是数学哲学中的一大难题。如果按照马迪倡导的数学自然主义的标准，数学实践揭示出的事实是：自然数是集合。然而，马迪却得出了“自然数是集合的属性”这样明显带有“第一哲学”印迹的结论。关于“自然数的本质是集合”，我们有如下的合理证据：

一方面，丹齐格（Tobias Dantzig）在其著名的《数：科学的语言》一书中通过对数概念的历史考察，发现自然数概念的产生源于人类特有的“计数”能力。“计数”除了要求模范集合中的元素与某个被计数集合中的物体要一一对应，更重要的是，它暗含着集合中的元素之间要具有次序关系。比如，我们要想知道电影院中的座位和看电影的人这两个集合之间的关系，只需要将座位和人进行一一对应。如果人刚好坐满座位，则座位数和人数等同。如果座位已经被坐满了，还有人站着，则人数大于座位数。如果有空座位，则座位数大于人数。需要注意的是，在这样的情形中，“对应办法只能用来比较两个集合，而不能产生数这个字的本身所含的绝对的意义。不过，由相对的数转变成绝对的数并不困难。唯一必需的只是做出各种模范集合，每个都代表一个可能的集合。等到要算某一集合的事物的个数的时候，只消在这些模范集合中，把能和它匹配的那一个找出来就成了。”①这样的模范集合有很多，像人的手指就是一个模范集合，代表 5。然而，单凭对应还不能够产生算术，当然也就不会有自然数的概念。在自然数概念的产生中关键的一步是人们认识到了集合中事物的次序关系。我们要对一个集合中的事物进行计数，首先必须对模范集合进行排序。比如，把模范集合按照从小到大的顺序排成一个自然数序列：1，2，3，…这样，“计数某一集合的事物，就等于将集合中每个成员分别和有顺序的次第的自然数序列中的一项相对应，一直到整个集合对应完为止。对应于集合中的最后一个成员的自然数序列的项，就称为这个集合的序数。…现在如果要决定某一集合的事物的多寡，即它的基数，我们不用再找一个模范集合麻烦地来做一一匹配了——我们只消将它加以计数就成了。”②简言之，像 1，2，3，…，n 这样的自然数事实上就是一些模范集合。用现代集合论的语言来看，1 是模范集合 $\{\varnothing\}$ 的简写，2 是模范集合 $\{\varnothing,\{\varnothing\}\}$ 的简写，3 是模范集合 $\{\varnothing,\{\varnothing\},\{\varnothing,\{\varnothing\}\}\}$ 的简写，依此类推。现如今，令人

① T. 丹齐格 . 数：科学的语言 . 苏仲湘译 . 上海：上海教育出版社，2000：5-6.

② T. 丹齐格 . 数：科学的语言 . 苏仲湘译 . 上海：上海教育出版社，2000：6-7.

们对“自然数究竟是不是集合”感到困惑的仅仅是我们在字面上看到的是非常抽象的像“1”,“2”,“3”这样的符号，它们完全割裂了自然数符号与集合、现实世界之间原本的紧密关联。事实上，集合是现实世界中事物的量的一种反映，自然数仅仅是集合的抽象形式。因此，从历史的视角看，自然数确实是集合。

另一方面，从现行的数学理论来看，自然数也是集合，并且是有限冯·诺伊曼序数。如果我们熟悉数学史，就会发现数学的严格性并非是与生俱来的，数的概念的清晰性也不是一下子就建立起来的，它必定经历了一个历史的过程。最终在数学中，数的概念的严格性被奠定在集合论的基础之上。在数学共同体内，自然数被普遍看作是集合，并且是有限冯·诺伊曼序数。关于这一点，斯坦哈特(Eric Steinhart)在其论文《为什么数是集合》(Why Numbers Are Sets, 2002)中根据自然数的两个条件：算术条件和基数条件（也就是序列和对应条件），在数学上精确地论证了自然数是集合，并且是有限冯·诺伊曼序数。策梅罗数虽然满足自然数的递归性，即序列或者算术条件，但是它并不满足自然数的基数条件，即一一对应，因此自然数不能被看作是策梅罗数。

综上，无论是对遵循数学实践的数学史，还是对现行的数学理论，自然数都是集合，而不是像马迪所主张的那样，认为自然数是集合的属性。因此，虽然在马迪的思想中，她倡导的是数学自然主义，但在具体的论证中，她明显地诉诸“第一哲学”原则。她一方面倡导数学的哲学说明应该遵循数学实践，另一方面她又在先验的哲学论证中违反了这一基本信条，从而导致马迪最终的论证和主张不能令人满意。

第二，科学的世界观和“第一哲学”之间的对立。

不可否认，在马迪的数学哲学研究信念中，她会同意数学的哲学说明至少应该和科学为我们所揭示出的世界图像相一致，即尊重科学的世界观。这是因为，自然主义的集合实在论赞同科学自然主义的说明，这种观点恰好主张：实在世界的最佳说明是我们的科学理论。然而，在马迪为数学实在论的认识论辩护中，“第一哲学”的论证却压倒了科学的世界观，从而导致由马迪的自然主义认识论所推出的自然主义的本体论断言最终与当前的科学实践不符，因而无法被人们接受。

具体来看，科学的世界观并没有向我们揭示出集合存在于宇宙时空之中，更没有声称一个集合与比它高阶的集合位于相同的时空位置（比如，鸡蛋的集合和由鸡蛋集合构成的集合位于相同的时空位置）。一方面，按照公理集合论的ZFC系统，我们知道$\{\varnothing\}$、$\{\varnothing,\{\varnothing\}\}$和$\{\varnothing,\{\varnothing\},\{\varnothing,\{\varnothing\}\}\}$是三个不同的集合，并且这三个集合存在。它们是严格按照ZF公理及后继定义形成的，其中$\varnothing$是初始元。现在我们把$\varnothing$设想为一个鸡蛋，这样，上述三个集合就可以分别被翻译成鸡蛋的集合，由鸡蛋和鸡蛋的集合构成的集合以及由鸡蛋、鸡蛋的集合和由鸡蛋与鸡蛋的集合构成的集合所构成的集合。另一方面，马迪似乎会同意，鸡蛋的集合、由鸡蛋和鸡蛋的集合构成的集合是两个不同的可感对象。然而，根据物理实践，如果这两个集合是不同的可感对象，那么它们一定不能占据相同的时空位置。因此，马迪的断言“鸡蛋的集合和由鸡蛋集合构成的集合位于相同的时空位置”是错的。反过来，如果集合确实是处于因果时空序列的具体对象，那么鸡蛋和由鸡蛋构成的集合作为两个不同的时空对象就不会占据相同的时空位置。这样，既然马迪主张二者具有相同的时空位置，那么集合就不能存在于时空中，从而自然主义集合实在论依然面临着像传统数学柏拉图主义一样的认识论困境。事实上，马迪混淆了集合概念的起源和集合自身之间的区别，这就类似于数概念的起源和数本身之间存在区别一样。数概念最初诞生于人类在其经验中对于特定的物质集所产生的一种“数觉”能力，比如，人类的原始数觉能够区分出三个鸡蛋的集合和四个鸡蛋的集合是两个不同的集合。但是，一旦数的概念在数学中被规定之后，人们就无法看到或者触摸到具体的数，比如 1 和 2。数和集合是人类基于现实世界中事物的量的一种抽象，它们不存在于宇宙时空之中，科学的世界观同样也没有告诉我们这一点。然而马迪却以“第一哲学”的方式得出了“集合存在于时空之中”的不符合科学世界观的先验结论，这种哲学说明是无法让人接受的。

第三，数学自然主义、科学自然主义和“第一哲学”之间的矛盾。

在这三种研究范式中，数学自然主义主张数学的哲学说明必须与数学实践相一致，通过数学自身的理论和实践来考察数学的本体论和认识论问题；科学自然主义的基本信念在于坚持，数学的本体论和认识论问题应该按照科学的方式加以回答；“第一哲学”式的探讨则基于一种先验的逻辑假定和推理。如果用集合的语言加以表述，这三种研究范式的集合之间互不相交。因此，马迪似乎只能遵循一种研究范式，然而在她的自然主义集合实在论的规划中，这三种研究范式在她的背景信念中却同时作为前提起着支撑作用。这样一来，对于马迪混乱和充斥着矛盾的前提能够推出令人信服的结论而言，我们很难对它抱以大的期望。实际上，也正是因为她的前提（研究范式）的不明确，导致了自然主义集合实在论的许多相互矛盾的结论。比如，按照数学自然主义的标准，自然数是集合；但是马迪同时依据“第一哲学”的标准得出了“自然数不是集合，而是集合的属性”的结论。同样，如果按照科学自然主义的标准，通过科学的方式我们应该得出“像集合、数、函数这样的数学对象不存在于时空中”；但是马迪恰恰得出了这样的结论。另一方面，马迪运用科学自然主义中的不可或缺性论证，断言“数学实体存在”；然而按照科学的世界观或者真正彻底的科学自然主义的态度，数学实体并不存在。

这样看来，对数学本体论和认识论难题解决的关键取决于坚持一种合理的数学哲学研究范式，这种研究范式又是根据数学哲学的目标来决定的。数学哲学家希哈拉（Charles S. Chihara）已经向我们展示出数学哲学的根本目标就在于，“它试图寻求提出一种对数学本质的连贯的、整体的、普遍的说明（这里的数学，我指的是由当前数学家们实践和发展的实际的数学）——这种说明不仅与我们关于世界的当今的理论观点和科学观点相一致，而且也与我们作为具有这类感觉器官的生物有机体在世界中的位置相一致，这种位置由我们最佳的科学理论所刻画，而且它还与我们所知道的关于我们对数学的掌握是如何获得和检验的相一致”①。

对于上述目标而言，马迪的背景信念中蕴含的三种研究范式都不能充分满足。事实上，从对马迪的自然主义集合实在论的批判性分析中，当代数学实在论的可能出路在于，实在论者们需要清醒地认识到：

第一，数学的哲学说明应该尊重数学实践，但数学自身的理论和实践远远不足以回答数学的哲学问题，把数学的本体论和认识论还原为在数学框架内加以解答的数学自然主义路径不可取。比如，公理集合论的 ZFC 系统断言空集和无穷集合（像全体自然数构成的集合 ω）存在。至于 $\varnothing$ 和 ω 存在的本质，即它们的存在是否是非时空的、非因果的、客观的，则没有下结论。大多数数学家们只关心现实的数学问题及如何促进数学领域知识的增长，至于他们所研究的各种数学对象是否和物理对象一样占有特定的时空位置、是否属于柏拉图王国的抽象领域抑或就像作家笔下的虚构人物一样是被数学家们虚构出的对象，他们不感兴趣，这些问题不是他们研究的领域。与此相对照，这属于哲学范畴。因此，只根据数学实践远远不能够回答数学的本体论和认识论的难题！

第二，数学的哲学说明坚持的是与科学的世界观相一致，而不是科学自然主义。科学自然主义最根本的宗旨在于认为，数学的本体论和认识论问题能够被还原为科学问题进行研究。如果科学自然主义是正确的，那就意味着数学的哲学探讨将能被科学的研究方式所取代，数学哲学也就没有存在的必要。事实上，数学哲学需要的是一种科学的世界观，我们可以在科学所揭示的世界图像的基础上对数学的本质进行哲学说明，而不是用科学来取代哲学。因此，科学的自然主义路径同样不可取，但是我们必须尊重科学的世界图像。

第三，数学的哲学说明必须坚持数学哲学作为一门哲学学科的规范性，但哲学的规范性并不意味着数学的哲学探讨是一种脱离了或者凌驾于数学实践、科学实践和人们的日常感知经验活动之上的柏拉图式的冥思遐想。因此，忽略了各种实践活动的“第一哲学”式的传统研究路径不再适应当代数学哲学的发展趋向。数学哲学是对数学实践的哲学说明，它有自己特定的研究主题和方法，是不同于

① C. S. Chihara. A Structural Account of Mathematics. New York: Oxford University Press, 2004: 6.

数学学科本身、同时又以数学为研究对象的一门二阶学科，所以数学哲学并不先于和指导具体的数学实践研究。另一方面，数学的哲学探究在本质上归属于哲学问题，它们不可能只按照数学或者科学的方式就得到全部的回答，与此相反，哲学家们仅仅是在尊重数学实践和科学实践的基础上，以自身特有的逻辑推理方式解决哲学学科内部的种种难题。

总而言之，虽然数学自然主义、科学自然主义和“第一哲学”的数学哲学研究范式不能充分完成当代数学哲学的根本目标，不过我们仍然欣喜地看到了当代数学实在论进步的前景。数学实在论的进步并不在于我们见证了前述三种研究范式的缺陷，恰好相反，数学实在论者们需要探讨如何将数学自然主义、科学自然主义和“第一哲学”各自蕴涵的内在合理性协调起来，在统一的研究范式之基底上推进当代数学实在论的进步。具体来看，数学自然主义、科学自然主义和“第一哲学”的数学哲学研究范式的优势及合理性如下：首先，马迪的自然主义集合实在论方案虽然最终没能取得它当初希望为数学实在论进行辩护的胜利，不过即使如此，强调关注数学实践却引导我们向一种合理的数学哲学研究范式的方向跨出了极为关键性的一步。关注真实的数学实践是数学哲学有持续生命力的根基所在。其次，为数学的本体论和认识论提供科学自然主义的解释路径，虽然在把哲学问题转化为科学问题加以研究时有失偏颇，然而强调科学的世界观始终是对任何一种哲学说明最低限度的要求，只有和当前科学的世界图像相一致，哲学说明才有可能令人信服。当然，这并不是说哲学在提供世界的说明时必须先让位于科学，我们仅仅断言的是哲学与科学解释最终是相一致的，因为我们对世界和其他事物本质的认识最终是要统一、相互协调，而不是产生一个自相矛盾的解释体系。因此，强调科学的世界观是任何一种哲学说明必须加以考虑的。最后，传统的“第一哲学”研究路径，虽然在为数学提供说明时冒着有可能误解真实的数学实践的风险，然而哲学具有的规范性始终是哲学家们必须加以坚持的。如果哲学的基本主题和方法可以还原到其他的学科框架内考虑，那么哲学自身存在的合理性基础就会产生动摇。由此可见，当代的数学实在论者们既要正视数学自然主义、科学自然主义和“第一哲学”这三种研究范式各自的缺陷，更重要的是，他们要意识到当代数学哲学的发展必须在关注数学实践、尊重科学的世界观和保持哲学的规范性之基础上把三者统一起来，形成一个更为合理的研究范式。正是这种研究范式或者研究理念的转换促进了当代数学实在论的进步。

第三节　数学真理困境的不可或缺性论证出路

不可或缺性论证在强调数学与科学之整体性的基础上，试图借助数学在科学中的不可或缺性证实数学实体的存在性，成为求解数学真理困境的巧妙方案。然而，不可或缺性不能等同于经验确证，数学实在与否并不在于数学在科学中是否或缺，二者分属于不同的问题域。本节在阐明不可或缺性论证的基本形式及其对数学真理困境的求解策略的基础上，进一步指出了该论证的缺陷、得出了其对求解数学真理困境的有益启示，即要想突破数学真理困境，就需要洞察数学与科学之间的关联性，揭示二者一致的实在本性，使数学能真正地具有与科学同等的本体论和认识论地位。

贝纳塞拉夫数学真理困境对数学柏拉图主义者提出的难题是：如果坚持数学实体独立于人脑而存在，那么他们将无法说明如何能够认识关于这些实体的知识。大多柏拉图主义者试图将数学化归为某个基础，通过人们对数学基础的认识来说明如何获得数学知识。然而哥德尔不完备性定理的提出，导致基础主义策略遭受重创，数学实在论者不得不另辟蹊径，来回应这一认识论难题。蒯因立足于整体论思想，提出把数学哲学放在科学哲学的背景中探讨，为数学实在论提出了著名的“不可或缺性论证”（the indispensability argument）。这一论证后来在普特南（H. Putnam）、科利万（M. Colyvan）等人那里得到进一步发展，引起了数学哲学家的广泛关注和激烈讨论，成为求解数学真理困境的巧妙方案。

一、不可或缺性论证的基本形式

作为实用主义的代表，蒯因和普特南强调实践的重要性，渴求逃离基础主义认识论的束缚。如普特南就指出，包括基础问题在内的许多数学哲学问题，都是体系缔造者们思想中的问题。哲学对经典数学发现的困难不是真正的困难，而仅是对数学的某种哲学解释中存在错误，那种“哲学解释”是数学所不需要的。[①]在他们看来，经验实践才是数学实在论的基础，科学在实践中所发挥的作用就是其真理的证据，数学知识是科学的深入拓展。人们承认经典命题的微积分或皮亚诺数学理论，不是因为与之相关的陈述“在原则上不可修改”，而是因为大量科学假设预设了这些陈述，而且在该科学领域中没有任何其他理论能够真正替代这些数学理论。根据这一观点，数学实体如集合、数、方程的指称在最佳科学理论中是不可或缺的。因而我们应承诺这些实体的存在性，数学实体与其他的科学理论实体具有同等的认识论地位。证实科学理论的证据能使科学理论作为一个整体得到确证，这些证据在证实了经验科学理论实体存在性的同时，也同样证实了数学实体的存在性。否则，我们将会在本体论上采取令人无法容忍的“双重标准

① H. Putnam. Mathematics, Matter and Method. Cambridge: Cambridge University Press, 1985: 43.

(double standard)"[①]。这种观点被学界称为"蒯因-普特南不可或缺性论证"(the Quine-Putnam indispensability argument)。

近年来，一些蒯因的追随者对蒯因-普特南的不可或缺性论证做了更准确、细致地表述。如科利万对不可或缺性论证的结论进行了总结，给出了其基本形式：

前提一：我们应该对那些在最佳科学理论中不可或缺的所有实体具有唯一的本体论承诺。

前提二：数学实体对于最佳科学理论是不可或缺的。

结论：我们应该对数学实体具有本体论的承诺。[②]

黑体标注的部分表明不可或缺性论证包含四个原则：①抽象数学对象的不可或缺性：用单称词项或变元指称抽象数学或用量词概括抽象数学对象的判断，在科学理论中是必不可少的。②确证的整体论：对科学理论的确证是整体性的，即一个科学理论在经验上的正确性，不仅确证了它关于物理对象的真理性，也确证了它关于抽象数学对象的真理性。③自然主义原则：本体论问题应交由科学做最后裁判；没有超出科学之外的断定某物"真正存在"的"第一哲学"标准。④本体论承诺：一个科学理论所断定为真正存在的事物，就是它的用一阶表达的论断中的变元的值，或量词所概括的事物。以上述四个原则为基础，不可或缺性论证提出了求解数学真理困境的具体策略。

二、不可或缺性论证对数学真理困境的求解

依照不可或缺性论证，真理是整个科学事业共同作用的结果。由于数学是科学事业的一部分，它也具有内在的真理性。这就是说，我们可以为数学提供与自然科学一致的真理解释，即我们可以以认识科学知识的方式来获得关于数学的知识。由此，不可或缺性论证可以化解数学真理困境对传统柏拉图主义提出的认识论难题，成为突破该困境的巧妙方案。

1. 前提一的论证

在不可或缺性论者看来，自然主义的认识论可以说明前提一中的"唯一"，确证的整体论可以说明前提一中的"所有"。自然主义的认识论、确证的整体论与本体论承诺结合起来可以证实不可或缺性论证的前提一。

---

① W. V. Qunie. From a Logical Point of View. 2nd ed. Cambridge, MA: Harvard University Press, 1980: 45.

② M. Colyvan. The Indispensability of Mathematics. Oxford: Oxford University Press, 2001: 11.

1）自然主义的认识论

不可或缺性论证提出的最初动因在于对基础主义认识论的批判，这也正是蒯因提出自然主义认识论的主要目标。基础主义者试图用类似于欧几里得公理系统的模型来证实知识，主张知识依赖于有限多的自明真理。然而，这种认识论解释无法说明那些自明真理的来源，即无法说明人类如何能获得那些自明的真理。蒯因认为，从实用主义出发，认识论应该与实际的科学实践相符合。在他看来，科学（如经验心理学）能够说明人们如何获得基础概念以及这些概念何以成为知识的基础，从而提出了一种建立在科学基础上的自然主义认识论。诚然，应用科学去说明证据与知识之间的联系，这样会导致经验主义本身的可靠性受到质疑，从而陷入循环论证。但蒯因认为，自然主义的认识论并没有从一个超科学的视角去看待科学。正如他所言："一旦我们不再幻想从观察中推出科学，对这种循环论证的担忧就会消失。"① 认识论是心理学的一部分，从而是关于自然的科学。可以说，蒯因的自然主义认识论起始于科学，他坚信科学是人类可获得的最佳理论。因为自然科学家们不会对内在于科学的可协商的不确定性产生任何疑虑。对于形而上学来说，这意味着由最佳科学理论决定什么是存在。更准确地说，最佳科学理论决定了我们应该相信的存在是什么。自然主义的认识论源自对科学方法论的高度尊崇，把科学方法论的成功作为解答关于一切事物本质的基本问题的唯一方式，它来源于"不可重生的实在论和自然科学家的智力状态"②。自然主义否认以任何非科学的方式裁定实体的存在性。当然，要论证数学是科学的一部分，只坚持自然主义的认识论不足以说明这一点，还需要在认识论上坚持确证的整体论思想。

2）确证的整体论

关于抽象物的不可或缺性论证还依赖于在认识论上的整体论思想。根据整体论思想，理论和证据在知识的证实中发挥着相同的作用，理论有助于接受和解释证据的决策，证据有助于理论的选择。在蒯因看来，对物理对象与抽象对象加以区别是一种"错觉"。物理对象也是假定的实体，人们用它用来简化经验定律，就像用无理数简化数学定律一样。经验科学是沟通人们从获得感知刺激到获得对对象认知的桥梁。无论是物理对象或是抽象对象，人们都必须在一种始于经验的概念性框架下才能获得对它们的认识。日常概念的产生是抽象概念的基础，科学建立在我们关于日常世界的知识基础之上。正如他所说："自然主义哲学家在理论继承的世界中开始推理，并将之作为一种持续关注的事业。他暂时地相信其中

① W. V. Quine. Ontological Relativity and other Essays. New York: Columbia University Press, 1969: 76.

② W. V. Quine. Five Milestones of Empiricism in Theories and Things. Cambridge, M A: Harvard University Press, 1981: 72.

所有的一切，但坚信某些未被辨识的部分是错的。他不断努力推进、澄清和理解其中的系统，他是诺亚方舟上忙碌的水手。”① 所有知识构成了一个整体，关于抽象对象的知识只是科学知识的深入延伸。在认识论上，数学对象与物理对象和上帝具有相同地位，既不好也不坏，只是与我们依赖感觉经验对其进行处理的程度有所不同。

事实上，蒯因表明了两种整体论观点：一种是确证的整体论，另一种是语义的整体论。后者认为意义的单位不是单个语句，而是语句的系统（在某些情况下被认为是语言的全体）。对于蒯因来说，语义的整体论和确证的整体论是紧密相关的，但是仍有必要对它们加以区分，他用语义整体论来支持不可或缺性论证，而大多数注释者则认为确证的整体论才是不可或缺性论证成功的关键。因此，严格地讲，现在谈到的不可或缺性论证不是蒯因的观点，而是蒯因主义者的观点。确证的整体论的基本观点是，理论被作为全体而得到确证或否证。如果一个理论在经验发现中得到确证，那么全体理论就得到了确证。特别是，数学在理论中的应用可以用来确证数学知识。我们证实关于理论中数学部分的信念与关于理论中的科学部分的信念所依赖的依据相同。

3）实用主义的本体论承诺

为了论证抽象对象的存在性，蒯因提出了一种实用主义的本体论承诺，即“一个理论只承诺那些被该理论中的约束变项有能力指称的实体，它们在理论中被确证为真”②。需要指出，蒯因并未因此滑向语言学或方法论的唯心主义。在他看来，本体论的争论应该以语言学的争论而告终，但这并不必然得出：“存在依赖于语词。”某个问题与语义术语间的可译性并不能表明该问题就是语言学上的。蒯因在关于量化的概念中给出了其本体约定的标准：即当某人的理论术语是对某些对象的量化，那么这些对象就必须存在。比如，$\exists x$（x 是一个素数，$x>1000000$）就是指存在某个素数，它大于 100 万。因为存在并不依赖于某人所使用的语言，而是由于他所断言的存在事实上的确存在。数字之所以能够具体化，是因为这些数字对于数学理论必不可少，而数学理论对于人们已经承认为真的科学理论来说是不可或缺的。正是由于对数学对象的量化在科学实践中是不可或缺的，以此来证实数学对象的存在性。通过这种措施，蒯因把语言对象的存在性转回到实体的存在性上。

2. 前提二的论证

前提二的关键在于论证数学对于最佳科学理论的不可或缺性，因而对于不可

① W. V. Quine. Theories and Things. Cambridge，M A：Harvard University Press，1981：72.

② W. V. Quine. From a Logical Point of View. Cambridge，M A：Harvard University Press，1953：13.

或缺性论证的支持者来说，其首要任务就是澄清“不可或缺性”以及“最佳理论”的定义，然后阐明数学对于在科学中的不可或缺性。

1）“不可或缺性”和“最佳理论”

要阐明数学的不可或缺性，首先就要明确“不可或缺性”的真正含义。科利万给出了关于“可缺”的定义：一个实体对于一个理论是可缺的，当存在一个对该理论的修正理论，这两个理论具有完全一样的观察结果，而在修正理论中没有被提及或预设上述实体，修正理论必须与原理论相比更可取。[①] 因为在其他所有条件都相同的情况下，前者比后者具有较少的本体约定。科利万认为，做出本体约定越少，理论就越好。但根据这种定义，从克雷格定理（Craig theorem）[②] 就会得出所有理论实体都可缺的结论，因为我们可以清除对实体的所有指称，从而得到不对任何实体做出本体承诺的理论来。显然，要从众多理论中优选出一个理论本身就非常复杂，绝不仅仅是存在通过经验上的正确性和本体论约定的精简就可以做到。科利万提出，要判定一个理论的不可或缺性，起决定性作用的是关于知识的确证理论，即确定何为“最佳理论”。

科利万为“最佳理论”列出了如下必备要素：①经验上的正确性：最佳理论首先必须在经验上是正确的，它必须满足所有（或至少绝大部分）观察。②一致性：它必须是一致的，即具有内在一致性，且与其他主要理论也具有一致性。③简洁性：对于在经验上具有相同正确性的两个理论，我们一般优先其陈述和本体约定较为简洁的理论。④科学说明的统一性：科学的说明必须具有统一性，即一个理论不仅能够预测特定现象，而且能够说明做出这种预测的原因（比如，牛顿力学的成功就在于它能够为普遍现象如潮汐、行星轨道和发射运动提供说明）。⑤大胆：最佳理论不仅能预测日常现象，而且能对推动深入研究的新实体和现象做出大胆预测（比如，关于广义相对性的引力波预测就是这种大胆预测的结果）。⑥形式优雅：最佳理论在某种意义上具有美学诉求（比如，对落体理

---

① M. Colyvan. Confirmation Theory and Indispensability. Philosophical Studies, 1999, 96（1）: 4.

② 数理逻辑中的一个定理，由美国逻辑学家克雷格在一篇题为“论一个系统中的可公理化性”的论文中提出和证明的。这个定理说，如果我们把一个形式系统的词汇区分为T术语和O术语，存在一个形式化系统T′，满足：①T′的公理仅包含观察术语；②T和T′蕴涵相同的观察句。这个定理表明，理论术语是原则上可从经验理论中删除的。因此，它是一种我们可用以构成所有可观察物间的关系，而无须运用理论术语的方法。要运用这种方法，人们需要首先把系统的基本表达式与其辅助性表达式区分开来，并使系统的内容等同于其基本表达式的类，然后构造一个新的公理化系统，它包含所有的基本表达式而没有辅助性表达式。这个系统与原初那个有相同的可观察结果。克雷格本人并不认为这种方法真正消解了分析理论术语的经验意义的问题，并认为这个方法只适用于已完备的演绎系统。但是，他的定理对于科学哲学中关于理论术语和观察术语之间关系的讨论，产生了很大影响。这一方法在精神上与“拉姆齐命题”的概念相近。

论的特殊修正表明了形式优雅的重要性)。①

对于科利万等不可或缺性论证的支持者而言，任何否认数学实体存在性的观点都要付出高昂的代价，因为数学在应用它的科学理论中所发挥的作用，绝不仅仅只是一种工具。他们一致认为，数学对于最佳理论来说发挥的作用是不可或缺的。

2）数学的不可或缺性

为了进一步揭示数学的不可或缺性作用，科利万以数学在物理学理论的作用为例进行了具体说明。比如复数的引入不仅对于纯数学自身的发展具有重大的影响，而且在应用数学领域如物理学中的微分方程研究中也发挥着重要的统一性作用。尤其是复数在统一幂函数和三角函数时的作用以及它在流体力学、热传导、人口动力学等科学的几乎所有分支中对二阶常微分方程的研究都具有直接影响。

例如，数 $i=\sqrt{-1}$，并定义一个复变量 $z=x+yi$。其中 x 和 y 是实数。把运算“+”“·”和“=”从实数自然地扩展到复数，我们就能够通过下述欧拉公式引入复幂数:②

$$e^{i\theta}=\cos\theta+i\sin\theta, \qquad \theta\in\mathbf{R}$$

从中可以定义对于复变量 z 的三角函数为

$$\sin z=\frac{e^{iz}-e^{-iz}}{2i} \text{ 和 } \cos z=\frac{e^{iz}+e^{-iz}}{2i}$$

特殊地，当 $z\in\mathbf{R}$ 时，上式依旧成立，实数值函数 $\sin z$ 和 $\cos z$ 被看作是上述一般定义的特例。复数是统一三角函数和幂函数的工具。下面具体来看，这种统一性如何被引入物理学。

考虑具有常系数二阶线性齐次常微分方程:

$$y''+y'+y=0 \tag{4-1}$$

其中，y 是实数单变量 x 的一个实值函数。这类方程的解可以通过考察其特征方程，即一个二次方程式的根得到。由代数学基本定理知，二次方程通常有两个（复数）根，故讨论式（4-1）的特征方程。

$$r^2+r+1=0$$

它的复数根为 $r_{1,2}=-\frac{1}{2}\pm i\frac{\sqrt{3}}{2}$。对于其特征方程具有不等根的方程来说，其一般解为

$$y=c_1e^{r_1x}+c_2e^{r_2x} \tag{4-2}$$

其中，c_1 和 c_2 是任意的实常数；r_1 和 r_2 是特征方程的两个根，且 $r_1\neq r_2$。注意式

① M. Colyvan. Confirmation Theory and Indispensability. Philosophical Studies, 1999, 96 (1): 6.

② M. Colyvan. Confirmation Theory and Indispensability. Philosophical Studies, 1999, 96 (1): 9-10.

(4-2) 与 r_1、r_2 是实数还是复数无关。因而，式 (4-1) 的解为

$$y = c_1 e^{\left(-\frac{1}{2}+\frac{\sqrt{3}}{2}i\right)x} + c_2 e^{\left(-\frac{1}{2}-\frac{\sqrt{3}}{2}i\right)x}$$

从中得到式 (4-1) 的实数解为

$$y = e^{\frac{-x}{2}}\left(c_1 \cos\left(\frac{\sqrt{3}}{2}x\right) + c_2 \sin\left(\frac{\sqrt{3}}{2}x\right)\right)$$

如果没有使用复数，我们就只能处理方程 $y''-y'=0$，其特征方程具有实数根。与之截然不同，对于方程来说 $y''+y'=0$，其特征方程则具有复数根。前者的解为幂函数形式，后者的解为三角函数形式，二者之间的关系可以通过之前给出的复变量三角函数的定义而给出。这表明了一个数学理论不仅可以统一其他数学理论，而且还可以更普遍地统一科学理论。这种统一性不仅体现在算法上的统一，而且体现在上述方程解形式的统一。可以说，这种统一性是得出上述那些方程解的唯一方法。如果两个不同的物理系统满足相同的微分方程，不管这些系统表面上有多大差异，二者在结构上显然存在着某种相似性，即由其相应的微分方程所揭示出的结构相似性。

数学对于理论的贡献不仅在于它能够发挥统一性的作用，还在于它的大胆性，即它在预测新现象时会发挥重要的作用。比如，在物理学中对反物质的发现就体现了数学的这种大胆性。在经典物理学中，人们在求解方程时偶尔会由于得到某些方程解是"非物理的"而舍弃它们，动力学系统的负能解就是一例。1928年，狄拉克（P. Dirac）在研究相对论量子力学方程（即狄拉克方程）解时，就遇到了这种情况。该方程描述了电子和氢原子的运动，但同时也发现该方程描述了具有负能的粒子。狄拉克本来可以把这些解作为"非物理"而舍掉，而由于量子力学中常常出现奇怪的结论，而且人们关于何为"非物理"也没有很清晰的界定，更重要的是狄拉克坚信数学的真理性。在这一信念的驱使下，他考察了负能解的可能性，并进一步说明了一个粒子为什么不能从正能态向一个负能态跃迁。狄拉克意识到泡利不相容原则（Pauli exclusion principle）会阻止电子返回到负能态，如果该负能态已经被负能电子所充满。此外，如果一个负能电子被提高到正能态，它将留下一个空的负能态。空的负能态将像一个具有正电的电子一样。可以说，正是由于狄拉克对相对论量子力学数学的信任，使得他不愿舍弃看似"非物理"的解，于是预测了正电子（positron）的存在。尽管狄拉克方程的解看起来是"非物理"的，某种程度上它建立在看似错误的假设基础之上，但狄拉克方程却在预测新实体时发挥了关键性的作用。

基于上述分析，科利万认为，数学在科学中发挥着不可或缺的作用。在阐明数学的不可或缺性之后，不可或缺性论证的前提二就得到了满足。当前提一与前提二同时满足时，可得出数学实体存在这一结论。由于数学实体与经验实体具有相同的存在方式，因而对这些实体的认知方式都是自然的、遵循科学规律的。在

这个意义上，不可或缺性论者可以为数学提供与科学语言一致的语义学解释和自然主义的认识论说明，以此破解贝纳塞拉夫的数学真理困境。

三、不可或缺性论证求解进路凸显的问题

不可或缺性论证间接证实数学实体存在性，使数学实在论者更加坚定了对数学实体存在的信念。但是，不可或缺性论证赖以成立的前提并不牢靠，其中存在许多争议。一旦其前提条件无法满足，该论证就会不攻自破，因而其求解策略并不可行。

1. 经验确证不能作为整体论的确证标准

确证的整体论认为，科学理论的确证是整体性的，理论的确证或否证由所有理论的全体决定。这意味着，数学作为理论全体的一部分，也是由经验上的发现确证的。然而，这种观点遭到了以马迪为代表的自然主义者的质疑。马迪指出，确证的整体论与实际的科学实践相冲突。在实际的科学实践中，科学家对数学理论的态度不是信其为真，而只是接受或使用它们。科学理论在经验上的成功只能确证理论中关于可观察物的假设，而不确证其中关于抽象数学对象的假设。例如，在水波动的分析中常常应用关于水是无限深的假设；在流体动力学常常做出物质是连续的假设。这些例子表明科学家应用数学理论，不管它是什么，只要能满足工作的需要即可，而与数学理论是否为真无关。事实上，确证的整体论与数学内部的科学实践也是矛盾的。比如，根据确证的整体论，要评判新的公理是否为真，应取决于它们是否与最佳理论保持一致。也就是说，集合论者应该依据物理学的最新发展来评判新的候选公理，即对标准数学实践进行修正。而实际情况是，数学家处理那些独立于标准集合论公理（ZFC 公理）的问题时，会提出新的候选公理作为 ZFC 的补充，并提出一些论点来支持这些候选公理，而这些论点与在物理科学中的应用无关，纯粹是数学内部的论证。

我们认为，数学是从前提中推演结论，在整个过程中不会产生任何新发现，数学的确证问题往往取决于其自身的逻辑自洽性。也就是说，要确证数学的可知性，其关键在于说明那些自明的公理以及推理过程中无可违抗的推理规则的本质属性，并说明人们如何能够获得关于它们的知识。事实上，依据经验确证，我们至多只能确证经验科学的假设，而不会确证或者否证那些对于所有被确证的假设具有普适性的东西，比如数学（所有科学理论都应用了一个数学核心）。由于数学理论没有竞争假设，因而数学理论并不能像其他的科学假设那样在经验科学中得到确证。正如索伯（E. Sober）指出的那样，“不可或缺性不等同于经验确证，

而是它的对立面”①。因此，通过数学与科学之整体性，借助科学知识的经验确证来确证关于数学的认知，这种做法本身就是不妥当的。在这个意义上，数学实体在物理应用中的不可或缺性不是论证其存在的必要条件，不可或缺性论证的前提一不能成立。

2. 自然主义认识论对科学的极端推崇

蒯因的自然主义声称科学家们是在提出与确证本体论论断，因此本体论问题应由科学回答。这种观点遭到了反实在论者的质疑。如叶峰认为，科学家并不作本体论上的论断。时空是被存在物充满的、物理上的真空是本体论上的存在物，与形而上学上的虚无是不同的。当科学家们提出水是由原子组成时，他们不是在形而上的虚空中设置一些实体，而只是在描述他们预设存在的宇宙的部分——水的微小部分不是由连续的物质构成，而是由物理真空以及其中的微小粒子构成。科学家们并不是在存在于形而上的虚无之间作选择，而断言存在。相反，他们在从事科学研究之前就已经接受了一个本体论预设，即这个宇宙与它的部分存在，然后他们再描述预设为存在着的东西。将科学论断视为本体论论断，才使得蒯因将抽象实体与电子、原子等物理粒子相比拟，从而认为科学可以确证本体论论断，也可以确证抽象事物存在。② 在这个层面上讲，蒯因自然主义不能为我们坚信最佳科学理论中的实体提供理由，其论证不仅不能证实数学实体的存在性，而且也同样不能证实科学的理论实体的存在性。因此，要想真正解决数学实在论所面临的认识论难题，我们应探寻一种新的认识论，那种认识论以平等的态度对待数学与科学，为数学与科学的认识提供一致的依据。只有那样，我们才能一方面坚定对数学实在的信念；另一方面在解释数学和科学知识的可知性时，说明究竟我们如何能够获得关于数学和科学的知识。

3. 最佳科学理论定义自身的含糊性

迄今为止，对最佳科学理论的定义并未得到广泛认同，如马迪就指出：“科学家对最佳理论的态度是从信念，到勉强接受，再到完全抛弃而变化的。”③ 科学家对于某些理论实体的使用仅仅是为了计算的方便，是出于实用主义的考虑。科学家谈论绝对光滑平面、无限深的水、不能压缩的液体之类的东西，只是因为在理论中要用到，而并不认为这些理论实体是真的存在，不会对这些理论实体做出任何本体论承诺。只能说科学家“在原则上”相信这些理论实体的存在，因

---

① E. Sober. Mathematics and Indispensability. The Philosophical Review, 1993, (102): 44.

② 叶峰. “不可或缺性论证”与反实在论数学哲学. 哲学研究, 2006, (8): 79-80.

③ P. Maddy. Indispensability and Practice. The Journal of Philosophy, 1992, (89): 275.

为科学家们即使在今天仍无法想象如何用量子力学预测未来发生的事情。事实上，到目前为止仍有科学家正在使用的理论是相互冲突的，如量子力学和广义相对论，二者在各自的应用领域中都发挥着极其精确的预测作用，然而它们关于宇宙本质的观点却截然不同。依据柯里可万所给出上述条件，最佳理论应该彼此一致，否则就说明这两个理论中有一个必然是错误的。然而，科学实践证明这两个理论在各自的应用领域都是成功的，我们无法确定哪一个是最佳理论。从这个意义上看，不论"最佳理论"指称什么，它都不会是科学家真正使用的理论，充其量它只是科学家对于最终科学理论的最佳猜测。只能说，我们不断获得或接近更为准确的理论，从而不会对任何实体做出本体论承诺。

4. 数学不可或缺性的争议性

不可或缺性论证的前提二指出数学对于最佳科学理论是不可或缺的。针对这一论断，菲尔德（H. Field）等认为可以发展出一种新的、不指称任何抽象数学对象的唯名论语言来替代数学，这样数学在科学实践中就是可缺的，从而不可或缺性论证的前提二也不成立。

菲尔德认为数学对于科学不是不可或缺的。在他看来，数学理论在应用中不是必须为真，数学本身是可缺省的。数学之所以能被应用于科学，是由于数学使理论的计算和表征更加简单。然而，菲尔德把全部科学唯名化的任务不可能完成。菲尔德虽然通过提供牛顿引力理论的唯名论化版本，但即便在经典物理学中数学是可缺省的，将这一策略拓展到量子理论中仍是遥不可及的。事实上，量子力学的唯名论化是不可行的。量子力学中应用了大量抽象的理论实体，其中不仅包含实数，还包括希尔伯特空间和向量。在菲尔德的唯名化理论中，不可能找到希尔伯特空间和向量的具体对应物。通常希尔伯特空间和向量来表征量子命题和量子系统可能为真的状态，我们很难相信命题和可能性是具体的东西。此外，菲尔德的唯名论数学极为繁琐，而且只能涵盖极为有限的数学，不会也不可能得到科学家的认可。除非科学共同体承认这种唯名论的数学，并依照科学标准认定它是更好的理论，否则用这种策略就不能说明抽象对象在科学中是可缺的。

解释论者班古（S. I. Bangu）则认为，数学在科学说明中的不可或缺性作用可以揭示数学实体的不可或缺性。[①] 这种观点是"最佳说明推理"（inference to the best explanation，IBE）与不可或缺性论断相结合的结果。菲尔德认为实在论者试图通过强调解释物理现象时数学假设所具有不可或缺的作用来说明其存在性。因而，如果实在论者能够表明数学假设对于物理现象的解释是不可或缺的，

① S. I. Bangu. Inference to the Best Explanation and Mathematical Realism. Synthese, 2008, (160): 13-20.

那借助最佳解释的推论我们就应该相信它们的存在。其步骤如下：假定我们相信某种可观察物（即一种物理现象，称之为被说明项）的存在，并承认对这一现象的最佳说明，假定断言 *S* 是这种说明中的一部分，如果没有 *S* 就不可能存在任何说明能够揭示这一现象。如果 *S* 在说明这个现象时具有不可或缺的作用，那么我们就必然要相信它，不管 *S* 自身是否可观察，也不管与之相关的实体是否可观察。毫无疑问，这种观点可将我们关于可观察实体与不可观察实体的信念相等同。其结果是，如果通过制定一系列的假设能够很好地说明一种特定的物理现象，而且数学陈述 *S* 在这种说明项中具有不可或缺的作用，那么根据最佳说明推理的原则，我们就必须相信数学陈述 *S* 是真的，且相信描述 *S* 的数学假设是存在的。IBE 的核心在于假定说明项和被说明项都是真陈述，一旦有人怀疑说明项的真理性，那么就无法说明被说明项。

值得注意的是，解释论者在实行这一策略时有一个前提，即认为被说明项必须是一种外在于数学的现象。然而，尽管很难描述被说明项，我们仍必须找出一个非纯数学的被说明项，它包含某些数学假设或至少包含某些数学术语，否则就需要有进一步的理论来阐明数学的说明项如何能够在原则上与纯物理的、没有数学术语的说明项具有解释性的关联。但需要指出的是，承认对混合的被说明项的真理性将迫使我们同时假定混合物的数学部分也具有真理性，这无疑是一种循环论证。一方面，要么实在论者认为出现在被说明项中的数学假设是真的，这样无疑回避了唯名论者质疑的实质；另一方面，要么认为它们不是真的，把对它们的判断悬置起来，这会进一步反映在关于被说明项的真值的整体判断上，这样做将不能应用最佳说明推理的策略来进行解释。显然，IBE 与不可或缺性论证的联姻也终将以失败而告终。

不管上述批判和质疑究竟会对不可或缺性论证构成多大威胁，唯名论者试图通过批判不可或缺性论证来动摇数学实在论的基础都是不恰当的。因为以蒯因为代表的不可或缺性论证支持者及其某些反对者对于数学实在论的信念显然是依赖于科学实体实在论的，他们强调数学实在论应该是科学实体实在论的推论。而我们知道，随着物理科学的不断发展，尤其是广义相对论和量子力学在宇观和微观层面上的广泛应用，科学实体实在论已经不能阐明理论实体的本体及认识论意义。这势必将使数学实在论同样面临反科学实在论者的拷问，即对任何物理对象存在性的质疑都会导致对数学实在论的质疑。从这个意义上讲，不可或缺性论证并不是关于数学实在论的最佳论证方式，也不是对数学真理困境的合理解答。

在这里，我们想要强调的是，不可或缺性论证问题的实质并不在于对科学与数学之间的类比追捧，而在于把经验实体的证实标准强加于数学之上。事实上，对于数学实体是否存在这一问题的解答，并不在于数学与科学之间是否互相依赖，也不在于数学对于科学是否不可或缺，它们分属于不同的问题域。数学与科学应具有平等的本体论与认识论地位，因而数学实在论与科学实在论之间不存在由谁推出谁的关系，只是数学与科学在实在性上的存在形式不同而已。纵观数学与科学发展的整体历程，其中的确体现了数学对于科学知识的发生、发展的关联性，但这种关联性本身并不能简单地等同于不可或缺性，更不能用来作为确证数学实体存在的前提。因此，我们要想突破数学真理困境，为数学提供与科学一致的真理解释，就需要洞察数学与科学的之间的关联性，揭示数学与科学一致的实在本性，使数学能真正地具有与科学同等的本体论和认识论地位。

第五章　语义分析与物理学的语境解释

语义分析方法在当代物理学的哲学研究中有着明显的应用，这种应用是与对物理学的语境解释相结合进行的，表现在如下方面：首先，物理学理论本身的构建是语境依赖的，物理学理论是在特定语境中语形、语义和心理意向性选择的结果，不同理论间的一致性趋向与语境的整体性要求相一致；其次，语义分析方法在物理学理论体系、诠释、教学中有着应用，这充分反映了语义分析方法应用的普遍性；再次，物理学理论对哲学争论的影响，应用最新的物理学成果能够为科学实在论提供本体论与认识论的辩护；最后，语境在物理学理论解释中的作用，物理学语言的指称与意义是相对于不同的解释语境而言的，因而在不同解释语境下，对特定理论的意义解读是不同的。

本章围绕对当代物理学的语义分析和语境解释：①以时空实在论为对象，探讨了当代三种时空实在论——实体论、关系论和结构实在论理论本身的语境依赖性，以揭示当代科学实在论发展的语境选择；②以隐喻和量子力学为例，挖掘隐喻方法在量子力学形式体系、诠释及教学中的应用；③以“洞问题”为切入点，应用语境分析揭示它对时空实在论及当代科学实在论争论的影响；④以能量-时间不确定关系为代表，分析了语境在物理理论解释中的作用；⑤通过规范理论的示例，为科学实在论的辩护提供案例和论证；⑥从非充分决定性论题入手，剖析基于对科学实在论的认识论、语义学和本体论分析而来的三个方面的非充分决定性论题的内涵实质，指出语境论能够帮助传统科学实在论走出的困境。本章通过对当代物理学的各个领域进行语境解释，分析语义分析方法的应用及其重要性，充分揭示了语义分析与语境解释对科学理论的意义所在。

第一节　时空实在论与当代科学实在论

西方物理哲学家对时空本体论地位的理解经历了三个历程。在牛顿经典物理学语境中，以牛顿绝对时空观为代表的实体论时空观和以莱布尼茨、笛卡儿等为代表的反实在论的关系时空观绝对对立；在广义相对论语境中，时空实体论和时空关系论发生了形式上和内涵上的深刻变化，虽然基本观点还是有所对立，但是在论证基础上依赖于相似的物理学形式体系，各自的论据往往为对方所用，双方立场明显弱化；20 世纪末，量子引力理论的兴起和物理学时空观的多样性使得时空本体论的讨论出现了第三种路径——结构时空实在论，融合了实体论和关系论的实在性基础，为当代科学实在论提供了一种很好的辩护。本节就是要探讨在物理学语境的发展变化中，实体论、关系论和结构时空实在论作为时空实在论的表现形式，各自的方法论趋向如何，并且阐明无论是实体论、关系论还是结构时空实在论，本质地讲，它们都是特定语境中语形、语义和心理意向性选择的不同结果，而它们的一致性趋向则与语境的整体性要求一致。时空实在论的讨论从案例上显示了现代物理学认识论的语境依赖性，也从一个侧面揭示了当代科学实在论发展的语境选择。

一、当代物理学时空实在论的表现形式

20 世纪 60 年代，随着科学实在论的复兴和广义相对论的成功，时空实在论的讨论也开始复兴，在对旧的牛顿时空观的颠覆中，出现了两种不同的声音：一种是坚持时空本体的实在性的观点，可以概括为时空实体论；另一种是反对时空本体的存在的观点，叫做时空关系论。实体论和关系论的概念出自西方物理哲学家两个方面的探讨：一方面是试图对牛顿和莱布尼茨之间的时空哲学争论进行总结，另一方面是在广义相对论和量子引力语境下对时空哲学的讨论进行深化和发展，这两个概念直接表达了物理哲学家对时空的本体论态度。

要理解广义相对论时空观，首先要理解它们赖以论证自身的广义相对论的形式体系。用微分几何的语言讲，广义相对论的理论模型是一个三元组〈$\boldsymbol{M}$，$\boldsymbol{g}$，$\boldsymbol{T}$〉，代表着理论指向的一个可能世界。其中，$\boldsymbol{M}$ 是一个四维微分流形，$\boldsymbol{g}$ 是四维的洛伦兹度规，$\boldsymbol{T}$ 是任何由这个模型表示的物质场的应力张量。在脱离了牛顿物理学对时空的直观以后，对于实体论和关系论的争论者来说，最重要的就是如何在这个模型中理解时空的本体论地位。这个时期的时空观与理论的形式体系紧密相关，是对时空的一些语义相关的理解。

对于实体论者来说，在绝对时空观被广义相对论推翻之后，时空失去了它作为容器、不受物质影响而独立存在的地位。因为 $\boldsymbol{g}$ 不像经典或者狭义相对论时空的度规或者仿射结构，它并不独立于物质分布而静止。实体论者认为最重要的是，在三元组模型〈$\boldsymbol{M}$，$\boldsymbol{g}$，$\boldsymbol{T}$〉中到底哪一部分表示真正的时空？具体来说就是，时空应该等同于流形 $\boldsymbol{M}$，还是等同于度规场 $\boldsymbol{g}$。在这个基础上，产生了两种不同的观点。第一种叫简单实体论，也叫流形实体论。以约翰 · 厄尔曼（John Earman）和约翰 · 诺顿（John Norton）为代表，认为只有事件的流形 $\boldsymbol{M}$ 单独地表示时空，度规场张量 $\boldsymbol{g}$ 和应力张量 $\boldsymbol{T}$ 定义在流形上各处。第二种叫复杂实体论（sophisticated substantivalism），包括流形加度规实体论和度规场实体论等，其中最有影响的，是霍弗（Hofer）的度规场实体论。顾名思义，复杂实体论认为，或者 $\boldsymbol{M}+\boldsymbol{g}$ 表示时空，或者 $\boldsymbol{g}$ 单独地表示了时空。

对于关系论者来说，他们也在广义相对论的颠覆式的革命中经历了深刻的思想变化。莱布尼茨和笛儿尔等建立在牛顿时代物理学基础上的简单关系论认为，物理学只能被限制在物体间的关系之中，但这种关系论根本无法对现代物理学的所有内容进行阐释。比如牛顿的旋转水桶实验的可能性对于简单关系论者来说完全不存在，但是在广义相对论中，我们完全可以界定一个单独的物体在空的宇宙中旋转的意义。因此，当代关系论者只坚持，搞清运动及其影响的作用和意义所要求的空间结构，并不附加在一些潜在的、被称为“实体空间”的独立实体上。也就是说，当代关系论仅仅是从本体论上拒绝实体空间。关系论的主要主张是：①不存在时空点，事件之间的关系才是最原始的；②物理对象之间的关系是直接的，并不依赖于时空点之间的时空关系。

传统观点认为，实体论和关系论的对立代表了时空的实在论和反实在论的对立。但是，在广义相对论语境中，这种对立的实质发生了变化。在关于本体论的形而上学观点上坚持对立，在认识论和方法论上却显得纠葛不清，各自的论证基础往往总能为对方所用，表明了我们对时空的实在性特征进行重新考虑的必然性。

首先，实体论和关系论各自面临的困难。流形实体论的困难在于在对广义相对论的洞问题（hole argument）解释中的非决定性①。根据洞问题，也就是指，当我们在事件的流形上不同地展开度规和物质场时，就把度规和物质的特性以不同的方式分配给了流形的事件。我们无法在〈$\boldsymbol{M}$，$\boldsymbol{g}$，$\boldsymbol{T}$〉和洞微分同胚模型〈$\boldsymbol{M}$，$\boldsymbol{h}*\boldsymbol{g}$，$\boldsymbol{h}*\boldsymbol{T}$〉之间做出选择，如果坚持流形实体论，由于新模型与初始模型是物质和度规场在流形的点上以不同的方式蔓延，因此，同一个过程在时空中的位置就不同，则两个系统表示不同的物理态。但是，在观察上，我们无法做出区分。从理论上讲，由于每一个洞都满足相对性宇宙学理论的原理，理论就无法允许我们坚持只有一个是可接受的，这意味着理论的非决定论。

关系论的困难在于对流形背景和物理学形式化的关系、度规场的地位和空的时空等的理解。另外，关系论本身也存在逻辑和直觉上的困难，正如内利希（Nerlich）论述的：“空间关系要以空间为基础，关系论不能使得我们必须放弃绝对空间。”②

其次，莱布尼茨等价性的角色转换。莱布尼茨等价性是传统的关系论提出的一个概念，指的是，如果世界 W 上的所有物体都向东移动一段距离而保持相互

---

① John Earman, John Norton, What Price Space-Time Substantivalism? The Hole Story. British Journal for the Philosophy of Science, 1987, 38: 515-525.

② G. Nerlich. What Space time Explains: Metaphysical Essays on Space and Time. Cambridge: Cambridge University Press, 1994: 216

之间的时空关系不变，得到一个新的世界 W'，那么 W 和 W' 在观察上是不可区分的。对于实体论者来说，W 和 W' 是两个不同的世界，因为它们在绝对空间中的位置发生了变化。但是对于莱布尼茨关系论者来说，这两个世界却是同一的，因为物体之间的时空关系并没有发生变化，这种理论叫做莱布尼茨等价性，它是传统关系论的一个基本原则。传统的流形实体论是完全拒绝莱布尼茨等价性的，因为它与实体论的最基本原则相悖。流形实体论有两个结论：①时空 $=M$，张量场定义在 M 上，那么流形的点表示了真实的时空点；②M 是不同数学点的集合，那么广义相对论的微分同胚的模型表示不同的物理态。在广义相对论语境下，莱布尼茨等价性不再直观，而是变为对广义相对论微分同胚性物理意义的理解。微分同胚的模型到底是不是指的是同一个物理世界？莱布尼茨等价性内涵的变化引起了角色的变化。流形实体论之后的复杂实体论要求同构模型 M 和 M' 表示同一种物理系统，这意味着接受莱布尼茨等价性，是复杂实体论突破传统实体论的关键，因为它意味着实体论者在认识论上与关系论出现了趋同性。也正因为如此，比劳特（Belot）和厄尔曼对复杂实体论的评价是"关系论的一种苍白的效仿，只适合那些不愿意让他们对空间和时间的信仰面对当代物理学所提出的挑战的那些实体论者"①。

最后，结构基础的一致性。在实体论中，决定简单实体论和复杂实体论的内涵的，实际上是一些结构的角色构造。而这些构造摆脱不了与关系论的结构构造之间的联系和相似性，因为，对于关系论者来说，也有一个核心的问题，那就是如何看待很多模型有着唯一的事件态，但是观察上却不可区分。弱化了立场的当代关系论仅仅是从本体论上拒绝了实体空间的存在，但是它允许关系论者自由地接受任何说明动力学行为所要求的空间结构。这里，理解的关键在于，无论是实体论者还是关系论者，他们都承认物理学所要求的空间结构，而且也承认这些结构可以由可观察物体（或者场）直接地例证。因此比劳特认为，"实体论者在帮助他们找到一种与关系论者最自然地联系的位置"②，而另一些人却认为，关系论容纳过多的时空结构是对实体论的"工具论欺诈"（instrumentalism rip-off）③。也正因为如此，在时空观本体论的争论中，实体论和关系论内涵的交混最终给予我们启示，应当在科学实在论的立场上通过一个适当的方法论达到对时空的认识论的理解。

---

① Gordon Belot，John Earman，Pre-socratic Quantum Gravity//C. Callender，N. Huggett，eds. Philosophy Meets Physics at the Planck Scale. Cambridge：Cambridge University Press，2001：249.

② Gordon Belot. Geometry and Motion，British Journal for the Philosophy of Science，2000，（51）：561-595.

③ 这里是引用了厄尔曼的一种表达，后来被一些物理哲学家所引用。见：John Earman. World Enough and Space-time. Cambridge，MA：The MIT Press，1989：127.

由于对时空认识的最终可确认对象是物理学理论中的时空结构，也就是一些几何结构。因此，在时空本质争论一直游移于实体论和关系论之间时，莫罗·多拉托（Mauro Dorato）在2000年提出了时空本体论的第三种选择：结构时空实在论。[①] 结构时空实在论是实体论和关系论的中间道路，它保留了实体论和关系论各自的一部分理论，在支持关系论者辩护时空结构的关系本质的同时，也赞成实体论者说时空存在，至少部分地独立于特别的物理对象和事件。它的首要特点在于：①它不是实体论，因为它并不对时空点进行承诺；②它也不是关系论，因为它并不接受关于时空的反实在论态度；③它主张时空有一个真实的、包含在世界中的结构。从本体论讲，结构时空实在论承诺了在运动学和动力学意义上支持物理场的数学表示所要求的结构。结构时空实在论有以下几点要素：①度规场 g 既是物质又是时空；②时空是一种关系结构；③几何结构是真实的，并且物理世界独立于意识地例证了这种结构。

同时，在广义相对论和量子引力的理论形式中，分别用磁扭线、爱因斯坦代数和几何代数与流形替换，都可以达到对经典场论的描述。[②] 这就很明确地说明了，虽然时空观的争论围绕着时空的什么基本结构是支持经典场论所必需的，但是它并不追究这个结构如何证明自己，从而暗示了对时空本体论的结构实在论方法的可行性。

二、时空实在论的方法论趋向

结构时空实在论的提出说明时空观的争论超越了形而上学的本体论之争，在方法论上达到了对时空实在性认识的一致性，这个融合的基点就在于相互争论的时空观的实在性基础。实体论和关系论都从不同的方法论角度展现了物理学时空观的实在性，但因为“不存在超越语境的、具有独立意义的正确说明”[③]，所以它们在不同语境中对时空实在性的说明和解释不存在绝对的同一性。实体论和关系论的区别就在于，它们在各自语境下对于相同的物理学形式体系持有不同的语义理解和不同的心理意向性选择，从而导致了方法论取向的不同。目前的时空观争论在结构时空实在论上达到了统一，作为一种新的、有创造性的辩护，结构时空实在论与语境的整体要求一致，因此对它的理解必须结合现代物理学语境的特

---

① M. Dorato. Substantivalism, Relationism, and Structural Spacetime Realism. Foundations of Physics, 2000, 30: 1605-1628.

② Jonathan Bain. Spacetime Structuralism//D. Dieks, ed. The Ontology of Spacetime. Vol. 1. Elsevier Press, 2006: 37-66.

③ Jerrott Leplin. A Novel Defense of Scientific Realism. Oxford: Oxford University Press, 1997: 11.

征来进行，因为离开了语境的要求就不存在任何成功的说明。

1. 时空实体论的方法论趋向

实体论是一种追求时空自在本体论的实在论。它表达了这样一种信仰，认为时空是一种真实的东西，它可以独立于通常的物体而存在，拥有自己的特性，这种特性超越于占据了它的一部分的任何物体的特性。从它对理论形式的依赖性上来看，实体论事实上就是一种语义学的实在论。

在流形实体论中，厄尔曼和诺顿选择 $\boldsymbol{M}$，$\boldsymbol{g}$，$\boldsymbol{T}$ 中的 $\boldsymbol{M}$ 作为时空实体的真正表示者，这种观点很自然地追随了时空理论的局部共识。把所有的几何结构比如说微商算子等当作由偏微分方程决定的场，因此就把裸流形 M——这些场的“容器”——看作时空。这种倾向是一般的语义实在论所激发的，因为这是从理论的字面意义上所得到的解释，遵从 M 上定义张量场的字面意思。这种语义实在论在承认了 M 的地位的同时，也就承认了基于个体的时空点的本体论地位。在流形实体论遇到洞问题的困难后，复杂实体论者构造了各种时空的实在论，他们指出不能仅仅把流形看作时空，因为流形自身只拥有维度和拓扑等很少的时空结构：“（流形实体论）仅仅运用微分流形，从度规（和仿射）结构抽象，时空没有任何范式时间-空间特征。光锥结构没有定义；过去和未来没有办法区分；距离关系不存在。”① 这些构造在一定意义上破坏了语义实在论者从字面解释出发去理解时空本体的基本愿望。虽然复杂实体论者也坚持了时空点的本体论地位，但是由于度规场 $\boldsymbol{g}$ 在广义相对论的解释中起到的重大作用，所以在它与流形实体论关于广义相对论的三元组模型 $\langle \boldsymbol{M}, \boldsymbol{g}, \boldsymbol{T} \rangle$ 中到底哪一部分才是时空实体的真正表示者的争论中，$\boldsymbol{g}$ 占据了重要的位置。因此，语义实在论者必须追求更深入地关于时空理论的意义描述，认为度规场 $\boldsymbol{g}$ 也是在文字上描述了一个物质的、半绝对的实体，与普通物质物理地相互作用。总之，实体论是通过对广义相对论理论形式的语义分析深入来表现时空的实在性的。在这个过程中，也伴随着明显的语用的变化：从 17 世纪物理学得到的“空间”和“物质”的区分在广义相对论中得不到了，早期“自然哲学家”为之付出大量努力的论题也随之改变了。

2. 时空关系论的方法论趋向

广义相对论中实体论和关系论的不同之处就在于对 $\boldsymbol{M}$，$\boldsymbol{g}$ 的角色运用理解不同，从这个方面来说，关系论的主张也与语义学有着扯不断的联系。同时，不同的主张表现了内在的语用和心理意向性选择上的区别。

① Tim Maudlin. The Essence of Spacetime. PSA：Proceedings of Biennial Meeting of the Philosophy of Science Association. Volume 2. 1988：82-91.

虽然关系论的核心是拒绝实体论的主张，在形而上学的意义上拒绝时空本体的存在，但是在广义相对论之后的关系论主张变得很模糊。复杂实体论通过确定时空点的存在表明自己的实体论立场，但是因为对莱布尼茨等价性的承认而模糊了它和关系论之间的界限。但是很明确的一点是，关系论者与实体论者基础上的不同在于否认时空点的存在。也就是说，这里的语义实在论是放弃了基于个体的本体论承诺，从更深的层面上追求理论的意义，这种意义也在于对 $\boldsymbol{g}$ 的理解。比如对于霍弗的实体论来说，度规场 $\boldsymbol{g}$ 表示了实体的时空，但是对于关系论的哲学家来说，他们认为爱因斯坦实质上表明了一种关系论的立场，因为对于爱因斯坦来说，$\boldsymbol{g}$ 是作为场的结构特性而存在的："如果我们设想一个引力场，也就是，函数 $\boldsymbol{g}_{ik}$ 被移走，那么就不会再有空间……而是绝对什么也没有……不存在空的空间这样的东西，也就是，没有场的空间。时空并不独立地宣称自己的存在，而只是作为场的结构性质。"①

在此我们强调的是在语义分析过程中语用的不同和心理意象的选择，这也解释了为什么对度规场 $\boldsymbol{g}$ 到底如何理解成为许多时空哲学家要在广义相对论语境中讨论实体论和关系论的相关性的原因。因为，实体论者也可以对关系论的论证提出反驳：如果我们同意爱因斯坦的观点："没有引力势（也就是，没有度规场/引力场），就没有空间或者空间的任何部分，因为这些赋予了空间的度规性质，没有度规性质，根本无法想象空间。"② 那么，我们能够拒绝的，仅仅是那些支持实体论承诺裸流形而没有度规场的独立存在的观点，也就是流形实体论，但是对其他的实体论形式并没有什么实质性的反对意见。在这里坚持实体论还是坚持关系论是在特定背景下不同的语用和心理意向选择的不同结果，因此，有人认为，关于度规张量应该被理解为空间还是其他物质场的问题，取决于人们喜欢的说话方式，在实体论和关系论之间进行选择，是没有绝对标准的。

我们说，关系论反对实体论的意义在于，否认空间或者时空是种物质，但是我们不能完全否定这种观点的实在性，因为关系论者坚持时空的存在以某种方式依赖于物质世界和它的特性。并且，无论是实体论还是关系论者都承认时空的数学描述和表达，对现代物理学时空的认识，都建立在相同的数学结构的基础上。因此，如果说在时空理论中，实在论和反实在论的区别就在于事件世界是否"真实地展示了"某种几何结构，那么在认识论的意义上，关系论的主张是一种弱实

---

① A. Einstein. Relativity and the Problem of Space//Relativity：The Special and the General Theory. New York：Crown Publishers，Inc.，1961：155-156.

② A. Einstein. Ether and the Theory of Relativity，Sidelights on General Relativity. New York：Dover，1923：21.

在论的立场。另一方面，如果按照以保尔·泰勒为代表的关系整体论的认识[①]，认为实在就是关系，实在的物理形式只有在特定的关系里突现，那么关系论的时空观在某种意义上承认了一种实在论的观点，因为承认时空作为物质之间的关系存在，就无法摆脱时空在物理世界中的凸现。

就如蒯因自然主义的语义分析方法所具有的特征那样，在对时空的实体论和关系论探索中，借助了广义相对论逻辑语言的形式作为其生长和存在的基础，通过这种逻辑语言的形式，经由元理论的语义分析，再落入时空实在论而不断层层深入。这两种时空观都在一定程度上理解了理论实体的存在，并且承认语义分析的实在的整体性。因为无论是物质还是关系，只有在本体论意义上假定了时空的存在形式，才能从整体上获得进行系统处理的材料。同时在语义分析中，预设了一种自然的背景语言，在其中对 M 和 g 的指称就是“语词-世界”的关联，包容了时空本体论的相对性，也揭示了关于时空的语义思考并不能从本体论性上去断言实在性，而是在于分析的方法和说明的证据。

3. 结构时空实在论的方法论趋向

对结构时空实在论的理解要建立在对实体论和关系论的分歧是如何在需要一个共同的结构上达到一致的这一问题的理解上。爱德华·什洛维克（Edward Slowik）认为，当实体论和关系论宣称表示它们的几何结构是“真”的，独立于心智由物质世界例证的时候，结构时空实在论是这两种传统实在论立场的综合。[②]

具体来讲，结构时空实在论认为，如果一个时空理论的任何本体论解释所推举的都是同一种数学结构，那么这些本体论解释就组成了同一种结构实在论的时空理论。在广义相对论时空中，实体论者和关系论者都接受相关时空结构的标准形式，也就是时空三元组模型 $\langle M, g, T\rangle$ 中的 M 和 g，并且也认可这些结构具有某种含义，那么虽然这些理论解释显然不同，但对于结构时空实在论者来说，它们是同一的，因为结构实在论者所追求的基本标准是理论中实际利用的结构，而不是那些结构的本体论解释，也不是要证明哪一种结构更有优越性。这样，不论是把时空看作 M 或 g（不是 M 和 g），还是 $M+g$ 的时空实在论者，都属于同一种结构时空实在论的范畴。另一方面，如上所述，不论对于爱因斯坦的时空作为场的结构特性而存在的关系论，还是对于霍弗的度规场就是时空的度规场实体论来说，度规场的重要地位都不可置疑，它或者作为与时空相联系的结构，或者作

① 这里，事实上是在时空实在论争论的基础上借用了保罗·泰勒于1995年建立的量子场论经典解释中运用的关系整体论的观点。他的具体观点见：Paul Teller. An Interpretative Introduction to Quantum Field Theory. Princeton University Press，1995.

② Edward Slowik. Spacetime，Ontology，and Structural Realism. International Studies in the Philosophy of Science，2005，19(2)：147-166.

为与时空同一的结构而存在。但是很明确的一点是，不管是度规场 g 作为时空的“真正表示者”，还是时空作为“场（g）的结构性质”而存在，如果去掉 g，那么就移走了时空。这样，由于与时空本质等同的关键数学结构在两种情形下都是同样的，那么在结构时空实在论的立场下，不管是霍弗的实体论观点还是爱因斯坦的关系论观点，都会对同一个潜在的物理理论做出不同的本体论解释。不同的时空观虽然有不同的本体论假设，但是却都能够以相当直接的方式接受理论的时空结构。因此，我们在任何时候对时空所能了解的只是它的结构，而不是它的形而上学本体论主张。在这里，结构时空实在论通过承认时空理论中语形和语义内容的实在性，把焦点集中于时空理论的数学结构内容，同时强调语用和心理意象的作用，从而消解了对于指称时空的具体符号之间的关系解释，也消解了对于这些结构的本体论解释。

结构实在论作为一种实在论的时空观，具有当代科学实在论的鲜明特色。它基于对语境的整体性理解，超越了对时空实体的本体论性的追求，转而认为在成功的理论转变中保留的，是时空的抽象数学结构内容。结构时空实在论认为，当我们说时空存在时，仅仅意味着物理世界例证了，或者用具体例子说明了一个数学地描述的时空关系的网络。这样时空的存在不是被看作实体，而是被看作一束共相，或者由物理系统偶然地例证的关系的网络。作为时空实在论的一种清晰的选择，结构时空实在论在拒绝实体时空的沉重的形而上学包袱的同时也拒绝了关系论的工具论策略，不能考虑几何定律的解释作用和把时空看作引力场特性的因果效应。同时我们要认识到，结构时空实在论并不支持更激进的本体结构论概念说“所存在的”可能就是结构。另一方面，更温和的本体论的结构实在论，只把结构看作解释了潜在的本体的事实或者真相，也能够看作与时空理论的一般结构实在论方法一致。在这里，本体论性和认识论性的二分并不必然地要求实体和关系区分，它们的争论也并不沿着归于物理实在的一些所谓的本体论成分的或者存在或者不存在的路子划分，而是只是传达了关于科学理论的认识论或者本体论的信息。

结构实在论作为一种认识时空实在的新的方法论，在物理学中的优势不仅仅在于时空理论中。举例来说，19 世纪的光学中，从菲涅耳的弹性固体以太理论到麦克斯韦的电磁学理论的转化过程中，物理学的解释改变了，但是理论的数学结构，却完全没有改变，也就是说在理论的数学结构得到继承的时候，它的本体论承诺，却发生了根本的变化。可以看出，本体论与认识论的关联，是一种相互制约性的关系，这种相互制约性就在于，认识论提供了对本体论的方法论和证据的说明。而时空结构实在论的本体论承诺，不是关于事实的问题，而是关于为科学选择一种方便的语言形式，一种方便的概念体系或结构的问题。

三、时空实在论与当代科学实在论

物理学时空观由牛顿时代本体论的绝对时空观和关系时空观的对立到广义相对论的实体论和关系论时空观各自立场的弱化，再到结构时空实在论的观点融合的长期论争，是伴随着科学实在论的复兴和进步而实现自身的复兴与进步的，同时在物理学语境的深化和发展中实现了自身的方法论转变，从具体的案例上深刻地体现了现代物理学研究对象的不可观察性和形式体系的高度数学化所带来的科学实在论认识论和方法论选择的语境依赖性的显著特征，并为科学实在论提供了有力辩护。

时空实在论与科学实在论的相关性基于时空客体的不可观察特性与当代科学实在论所面临的困境的相关性。也就是，传统的科学实在论在面临现代物理学中对不可观察对象时遇到的困境：对于理论实体的实在性，应该做何理解？这种理论实体，除了量子物理学和粒子物理学中的不可观察粒子等对象之外，更包含了时空的存在。历史地看，对理论实体的理解在量子物理学哲学中呈现的多样性，大多从语境的整体性出发，超越了传统实在论者对物体是否具有独立于观察作用的客观实在性的关注，超越了“经验的符合”和“解释的成功”等价的实证论哲学，而是把“论证的符合”和“解释的成功”看作是相关的。而在时空观的争论中，科学实在论在语境整体性基础上的理性进步和在方法论上取得的超越也得到了明确的体现。

第一，在理论实体的存在标准上，注重语义的认识论研究，走出了形而上学原则的“贫困”。传统科学实在论要求科学理论知识必须建立在符合“事实”的基础之上的主张在时空实在论中得到了消解，时空实在论注重的是新的语词、新的方法论和认识论发展的层面上进行的新趋向的探索。在摆脱了对时空“自在本体”的纠缠并承认理论实体的实在性的基础上，通过把时空物理学发展的语形、语义和语用因素语境化，并强调科学解释的重要性，时空实在论力图在进步的时空理论的多样性中寻找一个实在论的基础，从更高的层次上展示了科学实在论理论内容和层次结构的复杂性。

在时空实在论的发展过程中，对于理论实体的本体论地位，综合地采用了语义和因果效应的标准。也就是说，不是从确定时空理论认识的对象，而是从阐述时空理论的意义的角度做出分析，这要依赖于对时空理论的语形、语义和语用的整体语境的理解。从对实体论、关系论和结构实在论的分析，我们可以看到，在当代时空实在论中，对时空的实在性理解必然要涉及对它的陈述，时空实在论者是在对语形的把握上通过从语义分析上判定这些陈述的真值，来确定时空理论实体的实在性的。同时，在向结构实在论的转变中，通过把因果结构包含于时空结构之中，我们对于多样性的时空结构的经验选择则就是一种对不可观察的时空客体的某些可观察效应的因果选择的结果，是一种逻辑的断言。

需要指出的是，时空实在论并没有放弃语言与形而上学相关的研究传统，而是获得了一种超越。其理论并没有确立在单纯的对时空理论及其规律的真理性的信仰上，而确立在坚实的科学分析方法的有效性和合理性上。在这一过程中，时空哲学家获得了一个语境的基底：不必再向历史还原、不必再向更深层次本体还原、不必再向其他概念还原，也不必再向其他可选择的理论模型或范式还原。不再把“形而上学的第一原则”看作是科学实在论最重要的最佳的特征而是注重对语义的和认识论问题的研究，从而走出形而上学原则的“贫困”，开拓了方法论和认识论领域的新局面。

第二，在隐喻建构的方法论上，通过语境、隐喻和修辞的方法论分析的统一，体现了对客观实在的语境化的把握。物理学时空理论要求为不可观察的时空客体进行一种因果关系的说明和解释，因此在实体论和关系论的争论中，时空实在论通过理论的建构隐喻预设了特定的科学概念和它的形式化符号用来指称时空实体。时空的不可观察性特征使得时空实在论只能在超越传统符合论的基础上去探究时空理论实体所对应的指称和逻辑，并且非常注重追求这种对应的趋同性和一致性，从而出现了对 $\boldsymbol{M}$ 和 $\boldsymbol{g}$ 的指称含义的争论。形式化的理论语言对于时空实在的指称和逻辑问题是其关注的核心问题之一，这是对广义相对论语境意义整体把握的结果。在这里，我们所接触的每一个符号、表征或者公理对于时空理论的支持不仅仅在于它自身内在的逻辑功能，而且在于它通过“隐喻”和“转喻”方法及语境基底上的叙述结构，铸造了它与时空实在论基础的联结。

时空理论隐喻构造以其开放的无限性特征进行一种含蓄的支撑，在此意义上它们并没有与所指的某种精确定义相符合，而是为其指出可能的方向，因此会出现实体论和关系论之间辩论的共同基础，也才会出现结构时空实在论的包容。在此之后，语用语境的不断分化和重构决定了隐喻语境的存在及其把握实在本质的有效性，出现了不同观点的交替和发展。在结构时空实在论的超越中，曾经一度作为“显秩序”存在的实体论和关系论之争，在语境的变化中，实体论和关系论重新卷入整体的“隐秩序”中，而此时“显秩序”中显现的则是具有新特征的结构时空实在论形式。这个过程体现了在科学理论的解释过程中要通过语形、语义和语用的一致性，通过语境、隐喻和修辞的方法论分析的统一，建立与科学理论的形式体系之间的联结，来扩张科学实在论研究的方法论手段，并将它们融入相关的科学解释和说明中去。

第三，在对非充分决定性问题的求解上，着眼于理论发展的“历时”过程，实现了对科学实在论的有力辩护。在当今科学实在论面临着由构建经验主义所提出的在科学理性的证明中经验资料对于经验的“非充分决定性”难题，在时空实在论中，尤其是结构实在论中，也要面临对这一问题的解释。因为，虽然时空不能够直接被经验到，但是它可以在对其他具有经验可检验性的理论的推论中得到间接支持。目前，所有时空理论都不确定地有某些在成果上等价的对手，而这些等价的假设是同等地可确信的；因而对于时空理论中的信仰必定存在任意性和不确定性。另一方面，在时空实在论的处理中，时空理论的几何结构被看作是一类数学结构，因此，与这些几何结构的功能相联系的认识论困惑在本质上，就是一个数学结构如何与物理世界相关联的问题。在当代物理学高度数学化的语境下，这一问题与所有的数学结构应用于现实世界的非充分决定性问题相关了。那么，这里要确定的一点就在于，这些推论上等价的理论和结构在认识论上是否也必然是等价的？

对于这一难题，结构时空实在论者通过设立一个“最好时空理论”来求解。举例来说，牛顿时空理论和广义相对论时空理论，它们并非绝对真理或者终极描述，但是特定的时刻，它们都是当时的科学家共同体所能够提供的最好图像。那么结构实在论者认为，在这些最好的时空理论之下，只会余留一个单个的基本几何结构，以拒绝激进的非充分决定性。在理论的变革中，这个几何结构应当在最好的时空理论中得到保留，或者新理论的几何加物理结构与旧理论的几何加物理结构应当具有相似性。否则，新理论就不但要说明它是如何消除旧理论中一些过剩的几何结构的，而且还要解释为什么过去所有的理论都错误地认为这个几何结构很重要。[①] 具体来说，牛顿物理学时代最好的理论中，有些结构在时空结构中一直扮演着完整的角色：提供惯性轨迹的仿射联络 ∇、表示绝对时间的伴矢量场 $\mathrm{d}t$、保证距离的欧几里得度规张量 h 和点流形 M 。在转向广义相对论的时候，几何结构收缩为仅仅与 $\langle M, \boldsymbol{g}\rangle$ 有关，因为牛顿理论的仿射和时间结构，∇和 $\mathrm{d}t$，在广义相对论中由半黎曼度规张量 $\boldsymbol{g}$ 提供，并且 $\boldsymbol{g}$ 代替了欧几里得度规 h 。在广义相对论的后续理论中，也出现了与广义相对论时空的几何结构完全不同的结构，那么新理论就要解释为什么有些结构在广义相对论中被错误地看作很重要。比如在朱利安·巴伯（Julian Barbour）提出的时空模型中[②]，需要解释的几何结构就是度规。但是，这个理论并不是目前最好的时空理论，虽说它存在着成功的或然性，但是一些问题还有待确定，这是一个复杂的过程。这种解决方法把时空结构的选择放入时空理论发展的“历时”过程中，在特定时间的不同时空理论的发展中，我们相信最好的时空理论中余留单一的时空结构在这个过程中实现了再语境化的过程，保证了理论的连续性和进步性，使得对时空结构实在性的辩护

① Edward Slowik. Spacetime, Ontology, and Structural Realism. International Studies in the Philosophy of Science, 2005, 19 (2): 147-166.

② Julian Barbour. The End of Time. Oxford: Oxford University Press, 1999: 349-350.

更加卓越，为整个科学实在论对非充分决定性问题的求解注入了一种现实的力量。

总之，对时空实在论的认识论和方法论的分析为广义相对论语境中如何把握时空实在性提供了一个更好的平台，在案例上为当代科学实在论的方法论进行了辩护，也从侧面揭示了当代科学实在论发展的语境选择。我们说，时空哲学不可能在广义相对论中达到终结，人们对它的理解随着物理学的发展而变化。目前的量子引力理论更是一个深入理解时空哲学的舞台，对于时空本质的认识很大程度上要受到更加复杂的现代物理学语境的影响。物理学还在继续发展，而时空观也将继续深入，这一切表明，科学的发展是一个不断完善的多样化的过程，科学实在论和物理学实在论在这个过程中不断寻求新的辩护，我们不能过早地从一种科学的结果推断一种唯一确定的形而上学的观点，但是要在实在论的立场上认识到语境变化的动态性特征。物理学在不断丰富和深化，新的语境的可能是无限的，我们对时空实在性和科学实在论的认识，终将是一个在语境的变换中不断地改变和深化的过程，而在这个过程中，科学实在论的方法论必将会得到更广泛的科学理论案例的支持，从而得到更深入的辩护。

第二节 “洞问题”与当代时空实在论

洞问题（Hole Agument）是爱因斯坦在1913年寻找广义协变的场方程时提出的，1987年被厄尔曼和诺顿用现代微分几何的语言重新解释，成为物理学时空哲学论战的一个重要转折点。它引起的主要是关于广义相对论时空的本体论的争论：时空本质上到底是一种牛顿意义上的实体，还是莱布尼茨意义上的关系？洞问题表明，时空实体论的观点会导致一些“令人讨厌”的非决定论的结论，从而引起了时空实体论和关系论之间的又一轮论战。那么，实体论的看法是否会导致理论的非决定论？关系论有什么样的优势？时空实在论的发展会受到什么样的影响？对洞问题的认识，是理解广义相对和量子引力理论语境中时空本体论讨论的关键之一，因此具有相当重要的意义和研究价值。

一、洞问题的提出和概述

洞问题的思想是爱因斯坦在寻求引力的相对性理论的过程中提出来的。1912年，爱因斯坦决定要找到一个广义协变的引力理论，这个理论的方程在任意的时空坐标变换下保持不变。当时，爱因斯坦就已经考虑到了后来他在1915年11月最终建立的广义协变的引力场方程，但却没能意识到这些方程的可行性。因为爱因斯坦知道他的理论的弱场极限应当是牛顿理论，但却没能看到这些方程和它们的许多变形可以恰当地与牛顿理论相吻合，而是认为他对广义相对论的探索遭到了无法克服的障碍。1913 年后期，他期望把他的失败转变为成功：他试图表明任何广义协变的理论都是不可接受的。任何这样的理论都要违背他所坚持的因果性原理，也就是我们现在所说的决定论。他提出了洞问题，想要用洞问题证明广义协变理论的不可能性。目前物理哲学上对洞问题的表述形式表述形式大致有三种。

1. 爱因斯坦对洞问题的表述

爱因斯坦对洞问题一共有四种表述。其中第四种表述最为成熟，它的基本部分表达如下：

我们考虑连续统 Σ 的一个有限区域。在这个区域中不发生任何具体过程。如果 $g_{\mu\nu}$ 作为 x_ν 与坐标系 K 相关的函数是给定的，那么 Σ 中的物理事件是完全决定论的。这些函数的总体用 $G(x)$ 标记。

引入一个新的坐标系 K'，它与 K 在 Σ 之外一致。在 Σ 内以这样的方式与它不同：与 K' 相联系的 $g'_{\mu\nu}$ 与 $g_{\mu\nu}$ 一样在任何地方都连续（还有它们的导数）。我们用 $G'(x')$ 表示 $g'_{\mu\nu}$ 的总体。$G'(x')$ 和 $G(x)$ 描述了同一个引力场。在函数 $g'_{\mu\nu}$ 中我们用坐标 x_ν 代替 x'_ν，也就是，形成 $G'(x)$。那么，同样，$G'(x)$ 描述了一个关于 K 的引力场，而它却并不对应于真正的引力场（或最初给定的）。

我们假定引力场的微分方程是广义协变的，那么，它们相对于 K' 由 $G'(x')$ 所满足，相对于 K 由 $G(x)$ 所满足。而它们相对于 K 也被 $G'(x)$ 所满足。那么，相对于 K，就在解 $G(x)$ 和 $G'(x)$。这些函数是不同的，尽管它们在边界区域中都一致。也就是，引力场中的事件不能由引力场的广义协变的方程唯一地决定。①

我们可以这样概括洞问题的物理意义：在场方程中，我们用 $G(x)$ 表示在 x 坐标系中满足场方程的度规张量场，$G'(x')$ 表示在 x' 坐标系中的同一个引力场。爱因斯坦意识到，如果度规张量的场方程是协变的，那么 $G'(x)$ 必须表示了这个方程在 x 坐标系中的一个解。那么洞问题讨论的关键就在于：$G(x)$ 和 $G'(x)$ 表示同一个引力场，还是不同的引力场？因为爱因斯坦的结论就在于，“引力场中的事件不能由引力场的广义协变的方程唯一地决定”。因此，洞问题就得出了广义协边的理论必将走向失败的结论。我们知道，1915 年，爱因斯坦最终还是提出了他的广义协变场方程，那么，对于洞问题又该作何理解？这个问题的答案具有深远的哲学意义。

① John Norton. Einstein. the Hole Argument and the Reality of Space//John Forge, ed. Measurement, Realism and Objectivity. Boston：D. Reidel Publishing Company，1987：167. 转引自：Einstein. Die Formale Grundlage der Allgemeinen Relativitaetstheorie. Preuss. Akad. der Wiss.，Sitz.，1914：1066-1067.

2. 麦克唐纳对洞问题的表述

2001年，麦克唐纳用施瓦茨希尔德（Schwartzchild）时空重新表述了洞问题，使其更加具体，更加容易理解。表述如下：

在广义相对论中，球星系统中心质量的度规通常由施瓦茨希尔德解

$$G(r)：\mathrm{d}s^2=\left(1-\frac{2m}{r}\right)\mathrm{d}t^2-\left(1-\frac{2m}{r}\right)^{-1}\mathrm{d}r^2-r^2\mathrm{d}\Omega^2$$

表示。（假设中心客体的半径 r_c 比 Schwartzchild 半径 $2m$ 要大，那么对于 $r>r_c$，解有效。）①

定义一个坐标变换 $r=f(r')$，当 $r\notin(a,\ b)$，$r'=r$；但是当 $r\in(a,\ b)$，$r\neq r'$（洞）。取 $a>r_c$，其他坐标不变。那么，$\mathrm{d}r=f'(r')\mathrm{d}r'$，在新坐标系中的解是

$$G'(r')：\mathrm{d}s^2=\left(1-\frac{2m}{f(r')}\right)\mathrm{d}t^2-\left(1-\frac{2m}{f(r')}\right)^{-1}f'^2(r')\mathrm{d}r'^2-f^2(r')\mathrm{d}\Omega^2$$

在这里，坐标的变换仅仅是时空中事件重新标记。

由于真空场方程是广义协变的，$G'(r')$ 和 $G(r)$ 一样，也是一个解；这两个解表示了流形上的同一个度规，因此就模拟了同一个引力场。

在 $G'(r')$ 中用 r 代替 r'，得到

$$G'(r)：\mathrm{d}s^2=\left(1-\frac{2m}{f(r)}\right)\mathrm{d}t^2-\left(1-\frac{2m}{f(r)}\right)^{-1}f'^2(r)\mathrm{d}r^2-f^2(r)\mathrm{d}\Omega^2$$

$G'(r)$ 和 $G(r)$ 表示了同一个流形上的不同度规。由于 $G'(r)$ 与解 $G'(r')$ 有着相同的数学形式，它是真空场方程的一个解。洞问题讨论的关键就在于 $G(r)$ 和 $G'(r)$ 的关系，它们是物理上可区分的，还是物理上不可区分的？

麦克唐纳认为，按照洞问题的理解，$G(r)$ 和 $G'(r)$ 是物理上可区分的，但按照广义相对论的理解，$G(r)$ 和 $G'(r)$ 应该是物理的不可区分的，因为关于广义相对论的所有预言都基于从度规得到的广义协变性方程，对于 $G(r)$ 和 $G'(r)$ 来说，理论的所有预言将都是相同的。因此，$G(r)$ 和 $G'(r)$ 虽然表示了同一流形上的不同度规，但是广义相对论不能区分它们，$G(r)$ 和 $G'(r)$ 场中的事件应该表示了相同的物理事件，

如何解决广义协变性和洞问题的关系，问题的关键在于对时空概念的理解。对于麦克唐纳来说，他强调只关心时空的概念问题，而不关心时空的本质。但是，在物理哲学界，洞问题引发了一场对时空本体论的深刻思考。

① Alan MacDonald. Einstein's hole argument. American Journal of Physics，2001，69（2）：223-225.

3. 厄尔曼和诺顿对洞问题的表述

目前物理哲学界最常用的对洞问题的表述是 1987 年厄尔曼和诺顿提出的。他们用现代物理学和数学的语言对洞问题的思想进行重新形式化和解释，使其可以应用于所有的局域时空理论。他们运用的主要是流形和微分同胚不变性的语言，如本章第一节所述：根据标准的广义相对论时空公式，可以为理论建立一个三元组的语义模型 $\langle M, g, T\rangle$。M 是一个四维微分流形，g 是四维的洛伦兹度规，T 是任何由这个模型表示的物质场的应力张量。g 不像经典或者狭义相对论时空的度规或者仿射结构，它并不独立于物质分布而静止。因为广义相对论是一个广义协变的理论，我们可以在 M 上应用点的微分同胚（在这里用洞微分同胚）来满足某些限制。如果 $\langle M, g, T\rangle$ 是一个允许的模型，h 是洞微分同胚，那么就会得到另一个模型 $\langle M, h*g, h*T\rangle$。这种新模型描述了一种与初始模型在观察上相当的宇宙，观察上是不可区分的。但是它们所代表的这两个宇宙是否具有物理可分性？它们代表了同一个还是不同的宇宙？对于这些问题的不同看法会导致不同的哲学结论。

厄尔曼和诺顿讨论洞问题的意义在于，在广义相对论时空的实体论和关系论争论中，实体论曾一度占据主流地位，而洞问题揭示出，如果坚持实体论，就会导致理论的非决定论，由此再次掀起了一场关于时空的实体论和关系论争论的热潮，揭示了广义相对论时空更深层次的含义。

二、洞问题与实体论的非决定论困境

要理解洞问题与现代物理学时空哲学的关系，首先要从经典物理学语境中时空哲学的争论谈起。17 世纪，牛顿和莱布尼茨之间产生了关于时空的实体论和关系论的争论。这种争论延续到广义相对论中，并且代表了人们从物理学出发对于时空的认识论思考。洞问题正是在关于广义相对论时空的实体论成为主流观点时提出来的，并且对时空实体论的观点产生了强烈的冲击。

1. 实体论和关系论：从牛顿和莱布尼茨到广义相对论

对于时空本体论的探讨，17 世纪以来就存在着两种对立的观念，也就是牛顿坚持的实体论和莱布尼茨坚持的关系论。① 牛顿的观点可以简单概括为，空间和

---

① 具体的论战过程见历史上最早由克拉克（牛顿的学徒，代表牛顿的观点）在 1717 年发表的具有代表性的文献《莱布尼茨与克拉克论战书信集》，而现代时空哲学家参考的最主要根据则是 1956 年亚历山大（H. G. Alexander）出版的《莱布尼茨-克拉克的通信》（The Leibniz-Clark Correspondence）一书，是 18 世纪以来关于莱布尼茨-克拉克通信的最完整说明。

时间是绝对的、独立的、真实的存在，这种观点后来被物理学家称之为时空实体论；而莱布尼茨的观点是，空间是共存现象的秩序，时间是连续现象的秩序，它们都是观念的东西。这种观点被称为关系论的开始。

牛顿和莱布尼茨争论的分歧可以从对莱布尼茨等价性原理的不同观点看出来。具体地讲，莱布尼茨在与牛顿争论的时候提了一个问题：如果整个世界从方向上东西互换，物质之间的所有位置关系不变，那么得到的世界与原来的世界将会有什么样的关系？莱布尼茨等价性原理认为，世界将不存在变化，因为物体之间的所有相对时空关系都会在这种互换中保留下来，这两个系统是物理上不可区别的，那么这两个世界就是同一个世界。但是牛顿实体论者会认为，世界上的物体现在处在了与原来世界不同的空间位置上，因此这两个世界是不同的，是物理上可区别的。对于他们同时代的人来说，这场争论是牛顿所代表的“数学的哲学”和莱布尼茨代表的“形而上学的哲学”的最后对抗。

广义相对论带来的时空观的革命在哲学史上的影响是巨大的。20 世纪 60 年代以前，以雅默（Max Jammer）为代表的物理哲学界普遍宣称，后牛顿时代证明了爱因斯坦的广义相对论“从现代物理学的概念图解（scheme）中最后地消除了绝对空间的概念”①。在这种颠覆式的时空革命的狂潮中，很多人把关于时空的认识论的问题和本体论的问题混淆起来了。有人认为，绝对时空的覆灭代表着牛顿实体论时空观的覆灭，广义相对论证明了莱布尼茨的时空观点，因此在时空的本体论和认识论问题上，应该坚持时空的关系论观点。

但是，这一部分物理哲学家的理解是过于片面了。广义相对论并没有否定牛顿的外在于物质的绝对空间的本体论观点，而只是使牛顿力学中作为绝对参考背景的时间和空间与物质产生了直接的因果和动力学关系，使时空本身成了运动的参与者。同时，关系论本身也存在逻辑上和直觉上的困难，这一点内利希（Nerlich）后来进行过论述：“空间关系要以空间为基础，关系论不能使得我们必须放弃绝对空间。”② 1953 年，基于严谨的科学思想和科学态度，爱因斯坦也指出：绝对空间概念的替代是“一个可能绝对没有完成的过程”③。这说明，通常人们所说的时空绝对性的丧失并不代表本体论上的实体性的丧失，也不代表关系论的胜利。时空的本体论性仍然是需要讨论的话题。

另一方面，20 世纪 60 年代，实在论的复活也为时空哲学带来了很大影响，1967 年，霍华德·施泰因（Howard Stein）在研究牛顿的论文中讲道：“通常说

① Max Jammer. Concepts of space. Cambridge，MA：Harvard University Press，1954：2.

② G. Nerlich. What spacetime explains：metaphysical essays on space and time. Cambridge：Cambridge University Press，1994：216.

③ Max Jammer. Concepts of space. Cambridge，MA：Harvard University Press，1954：xv.

广义相对论证明了莱布尼茨观点的正确性，这是一种极端的过分简单化。在广义相对论中不过是与在牛顿动力学中一样，时空的几何由物体之间的关系决定，如果广义相对论在某种意义上来说确实比经典力学更好地符合莱布尼茨的观点，这并不是因为它把‘空间’归为莱布尼茨描述的理想状态，而是因为空间——或者说是时空结构——牛顿要求它是真实的，在广义相对论中可能有着令莱布尼茨可以接受的真实的属性。”① 这段话典型地代表了当时实体论和关系论之间的相对力量发生的新的演变。在实在论思潮的影响下，许多物理哲学家认识到，绝对性的丧失只是在认识论上支持时空的相对论，但是并不能代表时空本体论地位的丧失。一旦时空可称为“绝对”的各种意义被区别开来，传统的判断就成为：广义相对论时空在任何反实体论者的意义上都并非不能是绝对的。② 大部分物理哲学家相信时空实体的存在，他们在论争中诉诸运动的非关系特征，把牛顿时空的实体论不加改变地转入广义相对论语境。

2. 洞问题：实体论的困境及争论的继续

洞问题的意义在于，在实体论成为主流的时空本体论观念的情况下，洞问题以实体论会导致理论的非决定论为理由，再次掀起了一场关于时空的实在论和反实在论的争论。

实体论与关系论论争的关键就在于，能否把时空理解为一个实体，与物质一样有着独立的存在。因此在广义相对论的结构中，什么表示时空是决定其时空观的关键。传统实体论对这个问题的答案是，在广义相对论的三元组模型〈M，g，T〉中，事件的流形 M 表示时空。这种实体论叫做流形实体论。相反地，时空的关系论是一种时空的反实在论观点，认为流形上的点没有独立的存在，也就是说，时空没有自己的独立存在，只是物质之间的关系而已，没有物质，就不存在时空。

洞问题中的时空应该如何理解？在洞问题中，由于广义相对论是一个广义协变的理论，如果〈M，g，T〉是一个允许的模型，h 是洞微分同胚，那么〈M，$h*g$，$h*T$〉也是一个允许的模型。〈M，g，T〉和〈M，$h*g$，$h*T$〉在物理上是否可区分？它们代表的是同一个物理系统吗？根据洞问题，我们可以明确度规和物质场在除了洞的区域之外的整个事件流形上的分布，但是理论不能告诉我们场在洞内如何发展。原本的和变换了的分布都是洞外的度规和物质场向洞内的合理延伸。如果坚持时空的实体论，则要求两个系统表示不同的物理状态。因

① H. Stein. Newtonian space- time. Texas Quarterly，1967，10：174-200. Reprinted in：Robert Palter ed. The Annus Mirabilis of Sir Isaac Newton 1666-1966. Cambridge，MA：The MIT Press，1970：271.

② J. Earman. Who is afraid of absolute space? Australasian Journal of Philosophy，1970，48（3）：288-292.

为，虽然这种新模型描述了一种与初始模型在观察上相当的宇宙，实际上却有着巨大的分歧。它是物质和度规场在流形的点上以不同的方式蔓延。因此，同一个过程在时空中的位置就不同。因为有任意种可以对初始模型应用的微分同胚，宇宙的内容就可以有任意种方式置放于流形上。但是，在观察上，我们无法做出区分。从理论上讲，由于每一个洞都满足相对性宇宙学理论的原理，理论就无法允许我们坚持只有一个是可接受的，这意味着理论的非决定论。这样，非决定论就是实体论观点的直接产物。相比之下，如果我们拒绝流行实体论而接受莱布尼茨等价性，那么洞变换所引入的非决定论就消除了。虽然在洞内场有着无法计算的数学上不同的大发展，但在莱布尼茨等价性下，它们是物理同一的。相似地，如果我们接受莱布尼茨等价性，我们就不再困扰于两种分布不能由任何可能的观察区分。因为它们仅仅是同一种物理实在的不同数学描述，因此在观察上就应该是等同的。

因为实体论要面对的非决定论的特殊性，厄尔曼和诺顿认为，洞问题是反对时空实体论一个令人信服的论据，在他们看来，这是一个特别的问题：洞问题中决定论的失败，并不在于失败的事实，而是它失败的方式。我们知道，量子力学也是非决定论的，量子力学的非决定论不是因为我们理论所持的哲学观点所造成的，而是理论自身的原因。但是在广义相对论中，能引起非决定论的，却是我们对时空的本体论地位所持的哲学态度，是一种形而上学的观点，这种非决定论不同于其他任何一种理论的非决定论："我们的争论并不是源于决定论是或者应当是真的信念……而是如此：如果一种形而上学迫使我们的所有理论是决定论的，那么它是不可接受的；同样，一种形而上学，自然地决定支持非决定论，它也是不可接受的。决定论可能失败，但是，它应当因为一种物理学的原因失败，而不是因为承诺了不影响理论的经验结果就能根除的实体的特性而失败。"①

受此影响，在物理学家阵营里，许多关键人物断定由此必须放弃实体论而支持关系论，如斯莫林（Lee Smolin）和罗韦利（Carlo Rovelli）等的观点。这种关系论目前是现代物理学中圈量子引力理论的基本时空观念，极大地影响了量子引力理论的发展。

三、洞问题的意义

洞问题的提出在时空哲学史上具有重要的意义。一方面，它促进了时空实在论的发展；另一方面，它深刻地体现了时空实在论争论的特征。

---

① J. Earman, J. Norton. What price substantivalism? The hole story. British Journal for the Philosophy of Science, 1987, 38: 524.

1. 实体论和关系论的发展

尽管关系论的时空假设在物理学的发展中起到了重要的作用，关系论的直觉和逻辑上困难并没有得到清晰的回答，洞问题所带来的要否定时空实体存在的结果，对于持有物理实在论观点的物理哲学家们来说是不能接受的。物理哲学界很大一部分哲学家仍然相信在洞问题面前可以继续坚持实体论，只是要对实体论的内涵做出一些修正。比如穆德林（Moudlin）就提出了度规本质论的观点，认为如果把度规看作时空或者时空的一部分，广义协变性的应用和理解就会发生变化，从而避免了非决定论发生的可能性。

实体论的发展中最有影响的观点叫做复杂实体论。复杂实体论为了克服洞问题所带来的流形实体论的形而上学困难，试图把时空等同于流形加某些能够提供时空观念的更深层结构，最常见的是流形加度规结构。复杂实体论在一定程度上淡化了实体论和关系论的冲突，度规（加流形）获得了它作为时空的自然解释，并且在一定程度上避免了困难的出现，但由于它接受了莱布尼茨等价性，从而引起了许多实体论者的反对。贝洛特（Belot）和厄尔曼对它的评价是“关系论的一种苍白的效仿，只适合那些不愿意让他们对空间和时间的信仰面对当代物理学所提出的挑战的那些实体论者”①

在实体论发展的过程中，关系论作为一种时空的反实体论观点也得到了相当的发展。其核心思想延续了传统关系论的思想，但形式发生了深刻的改变。现代时空关系论最有代表性的是罗韦利的观点。它的基础是把对广义相对论引力场和几何的区分的理解为时空几何只是对引力场的证明，这也是他量子引力理论的基础。它的具体表现形式是罗韦利提出的自旋网络模型，在这个模型中没有时空点的存在。“直觉地，我们可以把（简单自旋网络上的）每一个节点看作是一个基本的‘空间量子块’……自旋网络表示了关系的量子态：它们并不位于空间中。局域化必须相关于它们而被定义。例如，如果我们有一个物质量子激发，这将会位于自旋网络上，而自旋网络并不位于任何地方。”② 这种关系论时空模型极大地影响了量子引力理论的发展。圈量子引力的背景无关性打破了经典场论一贯把时空作为理论形式化的背景的传统，是对广义相对论时空关系论理解的直接产物。

洞问题引起的非决定论困境促进了时空实体论和关系论的发展，但无论如何实体论和关系论都存在自身的问题。因此，时空本质的争论仍在继续。

---

① Gordon Belot，John Earman. Pre-socratic Quantum Gravity. 2000，41.

② Carlo Rovelli. Quantum spacetime：what do we know？//Craig Callender，Nick Huggett，eds. Physics Meets Philosophy at the Planck Scale. Cambridge University Press，2001.

2. 时空实在论争论的特征

时空的本质，关于时空观念的选取，是物理学构建一切物质运动关系的基础，同时，对时空本质的思考和探讨，是物理学不断接受形而上学反思，从而在形式上不断完善的必然经过。洞问题在广义相对论发展史上的提出是物理学家在进行物理学研究时哲学思考的结果。爱因斯坦的本意是用它来证明任何广义协变的理论都不能存在，但在两年以后他还是选择了广义协变的场方程，对于洞问题的意义的阐释选择了沉默，其间发展变化的，除了理论的数学形式以外，更重要的是物理学家的哲学思想和对时空形而上学态度的改变，给后人带来无限的思考空间。

广义相对论时空的含义相当复杂和微妙，在实体论和关系论的争论之外，还有一部分物理学家认为广义相对论一劳永逸地解决了时空问题。瑞纳齐维兹（Rynasiewicz）在1996年发表了论文《绝对与关系的较量：一场过时的争论?》，认为在19世纪后期，更多的是在广义相对论语境中，已经不再发现最初的牛顿-莱布尼茨关于时空的争论。但是，从对洞问题的讨论可以看出，广义相对论的时空并不像雅默理解的“从现代物理学的概念图解中最后地消除了绝对空间的概念”，也不像20世纪60年代物理实在论者认为的时空实体有其独立的存在，而是一个继续争论的过程。

其一，在时空本体论的问题上，爱因斯坦并非像一部分人认为的那样抛弃了实在论的观点，他指出，时空没有单独的存在，它的存在与度规密切相联系，但是对于时空的本体论地位，他并没有做出明确的说明。目前广义相对论面临的奇点困难，广义相对论与量子力学结合问题，都暗示着广义相对论需要解释。

其二，时空实体论和关系论都面临着需要解决的困境。对于实体论者来说，想要坚持时空实在论的观点，就要解决洞问题所带来的理论的非决定论的问题，对时空本体的理解必须和物理学形式化体系的语义理解联系起来；对于关系论者，要解释事物具有空间意义和属性与空间本身只是事物间关系之间的直觉和逻辑上的矛盾。

其三，在现代物理学语境中，广义相对论时空本质的理解对物理学的发展和解释具有至关重要的意义。量子引力理论已然发展起来了，但是由于对广义相对论时空的理解不同，超弦和圈量子引力这个量子引力的主流理论存在着根本上相异的哲学基础。① 今天广义相对论的困难以及量子引力的多样化方案都说明对时空本质的理解在物理学中远远没有得到统一。

---

① 郭贵春，程瑞．量子引力时空的语境分析．中国社会科学，2005，(5)．

总之，洞问题在广义相对论发展的过程中引发了时空哲学的又一轮激烈论战，它的提出不是偶然的，而是具有特定的规律性和必然性。这种规律性和必然性就是，时空作为物理学的逻辑基础，人们对它的理解随着现代物理学的发展而变化。时空哲学不可能在广义相对论中达到终结，时空的本体论争论依然悬而未决。关于这一点，量子引力不同方案的时空预设就是最好的说明：超弦理论中背景时空的存在从某种意义上说就是物理学家实体地理解了时空的存在，而圈量子引力的背景无关性则是斯莫林和罗韦利等物理学家所持的时空关系论的直接结果。这一切表明，科学的发展是一个不断完善的多样化的过程，我们不能过早地从一种科学的结果推断一种唯一确定的形而上学的观点，而是要认识到语境变化的动态性特征。物理学在不断丰富和深化，新的语境的可能是无限的，而我们对时空本质的认识，终将是一个在语境的变换中不断地改变和深化的过程。

第三节　量子力学中的隐喻思维

将隐喻作为一种方法论的形式而不仅仅是修辞特征应用于科学探索过程的研究中，是伴随着“修辞学转向”运动的展开，越来越多的科学哲学家关注的重要课题。隐喻已经被认为不仅仅是在科学发现的语境中发挥重要的启发作用，而且“在科学的证明与辩护语境中发挥着重要的认知功能，在科学推理和理论性解释中也充满了隐喻”①。本节就试图通过对量子力学概念、解释及教学中的一些隐喻性思维的理解来探讨隐喻在科学研究中的作用。

一、隐喻是量子世界表征的必然要求

尽管隐喻一直被认为其非逻辑的、隐含的、不精确的修辞特征而与科学理论的严格精确的、逻辑的演绎特征格格不入，然而科学史的发展表明“隐喻对科学概念及范畴的重构，新的理论术语的引入乃至整套科学理论的构建和发展，发挥着重要的、不可替代的作用”②。量子力学作为革命性的物理学理论，其数学形式体系是超前于物理意义诠释的。由于其所研究的微观客体有着与经典力学所研究的宏观客体显著不同的特性，因此在其理论的建构中，隐喻就发挥其特有的意义映射功能，在经典力学与量子力学之间进行着“转换”和“传递”，将旧理论中的概念引入新理论中，并为其赋予了新的意义。例如“波”“场”、电子“轨

---

① Michael Bradie. 科学中的模型与隐喻：隐喻性的转向. 王善博译. 山东大学学报，2006，(3)：92.

② 郭贵春，安军. 隐喻与科学理论的陈述. 社会科学研究，2003，(5)：2.

道”、量子“跃迁”等概念，就是我们试图用经典术语去理解量子力学而借助隐喻来表达的，因为“光波在真空中传播时，不像池塘中的水波一样上下波动；场不像一片充满了干草的场地，而是力的强度及方向的一种数学描述；原子并没有照文字上说的，从某一量子态跳到另一量子态去；电子也不是真的绕着原子核走圆形轨道……我们运用这些字的方式是隐喻”①。

量子力学作为一种形式体系，其数学公式必须与具体物理测量和操作过程联系才能产生它的物理意义。数学化的语言形式与非形式化的概念结构需要提供物理意义的一致性，因此物理学对隐喻方法的引入就成为一种自然而必然的选择。“在物理学的发展史上，隐喻是由科学共同体集体约定并广泛认同的，具有确定的稳定性和一致性，而不是瞬时的、暂时的和权宜的东西。更主要的是，它具有重要的方法论的功能，而且常常是自然地、非强制地、潜在地、微妙地发挥着它的功能；同时，隐喻作为一种思维工具，是科学共同体为了求解难题，突破理论发展的概念瓶颈的一种集体约定的结晶，它不仅促进了科学共同体主体间的统一，同时通过新的理论假设的提出引导了新的科学预测，推动了科学假设的创立和发展。”② 因此，在量子理论的发展过程中，作为一种科学共同体集体约定的语言调试手段，隐喻至少具有三方面的意义。首先，通过隐喻科学家找到了描述、理解以及交流微观世界规律的方式，从而使其模型、范式或图景的建立成为可能。其次，新的科学概念及理论的提出并不是发生在真空中的，而是建立在已有知识基础上的，隐喻正是这种理论跨越的桥梁和中介。最后，正是由于隐喻的连接和转换，科学理论才既不是既定的、一成不变的，又不是断裂的，毫不相干的，从而使我们认识到世界模型是在不断完善、发展和演化的。

正因为隐喻在科学中有着如此重要的意义，所以使用一个隐喻才不能是随意的，而是必须要遵循一定的规则。第一，科学隐喻要以相似性为前提条件。从相似性的视角可以将隐喻分为“存在性隐喻”和“可能性隐喻”，存在性隐喻是基于相似性的隐喻，可能性隐喻可以视为创造相似性的隐喻。这与布莱克的三种隐喻观表达了同样的意思，替代观与比较观认为隐喻基于感知到的类比或相似性，而相互作用观坚持相互作用的隐喻“创造”或者“诱发”相似性和类比。第二，科学隐喻必须以科学内容的确定性和科学推理的逻辑性为基础。也就是说模糊的隐喻语言背后要蕴含确切的科学内涵，而在隐喻的启发过后要以严格的逻辑规则进行推理。第三，科学隐喻要从语境化的视角加以理解。从本质上来讲，“科学隐喻是以一定语形构造为载体、在特殊的语用语境中生成的一种语义映射”③。

---

① K. C. 柯尔．物理与头脑相遇的地方．丘宏义译．长春：长春出版社，2003：13.
② 郭贵春．科学隐喻的方法论意义．中国社会科学，2004，(2)：98.
③ 郭贵春，安军．隐喻的语境分析．江海学刊，2002，(4)：42.

在语形的层面隐喻是被构造的，在语义的层面隐喻是被转化的，在语用的层面隐喻是被选择的。“在一个特定隐喻的生成过程中或它的方法论要求的展开过程中，这些层面是内在地统一和同时作用的；或者说是在一个特定语境中相互作用给出的系统结果。因此，一个隐喻描述必须在语言转换的语境中历时地加以理解。”①

二、隐喻思维在量子力学中的表现

在量子力学中，隐喻思维有各种各样的表现，而且隐喻功能也是多重的和交织的。我们可以粗略的区分隐喻的三种功能，即在科学发现语境中的启发功能，在科学解释语境中的理论认知与解释功能以及在传播与交流语境中的教学法功能。因此，我们就将从以下三方面来认识隐喻思维在量子力学中的具体体现，从而探讨其在量子力学乃至自然科学中的重要功能。

1. 量子力学概念及形式体系中的隐喻思维

在量子力学的概念中，波粒二象性是非常重要的。“波粒二象性的不同描述及其互补性，本质上就是两种隐喻评价的功能互补。有人从语言学的意义上将二者的互补性称之为相互的‘隐喻重描’。”② 普朗克对黑体辐射的研究突破了经典物理学在微观领域的束缚，揭示了光的二象性；而薛定谔又是以光和粒子之间的对比揭示了实体的波粒二象性。在他们的研究之初，以熟悉的材料为模，加上想象为型，隐喻实现着其在的“发现语境”中的启示作用。在普朗克关于空腔辐射的研究中，谐波振荡器是最基本的工具。普朗克将空腔黑体的腔壁想象成由数目很多的带电谐振子组成。可以通过假定排列在辐射空穴壁上的电子，好像它们是弹簧上的带电粒子，来探索量子辐射。喻体物体“弹簧上的带电粒子”，带有它熟知的机械电子属性，允许普朗克探索不大为人所知的量子辐射的属性。他想象这些带电粒子为一个热力学体系的宏观状态的微观形式，它们是分立的、有限的，因而把总能量分配给谐振子的方式也应该是有限的，这就要求能量只能做有限的划分，即只能以能量子为单位进行分配。能量子的概念彻底改变了经典物理学中一切因果关系都是以物理量的连续变化为基础的物理学思想方法，而这样的概念正是从“把空腔壁看作很多的带电谐振子组成”这样的隐喻中产生的。

在光的波粒二象性逐渐被接受之后，薛定谔通过光与力学实体粒子之间的类比建立了量子波动力学理论。在 1928 年的一次讲座中，薛定谔说：“把普通力学引向波动力学的一步是一种类似于惠更斯的波动光学取代牛顿理论的进展。我们

① 郭贵春．科学隐喻的方法论意义．中国社会科学，2004，(2)：94.

② 郭贵春．科学隐喻的方法论意义．中国社会科学，2004，(2)：100.

可以形成这样的符号比例：普通力学：波动力学=几何光学：波动光学。典型的量子现象类似于像衍射与干涉这样典故的波动现象。”① 薛定谔考虑到费马-莫培督原理给出几何光学与经典力学间的对应关系的完善理论，因此，他从哈密顿-雅克比方程出发，引入波函数的概念，得到了波动光学与波动力学之间的对应关系，从而做出了上述的类比，并建立了薛定谔方程。这样的类比，从本质上看，“是一个映射的选择结构，它映射了知识的一种域（背景）到另一种域（目标）的转换。类比的说明首先应当在类比的两个基本要素即对象（目标）域和来源（背景）域之间进行区分”②。在这一类比中，类比的来源域为几何光学与普通力学之间的对应性，即作为隐喻的喻体，而目标域为波动光学与波动力学之间的关系，即为隐喻本体。类比的过程即是隐喻映射过程。同样的类比发生在原子结构的卢瑟福模型中，卢瑟福将太阳系作为隐喻喻体，将原子结构作为隐喻本体，提出原子结构的太阳系模型：原子中心有一个质量很大、带正电荷的点状的核，核外则是一个很大的空间，带负电的、轻得多的电子在这个空间里绕核运动。尽管卢瑟福模型只是一个经典模型，并且按照经典电动力学理论，该模型是不能成立的。但玻尔认为，应该否定的不是卢瑟福模型，而是经典物理对它的说明。他以卢瑟福模型为基础，通过引入作用量子的概念，提出了原子结构的量子理论。可见科学类比作为一种启示性的工具，在科学发现的语境中起着重要的作用。而类比中有意无意地从一个领域汲取知识应用到另一个领域的情况，正是科学家自觉或不自觉地应用隐喻思维的结果。

隐喻思维在量子力学建构过程中的应用，并不仅仅局限于自然语言。在一般意义上，我们可以认为物理学的某些形式符号同样是科学隐喻存在的特例。量子力学形式语言中表示力学量的算符和具体表示方式表象就包含着隐喻思维。由于微观粒子具有波粒二象性，微观粒子状态的描述方式就和经典粒子不同，它需要用波函数来描述。量子力学中微观粒子的力学量（如坐标、动量、角动量、能量等）的性质也不同于经典粒子的力学量。经典粒子在任何状态下它的力学量都有确定值，微观粒子由于其波粒二象性，首先是动量和坐标就不能同时有确定值。这种差别的存在，使得我们不得不用“和经典力学不同的方式，即用算符来表示微观粒子的力学量”③。算符在数学上实质是作用在一个函数上得到另一个函数的运算符号，如 $\sin x = y$ 中 sin 就是一个算符，它表示作用于 x 而得到 y。由于微观粒子的状态需要用波函数表示，而其演化特征是通过薛定谔方程来表述的。利用薛定谔方程与经典关系式的比较，引入了动量算符 $\hat{p} = -(ih/2\pi)\dfrac{\partial}{\partial x}$，并从动

① E. Schrodinger. Collected Papers on Wave Mechanics. New York: Chelse Press, 1982: 162.

② 郭贵春，安军. 隐喻与科学理论的陈述. 社会科学研究，2003，(5)：5.

③ 周世勋. 量子力学教程，北京：高等教育出版社，1979：54.

量算符导出了角动量算符和哈密顿量算符等。用经典力学量的算符形式代替物理意义不清晰的数学形式算符，正是隐喻连接经典思维与量子思维的方式。它将量子力学形式语言中的抽象符号与经典力学中可测量的力学量对应了起来，使原本受不确定关系制约而无法直接表示的力学量（如坐标表象中的动量）有了明晰的、与经典概念中相一致的表达式，进而得到了该力学量算符的本征值。即若力学量算符 $\hat{F}$ 的正交归一本征函数为 $\varphi_n(x)$，对应的本征值为 λ_n，则任意状态函数 $\varphi(x)$ 可按 $\varphi_n(x)$ 展开为

$$\varphi = \sum_n c_n \varphi_n(x) \tag{5-1}$$

其中

$$c_n = \int \varphi_n^*(x)\varphi(x)\,\mathrm{d}x \tag{5-2}$$

$$\sum_n |c_n|^2 = \int \varphi^*(x)\varphi(x)\,\mathrm{d}x = 1 \tag{5-3}$$

可见 $|c_n|^2$ 具有几率的意义，它表示在 $\varphi(x)$ 态中测量力学量 F 得到结果是 $\hat{F}$ 的本征值 λ_n 的几率。因此将力学量用算符隐喻表达，就为量子力学中没有确定值的力学量提供了一系列的可能值，这些可能值就是代表力学量的算符的本征值，并且每个可能值都以确定的几率出现。这些可能值按几率平均的法则，可以得到力学量 F 在 $\varphi(x)$ 态的平均值

$$\bar{F} = \sum_n \lambda_n |c_n|^2 = \int \varphi^*(x)\hat{F}\varphi(x)\,\mathrm{d}x = 1 \tag{5-4}$$

这就为量子测量赋予了统计学上的意义，而且这里的统计是不同于宏观的系综统计的，而是针对单个粒子（或单个体系）的统计。将几率理解为单体的性质，也为客观“实在”提供了更为丰富的意义。

与算符的引入相同，表象理论的提出也是隐喻的启发功能的体现。表象，其实就是量子力学中态和力学量的具体表示方式。而在量子力学中采用不同的表示方式正如在几何学中选用不同的坐标系一样。坐标系和表象其实是一个从几何学到量子世界的隐喻的喻体和本体，而一个三维的欧氏几何空间也可以看作量子态所在的态矢量空间的隐喻理解。在几何学中，一个矢量 $\boldsymbol{A}$ 可以用直角笛卡儿坐标中的三个分量（A_x，A_y，A_z）表示，也可以用球极坐标中的三个分量（A_r，A_θ，A_φ）表示，这两种表示在形式上是不同的，但它们所表达的几何规律是一样的；在量子力学中，一个态矢量可以用坐标表象中的一组波函数 $\varphi_1(x)$，$\varphi_2(x)$，…，$\varphi_n(x)$，…表示，也可以用动量表象中的另一组波函数 $\varphi_1(p)$，$\varphi_2(p)$，…，$\varphi_n(p)$，…表示，而其反映的量子力学规律是一致的。并且，在几何学和经典力学中，经常直接用矢量形式讨论问题而不指明坐标系，那么在量子力学中描写态和力学量，是否也可以不用具体表象？在这种隐喻思维的启发下，

狄拉克引入狄拉克符号，即用 $|A\rangle$ 或 $\langle A|$ 来表示态矢量 $\boldsymbol{A}$，从而建立了量子力学规律的一种普遍数学形式，它适用于一切量子体系，更适合讨论一般性的量子力学问题。若要将态矢量 $\boldsymbol{A}$ 在具体表象中表示，则通过右乘 $|A\rangle$ 或左乘 $\langle A|$ 得到，即

$$|A\rangle = \sum_n |n\rangle\langle n|A\rangle \tag{5-5}$$

$$\langle A| = \sum_n \langle A|n\rangle\langle n| \tag{5-6}$$

其中，$\langle n|A\rangle$ 和 $\langle A|\mathrm{n}\rangle$ 分别是 $|A\rangle$ 和 $\langle A|$ 在 Q 表象中的分量。表象概念的提出和狄拉克符号的引入，实现了量子形式体系的语形转换，通过表象变换使在一个表象中较难处理或较难理解的问题在另一个表象中能得到方便的解决，为该形式系统在语义学方面的解释提供了方便，增强了物理理论的可接受性及可操作性的语用功能，是隐喻在科学中发挥表征功能的具体体现。

2. 量子力学解释中的隐喻思维

像其他各种物理理论一样，量子力学由带有某种诠释的数学形式体系组成。从量子力学创立以来，就不断有人提出各种诠释为其数学形式提供物理层面的解释说明。尽管这些说明都相互不同甚至相互对立，但由于他们大都在经典类比及模型分析的基础上建立的，因此，在这些诠释中，隐喻思维的介入是必不可少的。我们就从两种诠释中对波函数即对波粒二象性的理解来探讨隐喻在其中的作用。

1）“实体波”解释

在薛定谔建立波动力学时，他就同时提出了关于“波动”概念的理解。他在《量子化是本征值问题》一文中，将“量子化法则”的“整数性”概念看作是与“振动的弦的波节数是整数一样很自然地得出来的”。通过这样的隐喻，显而易见，波函数可以和原子中一个振动过程联系起来，而这种振动过程要比电子轨道的概念更接近真实。之后，他又提出电荷空间密度由 $\Psi\cdot\dfrac{\partial\Psi}{\partial t}$ 得实部给出的假说，这样就在量子力学同经典电磁辐射理论之间建立了关联。通过将电荷密度定义为 $e\Psi\Psi^*$（$\Psi\Psi^*$ 为权函数），利用数学推导就可以得到在这个定义下的各个波之积的电荷密度的辐射振幅。这样，波函数被赋予了一种电磁意义，从而将之形象化为实在的东西。在这个意义上，电子被隐喻地视为一团带电物质作松紧振动的实体波。物质波完全可以像电磁波、声波那样在时空中传播。这样的波系，是由正弦波所组成的，在各个方向上尺度都相当小的“波包”。假定这个波包所服从的运动规律和代表力学体系的一个形象质点的运动规律相同，只要我们能把波包看作是近似局限于一个点上，即只要和体系轨道的尺度相比能够忽略波包的

任何扩散，那么就可以说波包和代表力学体系的质点是等价的。薛定谔的实体波解释，正是通过与经典理论的类比，将 $m|\Psi|^2$ 看作物质密度分布，$e|\Psi|^2$ 看作电荷密度分布，并利用在各个方向上尺度都相当小的“波包”这样的隐喻，把波理解为唯一的实在，将粒子看作是一种派生的东西，从而说明了波动性和粒子性的统一。

2）“几率”解释

玻恩研究了薛定谔的理论后认为：“薛定谔的形式体系是对量子定律的最深刻的描述”，但他对关于波函数的诠释却不很满意，他在对实体波诠释评论时写道：“当薛定谔的波动力学出现时，我立即感到它需要一个非决定论的解释，并且我猜测到 $|\Psi|^2$ 是几率密度。”① 玻恩的几率诠释思想，事实上是受了爱因斯坦对电磁场与光量子之间关系的看法的影响。“他（爱因斯坦）曾经把长波的振幅解释为光子出现的几率密度，这个观念是粒子（光子）和波的二象性成为可理解的，这个函数马上可以推广到 Ψ 函数，$|\Psi|^2$ 必须是电子（或其他粒子）的几率密度。”② 玻恩认为，粒子的运动轨道和路径都是遵照几率法则的。量子力学的特色就是每个测量都将破坏事件的自然程序，引进新的起始条件，而且在几率函数的两个相干分支重叠时就出现几率的干涉。玻恩给出了波函数的明确意义：德布罗意波实际上是一种几率波，它并不表示任何媒质的真实振动，波函数在空间某点的强度及振幅绝对值的平方及粒子在该点出现的几率成正比，这种出现的几率以波的形式连续地传播。随后，海森伯在论文《量子论中运动学和动力学的可观测的内容》中提出了测不准原理。他认为：“量子力学基本方程表明，改变运动学和动力学的某些概念是十分必要的。用原来的观点看，具有一定质量 m 的物体，其重心的位置和速度，是有单一的、直观的意义，然而在量子力学中，物体的位置和速度却存在着 $pq-qp=\hbar$ 这种关系，这使不加考虑的使用‘位置’和‘速度’这样的词产生了疑问。如果在微小的时间中，承认事物的不连续性的特征，那么就会立即看出‘位置’和‘速度’这样的概念的不确定性。”接着，玻尔从哲学的高度思考了波粒二象性的佯谬，提出了互补原理。玻尔认为，不管量子现象如何超越经典物理解释的范畴，但是对于实验的安排、观测结果和微观现象的说明，都必须用经典物理学的词汇来表达，而把传统的物理属性强加给原子客体时，就不可避免地引入了本质上含糊不清的要素。“一些经典概念的应用不可避免地将排除另一些经典概念的应用，而这‘另一些经典概念’在另一些条件下又是描述现象所不可缺少的；必须而且只需将所有这些即互斥、又互

① 魏凤闻，申先甲.20世纪物理学史.南昌：江西教育出版社，1994，126.

② 魏凤闻，申先甲.20世纪物理学史.南昌：江西教育出版社，1994，126.

补的概念汇集在一起，才能而且定能形成想象的详尽无遗的描述。”①

以玻恩概念诠释为基础，以玻尔互补原理为核心，以不确定性原理为精髓的哥本哈根解释是几率解释的代表。可见，在哥本哈根的解释中，当用“波”“粒子”“位置”“速度”以及“几率”等概念来描述原子世界时，这些已经不再代表我们过去理解的含义了。事实上这正是隐喻实现其意义再创的认知功能的过程，对一个旧的科学概念赋予新意，扩大和丰富了科学理论的概念和语言系统，是对我们所接受的语言意义的一种超越、丰富和深化。因为量子力学作为一个新的理论，其观点已经与被普遍接受的理论（经典理论）产生抵触，然而在实验、观测及微观现象的说明中，经典语言的使用又是必需的，这就使得该理论自身的清晰性和说明性受到了挑战。这时概念障碍的问题便彰显出来，导致该理论的发展受到了阻碍。在这种情况下，隐喻就发挥了其工具性的作用，将传统观念中的语词进行再概念化，使之创生出新的意义，从而解决理论内部和外部的概念问题，进而推动了理论的发展。因此，正如海森伯所说：“当进入原子领域时，语言只能在诗学的意义上使用。量子力学为我们提供了事实的显著的例证，即我们完全可以理解一种用法，尽管我们只能在图像和隐喻的意义上谈论它们。”②

3. 量子力学教学中的隐喻思维

在一项科学理论的发展过程中，教学对于理论的传承、发展和创新具有十分重要的意义。作为科学共同体成员与外部人员之间的一种交流，教学对隐喻的依赖性不言而喻。在量子力学的教学过程中，为了使学生能够理解基本的量子概念及理论，常常会结合一些理想的微观模型进行论述。这些模型往往都具有某些与宏观客体相似的性质，以便于想象和理解。例如，势阱模型、谐振子模型、势垒模型等。这些模型在本质上都可视为其说明对象的隐喻，他们反映了不同层次上的映射关系，因而在本质上都是隐喻性的。以量子力学中的势阱模型为例。在很多微观情况下，如金属中的原子、原子中的电子、原子核中的质子中子等粒子的运动都有一个共同的特征，就是粒子被限制在一个很小的空间范围内。这时，就可以将该粒子隐喻地视作是被关在一个理想反射壁的方匣里（在很多教材中的隐喻是一维的宽度为 a 的无限深势阱），粒子不可能穿过匣子而只能在匣内自由运动。这就是势阱模型。通过将量子力学的基本原理如波函数理论、薛定谔方程、力学量的算符及表象等应用到这个模型中，就可以得到有关概念和理论的意义，使量子力学的学习得到事半功倍的效果。

---

① 玻尔．原子论和自然的描述．北京：商务印书馆，1964．转引自：杨福家．原子物理学．北京：高等教育出版社，2000：90.

② Radman Zdravko. Mataphors：Figures of Mind. London：Kluwer Academic Publishers，1997：57-58.

为了使没有高等数学基础的普通学习者也能很好理解量子力学中的基本概念，国外的一些学者还发明了一种量子井字游戏（quantum tic-tac-toe），也是隐喻思维的一种具体体现。该游戏只是在传统井字游戏的基础上增加了一条可重位

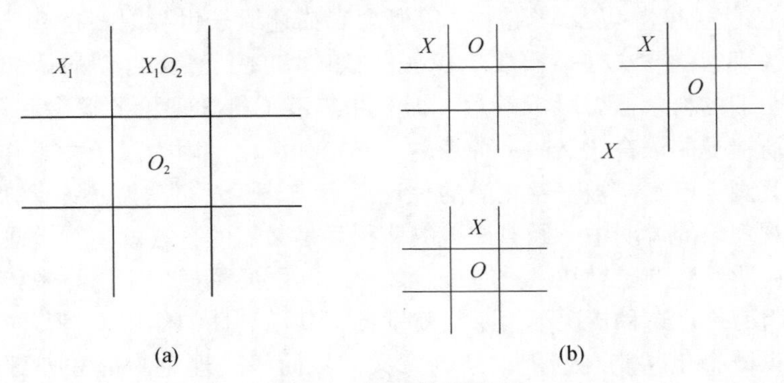

图 5-1　量子井字游戏

规则，见图 5-1(a)。[①] 在一个格中可以同时落两个及以上的棋子。因此对局面也就相应有了多种理解，而以逻辑合理的三子连线方为胜者。本节不对游戏规则做出说明，只针对其中的隐喻给出物理意义。首先，该游戏隐喻了量子力学的态矢量。在图 5-1 中，空间是被分隔的，棋子只能画到方格中，事实上就是量子化的。一个态函数可以视为几个方格中棋子状态的总和，如 $\Psi = |5\rangle_1 |9\rangle_2 |1\rangle_3$。其次，量子态的叠加原理也在该游戏中得到体现。例如，在方格 1 中分别存在 X_1 和 O_2，则隐喻了一个量子叠加态 $\Psi = 1/\sqrt{2}(|1\rangle_1 + |2\rangle_1)$。再次，量子纠缠也得到了隐喻的表达，如图 5-1 中的情况，由于位置上重叠的两个棋子的非独立性，导致两个态的叠加，从而体现出了量子纠缠的性质，即

$$\begin{cases} \Psi_X = \dfrac{1}{\sqrt{2}}(|1\rangle_1 + |2\rangle_1) \\ \Psi_O = \dfrac{1}{\sqrt{2}}(|2\rangle_2 + |5\rangle_2) \\ \Psi = \dfrac{1}{\sqrt{3}}(|1\rangle_1 + |2\rangle_1 + |1\rangle_1 + |5\rangle_2 + |2\rangle_1 + |5\rangle_2) \neq \Psi_X \Psi_O \end{cases} \tag{5-7}$$

最后，当我们试图做出一种逻辑上合理的理解时，见图 5-1(b)，量子态就转化为经典态，这就隐喻了一次量子测量的发生。量子井字游戏的图形隐喻提供了一种对量子理论的直观认识，使更广泛的受众能逾越概念的障碍，理解理论内涵的

① Allan Goff. Quantum tic-tac-toe：A teaching metaphor for superposition in quantum mechanics. Am. J. Phys.，2006，(11)：963.

本质思维。在更高的层次上，它鼓励学生思考科学发展的方式，分析科学如何将革命性的思维和严格的逻辑推理有机融合起来。科学隐喻的教学法功能在此展现无余。

量子理论的创立和发展作为隐喻在科学中广泛存在的强有力的论据，使我们认识到科学隐喻除了传统的修辞功能外，在科学理论的建构过程及解释中，还具有更多重要的功能。首先，量子力学的形式体系作为隐喻的语形载体，体现了隐喻思维的启发与表征功能；其次，在语义学意义上，量子力学解释中的隐喻思维又发挥了其理论解释功能，为数学形式的量子语形提供了物理及哲学意义上的诠释；最后，在量子力学传播与交流的语用语境中，隐喻思维也得到了广泛的应用，实现着其重要的教学法功能。可见，物理学从经典到量子的跨越，正是通过隐喻性思维的介入，建立和类比经典模型，那些远离日常经验的微观图景才能逐渐显现出来。然而，在经典理论建立之初，像"力""功""电磁波"等这样的概念何尝不是极其抽象、远离日常经验的？何尝不是通过隐喻表达的？正是在这种意义下，库恩把整个科学的发展看作是一个"具有隐喻特征的过程"（metaphor-like process），一个自始至终伴随着隐喻的过程，一个间或变换类比和模型，调整相似性模式的过程。不论自然科学发展到何种高度，它都只能面对一个建立在隐喻基础上的语言世界。①

当然，在大多数情形中，科学家使用隐喻并不是一个有意识的、有目的的过程，而是潜在的、自然而然引入的。这就导致当依据不加分析的相似性把熟悉的概念扩展到新的领域时，就有可能会犯严重的错误。所以，隐喻在科学中的使用是要以对科学语境的清晰认识为前提的，这就意味着对于科学隐喻的研究，应该结合语境论的方法，从语形、语义和语用的层次进行考察，才能科学的把握隐喻的本质。

第四节　论能量-时间不确定关系的解释语境

1927年，海森伯提出不确定关系以来，关于其解释的争论一直未休。其中，对于能量-时间不确定关系（energy-time uncertainty relation，ETUR）的争论更甚。物理学家们基于不同的解释语境阐释了能量-时间不确定关系的内涵和意义。时间在量子力学中是一个很模糊的量，在不同的解释语境下有不同的指称和意义，因而脱离了具体的解释语境去争论究竟能量-时间不确定关系存在否、它的意义是什么，只会导致更多的混乱。基于此，本节在对时间在量子力学中的三种

① 李醒民．隐喻：科学概念变革的助产士．自然辩证法通讯，2004，(1)：24.

不同角色区分的基础之上，分析了在不同解释语境下能量-时间不确定关系的指称和意义，从其意义的哲学基础出发，试图厘清在能量-时间不确定关系的解释上存在的混乱性。

一、认识论的解释语境

在量子力学中，时间t通常指的是牛顿的绝对时间：“绝对的、真实的、数学的时间，由于它自身的本性，与任何外界事物无关地、均匀地流逝……”在薛定谔方程中，t是系统演化的参量，是外部的时间，它只是表示系统之外的事件之间的一种顺承关系，不包含物理事件。此种参量的时间由实验操作者实验室的时钟来确定，与系统无关。

作为参量的时间，它同能量之间的不确定关系是不可以同位置-动量不确定关系（position-momentum uncertainty relation）建立在相同的基础之上的。因为位置、动量和能量都有相应的量子力学算符与之相对应，是量子力学可观察量，而时间只是外部的参量。那么，此种参量时间涵义下的能量-时间不确定关系在何种意义上成立呢？能量指称什么？它的意义又如何呢？

1. ΔE 指称能量测量的不准确度

海森伯最初是通过对确定原子磁矩的斯特恩-盖拉赫（Stern-Gerlach）实验的分析来提出能量-时间不确定关系的：原子穿过偏转场所需的时间 Δt 越长，在能量测量中的不确定性 ΔE 就越小[①]。这里，Δt 是外部的时间，是测量能量所需时间，它的测定是通过实验者的操作来实现的，若在 t_1 时刻开始测量，t_2 时刻测量结束，则有 $\Delta t = t_2 - t_1$；ΔE 是测量能量的不准确度，它是在测量过程中由仪器的有限性引起的，若实测能量值为 E'，能量本身的值为 E，则有 $\Delta E = |E' - E|$。

玻尔对能量-时间不确定关系的推导是从经典的波列本身出发进行的，属于本体论的层面，但他对此关系的解释却是认识论的，表现为：一是时间和能量两个经典的概念在原子层次应用的不可兼容性，精确的时空标示和因果要求二者只能有一个得到满足，即互补性原理；二是在能量的测量中，由于仪器的不可控制的作用使得测量必须考虑到测量客体、测量仪器等整个测量语境，这样一来时间的延续也作为测量语境的要素之一在起作用。“在此之后，玻尔开辟了将仪器作为量子力学解释中所考虑的主要因素的传统，这种对测量仪器的关注是与关注测

① 雅默．量子力学的哲学．秦克诚译．北京：商务印书馆，1989：76.

量过程且不对系统的本性引入内在不确定性的对不确定的认识论解释相关联的。"①

至于海森伯的解释态度，我们能够借用他对位置–动量不确定关系的分析来理解。海森伯提出了一种操作性的假设——"测量即意义原则"："粒子的位置"这个术语有意义，只当能够描述一个测量"粒子的位置"的实验；否则这个短语就根本没有意义②。具体到能量–时间不确定关系上，则是实验只允许我们在 Δt 时间内测得精度为 ΔE 的能量值，理论的意义极限即是如此。即便海森伯在一种操作主义或是实证主义的情形下，后来模糊了在本体论和认识论的不确定关系间的差别，但他对于不确定度的认识论解释态度相对是明晰的。

2. ΔE 指称测量中能量的变化量

朗道和派尔斯（Peierls）不同意前述解释，认为 $\Delta E \cdot \Delta t \geqslant \hbar /2$ 并没有断言不能在一个给定时刻精确地测量能量，而是指从一次可预告的测量结果中所得到的能量值同系统在测量后状态的能量值之间的差别。他们认为系统在测量后的态并不一定是同已得的测量结果相联系的态，测量会对系统产生不可估计的影响，从而带来数量级为 $h/\Delta t$ 的能量不确定量。③ 在这里，Δt 指称测量能量的时间，同样有 $\Delta t = t_2 - t_1$；若在某次测量前从可预告的测量中得到的能量值为 E，则此次测量后系统能量值不再是 E，而是 E''，则有 $\Delta E = |E'' - E|$。"能量–时间不确定关系是把两个不同时刻的可以精确测量的能量值之间的差值同这两个时刻之间的时间间隔联系起来。④"

以上是哥本哈根学派内部关于能量–时间不确定关系的两种解释。将前述海森伯、玻尔的解释与朗道的解释相比，二者间的不同之处主要在于对 ΔE 产生的原因解释不同，前者强调认识论的结果因素，即认识结果上的有限性，表现为精确时空标示和因果要求的不可兼容性；后者强调认识论的过程因素，即认识过程中的有限性，表现为仪器对客体在测量过程中的不可控作用。后者更加强调测量仪器与被测客体的不可分离性，体现了测量解释语境的整体性，也更接近于玻尔最终的整体论的量子力学解释语境模型，这也从一个侧面体现了玻尔思想的逐渐形成过程，毕竟前者是玻尔在早期的思想雏形。

但二者同作为哥本哈根学派的解释，有许多的相通之处，表现在如下四方

---

① Scott Tanona. Uncertainty in Bohr's response to the Heisenberg microscope. Studies in History and Philosophy of Modern Physics, 2004, 35: 483-507.

② Jan Hilgevoord, Jos Uffink. The Uncertainty Principle//E. N. Zalta, ed. The Stanford Encyclopedia of Philosophy. http://plato.stanford.edu/archives/win2001/entries/qt-uncertainty 2001.

③ 雅默．量子力学的哲学．秦克诚译．北京：商务印书馆，1989：167.

④ 雅默．量子力学的哲学．秦克诚译．北京：商务印书馆，1989：168.

面：一是 Δt 均指称外部的参量时间，是测量能量的时间间隔；二是 $\Delta E \cdot \Delta t \geqslant \hbar/2$ 都表达了在能量的测量中体现出来的关于能量和时间不准确度间的关系；三是都认为测量仪器和量子系统之间的相互作用在某种程度上是不可控制的，从而产生了测量时的不准确度；四是不准确度 Δt 和 ΔE 是用具体的量来表征的，表明基于参量时间的 ETUR 解释语境是建立在单次测量意义上的。反过来，因为是在单次测量下的解释语境，ΔE 和 Δt 定量的衡量只能采用具体的量。

从上述哥本哈根学派关于能量-时间不确定关系解释的特点可以看出其解释语境是基于测量语境构建的，是认识论的，体现为以下几方面：

（1）指称参量时间的时间内涵。绝对的时间背景作为主体和客体共同存在的空间，与物理客体和物理事件无关，与其直接相互联系的只有主体对客体的认知过程，即测量过程。其与客体间的相互作用或客体内部的作用等都是通过它们相互作用的时间或客体内部的时间与绝对时间间接关联。故参量时间涵义的能量-时间不确定关系只能表达一种认识过程中或是认识结果上的关系，反映认识论层面上的内容。

（2）基于测量语境的解释语境构建。上述解释语境的构造是建立在测量语境的基底之上的。测量语境是认识论的语境，是主体与客体的统一，是经验与客观的统一。测量展开的过程，是主体与客体发生联系、经验与客观寻求同构的过程。“对认识主体而言，它是主体为实现认识目的所创设的一类包含着理论构思的认识工具；对认识对象而言，它是自在存在转化为对象性存在的基本前提。”①

（3）对能量-时间不确定关系意义的解释。海森伯认为，不确定关系表示认识论上的极限，即“在小的一端上的认识论闭合”②，“后一次测量将在一定程度上使通过前一次测量获得的信息失去预示意义”③，“不但对可由测量获得的信息的程度有所限制，而且也对我们能赋予这些信息的意义有所限制”④。当然，认识论的解释也可以具体分为几种：对量子实验操作上的限制、对系统信息获取的限制和对用来描述量子系统的概念的意义的限制。

（4）对其认识论解释的意义延伸。“海森伯不确定关系的引入开辟了一条新的量子力学解释路径，它用我们能够测量到什么和我们从够从这些测量中预言什么的问题代替了对于量子系统性质的提问。”⑤“能够测量到什么”和“能从测量中预言什么”揭示的是主体与客体相互作用的结果，反映了主体对客体认识的一

① 成素梅．在宏观与微观之间．广州：中山大学出版社，2006：261.

② 雅默．量子力学的哲学．秦克诚译．北京：商务印书馆，1989：92.

③ 雅默．量子力学的哲学．秦克诚译．北京：商务印书馆，1989：116.

④ 雅默．量子力学的哲学．秦克诚译．北京：商务印书馆，1989：116.

⑤ Jan Hilgevoord，Jos Uffink. The Uncertainty Principle//E. N. Zalta，ed. The Stanford Encyclopedia of Philosophy. http：//plato. stanford. edu/archives/win2001/entries/qt-uncertainty. 2001.

种限度。以海森伯和玻尔为首的哥本哈根学派对于不确定关系，甚至整个量子力学基本上都持有此认识论的态度。他们认为，整个物理学的目的就在于追寻现象间的关系，而不是揭示现象背后的物理实在。

关于上述对ETUR的解释，玻姆（Bohm）和阿雅诺夫（Aharonov）提出了异议①，指出它不可能由量子力学的数学体系推演出来，而是必须独立提出和证实的附加原理。他们通过所设计的实验表明可以进行可重复的和任意精度的短时能量测量，外部的时间和客体系统能量之间不存在不确定关系。但最近阿雅诺夫却指出，他们原来所设计的实验中所测量的并非能量，而实际中能量的测量必须满足不确定关系，因为能量作为表征量子系统随时间演化的物理量，对它的测量需要时间的演化来实现，必须花费一定的时间②。

指称参量时间的能量-时间不确定关系的解释语境是对能量的测量语境，在最一般的意义上便可以成立。它是对于单次测量语境的解释，预示了认知行为对于认知对象不可避免的影响，反映了量子测量对客体必然的破坏性③，体现的是认识论过程中（朗道的解释）或是认识论结果上（海森伯和玻尔的解释）的限度，是一种认识论的解释语境。

二、本体论的解释语境

绝对时间 t 作为量子系统演化的参量，不属于任何特定的量子系统，自然也不是动力学变量，而能量是系统的动力学变量，那么，能否在物理系统中寻找到与外部时间 t 相对应的动力学时间变量 T，以与系统能量 E 相共轭，从而满足不确定关系？

在量子系统中寻找与时间相类似的动力学变量，需要将绝对的外部时间内化到具体的量子系统内部，使其成为属于特定量子系统的动力学变量。内化了的时间变量 T 往往是系统自身存在的动力学变量，它与外部的时间相平行，“它在时间平移变换下与时间坐标 t 相同”④，即动力学时间变量的期望值（或观察值）通常只与绝对的参量时间相差一个常数。动力学的时间变量区别于外部的时间参

① Y. Aharonov, D. Bohm. Time in the Quantum Theory and the Uncertainty Relation for Time and Energy. Physical Review, 1961, 122 (1): 1649-1658.

② Y. Aharonov, S. Massar, S. Popescu. Measuring Energy, Estimating Hamiltonians, and The time-Energy Uncertainty Relation. Physical Review A, 2002, 66 (5): 1-11.

③ 测量的破坏性与非破坏性是相对的。参见：郭贵春，赵丹．从信息传输看量子测量过程．自然辩证法研究，2005，(9)．

④ J. Hilgevoord. Time in Quantum Mechanics: a Story of Confusion. Studies in History and Philosophy of Modern Physics, 2005, 36: 29-60.

量的只是前者内在于特定的量子系统，反映的是系统自身的演化特性，而后者外在于物理系统，是绝对的用于衡量先后顺序的参考标度。内化了的时间变量 T 因为局限于特定的量子系统，它的存在是有边界的，这样一来它作为能量 E 的共轭量是与能量的离散性相一致的。而参量时间因为其取值量是从负无穷到正无穷的整个实数轴，它若是与能量相共轭，会导出能量连续的结论。

那么，动力学的时间变量同能量之间的不确定关系是如何构建的？此时间变量与系统能量之间的不确定关系的意义是什么？

1. ΔT 指称相互作用发生的时间

在朗道和派尔斯对 ETUR 解释语境的参量时间版本基础上，从外部的时间所在的广泛测量语境变换到特定的量子体系间的相互作用语境，则外部的参量时间 Δt 就受到了量子体系间相互作用时间 ΔT 的限制，成为反映量子体系间相互作用进程的动力学时间变量。此时在此相互作用发生的时间区间 ΔT 与量子体系能量的变化 ΔE 间就存在相互关联了，表现为动力学的时间变量 T 和量子体系的能量 E 间的不确定关系 $\Delta E \cdot \Delta T \geqslant \hbar/2$。若对于体系 S 存在外部的扰动，扰动持续时间为 ΔT，体系 S 的能量由于扰动的作用会发生改变，变化的幅度称为不确定度(偏离其本真值的量度)，记为 ΔE，则有 $\Delta E \cdot \Delta T \geqslant \hbar/2$ 成立；若扰动与另外的系统相互作用，则 ΔE 是对在时间 ΔT 内两个系统的能量相交换的度量[9]；若相互作用是与测量装置进行的，即在测量语境下，ΔT 是测量装置与被测量系统相互作用的时间，即测量所需的时间，有 $\Delta T = \Delta t = t_2 - t_1$，$\Delta E$ 为测量过程中系统能量的改变量；若是对能量进行测量，ΔE 则是测量能量引起的对能量的改变量，有 $\Delta E = |E'' - E|$，其中，测量前系统本身能量值为 E，测量后系统能量值为 E''。

这里，ΔT 是在动力学的意义上定义的，不同于在第一部分中讨论的外部的参量时间 Δt。前述 Δt 是由实验操作者通过在外部的时间标度中对测量所发生的时间段的测量而确定的，与主体相关；而这里的 ΔT 直接由物理体系间的相互作用进程来确定，与主体无关。ΔE 是在物理系统间的相互作用过程中，系统能量由于与别的系统或测量装置的相互作用而改变的值，是单次相互作用意义上的，与前述朗道对于 ΔE 的解释相同。

2. Δt 指称量子系统自身的存在特性

玻尔对能量–时间不确定关系的推导是从经典波列本身的存在特性出发的。在经典波动力学中，时间和频率间的不确定关系为：$\Delta t \cdot \Delta\omega \geqslant 1$，根据德布罗意(De Broglie) 关系 $E = \hbar\omega$，从而得到 $\Delta E \cdot \Delta t \geqslant \hbar$。其中，$\Delta E$、$\Delta t$ 是在各自表象空间中的波函数测量时的宽度。这里，时间 Δt 的表象空间是属于波列自身的内部的空间，Δt 表征了系统自身存在的特性，不同于外部的绝对时间背景；ΔE 是在能量的表象空间中测量时能量的不准确度，即波列在测量时所反映出来的存在特性，且 Δt 和 ΔE 是指的是单次测量时的不准确度，其不确定关系反映了量子波的存在中能量的展开宽度和时间的展开宽度之积不能大于普朗克常数量级。

玻尔对 ETUR 的推导是结合量子客体的存在特性得出的，与他对 ETUR 的认识论解释是不一致的，究其原因在于用波来形象比拟量子客体只是量子力学发展初期的抽象近似而已，并且“玻尔本人也强调经典的波是一种象征性的波，用来导出不确定关系，只是意图表明经典概念对量子系统的有限适用性”①。

3. Δt_F 指称量子系统的演化特性

1945 年，曼德尔施塔姆（Mandelstam）和塔姆（Tamm）意识到在能量的弥散同力学变量的时间变化之间存在着相互关联，而能量-时间不确定关系是对此相关性的定量表述。他们从力学量 F 同哈密顿量 H 之间的测不准关系 $\Delta F\Delta E \geqslant \frac{1}{2}|\overline{[F, H]}|$ 以及二者所满足的运动方程 $i\hbar\frac{\mathrm{d}}{\mathrm{d}t}\bar{F} = \overline{[F, H]}$，导出 $\Delta t_F \cdot \Delta E \geqslant \hbar/2$。其中，$\Delta t_F$ 的定义为 $\Delta t_F = \Delta F/|\mathrm{d}\bar{F}/\mathrm{d}t|$，表示当力学量 F 的期望值变化一个标准偏差 ΔF 所经历的时间，它描写了力学量 F 变化的快慢，因而称为力学量 F 的“特征时间”②。此“特征时间”具有明确的物理意义，并不需要引入额外的假设，而且不确定关系 $\Delta t_F \cdot \Delta E \geqslant \hbar/2$ 可以直接从量子力学体系中导出，因此被普遍接受作为能量-时间不确定关系的标准形式。

上述解释语境中，Δt_F 是表征体系演化的特征时间，是与力学量的标准偏差相关的，故 Δt_F 作为时间的不确定度是在统计意义上成立的；ΔE 是体系能量分布的标准偏差，有 $\Delta E = [\overline{(H-\bar{H})^2}]^{1/2}$，是对在特定量子态下能量值多次测定的统计涨落（在定态下有 $\Delta E = 0$）。Δt_F 和 ΔE 的所指决定了此种能量-时间不确定关系的解释语境在统计的意义上表达了在能量弥散和体系演化进程之间的联系。

以上是在动力学时间意义之上的三种关于能量-时间不确定关系的解释语境。其间的不同主要有：①在解释语境的具体展开范围上，第一种解释是在量子系统间的相互作用语境中展开的，至少涉及两个系统，而后两种是在单个量子系统内部语境中展开的；②在 Δt 的指称上，尽管在三种解释中，都是指动力学的时间，

---

① Scott Tanona. Uncertainty in Bohr's Response to the Heisenberg Microscope. Studies in History and Philosophy of Modern Physics, 2004, 35: 486.

② 关洪. 量子力学的基本概念. 北京：高等教育出版社，1990：195.

但在第一种解释中指的是相互作用的动力学时间，至少为两个量子系统所共有，而后两种解释中指的是属于特定量子系统内部的动力学时间，只是在一个系统的意义上而言的；③在 ΔE 的指称上，第一种和第三种解释是指不确定度，但第一种是指偏离系统能量本真值的不确定度，第三种指的是偏离系统能量期望值的不确定度，而第二种解释是指不准确度，是对测量能量时能量值的可能分布范围量度；④在解释语境成立的意义上，前两个解释是局限于单个量子过程的，而第三种解释是建立在统计的意义上的。

在动力学时间涵义之上的能量-时间不确定关系解释是从量子客体内部出发来进行的，是一种本体论的解释语境，主要表现在以下几个方面：

（1）指称动力学变量的时间内涵。动力学的时间变量，是内含于具体的量子相互作用过程、特定的量子系统存在演化过程中的，反映了量子相互作用和系统演化发展的进程。它描述的是客体自身的特定信息，与主体无关。与此时间相直接联系的能量，也是属于客体自身的。在此动力学变量时间的指称之上，对能量-时间不确定关系的解释，其语境是本体论意义上的，只能反映客体自身内部间的联系。

（2）基于动力学演化的解释语境构建。上述三种能量-时间不确定关系反映的都是在系统的能量弥散和系统演化特征进程间的关系，都是存在于动力学过程之中的，故都与动力学方程相一致。动力学的方程是对量子客体运动演化的客观描述，这是毋庸置疑的，从而能量-时间不确定关系作为其分析命题自然也是关于客体自身的描述，并不与主体的经验发生任何直接的联系。

（3）对能量-时间不确定关系意义的解释。上述解释中，第一种解释反映的是客体间的相互作用特性，第二种解释反映的是客体的存在特性，第三种解释反映的是客体的演化特性，都是对客体特性的揭示，并不需要像第一部分中所论述的认识论解释语境那样在物理学之外引入附加的哲学假设来验证。这里所得出的能量-时间不确定关系是分析性命题，它的正确性与否并不需要经验的证明。

指称动力学时间变量的能量-时间不确定关系的解释语境是需要进行语境构造的，即在量子体系内部语义地构造一个动力学时间变量。它表征了体系内部存在特性间的一种相互关联，反映了系统的动力学演化同系统能量值变化之间的关系。它所反映的内容是在本体论层面上的，不表达任何关于人类认识客体世界的内容。其中，相互作用的解释和玻尔的存在解释建立在单个过程的意义上，特征时间解释建立在统计的意义上。

三、语义学的解释语境

将外部的绝对时间内化到具体的量子系统内部，则产生了属于特定量子系统的动力学时间变量。但动力学时间同能量间的不确定关系仍然不能够与位置-动量不确定关系相对等，须有可观察量的时间才可以实现两种不确定关系的形式统一。因为位置、动量、能量都是量子力学的可观察量。

量子力学可观察量的构造是在动力学变量的基础上，通过数学规范来实现的：须与相应的自伴算符（厄米算符）对应，一方面以保证对此力学量的测量所得结果是实数，另一方面保证拥有足够多的本征态以组成完备集。而实际中还必须在操作上作要求，必须能够通过某种实验方案的实施实现对其的测量。动力学变量不一定是可观察量，而可观察量却一定是属于特定量子系统的动力学变量。如何才能寻找到可观察量的时间，以保证能量-时间不确定关系在最严格的意义上成立，与位置-动量不确定关系建立在相同的基础之上？建立在时间可观察量基础之上的能量-时间不确定关系的意义是什么？

下面将从两种不同的语义构造途径予以讨论。

1. 时态可观察量

狄拉克曾直接将时间引入量子力学可观察量的范围，而未对参量的时间作任何的变换和修正，但他对时间的共轭量做了修正，使其不再是系统的能量，即哈密顿量，而是负的能量 $-W$，然后将时间 t 和负的能量 $-W$ 引入体系作为的 $2n$ 个正则变量之外新的正则变量。这样一来，t 和 $-W$ 之间的对易关系就会与哈密顿方程 $H-W=0$ 不一致①。后来狄拉克自己也放弃了这样的做法，认为它是“相当不自然的”②。

近些年，在狄拉克方法基础之上，不断有人试图从经典的哈密顿原理出发来构造建立在时间可观察量之上的严格意义的能量-时间不确定关系。这里我们只讨论其中一种——时态（Tempus）可观察量的构造。把自由粒子作为研究对象，时间可观察量的构造是从哈密顿原理出发，通过正则变换的量子化实现的。具体过程如下：将正则变量位置和动量 (q, p) 作正则变换，得到新的正则变量 (q', p')。若选新的正则动量 p' 为系统能量 E，则新的正则坐标 p' 应是与能量 E 共轭的量，称之为时态。时态具有同时间相同的量纲，但在概念上与系统的时间 t 不同。由于泊松括号的正则不变性，有 $\{q, p\}=\{T, E\}=1$。在此基础上，对 T 和 E 进行量子化，得出的时态算符 $\hat{T}$ 和能量算符 $\hat{E}$ 满足正则对易关系，且保证了 $\hat{T}$ 是一自伴算符。$\hat{T}$ 算符的形式可以通过哈密顿原理和正则变换求出，由基本的量子力学算符（如 q 和 p）所表达。这里，只要量子系统的 $\hat{T}$ 和 $\hat{T}^2$ 存在，$\hat{T}$ 和 $\hat{E}$ 就

① 雅默．量子力学的哲学．秦克诚译．北京：商务印书馆，1989：69.

② 雅默．量子力学的哲学．秦克诚译．北京：商务印书馆，1989：165.

满足不确定关系 $\Delta E \cdot \Delta T \geqslant \hbar/2$。对于保守系统而言，时态算符 $\hat{T}$ 的期望值等于系统演化的时间 t 加上一常数，是与普遍的时间参量直接相关的，但在概念上并不相同，时态是通过量子力学的算符所构造的可观察量。这里，ΔT 是时态的涨落，ΔE 是系统能量的涨落。对自由粒子来说，能量为 $E=p^2/2m$，所构造的时态算符 $\hat{T}$ 的形式为 $\hat{T}=1/2m(\hat{q}\hat{p}^{-1}+\hat{p}^{-1}\hat{q})$，二者之间满足关系 $\Delta E \cdot \Delta T \geqslant \hbar/2$，且由于它与外部时间 t 的相关性，可认为是属于系统的时间可观察量。①

在量子体系的内部语境中，从经典的哈密顿原理出发，利用量子化方法来构造可观察量时间算符，从而构建能量-时间不确定关系。此种关于能量-时间不确定关系解释语境的构造，完全是通过数学上的处理，在语义学上构造出一个可观察量的时间算符，达到能量-时间不确定关系在与位置-动量不确定关系相同的严格意义上的成立。这里，先预设了能量-时间不确定关系在可观察量基础上的严格成立，然后从理论的数学构造入手，构建可观察量的时间算符，以此来论证能量-时间不确定关系的严格成立，因而完全是把结论作为论证前提的循环论证。尽管所构造的时间可观察量满足可观察量的要求，并与外部的时间呈线性关系，但对于在此基础之上的能量-时间不确定关系而言，解释语境的成立没有现实的理论意义和经验意义。

2. 正算符的时间可观察量

另一种建构可观察量时间的途径是从测量理论来进行的。② 布施（Busch）从测量理论入手，通过引入新的关于可观察量的定义，将时间列入可观察量的范围。通常可观察量算符是用自伴算符表示的，即谱测量是与自伴算符相关的。但用投影算符取值（projection-operator-valued）的谱测量对于处理可想象的实验情形是很有限的。若引入新的算符定义来与测量相关：用正算符取值（positive-operator-valued）或用效应取值（effect-valued）的测量，从测量的结果反推到算符，则可描述量子测量的普遍情形。可观察量算符的定义依赖于测量的结果，而不再像以前从数学上用自伴算符来定义，在物理上则解释为在任何态下其平均值为实数，且是完备的。

以衰变实验为例，将新的可观察量的定义应用到时间上去，以寻求时间可观察量。用在特定的时间 Θ 内观察到衰变事件 A 发生的相对频率来代替量子力学的几率 μ，与特定的几率 $\mu(t)$ 相联系是对应于该观察量的效应取值算符（正算

① D. H. Kobe, V. C. Aguilera-Navarro. Derivation of the energy-time uncertainty relation. Physical Review A, 1994, 50 (8): 933-938.

② Paul Busch. On the Energy-Time Uncertainty Relation. Part I: Dynamical Time and Time Indeterminacy. Foundations of Physics, 1990, 20 (1): 5.

符）$E(\Theta)$，算符 $E(\Theta)$ 与几率 $\mu(t)$ 通过在态 W 下的关系 $\mu(t)=\mathrm{tr}[W, E(\Theta)]$ 一一对应，其取代值范围为{0，1}。这样一来，时间在测量中的可观察量算符就是 $E(\Theta)$，其期望值也是和外部的时间 t 相差一常数。在算符 $E(\Theta)$ 和系统的哈密顿算符 H 之间，通过求方差在统计的意义上能够确证不确定关系 $\Delta T\cdot\Delta H\geqslant\hbar/2$ 成立。

这里需要注意的是，对于衰变的测量是把时间作为可观察量进行的，这与以往的测量把时间作为参量是不同的。通常是在某特定时刻 t_0 测量力学量 A 得到值 a 的几率为 $\mu(A;t)$；而对于时间的测量，则是时间间隔 Θ 内，力学量 A 的值为 a 的几率 $\mu(\Theta;A)$ 为多大。$\Delta T\cdot\Delta H\geqslant\hbar/2$ 的严格成立需要对事件发生的所有可能时间进行测量，而在现实操作中，若对客体信息无一定掌握时这是不太现实的。

在量子力学的测量语境下，给可观察量一个操作性的定义，从而将时间列入可观察量的范围。这里对时间可观察量的构造，是针对特定的测量过程进行的，不具有普遍性。所构造的时间算符 $E(\Theta)$ 虽是从测量的结果即几率出发，但也是从语义学上定义出来的，且它本身也不具有任何的物理内涵，只是对外部绝对时间的一种伴随而已。此解释语境的成立，也只能作为能量-时间不确定关系一种在可观察量算符的严格意义上成立的论证，并不能表明系统本身的本体论意义上，或人类与物理系统相互作用中认识论上的任何内容，只是在语义学上成立的。

上述是两种指称可观察算符时间的能量-时间不确定关系的解释语境。二者不同之处在于：首先，前者立足于对量子可观察量的原始定义，通过构造一个满足当下定义条件的时间算符，来论证此算符与能量间的关系；后者则打破了对可观察量的原始定义，定义了新的可观察量，从而把时间纳入可观察量之列。其次，前者的着手点在经典力学；后者则直接从量子力学的体系入手。二者的共同之处在于：①时间成为量子力学中的可观察量，是从语义学的路径实现的，完全是主体为了达到对能量-时间不确定关系在严格可观察量意义上成立的论证，从理论的某一方面入手，在语义学上寻求所得到的，并不能体现特定的量子客体本身的属性，或是体现特定的主客体相互作用的认识过程中的特性；②对于能量-时间不确定关系的解释都是先预设了其成立，然后通过语义学上的构造和数学上的运算来循环论证的，包含了指向目的意义的解释语境基点，不具有现实的理论和经验意义。因而，在可观察量时间内涵基础之上的能量-时间不确定关系的解释语境是语义学上的解释语境。

指称可观察量时间的能量-时间不确定关系的解释语境与指称动力学时间的能量-时间不确定关系的解释语境相同，它需要构造特定的语义构造，仅仅在语义学层面上成立。它所表达的关系是统计意义上的，是与其所赖以成立的特定的语境的统计特性，即与可观察量的时间所共轭的能量是统计意义上的涨落相联系的。

综上所述，在三种不同的时间含义之下的能量–时间不确定关系的解释语境分别表达了在认识论的、本体论的和语义学层面的内涵，即分别在主客体之间、客体、主体三个方面表达了在能量同时间之间不确定关系的特定内涵，见表5-1。

表5-1　三种对能量–时间不确定关系的解释语境

解释语境	Δt 的指称	ΔE 的指称	语境构造基础	意　义
认识论的	参量的时间	测量的不准确度、对其改变	测量语境	“在小的一端上的认识论闭合”
本体论的	动力学变量时间	测量的对其改变、能量的弥散	动力学演化的语境	“理论决定我们能够观察什么”
语义学的	可观察量时间	能量的弥散	指向目的意义的语境	在可观察量的严格意义上成立的论证

随着科学的发展，其理论的抽象化程度越来越高，仅仅有抽象的数学体系是不够的，在抽象的关系式 $\Delta E \cdot \Delta t \geqslant \hbar/2$ 之外，寻求其物理解释是必要的。而鉴于物理学家们在进行物理解释时对时间所扮演的角色的不同预设、对其所属的不同哲学层面的认定等一些语境因素对其解释的影响，对能量–时间不确定关系解释语境的分析是必要的。只有在横向的、在意义基础的背景下来理解，才能对能量和时间的确切所指，对二者间不确定关系所反映的哲学内涵有一清晰的理解。

第五节　当代规范理论语境中的科学实在论

关于物质结构的各种量子场论（包括经典量子场论、规范场论、量子引力），都是量子力学和相对论从不同角度、用不同方法、在不同程度上的结合。其中，以杨–米尔斯理论为核心的规范场论是最成功的，以它为基础的粒子物理的标准模型，统一描述了62种基本粒子及其相互之间的强作用、弱作用和电磁作用（描述引力作用的广义相对论是一种不同于杨–米尔斯理论的规范理论）。本节正是要在当代规范理论语境中，通过考察粒子物理的标准模型，直接面对科学实在论和反实在论争论的焦点——微观世界中基本粒子是否真实存在的问题，为此要回答基本粒子到底是什么的问题，如果是些理论实体（粒子、场或者弦），那么哪个更基本？如果是些数学结构，那么是些什么样的表象？它们跟经验证据有什么样的关系？最终为科学实在论提供一个很好的案例和论证，说明科学理论能够揭示物质世界的深层结构。

一、关于量子场论哲学的研究进展

无论在国内还是国外，有关相对论和量子力学的哲学研究都很多，相形之下，关于各种量子场论（包括经典量子场论、规范场论、量子引力乃至弦论）的哲学考察则为数不多。可是，从量子力学和狭义相对论结合产生经典量子场论（量子电动力学）开始，量子场论已成为当代物理学中最基本的部分，成为理解物质世界基本结构的概念框架，并且像物质世界的基本实体问题，以及物理对象、时空、实验、相互作用之间的关系问题等一系列新老问题，只有放在量子场论的统一框架中才可能阐释清楚。同时，自从20世纪60年代逻辑经验主义衰落之后，科学实在论和反实在论之间的争论成为了科学哲学的主战场。但是专门讨论量子场论中的实在论问题的文章为数不多。在国内，由于辩证唯物主义的传统，何祚庥的《量子复合场论的哲学思考》（1997年）、金吾伦的《物质可分性新论》（1988年）总结讨论了物质的层次结构问题。薛晓舟、张会的《现代物理学的哲学问题》（1996年）、洪定国的《物理实在论》（2001年）以及薛晓舟的《量子真空物理导引》（2005年）用了专门的章节讨论量子场论的哲学，加上另外几篇论文，都体现出物理系教授的准确性，但在哲学上的系统研究不够。近几年还出现在物理学背景下讨论时空实在论、结构实在论的几篇论文，比如郭贵春、程瑞的《时空实在论与当代科学实在论》，以及在曹天予影响下对结构实在论的介绍等。但就量子场论哲学来说，国内最新进展是桂起权、高策等撰写的《规范场论的哲学探究——它的概念基础、历史发展与哲学意蕴》（2008年），该书的重点在于规范场论的概念思想史研究，是量子场论的哲学研究的一个亮点，也是国内规范场论哲学研究的新起点，只是该书尚未讨论规范场论以及粒子物理标准模型中的科学实在论。事实上，量子场论中科学实在论（包括本体论）研究是更为基础性的研究，这也可以从国外的研究看出来。

在国外，公认的量子场论中的哲学问题研究，肇始于雷德黑德（Michael Redhead）的两篇论文（1980年和1983年），尤其是《针对哲学家的量子场论》（1983年）这篇论文，提出并试图回答诸如："能不能给量子场论一种粒子解释；以及能不能确定基本粒子是场还是粒子"等8个问题。1988年出版第一本会议论文集《量子场论的哲学基础》，首次明确意识到量子场论的哲学研究滞后的原因主要是复杂的数学形式遮盖了其中的哲学问题。1991年桑德斯（Simon Saunders）和布朗（Harvey R. Brown）主编的论文集《真空的哲学》，12篇论文主要对量子场论中的真空概念进行了本体论方面的研究。20世纪90年代的研究专著只有三本。1995年泰勒（Paul Teller）的《量子场论的诠释》[①] 和欧阳（Sunny Y. Auyang）的《量子场论是如何可能的?》[②]，分别提出了两个相竞争的基本实体：场量子（field quanta）和场事件（field events）。1997年曹天予的量子场论史专著《二十世纪场论的概念发展》，在最后一章历史性地总结了，正是规范场纲领中的本体论综合了几何纲领中的本体论和经典量子场纲领中的本体论，才实现概念发展，并为科学实在论做了辩护。随后几年主要是从事物理学哲学的专家跟主流科学家（包括好几位因量子场论而获诺贝尔奖者）就量子场论的基础问题，所进行的相互对话和评论，形成三本会议论文集，《量子场论的概念基础》（1999年）、《物理学在普朗克尺度上与哲学遭遇：量子引力的当代理论》（2000年）和《量子场论的本体论方面》（2002年），对话最多的还是量子场论中的本体论和实在论问题，包括对泰勒的《量子场论的诠释》做了各种讨论。学术论文也越来越多，《综合》（Synthese）就量子场论中的结构实在论出了专辑（2003年）。近几年来，研究向纵深发展，2006～2008年牛津大学出版社出版的一套书，有一种把量子场论中的哲学研究跟一般的哲学理论研究结合起来的趋势。其中，希利（Richard Healey）的《规范实在——当代规范理论的概念基础》[③]（2007年），第一部分（包括1～4章）从对人类最早发现的规范场——电磁场中的电磁势和A-B效应这种实验现象的关系入手，认为规范势表示了一种非定域的结构；第二部分（包括5～8章）把第一部分的结论推广到量子化的规范理论中，试图以圈（代替点）表象来解释规范场论。该书是国外唯一专门研究规范理论哲学的专著，是作者多年来研究规范理论的总结，但是其重点还是在解释规范场论本身。

总之，人们逐渐认识到量子场论是科学哲学发展的新契机，犹如相对论和量子力学推动科学哲学的发展一样。近几年来在科学实在论和反实在论之争中，国外反实在论阵营更加注重案例分析，发展了本来在反实在论中就很有力的“不充分决定论据”和“悲观的元归纳证据”。面对新的挑战，科学实在论不得不回到科学实在论和反实在论争论的焦点——基本粒子的实在性问题。其实，在当代规范理论的框架下讨论科学实在论，正是量子场论的哲学研究不同于相对论哲学和量子力学哲学的特质所在，它的地位类似于相对论中的时空问题和量子力学中的测量问题。

---

① Paul Teller. An Interpretive Introduction to Quantum Field Theory. Princeton：Princeton University Press，1995.

② Sunny Y. Auyang. How is Quantum Field Theory Possible? Oxford：Oxford University Press，1995.

③ Richard Healey. Gauging What's Real. Oxford：Oxford University Press，2007.

二、关于粒子物理的标准模型

2008 年 9 月 10 日，花费 20 年耗资 5416 亿美元的大型强子对撞机（LHC）在著名的欧洲核子研究中心正式启动，这个有 80 个国家和地区 7000 多名科学家和工程师参加的项目，首要任务就是为了证明粒子物理的标准模型中，被喻为“上帝的粒子”的“希格斯玻色子”的存在。（中国也有几百个工程师和科学家参与了 LHC 对撞机和探测器的设计建造，并将参加物理数据的获取、分析和研究。）希格斯玻色子和标准模型为什么如此重要？这跟它在标准模型中的地位、以及标准模型在粒子物理中的意义和地位有关。

概括地讲，粒子物理的标准模型是统一描述所有基本粒子、及其相互之间的强相互作用力、弱相互作用力和电磁力的理论。就具体理论而言，粒子物理的标准模型包括电弱统一理论和量子色动力学，它们都是规范场论。在标准模型中，所有基本粒子分成费米子和玻色子，费米子自旋为半整数并且遵守泡利不相容原理，玻色子自旋为整数并且不遵守泡利不相容原理，而费米子之间的相互作用力是通过中介玻色子来传递的，由于每组中介玻色子的拉格朗日函数在规范变换中不变，所以这些中介玻色子就被称为规范玻色子。标准模型中规范玻色子包括：8 种传递强相互作用的胶子、1 种传递电磁相互作用的光子、3 种传递弱相互作用的 W^+、W^- 和 Z^0 玻色子，这些规范玻色子自旋为 1，另外还有玻色子自旋为零的希格斯玻色子，正是它形成的希格斯场，使得在其中运动的夸克和轻子以及传递弱相互作用的 W^+、W^- 和 Z^0 玻色子获得质量，可以说希格斯玻色子是质量之源。也正是在此意义上可以说希格斯玻色子是标准模型的拱心石。

另外，标准模型所预言的 62 种基本粒子中，除了 13 种规范玻色子和希格斯玻色子外的 48 种费米子，又分成发生强、电弱作用的夸克和只发生电弱作用的轻子。轻子分成 6 类，分别是电子和电子中微子、μ 子和 μ 子中微子、τ 子和 τ 子中微子，夸克又分成 6 味：上和下（u、d）、粲夸克和奇异夸克（c、s）、顶夸克和底夸克（t、b），每味再分成三色共 18 种夸克，这些轻子和夸克还有其对应的反粒子，总共 48 种。除了引力子因质量太弱没有观察到外，希格斯玻色子是唯一在实验室中还没有找到的基本粒子，而粒子物理的标准模型重点是引力之外的三种基本相互作用力，所以希格斯玻色子的实验验证就更加重要，这也正是 LHC 的首要目标，对标准模型具有举足轻重的意义。就标准模型对粒子物理的意义而言，自从 1932 年发现中子之后，新发现的粒子越来越多，在标准模型之前一直无法对它们进行统一描述，相反，自从 20 世纪 60 ~ 70 年代有标准模型后，粒子物理学从找不到一个理论框架来理解实验数据的局面，转变成如果物理学家提出的理论比标准模型还新，那么就会超出当时的实验技术水平而得不到检验的局面。在实际运用中以及就理论和经验的符合角度而言，标准模型可谓名副其实。按照科学哲学研究的惯例，往往选择成熟理论进行考察，所以粒子物理的标准模型本身就是一个很好的案例。

三、基本粒子

在当代规范理论的语境下来考察粒子物理标准模型，是想通过回答基本粒子到底是什么的问题，最终为科学实在论辩护。如果基本粒子是些理论实体（entity），那么到底是粒子、场还是弦？如果是些数学结构（结构实在论等结构主义的观点），那么是些什么样的表象（representations）？它们跟经验证据有什么样的关系？在回答这些问题的基础上才能为科学实在论进行论证。

1. 理论实体的问题

这是一个典型的物理学中的哲学问题，甚至是一个让物理学家也无可适从的问题。正如因电弱统一理论获得诺贝尔物理学奖的温伯格（Steven Weinberg）在其三卷本《场的量子理论》中所讲的，物理学家并没有把握说场和粒子哪个更基本，甚至认为："新的理论可能不是场或粒子的理论，或是很不一样的东西，比如弦。"（2000 年）值得一提的是，正如描述引力的广义相对论是一种不同于杨–Mills 理论的规范理论一样（后者比前者容易量子化），超弦理论也是一种规范理论，只不过是一种不同于场论的新的规范理论。要看清粒子、场和弦（膜）哪个更基本，就要厘清各种量子场理论中的相对论、量子力学、经典量子场论、规范场论、量子引力以及超弦理论之间的关系，尤其是要看各种量子场论中哪一个把相对论和量子力学结合得更好（理论上和实验上）。比如，如果认为场比粒子更基本，就是认为规范场论已把相对论和量子力学结合得够好，随后就要为量子规范场论中的重整化问题辩护，因为如果重整化只是单纯计算上的约定，跟规范场论内部没有逻辑必然性，就不能认为场是最基本的。各种量子场理论之间和每一种量子场论内部都有这种问题，比如，真空的本质、内部空间和现实时空之间的关系问题、规范论证、引力是否必须量子化、弦论中的对偶性问题等等。只有在统一的框架下厘清这些问题，才能回答粒子、场以及弦之间的关系问题以及哪个更基本的问题。

从理论和实验综合起来看，目前量子规范场论及其体现在粒子物理中的标准模型，不仅理论上把相对论和量子力学很好地结合起来，而且实验上得到了空前的验证。就相对论的量子力学而言，物质都是以物质场和规范场这两种方式存在的，在粒子物理的标准模型中，不管是物质场还是规范场都是量子场。对于量子场的实质问题，如前所述，泰勒的《量子场论的诠释》和欧阳的《量子场论是如何可能的?》，分别提出了两个相竞争的基本实体：场量子（field quanta）和场事件（field events）。引起不少讨论，如有人认为场量子还不够基本，场事件也应当理解为戴维森式事件（Andreas Bartels，1999）。我们认为在标准模型中，理论实体实际上是量子场中的场量子。关于量子场的物理实在性，曹天予曾经把它总结为："量子场是一种动力学的整体性基质，它是振荡的、局域可激发的以及在本质上是量子的。不过，这种基质本身又取决于（或者说在本体论上有赖于）已经存在的背景时空，即具有固定的经典时间几何学结构的四维闵科夫斯基流形。而且就是这种整体性的、有结构的背景时空决定了各种物理性质。"① 这就涉及数学结构问题。

2. 数学结构的问题

这既是一个数学问题，也是一个哲学问题。当代规范理论有一个统一的数学框架是纤维丛理论，简单地说纤维丛由一个底流形及其上每一点的纤维组成，如果每根纤维是一个矢量空间就形成一个矢量丛，如果每根纤维是一个群那么就形成群丛，等等。按照纤维丛理论，标准模型中的基本粒子是作为一些数学对象来表示的，在规范场论中又分为物质场、规范场和相互作用场来表示，物质场可以用时空流形上矢量丛的切面表示，规范力场可以用主丛上的联络表示，物质场和规范场之间的相互作用可以通过相互作用丛和相应的相互作用粒子丛进行研究。在粒子物理的标准模型中，一个基本粒子只能表示成如此这般的数学结构。比如，一个自由粒子对应于局域时空对称群的一个不可约表示，而著名的标准模型中的规范群 $SU(3)\times SU(2)\times U(1)$，其有限维不可约表示决定了基本粒子的多重态。

问题在于这些数学结构和物理内容的对应关系如何？这些能通过规范变换相互联系的数学表象有唯一性吗？也就是说存在一个数学结构是否超出物理内容的问题。事实上，的确有些规范对称只具有形式上意义，在自然界中是没有对应物的，所以规范变换也不是唯一的。也就是说存在一个数学结构是否超出物理内容的问题。按照结构实在论的观点，表示物质场、规范场及其相应粒子的这些数学结构，主要是些纤维丛截面，并且这些纤维丛截面可以视为一些超出经验现象的结构。一方面，这些结构可以表示物质粒子；另一方面，它们又不直接是诸如能量、动量和电荷之类的经验性质，也就是说它们不是直接可观察的。当然，数学结构和物理内容的对应关系，这个问题还是整个粒子物理标准模型内部的理论问题。就理论跟经验的关系而言，就会涉及标准模型的经验证据问题。

① Cao Tianyu. Structural Realism and Quantum Gravity//Dean Rickles, Steven French, Juha Saatsi, eds. The Structural Foundations of Quantum Gravity. Oxford: Clarendon Press, 2006: 46.

3. 经验证据的问题

这是一个关系到我们支持实在论还是经验主义的问题。在理论实体-数学结构-物理内容-经验数据的关系链中，理论实体对应于相应的理论框架，理论框架中的数学结构和物理内容又不完全一一对应，只有物理内容才能用经验检验。如果强调理论实体和数学结构的根本性，就容易支持实在论，如果强调物理内容和经验证据的优先地位，就容易支持经验主义。而经验证据是不可能在科学理论内部得到解决的。所以，基本粒子的经验证据问题，实际上就是粒子物理标准模型的经验验证问题。其实，标准模型跟经验之间的关系有两方面，一方面是标准模型中有20个参数，包括9个费米子的质量、3个耦合常数、1个CP角及与之混合的3个角、2个玻色子质量、1个希格斯玻色子质量和1个QCD的θ角，是无法从规范原理这种一般性原理直接推导出来，只能通过实验确定，另一方面，如前所述，标准模型所预言的62种基本粒子几乎全部为实验所证实（除了引力子因质量太弱没有观察到外），只剩下1个使这些基本粒子产生质量的希格斯玻色子。事实上，希格斯粒子的寻找是LHC建造的最重要动力，LHC上计划开展的4个主要实验就有2个（ATLAS和CMS）是为了探索希格斯机制。比如ATLAS探测器（A Toroidal LHC Apparatus）的直接探测对象主要是光子、轻子和强子，包括对它们的识别以及对它们的能量动量等进行测量，最后通过计算得到希格斯粒子的质量，实现在实验室中证明其存在。

事实上，有了标准模型后，所有的实验数据都可以得到解释。在理论实体-数学结构-物理内容-经验数据的关系链中，如果强调理论实体和数学结构的连续性，就容易支持实在论，如果强调物理内容和经验证据的优先地位，就容易支持经验主义。但是，粒子物理的标准模型不是在所有的基本粒子发现之后归纳总结出来的经验模型。相反，许多粒子都是根据标准模型的预言发现的。所以，就理论跟经验的关系来说，我们认为粒子物理的标准模型这个物理理论优先于其物理经验，也就是说我们更强调量子场及其数学结构的优先地位，更倾向于结构实在论。

四、科学实在论的论证

这是一个真正的哲学论证。目前对反实在论最有利的论据要数“本体论不连续性”“不充分决定论据”，以及这些证据改进之后的新一轮“组合拳”。2006

年斯坦福（P. Kyle Stanford）的《超出我们的理解力：科学、历史和没把握的选择问题》[①] 一书，根据生物遗传学史的考察，提出一个“没把握的选择问题”，认为科学家们总是无法对当时的理论做出有把握的选择，即使当时这些选择已经有确定证据，并且这些理论已经进入下一步的科学研究之中。“没把握的选择问题”试图说明科学理论没有能力理解世界的深层结构，引起科学实在论和反实在论新一轮论战。就科学实在论来说，目前要做的事情是找到更有力的证据为科学实在论辩护，以便回应反科学实在论的新的反驳证据。

在规范理论的语境中考察粒子物理的标准模型，在搞清楚基本粒子到底是什么及其跟经验证据的关系问题基础上，通过回应一些著名的反实在论的论题，来很好地论证科学实在论，提出新的科学实在论证据。理论实体问题所讲的粒子和场可以构成对本体论不连续性论据的反驳，因为规范场中的场实际上指的是场量子，从粒子到场量子是有一定的本体论上的连续性的。甚至从结构主义出发可以提出一种“指向实在论”（不同于收敛实在论和指称实在论），因为在一定的语境中，各种理论框架和科学实践都指向一定的对象，理论实体中粒子和场哪个更基本的问题具有很强的时代性（语境依赖），经典物理中的粒子和场跟量子力学中的粒子和场就有所不同，量子力学中的粒子和场跟量子场论中的又有所不同，各种量子场论中的也有所不同，但是它们都指向同一个研究对象。也正因如此我们认为量子化的场（场量子）比“粒子”更基本。

搞清楚基本粒子物理标准模型中的数学结构和物理内容跟经验证据之间的关系，是足以回应不充分决定论据的，虽然在某些科学领域，经验证据看上去不能决定唯一理论模型，但是在粒子物理的标准模型这种理论中，这些理论模型在结构上具有很好的一致性。而且，通过把理论实体、数学结构、物理内容和经验证据结合起来发展结构实在论，以回击反实在论“没把握的选择问题”这种新的“组合拳”。一方面，从科学史来看，粒子物理的标准模型不仅不是从经验事实归纳总结出来的，而且许多基本粒子及其性质都是由同一个标准模型所预测的，甚至每种基本粒子的经验性质都由同样的数学结构来描述，也就是说，不仅不是同一个经验事实对应着多个理论模型，而且是多个经验事实对应着同一个理论模型，这就直接反击了不充分决定论据。另一方面，如前所述，就粒子物理的标准模型这一具体理论而言，物理学家们花费巨资建造 LHC，这一事实本身说明，科学家们在很大程度上是选择了粒子物理的标准模型，而且是在无数次实验中实际选择了标准模型。当然，在多大程度上进行“有把握地”选择，还有待深入研究。另外，规范场论比之前的经典量子场论和之后的弦论有更多的经验证据，这

① Kyle Stanford. Exceeding Our Grasp: Science, History, and the Problem of Unconceived Alternative. Oxford: Oxford University Press, 2006.

一点更有利于发展“最佳说明推论”和“乐观的元归纳证据”。各种粒子和相互作用都优美地满足同样的理论模型，这不可能仅仅是一种“奇迹”，有利于“奇迹论证”。诸如此类，可以说粒子物理的标准模型是检验科学实在论和反实在论的试金石。

当代规范理论语境中的科学实在论问题研究，敢于直面基本粒子到底是否存在——这个科学实在论和反实在论争论的焦点，通过对粒子物理标准模型的考察，为旷日持久的科学实在论和反实在论之争，提供了一个不能回避的案例，并且是一个具有普适性的很好例证，有利于对科学实在论进行系统的直接论证。把各种量子场论（包括弦论）看做是相对论和量子力学的各种结合，用科学的形而上学方法，把各种量子场论中的理论实体纳入统一的框架来考察。通过粒子物理标准模型中数学结构和物理内容的考察，发现相对论中实在论因素和量子力学中经验论因素，在规范理论语境中相互结合，这和当代科学实在论和反实在论在方法论上走向趋同是一致的。而科学实在论和建构经验论之间的对立，以及量子场论中相对论中的实在论因素和量子力学中经验论因素的结合，导致了基本粒子标准模型中结构实在论和结构经验论之间的张力，通过结构主义为桥梁有利于处理科学实在论和建构经验论之间的老大难问题。然后，借用粒子物理标准模型这个案例，回应和反驳反实在论中最新的“没把握的选择问题”。另外，考察粒子物理标准模型，有利于追踪 LHC 寻找希格斯玻色子最新结果，率先反映出它对科学实在论和反实在论之争意义之所在。总之，我们认为粒子物理的标准模型更支持科学实在论，科学理论有能力把握物质世界的深层结构。

第六节　时空实在论与非充分决定性论题

在科学实在论与反实在论的争论中，科学的非充分决定性论题（scientific underdetermination thesis）一直是被反实在论者称为对科学实在论构成了“真正的威胁”的论点之一。传统的科学非充分决定性论题强调证据对理论的非充分决定性，最著名的是狄昂的弱非充分决定性论题和蒯因的强非充分决定性论题的表述。其出发点在于经验相当的不同理论 T_1 和 T_2 之间在理论上的不相容性和它们各自在经验意义上与证据 E 之间的一致性。其分歧在于，证据对理论的非充分决定性是建立在现有证据的基础之上，还是针对所有可能的选择规则而言的。事实上，在当代科学哲学的发展中，随着实在论和反实在论争论的不断深入和争论策略的不断改变，非充分决定性论题已经得到了更加广泛的讨论。对这一论题的理解和剖析，要建立在对科学理论、科学实在论和反实在论的进展进行分析的基础上。

当代科学非充分决定性论题的讨论在很大程度上与时空物理学的发展相联

系，本节就从物理学时空理论中的非充分决定性问题入手，从案例上深刻剖析基于对科学实在论的认识论、语义学和本体论分析而来的三个方面的非充分决定性论题的内涵实质，非充分决定性论题在科学理论中的作用和它对科学实在论的影响，以及科学实在论者对非充分决定性论题的回答策略，在此基础上理解当代科学实在论辩护的新特征。

一、非充分决定性论题的内涵

在科学实在论与反实在论的争论中，非充分决定性论题一直是反实在论者使用的有力论据之一。传统的非充分决定性是指证据对理论的非充分决定性，其形式可以表述为：对于所有的科学理论，都可以存在无限数目的经验等价但不相容的理论 T , T' , T'' ，…经验等价即，证据对于 T 和 T' 是相同的，因此，我们不能根据经验证据在 T 和 T' 之间做出选择，理论的选择在根本上是非充分决定的。

在几十年的争论中，实在论者已经指出：传统的非充分决定性论题是建立在把经验的等价等同于认识的等价的推论之上的，这种推论的基础本来就值得怀疑。劳丹（Laudan）和利普林（Leplin）1991 年就在科学不断发展变化的基础上，对经验等价的理论存在的持久性提出了质疑。他们指出，经验等价的观念是建立在对可观察和不可观察现象之间的强烈的静态区分上的，因此非充分决定性论题的部分前提“既是语境的又是可废止的”[①]，因为经验等价性的判断必须相对于科学和技术的特定状态。由于科学不断前进，可观察现象的范围一直在扩张，传统的建立在经验等价性基础上的非充分决定性就只是一种短暂形式的非充分决定性。同时，随着科学及其测量手段的不断深入，人们对世界的认识不断超越经验所能及的范围，科学实在论与反实在论争论的焦点和策略也在不断改变，相应地，非充分决定性论题也在不断地变化。按照当前实在论和反实在论争论的情形，我们可以对科学实在论做出语义学、认识论和本体论三个方面的分析，并且基于这三种分析来理解当代非充分决定性论题的内涵。

当前实在论和反实在论争论的焦点在于，科学中的理论术语（如质子、中子等）是否真实存在。正如范 · 弗拉森指出的那样，科学实在论者通常会认为“科学的目的是通过理论给我们一个关于世界的字面为真的故事，接受一个科学理论意味着相信它为真。”[②] 实在论在最基本的层次上“应当被理解为要求对一

① Larry Laudan, Jarrett Leplin. Empirical Equivalence and Underdetermination. The Journal of Philosophy, 1991, 88 (9): 454.

② Van Fraassen. The Scientific Image. Oxford: Clarendon Press, 1980: 8.

种形而上学解释的承诺”①。按照这种理解，我们可以对科学实在论做出三个方面的分析：①语义学分析：字面为真意味着科学实在论者在一定程度上要字面地理解科学理论的主张；②认识论分析：相信理论为真即科学实在论者要有好的理由来接受特定理论的主张；③本体论分析：实在论被理解为一种形而上学解释的承诺是指科学实在论者对理论的本体论解释应当具有一致的实在性。按照这三种分析，科学实在论者就需要回答三个问题：第一，按照对科学实在论的语义学分析，我们应如何对科学理论进行字面理解？即如果 T 为真，那么它描述的世界应当是什么样子的？第二，对应于科学实在论的认识论分析，我们有什么理由信仰特定理论的主张？也就是，如果 T 为真，那么我们相信 T 的条件是什么？第三，按照本体论分析的要求，我们对世界的最终解释如何？换句话说，在理论的发展中，我们能够在什么样的意义上对世界的真实情况做出实在的形而上学解释？比如说在经典电动力学中，如果站在实在论的角度相信 T，则意味着：①我们要接受电子所描述的理论实体的真实性；②我们要相信电子理论预言的成功保证了我们对电子的描述是对它的正确描述；③我们对电子的本体论解释应当具有一致的实在性。

当代不同的反实在论对科学实在论的反驳，往往针对以上对科学实在论三种分析中的某一种或者两种，相应地形成了基于（对科学实在论的）认识论分析的非充分决定性、基于（对科学实在论的）语义学分析的非充分决定性和基于（对科学实在论的）本体论分析的非充分决定性三个方面的非充分决定性问题。其中，基于认识论分析的非充分决定性对应于传统的非充分决定性论题，是经验等价的不同理论 T 和 T' 之间在理论发展的同一个历史阶段遇到的经验对理论的非充分决定性；基于语义学分析的非充分决定性来自于劳丹的悲观主义元归纳(pessimistic meta-induction)，是从科学史的角度对所有科学理论的正确性提出的非充分决定性；基于本体论分析的非充分决定性则是同一个理论 T 在一定的历史时期内对理论实体的本体论可能出现的不一致解释之间的非充分决定性。

第一，基于认识论分析的非充分决定性，事实上是传统的非充分决定性论题的一种变形。传统非充分决定性指的是对于一组经验证据 E，有不同的理论 T 和 T' 都与 E 相符合，因此，E 不能决定 T 和 T' 中哪一个更正确。那么根据实在论的语义学分析，如果我们相信理论的字面陈述，即相信 T 和 T' 的字面理解，它们的解释可能不同甚至是相互冲突的，这就暗示了我们不能得到认识上不可区分的结果，因而只能得到认识论的反实在论结论。也就是说，对语义的相信不能够充分决定认识的实在性。基于认识论分析的非充分决定性和传统非充分决定性论

① D. P. Rickles, S. R. D. French. Quantum Gravity Meets Structuralism: Interweaving Relations in the Foundations of Physics//D. Rickles, S. French, J. Saatsi, eds. The Structural Foundations of Quantum Gravity. Oxford: Oxford University Press, 2006: 33.

题是一个问题的两个方面，是非充分决定性论题最直观的含义，在讨论的时候我们把它们作为一个整体来理解。

第二，基于语义学分析的非充分决定性，来自于对劳丹的悲观主义元归纳的阐述。悲观主义的元归纳是指，我们曾经有许多成功的理论，现在却被证明是假的，所以我们现在的理论也可能在以后被证明是假的。[①] 从科学史的角度来看，历史上有些理论，比如燃素说、光的粒子说、波动说等，在当时被看作是成功的，认识上也是合理的，但是后来的科学发展证明它们大多是片面或者错误的。悲观主义元归纳就认为我们所有的理论在今后的科学发展中都有可能被推翻，并因此质疑理论术语指称的确定性和实在论者在一定历史阶段对成功理论的解释。按照这种归纳，也就无法证明理论的意义对后续理论的价值。由此而来的基于语义学分析的非充分决定性则可以概括为，虽然根据认识实在论，我们可以找出很好的理由保障对当前理论的信仰，但我们不应当是关于目前理论的语义实在论者。因为它们的语义解释可能并不代表任何真实的东西。也就是说，理论术语的意义和指称是不确定的，对认识的相信不能充分决定语义的实在性。

第三，基于本体论分析的非充分决定性，是同一种理论形式对不同形而上学解释的非充分决定性，可以这样来表述：对于一个我们相信其为最好的理论 T，可以给出不同的形而上学解释 I 和 I' ……这些解释分别对应着不同的本体论 O 和 O' ……这些形而上学解释在经验上是无法确定其对错的，但是它们对于科学理解和科学的发展来说却都有一定程度的影响。概括起来就是，成功的理论非充分决定它的本体论解释。

三种非充分决定性在实质上关乎科学理论发展中的形式、认识论和本体论，虽然在逻辑和概念上它们是科学理论可以区别的不同方面，但在实际的实践和历史中，它们无法分解地纠缠在一起。当代科学实在论者对于非充分决定性论题的反驳，必须是从三个方面给出的一个全方位的反驳。总的来说，基于认识论分析的非充分决定性的缺陷一方面在于经验的局限性，另一方面，我们在对理论的选择中，对 T 和 T' 的选择不一定仅仅取决于观察证据。因此可以如传统的弱非充分决定性所坚持的那样，或者寻找新的证据来判定哪个理论的预言是正确的，或者考虑除与证据符合之外的其他因素，以帮助我们解决问题；对基于语义学分析的非充分决定性的反驳，则在于对悲观主义元归纳的避免。悲观主义元归纳质疑的是理论术语指称的确定性和意义的连续性，并且基于此质疑语义实在论者对理论成功的解释，目的是要切断成功和似真性（truthlikeness）之间的联结，这涉

---

① Timothy D. Lyons, Steve Clarke. Introduction: Scientific Realism and Commonsense//Timothy D. Lyons, Steve Clarke, eds. Recent themes in the Philosophy of Science, Scientific Realism and Commonsense. Dordrecht, Boston, London: Kluwer Academic Publishers, 2002: xiii-xiv.

及实在论说明性辩护的基础，因为实在论的说明性辩护就基于这种联结。因此，实在论者就要试图历史地表明指称的相对确定性和意义的连续性，以回应悲观主义元归纳。而且从科学史的角度看，对发展中的理论 T 和 T' 的字面解释并不一定会产生矛盾，虽然它们在形式上和本体论解释上可能都有所对立，但是这种矛盾在某一个水平上是可以化解的；基于本体论分析的非充分决定性的关键在于对象的观念，因此避免它的一种方法是完全重新概念化这种观念。[①] 比如弗伦奇（French）和拉迪曼（Ladyman）就选择用“结构的术语”对象进行重新概念化，并且强调，虽然理论可能会有不同的本体论解释，但这些解释都建立在同一个基本结构的基础上，因此，在基本结构的水平上它们是一致的。

在非充分决定性论题的争论中，反实在论者通常会把物理学时空理论作为一个很好的舞台，因为三种形式的非充分决定性在这里都能找到支撑点。但是非充分决定性是否真的会成为实在论所无法解决的难题？它会对实在论产生什么样的影响？在这里我们就以时空理论为基础，对非充分决定性论题进行全面的分析和讨论，最终我们要认识到的是：非充分决定性论题是科学发展过程中不可避免地要遇到的问题，但是正如传统非充分决定性争论中一些哲学家认为证据对理论的非充分决定性不可能瓦解科学理论的客观性与实在性，相反还会使科学的成功变得更加卓越一样，当代非充分决定性论题并不能瓦解科学实在论，而与之相反的是，科学实在论在这个辩护的过程中会变得更加卓越。

二、时空理论中的非充分决定性

正如上面指出的，虽然三种形式的非充分决定性在逻辑和概念上是可以区分的，但是在实践和历史中，它们无法分解地纠缠在一起。在时空理论的发展中，非充分决定性的问题在理论的各个层面都存在，我们在下面所举的例子中，只是分别有所侧重地说明了三种非充分决定性。

在时空理论中，基于认识论分析的非充分决定性最著名的例子是范弗拉森的 ND(0) 和 ND(v) 问题。[②] 它是牛顿绝对时空中存在的一种非充分决定性问题。

---

① S. French，J. Ladyman，Remodelling Structural Realism：Quantum Physics and the Metaphysics of Structure. Synthese，2003，136：37.

② 这个问题在很多哲学作品中都有讨论，主要的讨论见：Van Fraassen. The Scientific Image. Oxford：Clarendon Press，1980；M. Friedman. Foundations of Space-time Theories，Princeton：Princeton University Press，1983；Larry. Laudan，Jarrett Leplin. Empirical Equivalence and Underdetermination. The Journal of Philosophy，1991，88（9）：449- 472；J. Earman. Underdeterminism，Realism and Reason//P. French，T. Uehling Jr.，H. Wettstein，eds. Midwest Studies in Philosophy，XVIII，Notre Dame：University of Notre Dame Press，1993：19-38.

在这里，ND 指的是牛顿的运动学原理加引力原理。我们知道，在牛顿的绝对时空观中，时间和空间不受物质运动的影响，是独立于物质的一种绝对存在。因此，绝对空间无从观察，物质相对于绝对空间的运动也是无从观测的。假设宇宙有一个中心质量，它可以相对于绝对空间以任何恒定的速度 v 运动。因此，ND(0) 表示在宇宙质量中心速度相对于绝对空间静止的牛顿动力学，ND(v) 则表示宇宙质量中心速度相对于绝对空间以速度 v 运动的牛顿动力学。因为绝对空间无从观察，而由伽利略不变性可知，ND(0) 和 ND(v) 都正确服从牛顿动力学原理，这样我们就无从揭示牛顿物理学原理遵从的是 ND(0)，还是 ND(v)。因为 v 可以取任意值，所以绝对空间的存在和牛顿力学加引力原理的伽利略不变性就暗示了无限数目的不相容的理论都能被所有可提供的证据非充分决定。

时空理论中基于语义学分析的非充分决定性体现在时空理论从牛顿时空到广义相对论时空，再到目前的量子引力时空的整个发展过程中。我们在上面讨论过，基于语义学分析的非充分决定性来自于劳丹的悲观主义元归纳，现在我们进一步分析时空理论中基于语义学分析的非充分决定性和悲观主义元归纳之间的联系。在反实在论者的讨论中，悲观主义元归纳的例子包括了热质说、燃素说、光的本质的学说等。从中不难看出，悲观主义元归纳讨论了大量不可观察的理论实体。因为理论实体不可观察，实验所验证的是理论的推论及预言的成功，因此我们的认识对于理论实体来说就具有间接性。在相似的意义上，时空的不可观察性使得时空理论的历史发展在一定程度上可以成为悲观主义元归纳的理论支持。悲观主义元归纳主要在于暗示了要求科学革命的成功理论保留较早理论核心术语的明显指称和意义，但是劳丹并没有致力于发现前后相继的理论的语义学连续性，而是走向了以解题为中心的科学合理性模式，这样就忽略了理论术语的指称和意义的连续性。比如在时空理论的发展中，牛顿力学在宏观领域的成功应用使得绝对时空观在很长的一段历史时期成为主要的时空观念，但是广义相对论的成功推翻了牛顿的绝对时空观，而当前人们对于量子引力的追寻则揭示了广义相对论的连续时空的局限性。按照悲观主义元归纳的理解，这个过程中揭示的是，我们对于时空本质的理解经历了由绝对到相对、由平直到弯曲、由连续到离散的变化，在这个过程中的每一个历史阶段，我们都能找到很好的理由来相信当时理论所揭示的时空的性质，但是最终还是要被新的理论所取代。因此认识的局限性让我们也不能相信现在的时空理论对时空的主张，时空的指称和意义在以后的科学革命中仍旧有可能经历本质的变化，我们目前时空理论的成功并不能充分地决定时空的指称和意义。事实上，这种观点并不能真正地反映科学发展中的实际过程。我们要证明的是，在理论发展变化的过程中，理论术语的指称特性可能会有所变化，但是每一个理论所赋予它的基本意义却在理论发展的过程中以某种特定的方式部分地延续下来，成为理论进步的纽带。

基于本体论分析的非充分决定性在时空实在论的争论中主要体现在对广义相对论和量子引力时空的本体论解释中。正如范弗拉森所理解的，实在论对科学理论应当有一种统一的理论解释的形而上学承诺，但是从科学史中我们不难看出，大多数理论的数学形式都不只具有唯一的物理解释，而其中每一种解释所对应的本体论说明都不同甚至互不相容。同样，在物理学时空理论的发展中，时空的本体论解释从一开始就五花八门，尤其是20世纪60年代以后，因为对广义相对论的不同理解，出现了时空的关系论和实体论两种时空本体论观念的争论。实体论是一种追求时空的实在本体的实在论。它表达了这样一种信仰，认为时空是一种真实的东西，它可以独立于通常的物体而存在，并且拥有自己的特性，这种特性超越于处于它内部的任何物体的特性。而关系论则认为时空自身并没有真实的存在，所存在的只有材料物质之间的关系，我们谈论时空的时候，事实上就是在谈论材料之间的空间时间关系特征。用理论的形式化语言表述就是：在实体论者看来，广义相对论模型 $\langle \boldsymbol{M}, \boldsymbol{g}, \boldsymbol{T}\rangle$ 中的 $\langle \boldsymbol{M}, \boldsymbol{g}\rangle$ 可以直接支持时空实体的存在，$\boldsymbol{g}$ 确切地起到了狭义相对性理论中 $\boldsymbol{\eta}$ 的作用，而且度规场与其他场之间确实存在着不同。在关系论者看来，$\boldsymbol{g}$ 并没有起到时空本体论的作用，只是作为场的结构性质而存在。在 $\boldsymbol{g}$ 的这两种意义的选择中，度规张量应该被理解为空间还是其他物质场的问题，取决于人们喜欢的方式，因此在时空实体论和关系论之间进行选择并没有绝对的标准。实体论和关系论对时空的不同理解在很多方面是不相容的，而它们却都在不同的物理学家和物理哲学家中找到了各自的阵营。目前，时空实体论和关系论的争论仍是一个热门话题，它们在各自的立场上都声称能找到成功的物理学论据，并且都对当代物理学理论的思想产生了很大影响。

综上可知，在时空理论的发展中，非充分决定性问题确切地存在着。反实在论者运用的三种形式的非充分决定性论题，事实上是要求科学实在论者针对科学理论发展中三个方面的问题给予回答。具体地说，在 ND(0) 和 ND(v) 中我们选择的标准是什么？广义相对论的时空替代了牛顿时空，目前量子引力时空又提出了与广义相对论时空不同的特性，那么量子引力会不会被其他时空理论替代？我们能不能相信量子引力时空的正确性？我们能不能相信现在一切科学理论的正确性？我们应当如何理解时空的本体论地位？事实上，我们不得不承认，反实在论的非充分决定性论题是具有相当的合理性的，因为它所提出的这些问题包含了科学发展中的理论选择、理论进步和理论解释等问题，传统实在论并没有对这些问题进行过彻底地回答。而且从科学发展的现状来看，即便是目前最好的理论，也会存在相应的竞争理论，这些理论并不能决定它们对于理论术语的指称和意义具有多大程度的确定性，也不能决定它们描述的实体的最基本的本体论特征。所有的这一切都表明，理论发展中的逻辑和历史的关系在传统实在论中并没有得到合理的解释。那么，这些非充分决定性论题是否真的像反实在论者所说的那样，对关于基本物理学理论的科学实在论产生了“真正的威胁”？时空实在论乃至科学实在论会提出什么样的辩护？

三、时空实在论和非充分决定性论题

时空理论中的各种非充分决定性问题涉及理论发展中的形式选择、理论进步和理论解释等问题，因此，时空实在论对它的反驳必须满足对理论的形式相关性、语义连续性和形而上学解释一致性的要求。相应于目前科学哲学中结构实在论的兴起，时空实在论在经过了实体论和关系论的争论后，也开始采用“结构时空实在论”的立场。我们以此为例来分析现代物理学中实在论的发展对非充分决定性论题的回答，进而把握当代科学实在论辩护的某些新特征。

拉迪曼从时空本质争论中得到的一个结果就是，传统的实在论所用的形而上学承诺是被证据非充分决定的，并且认为“有着这样模糊地位的实体的存在”的实在论是一种“假的实在论”。因此，结构实在论要做的就是把理论描述中不同本体论说明的基础移到一起，避免个体化的本体论说明之间争论的出现。具体到结构时空实在论，就是认为时空理论的某些数学结构在理论变化中得到了保留或者积累，我们应当把理论中的这些结构不变量看作我们本体论承诺的所在。结构时空实在论对非充分决定性论题的解决在于通过结构的对称性和连续性消解基于认识论和语义学分析的非充分决定性。关于结构的本体论地位，不同的结构时空实在论之间存在着分歧。我们在这里坚持一种温和的结构时空实在论，认为虽然本体论的承诺在连续理论中可能得到一些修改，但只要存在形式结构的连续性，理论就提供了一种可信的导往发现世界的真正本体论的道路。针对上一部分时空理论中的各种非充分决定性的例子，我们具体进行分析。

第一，结构时空实在论对基于认识论分析的非充分决定性的回答。在当代很多科学哲学家的作品中都提到 ND(0) 和 ND(v) 的非充分决定性，他们大都承认 ND(0) 和 ND(v) 是经验等价的理论。历史上莱布尼茨在反对牛顿的绝对时空时曾提出一种不可区分物体的同一性原理，认为在经验上不可区分的两种东西事实上就是同一个东西。在 ND(0) 和 ND(v) 问题中，因为两种理论对于绝对空间存在状态的不确定性和经验上的无法分辨性，也在一定程度上支持了莱布尼茨诉诸观察上的不可区分性对绝对空间的批判。在当代的哲学家中，弗里德曼(Friedman)[①] 也因袭了这种观点，认为这种假设的存在产生了“理论上的不必要性”和在牛顿引力理论语境中缺乏统一的力量，并以此作为反对牛顿绝对空间的

① M. Friedman. M Foundations of Space-time Theories. Princeton：Princeton University Press，1983：112，248-249.

理由。但是，这个非充分决定性在很大程度上是哲学家们一种有目的的构造，从历史的观点来讲并没有多大意义。因为随着物理学时空理论的发展，绝对空间被消除掉了，因此这里的速度 v 是无意义的，这种认识论的困境不再是一种真实的困境。另外，从结构实在论的观点来看，如果两个理论 T 和 T' 拥有同样的动力学对称，那么构造动力学可能的模型要求的基本结构是相同的，因此它们拥有同样的基本力学结构。在 ND(0) 和 ND(v) 问题中，ND(0) 和 ND(v) 都属于牛顿时空中的牛顿动力学，它们拥有同样的时空对称和动力学对称，因此，它们事实上只是同一个理论的不同模型而已。

除了分析观察和经验因素在不同理论的选择中的作用及局限性，结构时空实在论在这里把逻辑理性运用到了对不同理论的理解之中。虽然这些理论可能在它们的本体论上有所不同，但是它们拥有同样的基本结构。事实上这种现象在物理学的其他领域也存在，比如说量子力学中海森伯的矩阵力学和薛定谔的波动力学，初看起来是两种差别甚远的程式，但是可以证明它们在数学上是等价的。因此，虽然在本体论上可能给出不同的解释，但是理论在基本结构水平上的一致性表明了它们本质上的相同之处。这说明了基于认识论分析的非充分决定性在实质上并没有真正对实在论构成威胁。

第二，结构时空实在论对基于语义学分析的非充分决定性的避免。基于语义学分析的非充分决定性在结构语境中得到消解，起作用的是结构的连续性，它保证了指称的相对确定性和语义的连续性。结构时空实在论并不像传统实在论者那样试图通过科学革命前后两个理论在本体论上有共同指称来捍卫实在论，而是认为两者之间可以具有结构上、数学上的某种实实在在的连续性。科学革命可以将以前的本体论观念彻底替换，但揭示现象背后规律的某种正确形式却依然保存在后继的理论之中，也就是说，发展变化的理论形式部分地服从相同的数学表征。这就较好地说明了科学革命前后理论之间的间断性和连续性所在，从结构形式方面揭示了理论在揭示自然界本质时具有的连续性和进步性。

举例来说，如本章第一节所述，牛顿时空和广义相对论时空理论属于时空理论发展史上两种不同的理论，但是它们之间不是完全独立的，而是通过某个基本几何结构得到了联结。在理论的变革中，这个几何结构得到了保留，新理论的几何加物理结构与旧理论的几何加物理结构具有相似性。正如前面提到过的例子中所指出的，牛顿理论中，有些结构在时空结构中一直扮演着完整的角色：提供惯性轨迹的仿射联络 ∇、表示绝对时间的伴矢量场 $\mathrm{d}t$ 、保证距离的欧几里得度规张量 h 和点流形 M ，而在转向广义相对论的时候，几何结构收缩为仅仅与 $\langle M, \boldsymbol{g}\rangle$ 有关，因为牛顿理论的仿射和时间结构，∇和 $\mathrm{d}t$ ，在广义相对论中由半黎曼度规张量 $\boldsymbol{g}$ 提供，并且 $\boldsymbol{g}$ 代替了欧几里得度规 h 。这种解决方法把时空结构的选择放入时空理论发展的“历时”过程中，在特定时间的不同时空理论的发展中找到结构的连续性，保证了指称的相对确定性和语义的连续性。时空结构在这个过程中实现的再语境化的过程也保证了理论的进步性，使得对时空结构实在性的辩护更加卓越，也避免了悲观主义元归纳的问题。

第三，结构时空实在论对基于本体论分析的非充分决定性的解决。从上面的讨论可以看出，实在论者在对基于认识论和语义学分析的非充分决定性进行反驳的时候，允许不同理论的本体论说明之间存在冲突，甚至对于相同的理论，也可以给出不同的本体论解释。这也是科学理论发展中存在的一个事实。那么，我们如何理解这种现象？又何以在这些冲突的解释之中理解理论的真理性或者合理性？这要从当代物理学的解释谈起。

物理哲学家的一个重要职责就是解释物理学的数学结构，因此物理哲学中"关于量子力学的解释""关于统计力学的解释"等占据了很重要的位置。但是，如何解释一个物理学理论？现代物理学具有两个很明显的特征：一是物理学的理论在很大程度上依赖于非常复杂的数学表征。从经典力学到广义相对论再到量子引力，物理学中数学工具的类型日渐复杂，在量子引力中，数学的应用更是被推到了一个极致的程度。二是物理学本身所关注的对象领域经常是"不可观察的"，因此在解释中就有大量的自由空间来填充这方面的细节。基于以上两个特征，对物理学的解释就要做到对数学结构的形式与语义进行关联，必须说明理论形式的哪一部分在表示、表示了什么，也就是，必须给本体论提供一个说明，而且要把这些本体论说明是理论为真的一系列可能世界的表达。由于对象的不可观察性，对理论的同一个结构和形式往往可以给出不同的本体论解释，正如时空的实体论和关系论那样。在这个意义上，实在论成为附属在理论解释上的额外说明，而解释有效地说明了一个理论对应着一系列可能为真的世界，这就构成了科学理论本体论性的非充分决定性。

对于这一点，结构时空实在论的解决方式是，用结构的术语对对象的观念进行重新概念化，从而消解本体论性的非充分决定性。结构时空实在论者在理论中关注的真实对象是基本结构自身，这里的关键策略在于他们在理解科学的形而上学解释时，把基于结构的语形、语义和语用的因素整合起来成为一个整体的"包裹"，而"包裹"的内容则可以因为语义和语用因素的不同存在着不同的可能性。在时空实在论中，这些形而上学包裹的内容就可能是实体论或者关系论，它们虽然是关于时空的不同本体论解释，但是它们所基于的基本结构，也就是语形因素，都是广义相对论的数学结构。通过关注结构的连续性和实在性，从而把实在论的焦点聚集在一个可以直接进行研究的对象上。

在物理学很多成功的理论中，都存在同一理论具有不同本体论解释的情况，比如说量子力学的各种不同解释构造的本体论图景对假设实体的本质做出的要求都是冲突甚至互不相容的，但这并不影响我们认为理论是正确的。因此，我们对理论成功的理解不能解释为追求本体论的真，而是追求在确定的理论结构所揭示的实在性的基础上获得一个合理理解自然界本质的平台，把结构作为实在性的承诺所在。在这里，解释一个理论等于为那个理论提供一种本体论上可能为真而不是确定为真的说明。解释和本体论处于与实在论和反实在论不同的范畴，实在论和反实在论只是在解释中对本体论进行选择的不同立场。

这样，由于有许多解释与单个理论相容，并且它们之间互不相同，对于实在论者而言，如果没有一些额外的因素限制对解释的选择，实在论就会陷入困境。因此，势必要结合理论的逻辑形式来形成我们认识的基础。在这里，结构实在论不仅仅因为结构的实在性而能够为理论解释提供一个合理的平台，而且因为结构在整个科学理论发展中的连续性而包含了逻辑和语义的连续性。因此在结构基础上对于理论的解释就不可能是孤立的，而是在对整个科学发展的逻辑深入把握后得到的满足模型规定的结构要求的世界集的说明。因此，对于理论的一种解释就只是可以使理论为真的一类可能世界。结构实在论辩护的关键则在于把实在性对象指向不变的结构本身，也就是指向了一个由逻辑和语义的连续性进行保障的解释基础，这样就达到了解释和形式的合理结合。

四、科学实在论辩护的新特征

对时空理论中非充分决定性的分析事实上可以扩展到整个科学发展的过程中去。这就从一个侧面表明了，非充分决定性在科学发展的每一个领域、每一个阶段都会存在，而且充分反映出实在论的一个问题来：一方面，从实在论的直觉上来说，在理论的竞争变化中必然会有一些东西得到保留和延续；另一方面，理论术语的指称、意义和本体论性是如何得到保留或者延续的？这是传统的实在论必须回答的问题。对于这个问题的回答关乎能否为实在论提供强有力的辩护。

我们知道，在科学哲学的历史上，逻辑理性的极端化及其在规范性和先验性方面的绝对化造成了逻辑经验主义的衰落。历史主义掀起了对理性研究的历史向度，但历史主义因范式的不可通约性等原因而走向了相对主义。因此，历史本身的复杂性使得在历史中给理性定位也显得非常困难。但是，逻辑理性的确定性、明晰性仍然是科学哲学理性最本质的规定性。我们要做的就是在历史的发展中寻找逻辑的确定性和规范性，消除模糊性和相对主义。很明显，非充分决定性论题宣告了尝试“从物理学中直接理解形而上学”的自然主义的失败，并且确实在某种形式上对传统实在论构成了一定的威胁。因而，要解决非充分决定性论题，就要从历史的逻辑性出发，揭示出科学既是规范的、稳定的，又是描述的、变化的，揭示出科学理论的竞争、发展和解释在不同语境中体现出的整体性发展变化的特征。从本节对时空实在论和非充分决定性论题的分析，我们可以看出，非充分决定性论题并不能真正推翻科学实在论，而是在一定程度上促进了科学实在论者对非充分决定性论题的内涵实质进行深入的考虑，并在此基础上更好地思考科学理论的选择、进步和解释问题，从而促进了科学实在论辩护的新特征的出现：

第一，当代科学实在论对非充分决定性论题给予的合理回答，不只是从逻辑的角度出发进行构造，或依赖经验的实证，完全拒斥形而上学；也不只是注重科学合理性问题而忽视科学理性，而是试图给出一个全方位的回答，以求走出传统科学实在论的困境。

首先，当代科学实在论从历史的角度揭示出，在整个科学发展的过程中，非充分决定性问题只是暂时的，因为科学的发展是一个在历史中进步的过程。在这个过程中，经验相当的理论之间的选择问题要么具有逻辑构造的性质，在实践中意义不大；要么具有相同的结构基础，是同一个理论的不同表现形式，随着科学的发展最终会被人们所认识到；要么就是困于经验的局限性而必然出现的理论发展中的暂时现象，会随着经验的深化而终究得到解决。

其次，科学实在论从历史和逻辑发展的角度证明了无论是基于认识论、语义学还是基于本体论分析的非充分决定性的威胁都没有做到，实际上也不可能做到把前后相继的理论中同一术语的不同意义之间的逻辑关系割裂开来，相应地也不能把对它们的形而上学解释之间的逻辑关系割裂开来。正如牛顿的经典理论和爱因斯坦的相对论不能逻辑地割裂开来一样。因为在科学理论的发展过程中，术语的意义会发生变化，对理论的本体论解释也会因此发生变化，并且在表面上看起来术语的意义在变化前后可能完全不相同，但是，纠其深层结构就会发现其中的逻辑联系，这种联系揭示了理论术语的意义因为结构的连续性而部分地得到了保留，从而保证了前后理论的连续性和进步性。因此，对理论意义的发展和变化要站在整体论的立场上，从整体语境的发展和变化中去理解，并不能完全从表面上割裂来看。

最后，从整体上来讲，对非充分决定性论题的思考促进了对实在论的更好辩护。事实上，我们在这里的讨论完全可以揭示非充分决定性论题如图 5-2 所示的本质。

基于对实在论的认识论、语义学和本体论分析而来的三种非充分决定性论题并不能完全分割来看，但是它们还是各有侧重和针对性的。基于认识论分析的非充分决定性涉及竞争理论的选择问题，实在论者在对其进行反驳的过程中认识到经验的暂时性、不确定性特征与竞争理论可能的内在逻辑的一致性；基于语义学分析的非充分决定性涉及的是语义、指称和科学的进步问题，对它进行反驳，促进实在论者去发现理论的逻辑、数学结构的连续性，从而证明理论术语指称的相对确定性和意义的连续性；基于本体论分析的非充分决定性涉及的主要是科学解释和科学合理性问题，促进了实在论者以开放的态度去综合经验层面、心理层面

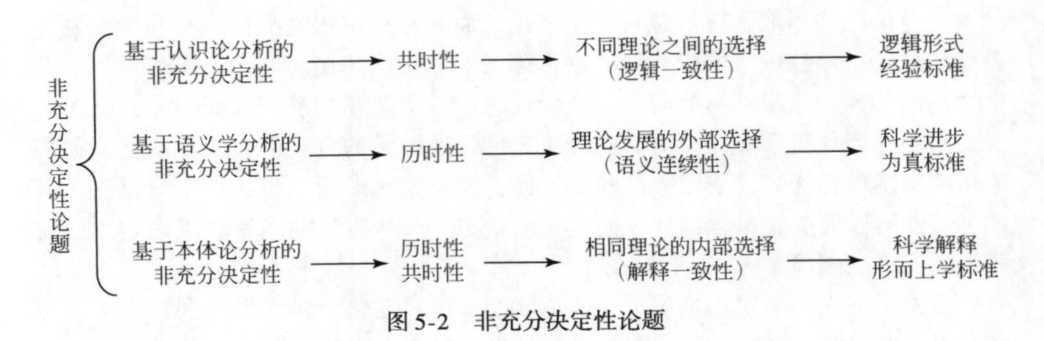

图 5-2　非充分决定性论题

和逻辑层面的因素，理解科学解释的含义。

第二，当代科学实在论对非充分决定性论题的回答，事实上是一个对理论发展过程中语形、语义和语用的整体变换的合理解释，具有语境实在性的特征。

从本节所讨论的结构时空实在论来讲，它解决非充分决定性论题的关键在于，把讨论从具体的表面的逻辑形式转向深层的结构的逻辑延续，从理论术语的对象本体转向理论的数学结构的实在性，把数学结构作为“实在的原料(stuff)”，在承认理论解释的语用因素的同时对其加以限制。结构在理论变化中得到保留，是在相关语境中得以进行的，而结构的实在性包容了一定的语形、语义和语用整体存在的合理性，也就是体现了整体语境的实在性。事实上也正是这种整体语境的实在性保证了逻辑理性与历史理性在科学发展中的统一作用。这种策略的优点在于：其一，说明了时空理论发展中逻辑构造和经验选择的历史条件性；其二，说明了时空理论革命中指称的相对确定性和语义的连续性，避免了悲观主义元归纳，同时也说明了科学进步的过程；其三，为时空的形而上学解释提供了一个合理的实在性平台，承认语用的语境性，把实在论者从基于本体论分析的非充分决定性中挽救出来了。正如本节提到的，目前结构实在论的方法已经成为当代科学实在论中一种很有效的方法，在对量子理论和量子场论的实在论解释中也起到了重要作用。它通过对理论发展中的语形、语义和语用因素的深刻而正确的认识，合理地避免了导致逻辑理性模式失败的关键预设或基本假定，在理论结构的基础上重新分析科学进步的合理性，寻求一种将规范性和描述性最好地结合起来的科学进步的合理性模式。这种实在论对理论的分析建立在理论发展的整体语境基础上，包含了理论的逻辑、语义和解释中理性的和非理性的要素。当代科学实在论的这种语境实在性的特征表明，实在论的理性从“封闭”走向了“开放”，从狭隘的关注逻辑转向立体的实践，而不是把每一单个理论的逻辑和历史割裂来看。

总之，对现代物理学的理解不能像逻辑经验主义那样，把经验证据与理论之间的关系理解为以经验为基础的证实关系。也不能像历史主义那样，否认理论发展变化中的连续性而走向相对主义。通过把握理论的数学结构以及基于结构的实在性而产生的整体语境的实在性，我们才有对非可观察实体，尤其是科学理论的基本本体的知识论进路。在这个意义上，时空的结构实在论以其语境实在性的特征为我们提供了一个语义分析方法和形而上学反思得以在实在论立场上的移植、运用和批判性借鉴，表明了科学实在论比较成熟的逻辑理性和历史理性相结合的基点。只有在这个基点上发展，当代科学实在论才会有更好的出路。

第六章 语义分析与生物学的语境解释

生物学哲学作为生物学与哲学的交叉，主要研究生物学的理论结构、概念框架及其一般方法中的基本哲学问题。由于生物学知识体系表现为多元语境下的理论结构和不同语义关联中的概念框架，因此，对生物学基础问题的哲学研究应当注意在其特定解释语境下，对理论及概念本身进行语义分析并研究相互间的语义关联问题。在生物学发展的不同阶段，无论是研究的对象、目的、手段，还是认识基础、先期理念都有着很大不同，研究的方向性和概括性也千差万别，因而对其研究对象解释的形式也不尽相同。尽管这些解释并不存在特定的规律，但都是通过构建一种解释框架来对整个生物学知识体系进行诠释，而这一解释框架就是广义的解释语境。所以，从语境论的视角出发来揭示不同时期假说形成和模型建构的目的和意义，是探究生物学理论解释发展和演变有效途径。而语义分析方法作为科学文本研究的重要手段，对于理解生物学理论的结构特征特别是分子生物学中的符号系统，具有不可替代的作用。具体而言，目前越来越多的生物学家开始赞同将进化理论中的选择机制建立在分子水平上，通过促成作为语义载体的分子结构从化学语境到生物学语境转移，把对自然选择过程的研究转化为对信息语义选择的分析，从而将原本被排斥在外的行为、心理、意向等因素也纳入新的解释机制，而这正是生物学的语境解释所要求的发展方向。

本章围绕生物学的语境解释，结合解释语境，应用语义分析方法分析了分子生物学符号的操作性及其意义、该符号体系的产生及其特点、生物学解释的语境演变，最后研究了生物学理论的语义基础。正是由于生物学理论的语义基础，保证了语境解释在生物学理论研究中的适当性。

第一节 分子生物学符号的操作性及其意义

自然科学家往往试图发现有机体的结构与功能之间的关系。而分子生物学又将这种传统发挥到极致。分子生物学家研究有机体的组织结构，直至最终了解细胞内发生的分子之间的相互作用。而研究也是从显而易见的物理性质入手。作为自然科学中的结构–功能主义的传统模式就是研究解剖与生理，而结构功能主义发展到具有重要生物学意义的分子条件基本成熟是在 20 世纪的 30 年代。物理化学家鲍林确定了研究分子内原子排列的物理规律。伯纳尔发现 X 射线晶体学可以研究诸如蛋白质等大分子结构。但是，对于生物学中所存在的疑问，持有还原主义思想的人们总是运用一些缺乏分子细节、仅仅反映出暂时性的或存在人类自我中心限制的解释来回答①。直到20世纪50年代DNA概念的提出前，这种情况还在持续着。从那之后，遗传学和生物进化学便将DNA当作包含生物机体及有关其进化方面的信息载体，其中的一些观点尽管备受争论，但是从生物的蛋白质结构到其复杂的表型特征间一切事物已经被这些观点所支配，无论对这些事物的精确解释是通过一个正确还是从错误方式而来②。而对于结构到功能之间的鸿沟必然需要一种极具操作性的符号语言系统作为桥梁，这也是分子生物学研究符号体系的重要存在价值之一。

一、分子生物学符号系统所体现的可操作性

布里奇曼曾在他的理论体系内对“操作”（operation）进行了划分。其中，他将科学家在研究活动中的思维活动归结为“精神操作”（也称“智力操作”），并将其分为两大类：一类是“纸与笔的操作”，即类似于物理学家在进行数学处理时所进行的操作，包含了所有被应用于物理学的数学符号处理；另一类是“语言操作”，包括语言和思维（潜在的语言）③。可操作性这一性质在关于基因组学的研究当中得到充分体现。从某种意义上来说，生物学的各个分支都与基因组的研究有关，因为生物体的每个特征本身就是由它的基因组决定的（诸如解剖学和动物学这样的学科不在此范畴）。在某一观点上，生物哲学家们是共通的，那就是作为遗传信息的满意依据，必须抓住它的语义本质，而这点正是基于数学理论的信息符号无法做到的④。即每一个分子生物学符号都有无法被取代的生物学指称含义，而这正是他们不同于数学、物理符号的地方。生物学符号基因组学包含了庞大的数据集，比如人类基因组内就约含30亿个碱基对，对其的研究采用的也是高通量（high throughput）的方法，即一种快速获取数据的方法。在其领域内包括DNA测序、在物种内进行基因组多样性的采集以及基因转录调控的研究。在分子生物学产生的许多年来，其一直作为“还原解释”的工具，被用来剖析细胞、理解细胞中种各个部分的独立工作方式。分子生物学中能被真正作为这种工具的部分应该是它的符号语言系统。它将传统的生物学功能学说与现代微观分

---

① Kitcher Philip. 1953 and All That：A Tale of Two Science. Philosophy Review，2005，93：335-373.

② Gunther S. Stent. Strength and weakness of the Genetic Approach to the Development of the Nervous System. Annual review of Neuroscience，2005，4：163-194.

③ 刘大椿，安启念，M. 巴诺夫，等．科学逻辑与科学方法论名释．南昌：江西教育出版社，1997：235-236.

④ Sarakar Sahotra. Genes Encode Information for Phenotypic Traits//Christopher Hitchcock, ed. Contemporary Debates in Philosoph of Science. London：Blackwell，2004：259-274.

子领域研究紧密联结，并不断发现新的关联性。

最显著的例子就是人类基因组项目的研究，分子生物学的符号语言系统正式作为这些研究的核心工具，一种建立在遗传物质表达符号与遗传物质构造模型基础上的信息系统。对基因组学研究的核心主要体现在大量存在于染色体上的基因片段的测序工作。当把原始的序列数据组装成连续区域后，随之而来的任务是分析编码在序列中的信息。通过已知基因的比较或者搜索已知的基因特征来鉴定原始数据中的基因。而在比较方法中，某些算法如基本局部序列检索工具（Basic Local Alignment Search Tool，BLAST）是通过引入最少的错配和间隔将待查的序列与数据中的所有序列比对。得到由统计意义上的"hit"（打击）意味着共同的结构和生化特征。一个 DNA 序列被转录（编码序列）的直接证据来自于一个已知的 EST 和 mRNA 序列的匹配。判断一段序列代表一个基因的间接证据是它与人类或者其他生物的基因或者蛋白质同源。同时测序其他模式物种——特别是大肠杆菌、啤酒酵母、秀丽线虫、裂殖酵母、果蝇、小鼠和拟南芥，以产生越来越多数据提供给强大的已知基因数据库①。

从这些基因研究的方法中我们不难看出，现代分子生物学研究中所体现的研究方法越来越近似于一种信息的采样、处理工程。各种生物的特性统统表现为大量的核苷酸序列排布方式，这种排布方式的表现形式正是分子生物学符号语言表达形式之一。它将不同种的生物、不同类的组织、器官通过一串序列符号表达出来，将研究对象由研究实体转变为语言信息。进一步，作为转基因技术的基因改造工程也是以这些符号信息为先导，通过信息间的重组达到给予实验课题的合理实验设计。这种符号信息上的操作成为驾驭微观实在的有效工具，成为所研究对象的可操作系统。研究者所面对的是这一操作系统中的符号信息，通过对这些符号信息的对比操作完成实验的设计和推理。而这一操作系统中的符号信息是直接建立在所研究的、被认为存在着的微观实在基础之上。这一点类似于计算机的工作原理：进行实际工作的是计算机的硬件系统，它所处理的不过是大量的 0、1 符号所组成的二进制运算，输入 CPU 的指令以及所产生的运算结果都为二进制数字。而软件系统的功用就是为这些二进制数字赋值，用以代表不同所要执行的操作，作为这种操作的结果才是计算机使用者可掌握的信息。分子生物学研究中所使用的研究语言系统正是它的操作系统，为研究者探索微观客体提供了一便捷、有效的途径。

所以，在对分子生物学符号操作性功能的理解上不难做出如下总结：

首先，作为学科研究的用语，分子生物学语言最大的作用体现在为研究者提

---

① A. Malcolm Campbell，Laurie J. Heyer. Discovering Genomics，Proteomics，and Bioinformatics. New York：Pearson Education Inc，2003：3-8.

供了一种可直接进行模拟研究的平台，一切理论成果的推导和解释都围绕它来完成，从而能够满足 D-N 模型（演绎–法则解释）。

其次，分子生物学研究（如基因研究）最常采用的方法往往是通过以已知客体为模板来对比所研究客体，从而认识所研究客体。但两个客体在通常情况下是不能通过研究者感觉经验来对比的，只有在分子生物学符号系统内才表现出可同约性。

最后，分子生物学的某些研究工作需要其他学科领域工作人员来协力完成，对于这些具体工作的进行方式，工作人员是通过分子生物学符号语言为操作媒介来进行本领域内的处理（如电脑操作人员利用计算机来处理基因数据）。

总之，分子生物学研究中的大量工作都是在分子生物学符号体系框架内完成的，而这些功用所体现出的正是分子生物学符号的优越性所在，即符号以及符号之间所展现出的生物学意义与符号在数据处理方面的功用是分离的。离开这一框架，研究者将很难对所研究的客体做出清晰明确的认识。

二、分子生物学符号系统对于其传播的意义

学科的发展与学科在不同科学共同体间以及整个社会中的健康传播密不可分。而对于一门新兴的学科，或者暂时只能称之为一种理论、一种思想，对于它们的产生在之初以至相当长的一段时间内一直存在着认识认同的问题，这往往决定了它在今后的思想取向、概念图式、范式、问题群以及探索工具等诸多方面。关于认识的认同就是指同样对这一研究领域感兴趣或只是由于自身工作需要而不得不对这一领域保持关注的科学家们，他们在各自的工作中所取得的进展需要在这个松散共同体内得到初步的认同，从而逐步在这一研究方向上确立自己的领域并规范今后研究的模式。只有达到一定范围内的认识认同，并通过学科的传播最终得到社会认同，从而形成了学科的制度。这一制度决定了这个领域招募新成员的模式、培训和教育的程序以及个人研究和合作研究的程序。更重要的是，包括了基本的交流模式。其中，既有非正式的交流模式，也有那些在杂志中确立的学科的交流模式、在或大或小的程度上提供给这个学科的交流模式。因而对于从事彼此相关研究、相互交流信息、并且鲜有争论的研究者而言，这些最终促使了研究者们的“无形学院”① 的出现。它可理解为一群群地域上分散的科学家，他们彼此之间认识上互动，比与更大的科学家共同体的其他成员之间的认识互动更为经常。所以，对于研究者所获得的研究信息以及做出的理论假设必须在这个“无

① 罗伯特·默顿. 科学社会学散记. 鲁旭东译. 北京：商务印书馆，2004：8-10.

形学院”内进行流通才可获得应有的认可，进而成为独立的研究领域获得后续发展的可能。在至关重要的知识流通中，流通信息的形式无疑是决定性的。

1. 合理的研究策略对分子生物学发展的助推作用

从生物学发展的历史回顾便会发现，在分子生物学兴起之前所有的实验方法对充分了解基因来说都不一定适用，而也正是这种基因情结推动着分子生物学产生之前的微观生物学研究的发展。1900～1950 年，遗传学家们究竟持有哪些基因概念很难确定，在这里主要提到四种认识：①可能最古老的观点是将基因本身看作是生物的结构物质，达尔文的微芽学说可能接近这一观点；②广泛流行的是第二种观点，即认为基因是酶（或像酶一样起作用），作为体内化学过程的催化剂，这一观点在主要原则方面可以追溯到哈伯兰德（1887 年）和魏斯曼（1892 年）；③当核酸的重要性开始被人们认识时，基因被看成是能量传递的一种手段；④最后一种观点是把基因看作是特殊信息的传递者，在 1953 年以前若说到基因，一些学者必定会谈到作为特殊信息传递者的基因。[①] 所以 1910～1950 年这一段时间科学家越发认识到遗传的物质基础是由高度复杂的分子所构成，要取得进一步进展唯一的办法是更多地了解基因的化学。将遗传的分子基础无论看成是无定形的颗粒还是当作简单分子显然都不合适。基因的研究已不再是传统的生物学家的问题，它已经成为生物学、化学和物理学之间的边缘地带，而且起初是无人区。不同于物理、化学等学科，在进化生物学中，理论极大地建立在诸如竞争、雌性选择权、选择、演替和支配等观念之上。作为理论基础的这些生物学观念不能归并为物理学般的定律与原理[②]。任何想要开发这一领域的科学家都必须通过一整套以形式系统方式出现的理论描述来阐释自己晦涩的研究思想，并说服同领域以及其他相关领域的研究者接受并采纳这一系统，确立符号系统在日后研究中的核心地位，而以此也便确立了学科的诞生。当然，所有这些工作不可能都由一个人完成，没有无数研究者的研究积累就不可能有走向成功“最后一击”。

那么，什么才叫成功的“最后一击”？以库恩对科学发生和发展一般经历的观点所进行的划界看来，分子生物学的前科学时期[③]并不像他本人所描述的那样是由某一门学科遭遇到的理论危机所引发的学科交替，而是由许多业已存在的各门学科对生命微观活动本质的各种观点的相互争论环境下，由其中一派的观点最终战胜了其他观点从而达到了学科的常规科学时期。因为它本身就是在各大学科的夹缝间一直存在着的，一直到包围着它的其他学科已经发展到了一个很高的水

① E. 迈尔．生物学思想发展的历史．涂长晟，等译．成都：四川教育出版社，1990：430.

② E. Mayr. The Effect of Darwin on Modern Thought. Scientific American，2000，(7)：35.

③ 托马斯·库恩．科学革命的结构．上海：上海科学技术出版社，1980：4.

平的时候，相关研究者的目光才逐渐转向了这里。但此时的学科领域还是一片混沌，全然没有任何条理性的知识可言，即使有也只不过是透过物理、化学等学科在这一领域的交集部分所得出的各种无法关联、杂乱的信息。所以，在这种情况下，相应的针对分子生物学领域的研究策略的建立以及通过这种策略最终建立的具有良好兼容性的理论框架具有十分重要的意义的。梅达沃（1967 年）曾十分明睿地强调指出一个可行的研究计划对科学家来说是多么重要。例如，从内格里、魏斯曼到贝特森的所有遗传学家之所以没有能够提出一个完善的遗传学说是因为他们想同时解释遗传（遗传物质的逐代传递）和发育现象。而摩尔根的明智就在于他将发育生理问题搁在一边而集中全力于遗传物质的传递问题。他在 1910～1915 年的开拓性发现完全是由于这一聪明的抉择，因为其中某些问题，例如为什么在顺位的基因和在反位的基因效应不同（位置效应）直到 50 多年之后才弄清楚①。

由此可见，研究者在试图探索某一领域时，首先要做的便是划定自己的研究目的范围，这是个综合的评判过程，需要有相当的知识积累，当然也离不开运气的成分。一旦它正式确定，所有的理论设想也都以它为基石进行构建。当研究领域内的符号系统以及理论模型正式建立起来的时候，它们无疑都是为了能更好地解释研究者所确立的目的领域而存在的，决定了理论能否易于被主流学术团体所接受。同时，这里面也包含了有关理论解释的思考方式。比如，正当达尔文从事进化论研究时，归纳法（或据认为是归纳法）声势正隆，达尔文因而郑重声称他追随的是“真正的培根方法”而实际上他的假说–演绎方法绝对不是归纳法。②这么做的目的也并不是为了借助这种研究方法取得多大的研究进展，而不过是为了进入一种学术风尚，使自己的理论看起来显得更加入时、更加“科学”。

2. 合乎时代认知背景的科学修辞手段的运用

20 世纪 50 年代分子生物学的突破和信息科学的诞生在时间上正好巧合，信息科学中的一些关键词，如程序、编码也在分子遗传学中使用。编码的“遗传程序”一代又一代的经过修饰并且编入历史信息，成为了一个强有力而又为人们熟悉的概念。这也是一次成功的科学传播操作，通过引用在当时十分热门的科学词汇来描述基因的大致工作原理，大胆提出了基因编码这一概念，吸引了当时许多研究者的注意，并不断取得了更多的关注。需要说明的是，在这一领域，持有基因理论多元论的人（比如 S&K）认为存在非彼即此的、具有同等适用性的论述

① E. 迈尔．生物学思想发展的历史．涂长晟，等译．成都：四川教育出版社，1990：440.

② E. 迈尔．生物学思想发展的历史．涂长晟，等译．成都：四川教育出版社，1990：445.

来作为基因的解释理论①。但从本节观点来，在公众对理论的选择方面，似乎不可能存在着并列的理论。例如，赫林（1870 年）和西蒙（1904 年）的“记忆单位”（mneme）概念起初是用来支持获得性状遗传的，而且肯定属于编码的“遗传程序”这一范畴。更接近的是伊斯（His，1901 年）将种质的活动比作讯息（message）的产生，种质活动的结果当然远比简单讯息复杂。遗传程序作为不动的运转者（unmoved mover，德尔布鲁克，1971 年）的概念是如此新颖，以至于在 20 世纪 40 年代以前还没有人理解它②。这也说明，如果过分超前的使用一些在当时看来还十分陌生的学术名词以及描述方式，就会出现对理论认知的延迟。一旦理论的解释能力出现了问题，就无法在已初步形成的研究共同体内得到认同。这无疑阻碍了学科理论的传播。总结其原因，那就是当一套新的理论提出时，它的解释系统中所采用的符号表达、名词指称以及表达形式等诸多方面均不能脱离当时的社会认知背景，必须采用合理的科学修辞手段，才能使理论、乃至整个学科得到广泛的认同。

3. 对学科内已证明概念和学说的表达方式不断进行的改进，使其适应时代环境的需要

分子生物学研究的历史就是对 DNA 这种遗传物质进行科学揭示的历史。了解双螺旋及其功能不仅对遗传学而且对胚胎学，生理学，进化论，甚至哲学都有深刻影响。虽然早在 19 世纪 80 年代和 90 年代就一再有人怀疑遗传物质可能和躯体的结构物质有所不同，而且即使 1908 年创用了“遗传型”和“表现型”这两个词，直到 1944 年才充分认识它们在根本上不同的。从 1953 年以后人们才知道遗传型的 DNA 本身并不进入发育途径而只不过是一套指令。对双螺旋的了解开拓了一个广阔的、激动人心的研究新领域，而且可以毫不夸张地说由于这一发现的结果分子生物学在随后的 15 年中完全左右了生物学。对遗传现象真正本质的长期研究已告结束。没有解决的问题越来越多的是生理学问题，涉及基因的功能以及它在个体发生和神经生理学方面的作用。在这种背景下，对所有已有的研究信息的归集整理便成为一项棘手的问题。首当其冲便是对于分子生物学的研究成果采用何种表达策略，对于其中的理论如何确立表述形式，这是相当重要的一项工作。一套程序和方法往往被认为是一个过程或者说是为了产生某一特定的结果（而不是所产生的结果本身）。分子模板的概述可被理解为具有解释功能的产物的综合。即就 P 为生成 Q 所提供的说明内容而言，模板 P 就是关于 Q 的产

① Elisabeth A. Lloyd. Why the gene will not return. Philosophy of Science，2005，(4)：289.

② E. 迈尔．生物学思想发展的历史．涂长晟，等译．成都：四川教育出版社，1990：440-441.

生[1]。所以对于理论 Q 来说，模板 P 在认识 Q 的过程中就显得至关重要。模板在这里可当作为解释理论所采取的叙述手段。在生物学史上就曾有一些例子表明某个定律、原理或概括，起初用一般的文字陈述时曾被人们忽视，后来用数学表达时就受到欢迎并被普遍接受。例如，凯塞尔于 1903 年曾指明，种群中的遗传型组成在选择停止时保持稳定不变，但这一结论并没有得到重视，直到哈蒂和温伯格于 1908 年用数学公式表述时才得到公认。从以上内容不难看出，采用何种表述的方式对分子生物学来说是至关重要的，它直接决定了学科在科学界的影响力。实际上，分子生物学的表达方式借鉴了其他流行学科的许多表述方式。这些无疑对学科的发展是大大有利的。这里要补充说明的是，物理科学在四百多年中为科学制定了一切规范或模式。即使是充满了现代气息的分子生物学，在学科最初的尝试之时，也是从一种物理观念来介入的。但是那种物理主义的思想对于学科来讲有时却是不利的，正像物理主义所宣称的那样，物理事实构成全部事实[2]。在物理科学中当某一定律对一组特殊现象适用时，一般它也同样适用于相似的现象，除非这一定律所不适用的现象表明这些现象是和它所适用的现象不同。这种看法在物理科学中被证明具有相当大的启示意义。但是生物学中的许多现象都很独特，实际上所有的所谓定律都有例外，认为定律具有普遍意义的观点曾经导致许多争议和无效的概括性结论。经常发生这样的情况，将对某一物种或高级分类单位的观察研究结果通过概括扩展到其他分类单位，后来发现这样的概括结论并不适用。在概念和学说成熟过程中的许多重要进展是由于从其他领域输入观念或技术的结果。这些投入（输入）可能来自生物学的其他分支。遗传学来自动物、植物育种、细胞学、系统学，也可能来自物理科学（尤其是化学）或数学。某一门科学中的成熟理论和模型当移植到另一科学领域中时往往也适用，有时还会产生最有价值的效果。又比如，分子生物学在表述基因原理的时候，就利用了当时十分热门的计算机程序编码的形式，将 DNA 上的各种化学基以及功能单元分别以不同编排的字符串来表达，使有关生物遗传特性的描述能够以一种符号语言的形式来体现。同时将分子生物学中的一些成果转化成了定理的形式，而定理是建立在符号系统上的。如“查尔加夫规则”表述的是在一段双链 DNA 中，A+G=T+C 且 A=T，G=C。它就像数学定理一样在有关基因序列的各项分析、研究中处处被遵守着。

从分子生物学的符号表达方式上，我们可以看出其他学科所采用的许多表达方式的影子。这使得我们在接受它的理论含义时并不需要费太大的力气，能够以

---

① Ulrich E. Stegmann. Genetic Information as Instructional Content. Philosophy of Science，2005，72（7）：435.

② Hellman Geoffreyn，Frank Wilson Thompson. Physicalism：Ontology，determination and reduction. Journal of philosophy，2005，72：551-564.

一种很直观的方式了解到在生物体发生时，生物体内的遗传物质究竟是怎样运作的。并且，还能像读书一样读取基因片断上所蕴含的遗传信息含义。这一切都得归功于分子生物学的符号表达系统。这也就能解释，为什么当人类基因组测序项目启动时，能引起全球各国公众的广泛关注；又为什么关于人类克隆的争论会波及那么大的范围。这些事例无不体现了当今分子生物学及其应用技术的威力早已深入人心，人们对于分子生物学的认识也是在现代各门前沿学科中比较普及的。如此大范围的关注，同时也确保了分子生物学成为当今最重要的学科之一。

第二节　分子生物学符号体系的产生及其特征

分子生物学作为一门新兴科学，已成为现代生物技术学科的最重要领域之一。它可最早追溯到1944年艾弗里（Avery）等的肺炎球菌转化试验，但是其真正成为一门学科的标志却是1953年沃森（Watson）和克里克（Crick）的DNA双螺旋结构模型的确立以及1958年克里克“中心法则”的提出，也就是说形成了拉卡托斯（Lakatos）所认为的由一系列基础理论所构成的学科“硬核”[①]，并通过这一研究“硬核”的确立，为学科的良性发展构筑了一座坚固的“堡垒”，通过这一“堡垒”开始了学科领域的扩张，从而开创了分子生物学的新纪元。分子生物学的产生是一次学科间知识结构重组的过程，各种学科间并不是通过一场论战来解决各自关于微观生命研究领域的对错问题，而是借助自身学科在某一方面的优势，从不同角度解释微观生物学领域的现象，将已有的解释材料重构并结合大胆的理论假设，通过构建一种新的符号语言解释形式，逐渐形成了学科研究的主体。为了更进一步的研究这一系列的问题并根据学科需要方便的阐述理论、演绎理论模型，形成一种独立的研究微观生物现象的专门学科也就变得顺理成章。分子生物学这一学科产生的具体方式并不是取代，而是在现有各学科解释基础上的有限整合，从而超然于原有的解释层面之上，形成独立的研究解释语言体系。而这种语言作为一种存在于解释者与解释对象之间的枢纽，成为分子生物学在研究和解释层面上存在的实质性标志，成为研究者所使用的高级语言在学科的研究工作中发挥着重要的作用。

一、分子生物学研究信息的符号语言表达体系的创立

作为目前的前沿科学，分子生物学技术几乎应用到生物学所有主要领域，从

① 伊·拉卡托斯．科学研究纲领方法论．兰征译．上海：上海译文出版社，1986：65.

神经生理学到植物学，从免疫学到法庭辩论术。而作为一门学科本身其带有的知识背景也是十分复杂的，主要是由遗传学、物理化学、X 射线晶体学、生物化学、微生物学、细菌学、病毒学汇集交叉而形成的独立研究①。虽然分子生物学并不能摆脱以物理/化学原则和抽象的模式系统为基础的现实，但是它确确实实独立于这些混杂的学科基础而一直存在并不断发展，那么这一现象从语言的角度考虑便是分子生物学真正建立起了自身独立的研究解释语言系统，而这也是学科存在与发展的真正基础。

谈到分子生物学的产生，必然先谈到科学家们对遗传物质 DNA 的认知过程。解析 DNA 结构是 20 世纪最重要的生物学发现，但 DNA 的发现却是在达尔文《物种起源》出版的十年后，即 1869 年，是由一个德国医生米歇尔（Friedrich Miescher）从白细胞的细胞核中分离了他称为核素的物质。基于这些基础，到 1900 年时，科学家们已经解析了核素的基础化学物质，这是由三种不同的化学亚基组成的长分子：五碳糖、磷酸、和四种富含氮的碱基（腺嘌呤、鸟嘌呤、胞嘧啶、胸腺嘧啶）。20 世纪 20 年代，又根据糖组分的不同，区分了两种核酸——核糖核酸和脱氧核糖核酸，即我们熟知的 DNA 和 RNA，只是它们中的碱基组成形式略有不同，胸腺嘧啶仅仅在 DNA 中具有，而尿嘧啶仅存在于 RNA 中。这一系列的研究基本上明确了分子生物学研究体系中的几种主要物质的成分基础。然而，在此时，这些研究并没有摆脱化学研究的基本范式，在研究语言方面依然采取了传统化学所采取的符号体系，因此从解释学的角度来讲，因其所使用的解释符号以及表达规则都是源于化学符号语言的基本格式，所以从实际上讲只能称为分子生物学的化学解释。它从所含元素以及化合物成分上对微观生命物质作了尽可能精确的表述，构筑了分子生物学的化学基础。而在二战前的两项研究，物理化学和 X 射线晶体学基本上将控制分子内原子排列的化学键规律阐明。其中通过物理学的公式符号，对这些形式、规则做出了标定。所以，这些研究表述的基础是物理语言的符号及其语法规则，为分子生物学内部分知识做出了物理学方面的解释。

应着重提到的是，20 世纪初，量子理论统一了物理学和化学，揭示了物质的精细结构。20 世纪 50 年代，生物学开始受益于物理化学思想的输入。两个量子物理学家——德尔布吕克（Delbruck）和薛定谔（Erwin Schrodinger）是打破不同学科之间障碍的极具影响的人物。前者可以称之为分子生物学之父，他师从玻尔（Bohr）——原子物理学家，他推测电子围绕原子核占据不同的能级（轨道）。而薛定谔的波方程则确定了电子在轨道内运动。两人都认为可用量子理论

① Dave A. Micklos, Greg A. Freyer. DNA Science: A First Course. Znd ed. Cold Spring Harbor Laboratory Press, 2003: 4.

揭示生命自我复制之谜。德尔布吕克在中年时转向生物学研究，从此再也不研究物理学。而薛定谔虽从未转向生物学研究。但是他的著作《生命是什么？——从物理角度看活细胞》影响了许多物理学家，使他们能从自身所学角度深入地研究生物系统。虽然连薛定谔自己都承认生物学对于他来说只不过是业余爱好，但他却认为生命物质发挥作用的方式不能简单的还原为物理学法则，因而薛定谔也吸引了一代物理学家从事遗传物质研究，希望发现全新的物质定律。事实上，虽然并没有发现新的定律，但德尔布吕克和其他新加入生物学领域的科学家发现物理学的公理和方法同样适用于生物学①。正是存在这样的一种观念，使分子生物学成为独立发展的学科变得现实。因为如果连分子在试管中的反应以及分子生物学家们的讲解都不能变得可理解，就更谈不上去研究最简单的有机体内的分子反应方式。

所以，当沃森和克里克对 DNA 感兴趣的时候，它的反应机理以及关于 DNA 各个亚组分的分子结构已经阐明：脱氧核糖、磷酸和四种核苷酸。所以，沃森和克里克此时所需解决的问题就是如何将 DNA 亚基组装为结构，而在同时要满足现有的并已被初步证明了的各种解释基础，成为一个十分合适的承载遗传信息的载体。在这一系列的前提之下，不久，具有历史性意义的 DNA 双螺旋分子模型终于在 1953 年被正式提出，成为了分子生物学史上的重要标志。

DNA 双螺旋分子模型并不像人们从表面看到的那样单纯是一个表面的大分子框架结构，而正像它产生的前提那样，其本身是以遗传学、物理化学、X 射线晶体学、生物化学、微生物学、细菌学、病毒学的各门学科的各项解释前提为依据的。同时，DNA 双螺旋分子模型提出的最大初衷就是作为一种容纳遗传信息的载体，成为分子生物学研究的核心单元，所以，它本身就是各学科研究成果信息的载体，同时又是分子生物学的大研究框架内的基本单元。要达到这些预期目的，首先存在的问题就是作为新兴学科，分子生物学建立在一个学科交叉的基础之上，如何将各类繁杂的、不同学科的知识背景、表达符号体系进行一次卓有成效的整合成为关系到学科将来能否独立健康发展的决定性因素。

从实际上看来，沃森和克里克的确很好地解决了这个问题。沃森是经过噬菌体小组训练的遗传学家，而克里克是受过 X 射线晶体学训练的物理学家，他们本身就象征了这一领域的多学科协作精神。他们通过对以往所涉及的各学科研究成果进行分析和论证，将 DNA 的基本成分基本上确定在五碳糖、磷酸、和腺嘌呤、鸟嘌呤、胞嘧啶、胸腺嘧啶四个碱基上，为之后分子生物学符号系统的广泛应用打开了局面。不久，研究者们便用精简了的符号表示这四种的碱基（A、G、C、

① Dave A. Micklos，Greg A. Freyer. DNA Science：A First Course. Znd ed. Cold Spring Harbor Laboratory Press，2003：4-5.

T）以及他们的关系，即在一段双链 DNA 中，A+G=T+C 且 A=T，G=C，这就是著名的“查尔加夫规则”。这一方式将学科的解释体系在表达成分上进一步简化，基本上将繁琐的化学解释符号体系依据学科自身的需要做出一定程度上的简化。同时，由于 DNA 碱基成分随着来源的不同又表现出很大的差异，所以四种碱基可以任意方式排列，表现出极大的多样性和特异性，能够得到 4100 种不同的排列方式。这一系列规则的发现，使人们自然的将其与语言相联系，因为这一规则的存在再加上这些专用符号的引入使得这些序列串更像是记载了生命信息的文字。但是如果我们简单地将生命的信息归结为这些字母重复而单调的排列，就大错特错了。对于生命的描述，任何简单化的表述都是草率的。

对于以上所讨论的问题，我们可以参照关于 DNA 链信息在分子生物学中的表达范例来加以理解：DNA 从结构上来说是由脱氧核糖核苷单磷酸通过 3′，5′-磷酸二酯键连接而成的高聚物（多聚核苷酸）。从同一个磷酸基的 3′酯键到 5′酯键的方向定位链的方向。大多是天然 DNA 分子长链的两端，总是由一个核糖带有自由的 5′-磷酸，而另一端的核糖带有 3′-羟基，前者称为 5′端，后者称为 3′端。DNA 链的方向就是从 5′端到 3′端。习惯写法中，如 pApCpApGpT（p 为磷酸基），左边总是 5′端，右边是 3′端，OH（羟基）可省略不写，而在往后的基因研究中此序列更可简化为 ACAGT，即我们所熟悉的基因序列表达方式，这种表达方式也被称为 DNA 一级结构的表达。它初步概括了生物体所具有的遗传学特征，因而这种表达更多的应用于对生物遗传信息的简单分析与概括。而作为 DNA 的二级结构则是与它的物理结构相关的，在这一范畴内，DNA 又分为不同的构象，除 A 构象、B 构象、C 构象、D 构象、E 构象等右手双螺旋构象，还有左手双螺旋的 Z 构象。1953 年，沃森和克里克提出的 DNA 右手双螺旋模型就相当于 B 型。以 B-DNA（B 型 DNA）为例，它所包含的信息为：右手双螺旋；每圈螺旋 10 个碱基对，螺旋扭矩为 36°，螺距为 34Å，每个碱基对的螺旋上升值为 3.4Å；剪辑倾角-2°；碱基平面基本上与螺旋轴垂直；螺旋轴穿过碱基对，大沟宽而略深，小沟窄而略浅①。对这一表述范围内的研究是揭示生物由突变等不确定型因素所引发的基因变异的主要手段，从物理构型上表述存在的遗传信息。这两种结构的表述并不是在字面上分为第一、第二，实质上它是并列的两种符号信息对所要描述的遗传物质做出尽可能全面合理的概括。在表达时，体现更多的是表述角度上的不同，且两者不表现出同约性，但其在所要表达意义上却是并列成立的。

这些新的表达符号以及表述方式的采用保证了在日后研究中的简便性。如在

① 孙乃恩，孙东旭，朱德煦．分子遗传学．南京：南京大学出版社，1990：13.

蛋白质结构层次的表述上以及后来兴起的基因的调控研究中，对于一个基因片段上的各调控单元的表达以及相互作用关系也都坚持了这一原则，没有继续从单纯化学层面或物理结构上来表述其中的机理，而是采用了简化的符号作为所要表示的一个功能单元，并辅以多级表述的方式达到全面的概括性。这样做的意义是不言自明的，因为即使对于最为原始的原核生物来说，它的一个基因组也有200万碱基，算上其他调控单元，也是相当大的一组数目。如果是人类，则有30亿个碱基对。若要算上遗传物质因结构上的差异所表现出的功能差异，对其的正确遗传信息的掌握就更是难上加难。所以在这样的条件下，处理大量的生物遗传信息必须有一套简洁、并行之有效的符号体系。

普遍被认为是现代美国符号学奠基人的皮尔斯（Peirce）认为，思想是通过符号意义的生成而获得的。在他的哲学思想和逻辑科学的基础上，皮尔斯不赞成洛克（Locke）的“白板说”这一绝对的客观经验主义，而提出自己独特的主客观结合的经验主义：“每一项认知都包括其代表物及使代表物得以实现的人这一主体行为或感觉。”也就是说知识的获得并不是外部世界直接印在人脑上的感知映像，人无法获得绝对的知识和经验，而只能通过符号在符号过程中的媒介作用来接近真理。分子生物学语言中的符号体系就是掺杂了作为研究主体的科学家个人的思维、根据各方面客观事实所构建出的符号系统。它既体现了对学科的客观性认识，又体现了科学家在研究决策中一些大胆的假设，用以能够在现有的知识基础之上完美地将解释对象融入自身的理论体系之中。

随后，1958年克里克首次对核酸和蛋白质的相互关系提出了中心法则（central dogma），即DNA上的遗传信息可以通过复制传递给下一代的DNA分子，也可以通过转录传递到RNA，最后经翻译又从RNA传递至蛋白质分子。即DNA→RNA→蛋白质。此法奠定了分子生物学的理论基础，其要点有三：第一，遗传信息指DNA、RNA的核苷酸序列和蛋白质中的氨基酸序列；第二，从DNA、RNA到蛋白质的遗传信息流向是严格的单程路线；第三，DNA序列与其所转录出的RNA序列及翻译出的蛋白质中的氨基酸序列有严格的共线性（colinearity）[①]。这一法则曾被誉为生物学中的牛顿定律。中心法则的提出不仅进一步推动了生物学理论的发展，而且还促使分子生物学的实践领域——基因工程的诞生和发展。此时，分子生物学学科本身已建立起了比较完整的表达、解释符号体系以及包含有基本理论设想的模型，并利用这套体系独立的解释学科内的各项原理，同时通过所构建的理论模型展开了进一步的研究推论工作。沃森和克里克的功绩也并不在于一一阐明DNA这一遗传物质所有的特性，而在于将所有已

① 张自立，彭永康．现代生命科学进展．北京：科学出版社，2004：1.

有的研究信息成功地加以整合，而成功构建出一种可以使学科得以持续研究发展下去的研究基础模型，使分子生物学成为一门真正独立的综合性研究学科。

单就分子生物学符号语言的产生过程来看，我们不难发现如下特征：

首先，作为学科的解释基础并不是来自单一学科而是直接或间接来自于一个广大的学科面。作为研究的初始条件既有来源于先验的公理也有经验观察证据和大量预设前提。这些决定了作为分子生物学的研究只有通过符化的理论模型才能将学科思想纳入可解释的模型，并使从预设公理到先验前提的过渡成为一个遵守逻辑规则的推理过程。其次，作为一门综合性十分强的学科，它所采用的语言体系同样也是带有各基础学科解释特点的综合，但又在形成和发展的过程中逐渐发展出了自身独有的特点。分子生物学所包含的知识通过它的语言系统加以表述，而在这些所表述的知识中也有与其他学科形成交集关系的公用知识，对于这些，在分子生物学语言框架内保留了其原有的术语形式特征，通过在不同的科学境域中赋予其新的含义或规定用法的方式，从整体上构筑新的科学论述逻辑体系。最后，分子生物学符号语言产生的初衷就是期望提供一种能支持学科理论假设以及构建理论演绎模型的工具，可以说语言产生之初就带有工具语言的特征，期望通过所构建的符号系统将各种预设前提与经验观察证据共同纳入一套逻辑推导系统，形成完整的可解释模型。

二、分子生物学符号语言系统的结构性特征

分子生物学作为一门学科同样是处于整个科学知识体系中，其中的知识与其他各类知识样是无法脱离出这一体系的。犹如海洋中的一股海水，只能说它与其他海水共同融于在这片海中。因此学科本体只有在语言的解释层面上才存在，通过一定语义结构的划分来体现学科在各自不同解释语境下的独立性。分子生物学符号语言在这种独立性下表现出以下特征：

（1）分子生物学的特殊知识结构决定了它的符号语言解释体系由上而下存在明显的层级，并且在这种具有明显结构特征层级中，每一层解释单元之间交互关系决定了它的上层解释单元所具有的功能性质。

任何的知识都是通过特定的科学语言系统来获得其存在与发展的物质外壳，从而拥有了进行描述、解释的客观基础并且通过制定科学语言系统运作的机制，对研究客体进行深入分析。科学语言的选用对科学知识的进步与深化有着巨大的影响，且随着现代科学研究领域已拓展到人们固有感官领域之外。在这种情势下，对于学科的阐述越来越依靠科学语言的功用，并以此为媒介进行学科领域的

拓展，与其他学科知识进行互动，形成独立的学科“域语言”①。它直接规定了在一定时期内学科的知识范围，成为所有研究信息的承载容器，通过科学语言进行语义的灌输。这样的方式从解释角度来讲，是将所表达的信息整体进行分层，通过构建的最上层符号体系（学科域语言）来进行学科的研究，而下面一层则是并列着的其他作为学科理论基石的基础学科的解释层面，它们都是作为上层学科域语言的元语言而存在。作为同样相互独立的学科，在这一解释层中的各学科依然有各自的域语言。例如，其中生物化学的解释层面在符号上沿用了经典化学所使用的符号体系以及规则，并作为上一层学科的理论支柱。同样生物化学的解释层面其之下依然有其他的解释层级，比如运用到部分物理学解释方法。就如同一座金字塔，每一层依靠其下面的基础来构筑其上的建筑。这样便能以不同的层面来表述不同的学科研究思想。这样做的最大优势便是通过构架一种井然有序的逻辑体系达到理论结构与解释功能上的完整性。这一点从结构论的观点来看有几分相似之处：结构由许多成分组成，而这些成分之间的关系就是结构，同时把结构进一步区分为深层结构与浅层结构。深层结构作为所研究的课题的内在的、主要表现在微观上的相互联系，是一种相互作用、相互制约、互为条件的互动关系。浅层结构就是在深层这种互动的条件下，所表现出的同时性的、观察客体所能观察到的外在现象。深层结构的这种互动特性所产生的复杂性带来最终浅层结构的多样性，见图 6-1。

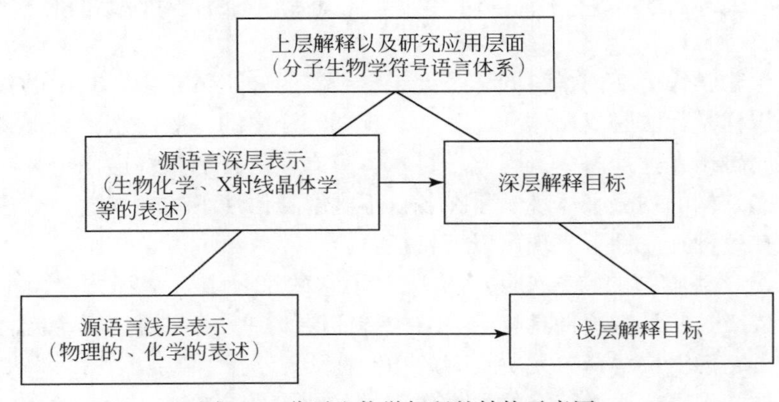

图 6-1　分子生物学解释的结构示意图

（2）分子生物学中研究客体集具有明显的结构特征，因而作为它的研究用语不可避免也带有明显的结构特征。同时这种语言结构伴随着研究者对客体集认识的不断深入处在一个动态发展的过程之中。

① 郭贵春．山西大学科学哲学研究 20 年．太原：山西科学技术出版社，2003：257.

可以认为，对于人所能意识到的客体世界，人所采用的表达系统与客体系统是对应的。随着对客体认识的深入，这种表达系统也在不断扩展。正是分子生物学的研究客体本身的这种结构特征，决定了在对其研究时所应采用的科学语言系统也带有明显的结构性特征。由于远超出感觉经验所触及范围，科学家们对分子生物学中研究客体的观察往往是借其他学科领域中已形成的先验公理以及依据其所制成的研究仪器来进行观察。对于这些仪器所得到的数据，还需通过这些仪器所倚靠的公理来转化成观察者所需要的信息。进一步认为，这些公理无不是作为研究基础的知识而存在，并且它们可能来自各个知识领域，分子生物学的研究成果在这些公理成立的前提之下才成立。因此，在解释分子生物学中的知识时必须加载这些公理前提。同样，依靠公理所得到的知识在被确认后同样会在其他研究过程中成为前提公理。举例来说，DNA 双螺旋模型以及碱基配对理论是中心法则的理论前提之一，而作为结论的中心法则是基因组学研究中的理论前提之一，结构上有严格的逻辑先后性和层次性。通过这种方式，不同解释要素最终构成了分子生物学知识的结构体系，关系见图 6-2。

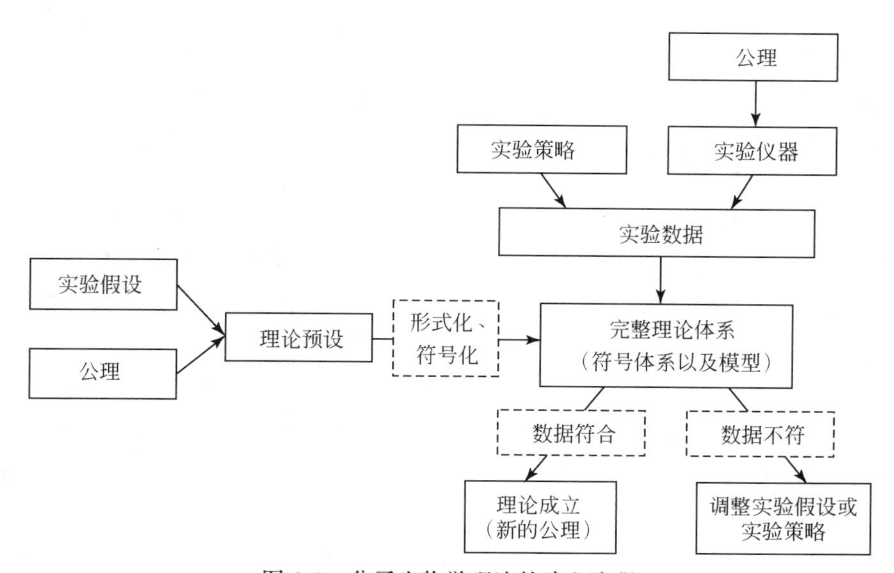

图 6-2 分子生物学理论的确立流程

形式化过程以及应用

莱维·施特劳斯认为，结构的特征有三点：第一，结构展示了一个系统的特征，它由几个成分构成。其中，任何一个成分的变化都要引起其他成分的变化。第二，对于任一给定模式都应有可能排列出由同一类型的一组模式中产生的一组转换系。第三，上述特性使它能预测模式将如何反应，如果一种或数种成分发生了变化。[①] 对于DNA双螺旋分子模型以及中心法则所代表的生命遗传系统所表达的知识结构以及运行机制很类似于莱维·施特劳斯所提到的“模式”，它所起到的作用就是也类似于莱维·施特劳斯对“模式”的定义，即使一切被观察到的事实都成为直接可理解的。人们所需要的是有一种能将各种精深的专业测量数据转化为现实角度上可接受的一组模型，这一模型是对人们所无法接触到的，微观世界物质存在形式的一种放大后的模拟。科学家们通过已知公理与手段确定了它的存在，某种程度上也可以说是产生了这种信念。对于学科研究成果理论的接受者而言，并不存在一个与研究者相同的知识背景以及研究者通过研究过程在脑海中所建立的研究语境。所以，利用解释结构上的分层能够很好地把所有理论知识梳理简化为不同的认识层面，作为知识的接受者或使用者只需根据自己需要对所接受理论的深浅做出选择，而并不一定要对理论进行全面深入的理解。打个比方，在了解蛋白质合成时，必然需要了解其组成成分氨基酸合成，在人们所发现的64个遗传密码中，有三个为无义密码，他们不代表任何相应的氨基酸只是用来标示蛋白质的开始、结束及标点。其余的都以三个碱基为一组对应一氨基酸。例如，我们对Ser（丝氨酸）的理解可只用mRNA（信使RNA）上的密码子UCG或tRNA上的反密码子CGA来表达，而不需去深究UCG或CGA这些碱基序列所涉及的化学表达式和物理构象。需要说明的是，对于分子生物学语言中的一些名词性的所指，人们所关注的往往是它与现实存在的联系。分子生物学的解释语言毕竟不同于我们日常所使用的日常语言。它主要的适用范围是在科学共同体内。科学本身的性质就是假设→论证→发现→新的假设→新的论证→…的循环过程，对其中的所指的理解必须从整个学科语境中把握。指称的意义出现于解释体系所具有的结构中，且依托于结构中的相关层级单元而存在。

对于这种表达系统的结构也应在理解上体现历时性的考量，即这种结构是建立在学科“硬核”的基础上，出于其自身研究进展以及时间的推移，不断地对各种假设以及模型进行调整，以保证整个学科的各种基础解释层间的相互协调性、适应性。还是相同的例子：在所发现的20种氨基酸中，3种有6套遗传密码，5种有4套遗传密码，1种有3套遗传密码，9种有2套遗传密码，2种有1套遗传密码。如UUU和UUC都编码苯丙氨酸，这表现为生物遗传物质的一种容错性。是在漫长进化过程中生物体的一种自我保护机制。但是密码子的碱基组成与他所对应的氨基酸之间并没有结构上的必然联系。比如，密码子UUU的结构并不能说明它必然对应苯丙氨酸，现在它恰恰对应着这里不过是进化早期的一些

① 莱维·施特劳斯．结构人类学．第一卷．1963，279-280.

偶然事件所造成的。所以说，现存解释结构的阐述停留在漫长生命进化时间上的一点。随着时间的推移，必将出现这种阐述与实际不符的情况。如果到达这种情况，解释系统必将随之在自身的结构内做出相应的调整。

（3）对分子生物学符号语言所具有的结构性特征的把握应体现一种整体观，不能单以解释结构中某一部分的特征作为着眼点，主观的将所研究的客体及其现象通过简单还原的方法来做阐述。

尽管分子生物学在对生命结构以及生命现象的解释方面采用的是一种近似于还原的方法，无论是在研究上还是在成果的解释表达上表现的都是一种结构上的细分。但是，对于分子生物学所揭示的生命结构以及生命现象的把握上，又必须体现一种整体观。这是建立在对生命复杂性的基本共识基础之上的必然取向。我们不能简单地将生命描述为碳、氢、氧、氮等化学元素按一定比例混合的产物，或是仅仅像数学家、物理学家所揭示的数、几何以及力学、光学的规律那样依靠一些定律、公式去揭示生命现象。复杂性是分子生物学研究的一个必须正视的特性，应从结构和形式上来加以考虑，而生命的各种表现形式均是开放性耗散系统，无论对于低等生物如病毒、细菌还是高等生物如人类，小至细胞器官，大到生物种群、生态环境和人类社会均无例外。① 所以说到分子生物学领域，我们必须意识到影响分子领域生命现象的因素同样也很多，这些因素相互作用，既相互依赖又相互制约，它们间的关系并不是简单的线性关系，各种因子相互作用的关系交织在一起，每种因子和相互关系又不断变化，所以相互作用的结果就难以捉摸，无法预测，从而产生了一系列经典科学无法解决的问题。而研究者唯一所能做到的便是尽可能地从不同的经典学科领域视角去窥探所研究领域内的疑问，将不同角度得出的结论信息进行进一步的分析、整合，逐步地去了解分子生命领域中的规律。

目前分子生物学研究的对象集中在对基因的研究方面。有关DNA序列的复杂性、多样性，文章前面都已提到。但这些复杂性比起经过各种机制运作后，最终由生命体所表现出的结构上的以及功能上的差异来说不过是小巫见大巫。因为基因上的碱基序列不过是提供了生命体成长形式的一种可能，并不是所有的遗传信息都会最终在生命体上显现出来。最终决定这一切的还要看基因的表达调控，而这些调控又分为了许多方面。以真核生物来说，其中就包含了DNA水平的调控、转录水平的调控以及翻译水平的调控三大方面。而在这些不同的调控水平之下，又包含着大量不同的调控方式。比如，大鼠肌蛋白（troponin）T基因含有5个可拼接外元。这五个外元的保留与否就可产生 $2^5=32$ 种成熟的mRNA，从而翻

① 赵树近，韩丽萍．古老与新生——生命科学回眸与展望．石家庄：河北教育出版社，2003：189.

译出32种不同的蛋白质。而这种调控方式又仅属于转录水平调控中的匣子型mRNA选择性拼接①（其他类型不再赘述）。从例子中不难看出基因研究中存在着大量复杂的机理，对生物遗传现象的研究丝毫离不开这些方方面面的考量。因此，对于分子生物学研究的目的，了解生命体表相所对应的遗传物质运行机制来说，对于其原理的把握不能简单的还原至一些单一的问题。在结构上对研究客体的分层是为了尽可能清晰地对所研究的现象做出可被理解的合理解释。但对于学科的研究目的即研究客体做出尽可能真实的解释，对其把握就必须体现到整体的高度。

在对类似生命这种复杂系统的研究过程中，对于许多的现象，我们甚至无法通过物理、化学等学科已做出的解释来解释。对于这一研究系统来说，虽然有着可以遵循的基本逻辑原理，但是在此之外依然有大量的未知部分。因此，分子生物学研究领域依然是一个“灰系统”②。对它的研究与解释不可避免地存在各种假说与模型。对此理解见图6-3。

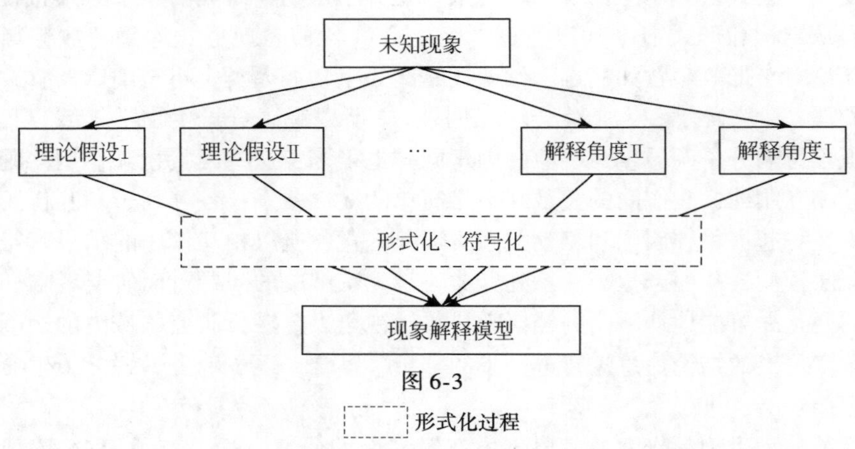

图6-3

形式化过程

研究上处处体现着对整体的把握，在符号语言的使用上也必然体现着这种整体性特征。因为研究者只有通过符号语言信息的应用才有可能完整无误的将自己的想法得以表述，并利用先验理论结合所得出的观察结论进行进一步的演绎推理。另外对于所产生知识的分层解释结构可以尽可能的简化研究者在使用上的繁琐，减少知识在转达过程中的贻误。同时利用这种结构加强作为学科研究基础知识领域间的联系，有一个清晰的知识框架，始终能将学科中的问题能从整体的角

① A. Malcolm Campbell, Laurie J. Heyer. Discovering Genomics, Proteomics, and Bioinformatics. Pearson Education Inc., 2003: 3-8.

② 秦志敏，董华．自然辩证法教程．北京：航空工业出版社，1998：29.

度把握，避免走入简单还原论的死胡同。

在生物科学日新月异的今天，我们对生物体的认识也不断走向深入、微观。而在这种背景之下，我们的研究对象已超出了我们的感觉经验之外，原有的研究方式已无法胜任在新的研究要求下解释现象的工作，必须构建一种便于驾驭的操作语言来保证对学科的研究具有准确性、便捷性，对学科研究解释的有效性、合理性。同时，这一语言系统的存在才是使研究作为一门学科存在的真正基础。只有存在合理、有效的科学语言，才会为学科的健康发展注入生机和活力。

第三节 生物学解释的语境演变

对于历史悠久、发展坎坷的生物学来说，其解释形式的演变基本上代表了整个生物科学的发展历程。虽然每个阶段的解释形式以及着眼点不尽相同，但是，它们都采用构建一种解释框架的方式来对整个生物学知识体系进行诠释，这一解释框架类似于一种广义的解释语境。对于一种知识主张的真值条件必须部分依赖于做出或确定这种主张的语境[①]，所以解释语境在生物学解释中的体现方式以及具体作用本身是十分值得进行探讨的，这是因为即便经历了千年的发展，生物科学中最初所思考的一系列问题还是没有找到完整而满意的答复，预言和假设在研究中的地位始终都是占有主导地位的，研究中所涉及的理论实体存在于这些科学预言和科学架设之中。同时伴随着理论的背景环境，包括研究者的、认识条件的、社会环境的等因素的影响，形成了存在于不同历史阶段语境化的理论解释模型。虽然在对待生物学研究时，我们总是倾向于把这种努力方向看作是一贯的，当然事实上并非如此。因为从早期到中古时期、近代乃至现代，对于生物学的研究，无论从研究的对象、目的、手段以及认识基础、先期理念都有着很大不同，研究的方向性和概括性千差万别，因而在每一时期，生物学领域内对于研究对象的解释形式是不尽相同的，并且这些解释并不存在定律性，在历史的大部分时候生物学解释是陈述性的解释，而陈述性解释在很大程度上是历史的重构，不是从自然规律中推导出来的[②]，但是发展到现代，在分子领域的生物学中，一些规律性质的解释已经在研究中大量采用，通过在分子领域的生物学解释统一了生物学的解释基础。所以，无论是那个时期的生物学解释范畴，本身都包含在各自特有

---

① Nancy Daukas. Skepticism, Contextualism, and the Epistemic "Ordinary". The Philosophical Forum, 2002, (33): 63.

② D. L. Hull. Historical entities & historical narratives//Chvistophen Hookueay, ed. Minds, Machines & Evolution, Philosophical Studies. Cambridge: Cambridge University Press, 1981: 31.

的解释语境中，而这种独立的解释语境又有着自身的显在语境以及潜在语境①作为背景支撑，发挥着自身的理论解释作用。

一、早期分类学模式的建立

在早期的人类时代，并没有专职的自然科学家，所以更不会有专门的研究生物学的职业，而这项工作大多是自然哲学家的专利。同时，由于认知手段的限制，往往人们通过归纳经验来确立有关生物学的知识，并且所涉及的范围以及研究目的也不过是因日常生产生活的需要而确立或是一种出于求知者角度的冥思。比如，在古希腊时期，哲学家们对生物学的关注大多打上了本体论的烙印，而对于生物体的解释也大多无法脱离一种"完美主义"的情节。在这种情结的作用下，自然哲学家们往往直接将生物学中的研究客体定义为完美而又神秘的自在之物，对于其解释也充满了理想化的描述，此时的生物学解释与其说是学说不如称之为一种带有哲学家个人理想的理念。在这种情况持续很长时间后，生物科学才迎来了划时代的改变，这就不得不谈到亚里士多德，他本人在生物学研究中抛弃了那种古希腊哲人那种一贯的纯思辨传统，亲自对动物进行解剖，同时提出研究动植物种类的重要性，强调在研究中运用"形式"（forms）理论来进行动植物的分类，并运用"属"（genus）和"种"（species）作为分类的范畴，从而将一种新的研究方法带入了生物学研究，成为了生物分类学的雏形。亚里士多德的学生德奥弗拉斯特和斯特拉图继承并发扬了其生物学研究的方法，他们同样也是主张摆脱那些自然哲人所标榜的思辨逻辑作为探讨生物学的方法，而是通过实验观察的方法，并且提出不要用那些先入为主的主观预设来干扰研究，即反对带有目的论研究。这无疑为正在混沌中的生物学研究点亮了明灯。在观念革新的推动下，对生物的分类研究方法成为公认的模式，分类信息构成了生物界的图景，研究者工作就是不断充实这些信息并完善分类。

在这一时期的生物学解释正处于由过去那种"形而上学"向一门实验科学转变，其突破性体现在一种新的研究方式的转变。得益于这种转变，对于生物学领域知识的解释也不再是那种自我中心的、具有主观倾向的"完美解释"，而逐渐形成了以观察分类手段的专门研究，以实验结果的客观事实来认识生物体。此时的生物学解释的内涵还停留在浅显的动植物分类认知上，整个生物学解释的语境表现为对人所能接触到的自然界的生物体进行有效区分并进行个体分类认识，它既概括了这一时期内生物学研究的从事范围与研究方向，同时也在潜移默化中规范了生物学研究的基本形式以及基本框架，确立了延续至近代生物学研究的方

① 郭贵春．科学实在论的方法论辩护．北京：科学出版社，2004：70.

法。总结此时生物学解释可概括为以下：

首先，由于处于向实验科学的转变过程中，生物学解释的范围还是十分有限的，仅仅处在对各个已知或未知物种的基本鉴识和分类的工作上。所以相应的解释语境只表现为一个由已知或未知物种构成的生物分类框架。但这一框架无疑又是伟大的，它踏碎原有的那种飘缈的、纯哲思性质的生物界图景，开创了一种现实、明晰的通向合理解释之路，为后继的解释者指明了方向并开始了生物科学知识的原始积累。

其次，受认知水平所限，对生物个体的研究仅仅停留在差异性和共同性的划分，肤浅的研究层面制约了解释能力。因此原有的主观性理念仍然影响着对于诸如生物发生以及胚胎学等问题的认识，解释语境不可避免的被社会意识形态左右着，很难形成有着严格逻辑演绎框架的知识系统。但是通过对已确立的解释框架进行不断的完善以及随着框架内包含问题的不断解决，又会不断的抑制这种主观观念的影响，尽管在一些情况下社会观念会迫使解释能力产生倒退。

二、从分类科学到分析科学的转变

到达近代第一次科技革命时期，物理、化学、数学为代表的科学突破对旧有的科学观念造成了极大冲击。随着科学方法论研究的兴起，生物学的研究也逐渐发生了改变。培根在《学术的进步》一书中提出了“培根的方法”，这在之后的日子里甚至等同于科学的方法。他所强调的方法即科学归纳法中认为感觉是完全可靠的，是一切知识的源泉。在纳格尔观点看来，归纳是指一个理论的解释或者一套实验定律在所探寻的一个领域的建立，尽管一个理论通常并不能同时作为一些其他领域的解释①。科学是试验的科学，科学就是在用理性方法去整理感性材料，归纳、分析、比较、观察和实验是理性方法的主要条件。与亚里士多德的简单枚举归纳不同，培根认为它的归纳法才是科学的。也正是由于培根的工作，穆勒继续研究了在确立因果联系基础上的科学归纳方法，在逻辑史上，这些方法被称为培根法。穆勒最终确立了“科学归纳法”的五条法则：求同法、差异法、求同差异法、剩余法以及共变法。一定程度上这些成为了生物学走向分析科学的理论基础。例如达尔文声称其进化论思想便是使用了培根法对已有知识进行再分析的结果。

另一方面，化学方法进入生物学研究改变了其解释的形式。巴斯德否定了旧有自然发生学说从而促成了新的自然发生学说的形成，即认为生命体与物质世界

① E. Nagel. The Structure of Science. London：Routledge and Kegan Paul，1961：338.

是同构的。所以，对于物质世界的研究方法也同样适用于生物学研究。例如化学家赫尔蒙特就认为生命基本上就是一个化学现象，他复活和革新了有关生命的化学解释，相信所有的生理现象都可被解释为化学活动。以他的观点看来，体内的化学过程存在于各个器官之中的一系列不同等级的“生基”（archaei）所控制着。隶属于生基的是一个他称之为“动因”（blas）的实体，对应于人类所有的特殊功能，存在着一种特别的“人类动因”（blas humanum），而对应于普通的生理过程，则存在着其他种的“动因”[1]。可以认为，世界的同一性已成为生物学解释的支柱之一，为其他学科研究方法引入生物学打开大门。同时运用化学来解释生物学的尝试为解释生命的起源以及构成基础找到了新方法，生命的基础可用化学符号来表达。例如，腺嘌呤的实验室模拟合成很好地证明了生命物质可以发生于物质世界，其解释的形式就是以化学的方式来完成的（图 6-4）。

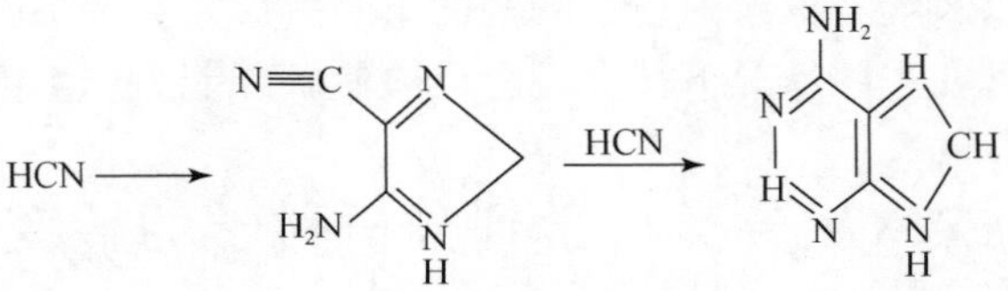

图 6-4　腺嘌呤人工合成分子式

生物学解释的语境在这些背景之下引发了新的转变：

首先，原有的分类学研究在经过长时间的知识积累之后已达到一个相当成熟的阶段，生物界按照一定等级进行了划分，形成了严密的生物界架构。虽然还不健全，但分类学的不断完善标志着人们对其的研究已走入了消化分析阶段，在早期被束之高阁的生物起源的研究重新兴起，早期进化思想便是这一阶段的产物。在这些条件下，生物学解释所作的就是综合已有的知识材料对存在的未知问题进行思考，这一过程表现为：知识材料+科学研究方法→预期解释。

其次，科学仪器的引入延伸了人们的认知领域，仪器观测成为了生物学研究越来越依赖的手段。而以此产生的变化就是仪器在测量条件下的观测客体成为了新一阶段下走向微观的生物学的新的解释对象，这种解释的合理性是建立在这种测量活动的准确性基础之上的。作为测量的主体、环境、方法、媒介以及测量仪器本身共同为结果的合理性负责，构成测量的语境[2]。测量的过程表述为 $R=T_m(a)$，即测量结果 R 为测量读值 a 通过测量语境 T_m 转化后的表现形式，对于真实值 R' 来说，测量的误差 $\Delta R=R-R'$，且 ΔR 只与 T_m 有关。

① Lois N. Magner. 生命科学史. 天津：百花文艺出版社，2002：430-433.

② 郭贵春，殷杰. 科学哲学教程. 太原：山西科学技术出版社，2003：25-29.

最后，学科的交叉引发了生物学解释尝试的新突破。伴随着化学的、物理的方法的引入，生物学解释方式也发生了革命性的改变。由于在旧有框架下生物学解释工作的基本完成，原有的研究形式也越来越不能作为主流的生物学研究形式，化学的、物理的解释尝试重新建立了一个新的解释框架，而它们的特有分析方法正逐渐融入生物学的研究中去。如生理学的突破很大程度上得益于大批化学家的参与，他们将生命体作为一个化学系统来看待，试图通过化学分析来研究生命的奥秘。

三、走向分子水平的生物学解释语境演变

尽管《物种起源》在生物学发展史上的地位毋庸置疑，但由于进化论的思想并不适合用严格精密的实验条件来检验，所以比起此时生物学的其他分支，如生理学、细胞理论、胚胎学、动物化学甚至微生物学来说，这一学说的建立是很难符合当时主流的实验科学精神的①。解释能力的不足使其长期受人诟病，生物学研究焦点的转移成为必然。孟德尔遗传规律的发现使生物学开始了遗传学解释的转向，生物分类学的工作也逐渐淡出了生物学研究的前沿。而在孟德尔在其遗传学中所提出的决定生物遗传性状的“因子”，也就是现在我们所熟知的基因成为了生物学的研究核心。对于这种“因子”的存在以及机制左右了之后整个生物学的进程，构建一个以基因为核心的生物学解释新框架的工作正式拉开了序幕。

20 世纪初，量子理论统一了物理学和化学，解释了物质的精细结构。生物学开始从这些新的物理化学思想中受益。比如量子物理学家德尔布鲁克和薛定谔他们都有着共同的观点，主张以量子理论来解释生物学问题并且认为物理学的公理和方法同样适用于生物科学②。这些思想上的转变直接导致了生物学的新的解释前沿，分子生物学的诞生。作为分子生物领域的伟大突破，DNA 的发现给予了生物学新的解释内涵，而 DNA 模型也符合了之前所有解释途径对基因的描述，它是一个理想化的解释框架，不但很好承袭了已有的生物学解释，并且接替之前所有解释框架而开拓了新的生物学解释领域，形成一个可以继续拓展生物学解释之途的平台。

对于现代生物学研究的转变，还有一个革命性的变化就是形式化逻辑体系在对基因研究中的引入。德国数学家希尔伯特作为形式主义的奠基人，首先在数学

---

① Lois N. Magner. 生命科学史．天津：百花文艺出版社，2002：475-477.

② Dave A. Micklos，Greg A. Freyer. DNA Science：A First Course. 2nd ed. Cold Spring Harbor Laboratory Press，2003：4-5.

上提出公理方法，即一种构造科学理论的方法，在这种科学理论中，某些公理作为出发点而被置于基础的位置，成为无需证明的真理，其他命题可以从逻辑上借助证明而推导出来。在公理化基础上推行形式化，以符号表述公理以及演绎过程。数理逻辑的产生和发展极大的扩充了形式逻辑的内容，开辟了现代形式逻辑的新领域。它用形式化的方法研究研究思维的形式结构及其规律，即用一套特制的表义符号去表示概念判断和推理，表示他们的逻辑形式及结构，从而把对概念、判断、推理的研究转化为对形式的符号表达式系统的研究。这样来研究的概念、判断、推理的形式，就是概念形式（包括个体表达式、谓词表达式、量词符号等）、命题形式、推理、论证形式①。这种表义形式的应用是整个科学界所推崇的，生物科学的发展也同样离不开逻辑表述体系的确立。在 DNA 概念提出后，生物学研究走向了新阶段，1958 年克里克首次对核酸和蛋白质的相互关系提出了中心法则（central dogma），此法奠定了分子生物学的理论基础。不久，研究者们便用精简的符号表示这四种碱基（A、G、C、T）及其关系，即在一段双链 DNA 中，A+G=T+C，且 A=T，G=C，也就是著名的“查尔加夫规则”。同时，由于 DNA 碱基成分随着来源的不同又表现出很大的差异，所以四种碱基可以任意方式排列，表现出极大的多样性和特异性，能够得到 4100 种不同的排列方式。这一系列规则的发现，使人们自然的将其与语言相联系，因为这一规则的存在再加上这些专用符号的引入使得这些序列串更像是记载了生命信息的文字。这一切使得形式逻辑体系在生物学研究中的应用成为可能，研究者们可以通过这些表示遗传信息的碱基序列来研究我们难以观察、无法有效描述的微观生命现象，并通过对这些序列符号的研究达到解释微观生命活动的目的，一项新的生物学解释工作再次展开。到了目前，为了全面了解基因、蛋白质和环境对生物过程的影响，需要生物学家采取综合手段，同时研究多个基因的协同表达。DNA 芯片应运而生，它是一个巨大的生物信息载体，可以发现应对环境或发育不同阶段中数以百计或是数以万计的基因同时表达。这种分析已非人脑所能胜任，检测和分析一张芯片包括数千个独立实验，需要软件才能完成。生物信息学应运而生，它可以管理和分析大规模试验，而基因研究领域的形式化表达体系是这一研究得以存在和发展的基础。

目前的生物学研究正经历着第三次解释飞跃，这次飞跃的特点依然表现在解释架构的变革上，无论是在方法论上，还是在解释的方向、范围以及模式上，较之前发生了很大变化：

首先，每一次科学的飞跃都是伴随着科学方法论的革新，这一次的生物学飞

① 刘大椿，安启念，M. 巴诺夫，等．科学逻辑与科学方法论名释．南昌：江西教育出版社，1997：17.

跃也相同。形式逻辑的发展和引入使生物学在微观领域的研究开启了方便之门，新的解释方法将科学中考虑的客观实体通过建立一套解释语境转化为语形、语义、语用的问题，语义实在论者就认为真理是语言文字与实在之间的语义关系①，研究者的研究过程表现为语用分析的过程。这一方法论上的转变，是人类基因组计划得以实施的前提和生物信息学建立的基础。

其次，现代量子理论的发展及其实验观察手段的进步使得科学发展的前沿走向量子解释，量子理论的盛行引发其思想向其他学科的渗透。这种观念表现为使用量子理论体系来统一目前各学科研究基础。正像通常认为的那样，科学解释的本质就是通过还原那些我们不得不作为最终的或所予的东西而接受的大量独立现象来增加我们对世界的理解②。这种具有还原论倾向的思想也是生物学研究前沿转向基因的动因之一，即希望通过基因这一概念的引入将生物学中的各部分研究做一个有效的统一，使其具有相同的理论基础。

最后，基因理论的建立使得生物学解释所依赖的解释基础彻底脱离了传统经验观察手段，由于研究进展越来越多的与仪器使用有关，如 PCR 技术、DNA 芯片等无不是复杂的仪器测量过程，人的经验与仪器经验并列成为了研究过程中不得不倚重的重要因素，测量问题成为了现代生物学面临的最大难题。在测量过程中的各要素集合构成了测量语境，测量活动本身成为了一个语境化的过程。测量语境构成了生物学解释语境的存在基础，并左右着解释语境的走向。

综上所述，可以总结如下：

（1）单就科学的解释功能来说，解释语境可理解为解释信息的载体，作为载体内的信息集合共同完成解释功能。其中既包含了直接对应于解释本身的直接信息，也包含了与解释间接关联的间接信息。直接信息依托于解释语境负有对解释客体的说明功能，如定义、假说、理论模型等；而间接信息必须通过直接信息才表现出对解释客体的说明工能，即间接信息的作用主要表现在对直接信息的影响上，并且直接信息会随间接信息的改变而发生相应变化，间接信息的涉及面相当广泛，包括认知背景、主观倾向、社会背景等主客观因素。解释语境内不论何种信息本身是可错的，其影响的外部表现就是解释能力的强弱，并不对解释的结果负责。

（2）正如库恩所认为的那样，生物学在长时期的发展过程中并不是一种单纯依靠知识的积累和增加的方式而获得的渐进式发展。在这里可以认为，它本身是通过学科在某一特定时期所取得的突破性变革而达到一种解释层面上的飞跃，

---

① Emma Ruttkamp, Johannes Heidema. Reviewing Reduction in a Preferential Model—Theoretic Context. International Studies in the Philosophy of science, 2005, 19 (2): 143.

② M. Friedman. Explanation and Scientific Understanding. The Joural of Philosophy, 1974, 71 (1): 15.

这一点可以从生物学的发展历史上看出。作为每一时期的生物学研究，基本都将其研究精力放在特定的解释范围以及方向上，而对于确定了研究解释范围以及方向的解释框架，正是学科解释活动开展的平台，这一解释平台就是这一时期内生物学的解释语境，学科所要面对和解决的问题通过解释语境的建立而呈现。所以从一定角度上可以认为，生物学的变革总是伴随着其解释语境演变，当一种解释语境建立就意味着一种新的研究标准的产生，解释语境就是一种标准，规定了学科研究的模式、范围以及方向。

（3）在一个解释语境中包含了所要解决的学科问题集合，而对于问题的处理，在解释语境的框架内同样提供了基本的方法。这些方法的确立本身也是解释语境建立过程的一部分，即在解释语境的形成过程中，为达到解释功能的有效性，必然会形成一套达成解释功能的模式，它包括了研究中采用何种思维、证明方法以及测量手段的选择。研究思维决定了研究者处理学科问题的方式和手段，直接影响对问题解释的有效性。而测量手段本身是依赖于研究主体、仪器以及实验环境的综合性评判过程，这个复杂的过程同样构成了一个有关测量的语境，它是一个通过测量过程建立的解释平台，由实验现象的观察达到对研究客体尽可能真实的描述。

（4）解释语境为研究客体提供了得以存在的载体。每一时期的解释语境都有其特定的解释目的，通过这一目的的要求提出了各自解释模型，模型为未知现象提供了一个现时条件下的合理解释，而模型在研究中的作用表现为客观信息的语义载体，研究的过程体现为语用分析过程。可以认为，语用为语句如何在言说中被使用出来传达语境中的信息提供了一种解释①，在生物学研究中表现为研究客体通过语形转化寄宿于理论解释模型之中，以其在整个解释语境中的表述合理性而存在。同时，解释语境处于一个动态演化过程之中，随着其解释模式、范围以及方向的调整，对研究客体的定义也会伴随着这些调整而做出与之的相应改变，其作为一个语义载体与解释语境相协调形成合理、有效的解释。

（5）随着20世纪后半期，语形、语义和语用分析这三大语言哲学分析方法作为一种横断研究的方法论逐渐渗透至自然科学各个领域中，科学解释的方式发生了很大改变。为适应走向分子领域的生物学解释语境转变，这一时期的生物学解释语境在表述以及研究形式上也不断向形式化发展，通过符号语言构建理论的表达体系，使解释语境中具有了统一的形式基础。同时，这种转变不等于抛弃原有的解释基础，而恰恰是建构于在原有解释基础之上的，其为新的解释平台提供必要的理论支撑，是旧有解释语境的再语境化。新的解释语境中通过形式化符号

---

① R. Kempson. Gramma，Conversational Principle//F. Newmeyer，ed. Linguistic：The Cambridge Survey. Cambridge：Cambridge University Press，1988：139.

表述体系展开了全新的研究解释平台，成为目前乃至相当长时间内生物学研究的标准化模式。

第四节 生物学理论的语义基础

达尔文创立进化论之后的数百年里，以生物进化论为框架的现代生物学体系迅速建立。早期生物学研究中所存在的理论性质与假说性质过重的问题始终是生物学作为一门现代科学学科所无法回避的问题，尤其是相较于主流的科学说明方式，即数学化，无疑漏洞很多。但之后的转折出现于 DNA 模型以及中心法则的提出，基因的概念跨入了我们的视野。生物学研究走向分子领域，基因成为了现代生物学的代名词。通过基因文库概念的引入，许多哲学家开始尝试论证原有的生物学核心，经典遗传学是否可以还原为分子生物学的研究。因为分子层面上的结构单元（如嘌呤、嘧啶等）可被抽象为说明模型中的一个表述单元，从而使得新的研究纲领的说明模型更加符合形式化的要求。但是，这一变化仍然没有摆脱哲学家们对于如何确保意义陈述可靠性的问题的质疑。如何保证这些被填充了意义的符号所表述的遗传过程可靠而不存在断章取义之嫌？在此基础上引入的数学方法会否将新的理论变成盲目的决定论？这些质疑似乎又一次将生物学拖入了争议的漩涡。而要探讨这一系列的问题，就必须对生物学理论结构的基础及其语义构造进行深入的分析。

一、生物学理论的基础

20 世纪 50 年代，贝克纳（Morton Beckner）在《生物学模式的思考》（1959 年）中就认为，生物学模式体现在将多种解释形式纳入同一意义结构。汤普森（Paul Thompson）认为，贝克纳的书是有关生物学基础的哲学研究的分水岭。从那之后，有关生物学作为科学，其逻辑检验以及认识论的、形而上学方面的问题成为了对生物学进行哲学讨论的焦点①。正是从那时起，对生物学的哲学讨论开始，并驾驭有关物理学的哲学讨论，新的有趣话题被提出：生物学是否是不同于物理学的另一类科学？生物学是否遵循逻辑经验主义者的科学观念？对于这两个问题，目前多数科学哲学研究者的看法主要存在于将生物学功能的、目的论的分析与解释作为与物理学最基本的不同。但显而易见的是，有关生物学与物理学的比较以及生物学是否可以称为严格意义上的科学成为了科学哲学研究的一个焦

---

① Paul Thompsom. The Structure of Biological Theories. New York：State University of New York Press，1989：23.

点。包括内格尔、亨普尔（C. G. Hempel）在内的许多学者都曾尝试证明功能的解释和目的论与逻辑经验主义者的观念是相容的①，而另一部分学者则认为生物学是完全不同于物理学模式的科学。例如，阿亚拉（Francisco J. Ayala）就支持这一观点，并在其论文中指出，在整个生物进化论的语境中，生物学作为一门科学其本身是自洽的②。由此不难看出，在整个20世纪六七十年代，对于生物学的哲学研究主要集中在其相对于逻辑经验主义以及传统科学哲学观点的另类性上，无论是正面的观点还是反方向的观点，都成为了生物学哲学研究的主流，并且许多方面的争论至今依然在延续。其实这些争论的实质在于整个生物学的理论体系的另类性，即不同于以往的分析方法与表述体系，比如逻辑经验主义所推崇的模式，当然这也反过来成为了之后许多人用以抨击逻辑经验主义的例证。所以在70年代左右，哲学家们开始假设并认为逻辑经验主义科学观及其有关理论结构的语法观念对于生物学以及进化论、进化的解释在结构上都是相符合的。他们认为生物学并不是另类的科学，与逻辑经验主义的观点也并非不相兼容，至少在生物学的基础特征上是这样的。鲁斯（Michael Ruse）在其《生物学哲学》（1973年）中就对这一议题作了重要的澄清并列举了生物学中表述体系形式化的效用。鲁斯并不是持公理化的观点，而是运用逻辑经验主义观点中的形式化特征来解释许多关于逻辑的以及概念的特征等等这些生物学中的基础工作。他在之后的论文中敏锐地指出，生物学理论的概念与解释的形式化方法实际上都来自于逻辑经验主义。虽然逻辑经验主义理论结构的语法观点之后饱受抨击，但事实上现代生物学理论体系的建立的确或多或少得益于此③。赫尔（David Hull）的《生物科学的哲学》（1974年）恰好也出版在同一时期。尽管赫尔也采用了分析以及形式化途径来考察生物科学的许多方面，但是他并没有像鲁斯那样完全站在逻辑经验主义的科学立场之上，事实上他的观点主要集中在了还原论上，即传统的孟德尔遗传学到分子遗传学的还原。这一观点将整个生物学的理论结构建立在一个有限还原之上，似乎比逻辑经验主义的观点更加具有优势。总之，鲁斯和赫尔的研究开创了整个生物学哲学研究的新局面，使生物学哲学研究上升为科学哲学中的一个主流研究，而研究的趋向也更多地聚焦于生物学解释以及生物学理论的基础上来。

从生物学哲学对于生物学理论的研究历程来看，无论着眼点如何，所有的议题所围绕的核心都是生物学理论及其结构体系。关于现代生物学的理论源头来自

---

① 亨普尔在《自然科学的哲学》（1966年）一书中表现出了对于归纳宽容，倾向于认为生物学规律性解释可以部分还原为物理、化学的解释；内格尔在《科学的结构》（1979年）中分析了物理现象与生物现象的不同，认为从系统论的角度来衡量，物理学与生物学是可以相容的。

② F. J. Ayala. Biology as an Autonomous Science. American Scientist，1968，56：207-221.

③ Michael Ruse. Charles Darwin's Theory of Evolution：An Analysis. Journal of History of Biology，1975，(8)：219-241.

于进化论这一观点得到了绝大多数人的赞同。进化论作为一个宏观理论，虽然其解释机制是有价值的，但是它自身远没有上升为公理，直至今天我们也只能将其视为一个松散的理论纲领，而这也一直是生物学被看作另类科学的根源。20世纪中叶的生物学革命主要得益于物理、化学的方法的革命，因此在50年代之前，许多科学家都认为生物学完全可以纳入物理学、化学的研究范畴。此时的物理学、化学的理论表述体系已经十分完备，并以数学逻辑作为研究的基础，可以此为平台进行演绎，此时的生物学始终存在着边缘化的风险。但事实是，由于这一途径始终无法很好地兼容孟德尔的遗传理论，使人们逐渐放弃了单纯依靠物理、化学表述形式来建构整个生物学理论体系的想法，而DNA模型以及相关分子遗传机制的提出加速了这种转变。

遗传信息概念作为20世纪末生物学新的焦点，以梅纳德·史密斯（Maynard Smith）、戈弗雷·史密斯（Godfrey Smith）为代表的学者都对生物学中信息因素产生了极大兴趣，进行了具有启发性的讨论①。从这些讨论我们可以看出，分子生物学的迅速崛起使得原有的生物学理论结构面临着巨大的调整压力，而以DNA信息为意义基础所缔造的遗传代码在多大程度上左右着生物学理论的表述还存在着相当大的疑问。一方面，遗传代码是否可以在生物学理论中作为一种充分的依据进行解释，这是目前争论最集中的部分。因为作为生物学语境中最基础的意义单元，其作用就相当于汉字之于中文的意义。因而在这个基础上，整个生物学理论以遗传代码的模式来解释似乎完全合理，不过这仅限于基因层面，在个体发生以及种群层面，其解释效力处于递减的状态。另一方面，如何在基因理论自身框架内对遗传信息的意义进行有效限定。遗传代码本身的意义是在理论规则的架构内被赋予的，其中代码组合的变化对应于相应状态或现象，同时这种变化规则必须遵循相应遗传规则。但是这一点目前还不完善。例如，某些同素异构体所表现出的在生物功能层面上的差异就是很好的例子。因此这些表达单元必须进行有效的意义限定才能在整个解释中发挥精确表述的作用；最后一个方面则是关于基因决定论的争论。其核心为是否可以通过遗传信息代码系统来进行有效预测以及具体的实验操作。

综上所述，目前的生物学哲学研究已经越来越关注生物学的基础问题。在这里，作为本节的出发点，可以尝试把这些研究转化为生物学理论的语义研究，通过语义分析方法的应用，找到生物学理论的最小意义单元，同时关注其意义单元在整个解释语境中的结构问题，从而把握诸多问题的关键所在。原因在于：首

---

① 从戈弗雷·史密斯的《基因代码的理论角色》（2000年）和梅纳德·史密斯的《生物学的信息概念》（2000年）两篇论文中都可以看出对于遗传信息的关注。前者主张信息概念的使用应限于从基因到蛋白质的生物过程，而后者倾向于从一个更广的生物学视野来看待信息可能造成的影响。

先，语义分析方法本身作为语义学方法论，在科学哲学中的运用是“中性的”，这个方法本身并不必然地导向实在论或反实在论，而是为某种合理的科学哲学的立场提供有效的方法论的论证①。语义分析方法在例如科学实在论等传统问题上具有超越性，在一个整体语境范围内其方法更具基础性；其次，作为科学表述形式的规则与其理论自身架构是息息相关的，这种关联充分体现在理论表述的语义结构之上，对其逻辑合理性的分析就是对理论真理性的最佳验证；第三，生物学理论表述的多元化特征使得语义分析应用更加具有灵活性，易于对生物学语境内各解释元进行横向的比较分析，从而获得横向理论间的逻辑关联。

二、生物学理论的形式化特征的语义分析

1. 生物学理论的语义表达困境

汤普森认为一个通常的形式化语言体系包括一组能精确表达的形式化公式、一组符号以及一系列在形式化体系中的符号应用规则。但应注意的是，体系中所使用的符号在意义上必须是绝对独立的，尽管这些符号可能有多个意义来源。同时，符号分为了简单符号与复杂符号。其中，复杂符号由简单符号组成的形式定义。在同级形式变化种类不足以满足定义需求的情况下，这些复杂形式可以进一步组成其他更复杂形式。公式是被形式化语言表述的，只包含语言符号，并且满足相应的语言构成规则。这种公式称为“合式”（well-formed formulas，WFFS）②。在一般的科学理论表述中，通常使用公式来表述整个理论体系的逻辑关系，这种逻辑关系包括平行的客体间关系以及相关联的上下层级间的构成关系，抑或是超出这两种关联的其他关系。通过这种直观逻辑体系的表述，我们可以利用被证实的逻辑关系来演绎出其他未知的逻辑关系，从而使直观的符号演绎成为研究的重要手段。但是这必须具备一个前提，那就是数学逻辑的支持，即可运算，这不但是科学精确演绎的需要，更重要的是，使任何以数学逻辑作为表述基础的科学解释体系具有了一个可通约的层面，这是学科研究交叉的最基本条件。当然，之前所说的形式体系很大程度上源自于逻辑经验主义的科学语言方案，但是在历史主义的科学哲学兴起之后，大多数科学哲学家都认同了在科学解释中形式化体系与解释性陈述并存的局面。

回到生物学理论中。进入分子水平的遗传研究以来，生物学似乎具有可用以

---

① 郭贵春．语义分析方法与科学实在论的进步．中国社会科学，2008，（5）：55.

② Paul Thompsom. The Structure of Biological Theories. New York：State University of New York Press，1989：27.

整合所有子类研究的逻辑基础，期望通过这种微观的解释来延伸到宏观的进化理论体系中。问题是，仅仅依靠中心法则所建立起来的这一体系是否具备了形式化语言体系的条件？通常讲的科学法则是指运用形式体系规则所建立的公理体系，用以解释理论中的规律。目前的问题是，单一的中心法虽然符合了形式化的需求，但远没有达到形成公理体系的要求。在传统的科学理论解释观下，法则用以描述现象和行为，并能够解释与预测特殊的现象和行为（法则的可检验性），见图6-5。

$$\frac{\begin{array}{c}L_1,\ L_2,\ \cdots,\ L_n\\ C_1,\ C_2,\ \cdots,\ C_m\end{array}}{E}$$

图6-5 关于事件 E 的法则关系图①

图6-5中，L_1，L_2，…，L_n表示相关法则，C_1，C_2，…，C_m表示事件中的相关状态，E代表被解释的事件。通过关于E的法则的演绎，我们可以预测出可能发生的状态，也就是说一个法则对于事件的解释必须是启发性演绎的。因此，以这一标准来看，对于生物学理论的公理化看法引起了很大的争议，以传统逻辑实证主义观点影响下的科学观来看，生物学理论的确是缺乏公理性的。例如，贝蒂（John Beatty）在他的论文中对此表达了很强的观点，他认为整个进化理论都是或然性的，生物学中只存在暂时性公理②。就这一观点，我们就有必要对生物学的理论构成进行一些说明。第一，生物学的理论源自于对生物体特征、种群以及生理现象的描述与概括，而作为研究对象的这些本体在漫长的进化历程中有的消亡，有的发生重大变化，并不存在永恒不变的物种，因此，也就不存在长期稳定的描述与概括（较之于物理法则）。第二，生物体的生理活动可以用物理、化学的解释来加以解释，但是在生物机能的方面远远超出了物理化学可解释的范畴，我们可以将其称之为“真正的生物学范畴”。虽然物理定律可以解释生命运行的基础，但其与生物学现象并不属于一个解释范畴。就好像我们不能用物理定律去解释物种进化一样。第三，生物学理论解释与对应的生物学现象之间存在着各种变量，而且多数情况下是非线性的关系，例如在一些重金属污染的区域，当地的一些生物会发生一系列的畸变，而这些变化形式又是随机的。第四，进化理论强调时间与环境的共同作用机制是进化发生的根本原因，这种作用机制类似于一个灰色系统，从而形成了无法测定的系统变量。因此，对于生物学理论来说，时间

① Paul Thompsom. The Structure of Biological Theories. New York: State University of New York Press, 1989: 37.

② J. Beatty. The Evolutionary Contingency Thesis//G. Wolters, J. Lennox, eds. Concepts, Theories, and Rationality in the Biological Sciences. Pittsburgh: University of Pittsburgh Press, 1995: 45-81.

变量与环境变量成为其构成法则的最大障碍。基于图6-5，我们可进一步得出图6-6。T_0，T_1，…，T_n代表环境变量，t_0，t_1，…，t_n代表时间变量。

$$\frac{(L_1,\ L_2,\ \cdots,\ L_n)(T_0,\ T_1,\ \cdots,\ T_n)\quad C_1,\ C_2,\ \cdots,\ C_m}{E(t_0,\ t_1,\ \cdots,\ t_n)}$$

图6-6　事件 E 在差异环境变量下的法则关系图

2. 生物学理论的构成原则

关于生物学理论的认识，西方学界明显分为两个派别。以鲁斯、威廉姆斯（Williams）、罗森堡（Rosenberg）① 为代表的一派认为，可以运用演绎主义和语义方法来描述进化理论的因果机制。以汤普森为代表的一派认为，生物学理论是一个复杂的解释框架，应该从整体上来概括进化论的因果机制。如果从整个生物学语境的视角来考察，后者的观点无疑更为现实。从一开始，生物学理论就是以各种模型的方式而存在的，而造成这一切的原因在于物理主义的真理观在生物学研究中的无能为力。从实用的思维出发，通过构建解释模型来满足整个理论体系的逻辑自洽性成为确立生物学基础的最好手段。生物学中的解释模型具有如下原则：

首先，模型是一个可控体系。在模型中可以对各种变量进行必要的限定，通常可以通过将一些变量进行限定甚至转化为对应常量，从而使整个模型在数学上的演绎变得可行。这一原则是从实用角度来确保数学方法以及设备手段对于研究介入的可行性，通过对相关变量的语义调控，尽可能地对复杂理论的语义结构进行简化，同时又不破坏语义结构的完整性。

其次，在适度的范围内，放宽模型的严密性，通常运用统计学的方法进行合理论证，对于模型解释产生的“异常”，根据其出现频率来决定其是否属于可忽略对象，因为进化理论本身就规定了生物异常所带来的两个后果：一是正方向的异常，属于进化的进程，之后会纳入理论体系。二是负方向的异常，不会存在很久，所以属于可忽略对象，不需对模型进行调整。通过灵活的语义关联确保模型解释的合理性，同时并不会对原有的模型结构造成冲击。这一点在经典遗传学研究中显得尤为重要。

最后，理论中运用互补性解释模型。在由 T、t 两组变量构成的模型中，如果将一组变量 T 限定，而只考虑另一组变量 t 的因素，形成模型 A；反之，限定 t 而只考虑 T，形成模型 B。那么，对于被解释事件 E 来说，A 和 B 为关于 E 的互

① 从威廉姆斯的《进化的演绎推理》（1970年），鲁斯的《遗传学中的还原》（1976年），罗森堡的《生物科学的结构》（1985年）这些代表性专著、论文中都可看到这种倾向。

补性解释。互补性模型是为了在限定理论自身以及其严密性放宽的条件下，尽可能地保证对象描述的全面性，将原有的解释层次进行分化，使之尽可能地向形式化的要求靠拢。

在这些原则下，理论的可靠性更多的建立在模型的选择上，这种选择更多考虑的是宏观上的判断，依赖于对整个解释语境的分析。而作为模型本身在满足限定变量的前提下成为了一个有限的法则。因此，无论对于生物学理论有什么样的认识，都不能忽视一个概念，那就是单一的理论描述必须纳入整个进化论的体系中来考察，其作为体系中的一个构成单元，本身处于逻辑关联的框架内。这种整体与组成单元间的互动共同确保整个解释体系的逻辑自洽。当然，这些原则同时也带来了一个更大的问题，那就是理论中解释模型的选择如何来进行。由于时间与环境因素的不可再现，许多理论本身都存在着验证难题。

3. 现象与理论的关联问题

如果说所建构的语义结构确保了理论在逻辑上是可检验的，那么另一个问题也必须引入研究的范畴，那就是现象与功能在整个理论语义结构中的关联。我们把进化理论作为一个宏观上的解释原则，但是它与“范式”有着根本的不同。范式体系规定了学科的表述形式以及在研究中的具体运用方法，而进化理论却是一个相当宽泛、自由的框架，在这个框架内，实用性往往是第一位的。如果经典的遗传学是站在个体以及种群的视角上，以统计的方法来对遗传规律进行表征，从而创立了性状分离等经典学说，那么分子遗传学则完全是建立在化学、物理学等基础上的。二者的共同点是对应着相对固定的性状或功能，而不同点是一个以染色体片段为理论中的最小语义单元，另一个以组成染色体片断的碱基物质和其他调控单元为理论的最小语义单元。作为通常的认识，分子遗传学完全可以取代经典的遗传学作为生物学中最基础的理论。但是至少在目前，经典遗传学还是无法被取代，这是因为某些碱基序列在共同构成染色体时出现了某些新的性状和功能，这样的状况类似于突现。由于这一问题的存在，作为理论基本的可还原性受到了严重干扰，生物个体层面的功能和性状很难被简单还原到分子水平之上。反过来说，分子遗传学在横向研究方面的优势却又是经典遗传学无法比拟的。由于具有严格组合规则以及相对稳定最小语义单元，使得分子遗传机制十分接近于语言的机制，通过遗传代码构建的形式化体系在运用数学手段以及计算机辅助分析方面，其条件可谓得天独厚。因此，经典遗传学在理论纵向层面上的运用要强于分子遗传学，而分子遗传学则在横向层面的分析与比较则显著占优。这两种遗传学研究的反差给整个生物学理论的统一造成了极大的困扰，虽然它们作为理论都很好地解释了进化学说，但在对于具体的进化路线上与分类上存在着明显分歧。可以尝试通过对二者各自表述的意义单元以及规则与个体的性状、功能在语义关联上的差异进行比较，从而对这个问题加以分析。

首先，我们需要明确一个概念，那就是在整个生物学理论中是否存在着稳定的意义单元。迈尔（Ernst Mayr）在《种群、物种与进化》一书中就曾认为物种是进化学说的基本单元①。物种同时作为分类学研究的最小单元，在整个生物学体系中处于至关重要的地位，起着连接个体生物学的理论与整个宏观的进化理论框架的作用。但关键的问题在于，经典遗传学与分子遗传学在对待物种的分类上是存在明显分歧的，也就是说，作为进化理论的意义单元定义本身还存在着争议。所以从宏观角度上说，整个生物学理论的上层意义框架并不明确。例如基于基因亲缘划分原则的修正系统分类学与传统分类学在物种分类上的分歧。

其次，对于面向生物个体的经典遗传学来说，性状与功能的遗传才是显在的。换句话说，不可再分的单一性状或功能的描述成为了基本的意义单元。对于决定同一性状或功能的遗传单元，通常我们称之为等位基因。正是在这一层面上，鲁斯在其《生物学哲学》中尝试证明生物学与物理学具有相同的解释模式与逻辑规则。在以孟德尔遗传学理论为蓝本的解释中，单一的性状或功能成为了最小逻辑单元，在整个遗传理论体系中表现出了令人满意的逻辑严密性，并通过试验的检验证明了其合理性。在鲁斯看来，群体遗传学在整个进化理论中处于核心地位，其整合了几乎所有关于进化的研究，例如胚胎学、分类学、形态学以及古生物学等，并以它们为理论支撑。同时，其表述形式也符合逻辑经验主义的观点。例如，哈迪-温伯格定律（遗传平衡定律）就是从孟德尔定律推导得出的。在限定条件下，假设一对等位基因。其中，p 和 q 分别为等位基因 A_1 和 A_2 的基因频率，由孟德尔定律可得出其频率分布：

$$p^2A_1A_1:\ 2pq\ A_1A_2:\ q^2A_2A_2$$

设定 A_1 和 A_2 的子一代基因频率分别为 p_1 和 q_1，因为

$$p_1 = p^2 + pq = p(p + q)$$

$$q_1 = q^2 + pq = q(p + q)$$

所以，$p_1 : q_1 \longleftrightarrow p\ (p+q) : q\ (p+q)\ \longleftrightarrow p : q$，从而证明频率保持稳定。

通过对整个推导过程的分析，就能明白为何鲁斯认为至少在孟德尔遗传学这一部分，生物学理论已经符合了公理化的要求。在这个角度上讲，单独讨论是否生物学理论可以具有完备形式化表述已变得毫无意义，尽管这种证明本身对于整个生物学语境来说还很脆弱。不过在经典遗传学层面讲，以性状或功能为语义单元的表述是生物学理论中比较成功的典范。

最后，对于分子遗传学的最小语义单元来说，其所针对的表述对象以及过程

---

① Ernst Mayr. Populations, Species, and Evolution: An Abridgment of Animal Species and Evolution. MA: Harvard University Press, 1970: 12.

十分庞大。一般认为，在由碱基到达各种超分子复合物的过程中，从蛋白质以后，这些大分子才具有了生物功能性。而由碱基序列所表达的遗传符号串仅仅只是蛋白质的一级结构而已，对于二、三、四级结构却是一种空间构造上说明。从这个角度讲，碱基序列对于最基本的生物学功能并不存在直接对应的关联关系，对其的语义判读无法通过现象或功能的描述来进行。事实上，单一碱基符号的语义判读是在整个的语义结构中进行的。因为碱基符号所对应的不过是一种物理、化学的语义描述，在生物学语境中并不具有理论层面的意义。在由碱基→氨基酸→蛋白质的这个过程中，每一次结构的上升其代码的语义都伴随着结构的调整。碱基位于一个基础的层面，作为连接物理学、化学的解释范畴的核心纽带而存在，是与生物学解释范畴的交集地带，成为生物学解释的边界区域。例如，GAA是氨基戊二酸的代码，但在化学中同样可以将其作为氨基乙酸的代码[①]。因此，可以认为碱基序列在生物学语境中的语义表达是在理论的语义结构中体现的。其对于经典遗传学的性状功能学说的语义关联是通过一步步语义构成规则来完成的，这也说明了简单地将性状以及功能描述还原为碱基序列表达的基因代码是十分困难的。

通过以上三点的说明，一些基本的问题也就清晰了。进化论体系作为整个生物学理论的框架，用以维系各个子学科理论的最终解释层面，通过语义结构的划分形成不同角度、层面的解释元。语义的结构规则是各解释元之间相互语义关联的方法。对于整个生物学语境来说，不存在最基础的同一解释元，它们都是作为有限的理论解释而存在的，各种解释机制都在其解释元内体现着特殊的实用性取向。基切尔（Philip Kitcher）曾就经典遗传学与分子遗传学，阐述了基于它们所涉及内容的理论概念的变化。他通过常规的术语学来分析经典遗传学与分子遗传学两种研究中对于“遗传因子”概念引用的不同理解。他的基本的立场是，“遗传因子”在不同的时间、不同的语境下可能指向不同的所指，但“遗传因子”的意义在它们各自不同形式的变化中并不会给科学的关联带来明显的破坏。基切尔进一步认为这种策略可以超越关于经典遗传学与分子遗传学的还原问题的争论，即在讨论两种研究时，还原方法作为一种表述策略可以被忽略[②]。因此，最终的观点是生物学解释是一个多元解释的框架，在以实用性为导向的前提下，各解释元有着独自的基本语义单元。这些基本语义单元之间的语义关联在依据理论规则所制定的语义结构中体现。

---

① J. Maynard Smith. The Concept of Information in Biology. Philosophy of Science，2000，67（2）：177-194.

② P. Kitcher. Genes. The British Journal for the Philosophy of Science，1982，33：337-359.

三、构建以基因信息为基础的生物学理论结构的可行性

1. 基因调控解释的不足

基于前面探讨的生物学语境内部的不同解释元，我们应明确一点，通过物理、化学对生物学研究的介入只局限于生理学基础领域。而在之上的遗传学领域，它们的助益就非常之少了。对于基因代码来说，作为符号性的信息载体其意义是完备的，但是关于其中的意义如何选择的问题，仅仅依靠符号本身是无法解释的。进而可以认为，物理、化学的解释范畴仅仅局限于说明符号本身的存在合理性。戈弗雷·史密斯曾撰文认为，我们往往专注于基因所导致的末端的结果(distal effects)，这些结果依赖于一系列其他因果因素。另一方面，对于非基因的原因，我们却关注最接近的结果（proximal effects)，认为DNA所导致的最接近的结果全部是物理、化学法则所决定的①。而梅纳德·史密斯则认为DNA所导致的最接近的结果并非全然是物理、化学法则所决定的，假如一个原因是经由一个"进化的接收器"而产生它的结果，那么这个"进化的接收器"是从许多可能的因果解释中被选择出来而给予该符号的其中一个解释，因此，这个原因是语意性的（semiotic）或符号性的（symbolic)②。梅纳德·史密斯曾举例指出，我们通常将分子生物学中"诱导物"分子以及"抑制物"分子这些调节分子看作是符号性的，实质上承认了它们的化学构成形式与它们在遗传学的意义上所展现的功能两者之间没有必然的联系。化学规则意义上的说明并不能决定遗传层面上的调控与表达③。这个问题也是生物发生场假说试图说明的。按照生物发生场假说，有一套潜在的规则规范着整个基因的调控。比如，分子遗传学很好地说明了DNA、RNA、起始子、终止子等这些大分子在基因调控中的化学机理，这可以说是一种有效解释，来说明他们如何工作。那么，另一个问题是，这些大分子元件为何会在一个特定的场合遵循一套固定的规则，进行一系列的化学过程？这个问题显然超出了物理和化学本身能够解答的范围。因此，可以设想存在一个发生场，对这些调控元件起着特定的规范作用。接下来的问题是，这个发生场在分子遗传解释模型中如何体现？旧有的分子遗传解释是一个严格的分解说明机制，最终的原因解释关联到化学、物理学的层次上。从这个角度上说，至少是在生物学

---

① Godfrey P. Smith. On the Theoretical Role of 'Genetic Coding'. Philosophy of Science, 2000, 67 (1): 26-44.

② J. Maynard Smith. Reply to Commentaries. Philosophy of Science, 2000, 67 (2): 214-218.

③ J. Maynard Smith. The Concept of Information in Biology. Philosophy of Science, 2000, 67 (2): 177-194.

意义上，这种解释机制是不完整的。因此，现有的分子遗传理论在解释的逻辑架构上是完整的，但是在解释的全面、有效性上的确存在着弱点。这可以解释为什么物理主义的观点始终在生物学中找不到验证。基于这些考虑，可以将分子水平的生物学理论划分为两个大的框架：一是有关于遗传的，在这个部分中，生物学理论更多的是试图解释生物的形态、功能、性状等特征是通过何种机制传给下一代的，以及在这种传递过程中表现出的规律性的东西；而另一个大的框架则是有关于生物发生的，这个部分更关注的是生物何以按照一定的形式发生并如何发生的问题，如神经发育、细胞发育等。前一个部分的研究内容决定了信息的概念将是一个无法回避的因素，因为生物性特征的传递很难让人不将其与信息传递联系起来。而后一部分是信息概念所难以清晰表述的，因为它更多的表现的是信息确定之后执行信息的过程，属于信息选择以及意义选择的问题，存在大量的不确定机制，目前还很难简单地用整个信息系统的概念加以解释。

2. 分子遗传中信息概念基础的合理性与局限性

一直以来，许多学者都持有这样一种观点，认为碱基序列并不等同于遗传信息。他们认为在一个真正的信息系统中，应包括编码器、传送器以及两者之间的信息通道。由于不具备这些组成部分，碱基序列更明显地体现出属于化学体系的特征①。在分子生物学解释中，运用了大量的科学隐喻手段来使得复杂的运行机制变得清晰易懂。但是，这种手段的大量应用也产生了许多的误导，例如形成核糖核酸的过程称之为“转录”（transcription），而其之后所要进行的工作便是“翻译”（translation）。这些术语很自然地将这些遗传过程类比为一个抄写员做的工作。但事实上，这些过程完全是化学过程，不过作为一个化学体系中的物质，它不可能同时扮演信息载体的角色。反过来说，分子遗传学毕竟是关于生物大分子在生物遗传过程中功能及作用的研究，每一个大分子元件都扮演了相应的功能角色，表现出稳定的对应性，从这个语境讲，这些隐喻手段的运用似乎是情有可原的，也是可以接受的。梅纳德·史密斯就认为将遗传过程比作信息传递是恰当的。他写道：“有哪种观点说化学过程不是运载信息的符号？为什么不？如果信息可以通过声波来传递，抑或是电线中的波动电流，那么为什么不可以是化学分子？”② 的确，化学分子在遗传活动中通过一系列的规律性的组合，最终指向具体的蛋白质。这一过程构成了“意义”的传送通道，已经十分接近于一个信息

---

① M. J. Apter, L. Wolpert. Cybernetics and Development I. Information Theory. Journal of Theoretical Biology, 1965, 8: 244-257.

② J. Maynard Smith. The Concept of Information in Biology. Philosophy of Science, 2000, 67 (2): 177-194.

系统。因此，由化学分子在生物层面构成的信息体系是可行的，而这种从化学体系中抽象出来，用以在生物学解释层面生成信息概念的方法也是合理的。

尽管如此，信息概念的引入还是存在巨大的障碍。问题在于以下几个方面：

首先，在整个信息过程中，有多少生物现象源自于原始信息所提供的“意义”？微观层面，就像前面提到过的蛋白质多级结构，其中原始信息的成分只能占到一级，这决定了初始的遗传信息对于最终的蛋白质表述并不具有完整性和决定性。宏观层面，环境因素对生物个体乃至群体的影响与先天的获得性遗传因素的区分很难界定，尤其是在一些生物行为上的描述，这也是为什么分子生物学在解释进化时总是存在证据不足的原因。如果将进化划分为基因的、选择的以及形态学的三个层次，第一个层次积聚大量的符号表述，而选择的层次明显变得复杂化，伴随着无意的信息只有很少的符号序列从这个符号库中被选出，这一套机制的量化往往只能以随机来解释。形态学的层次几乎把所有的数学量化难度进行了一次叠加，面对庞大的“意义”库，跨过这三个层次对形态学层次进行符号的准确表述可以成为一个尝试，但可能在目前还并不是一个好办法。

其次，语言学的局限。通常在提到基因的信息化时，人们会很自然地想到可以通过语言学方法对这个体系加以规范和整理。但在将基因作为信息描述的时候，有一个事实，那就是在这个系统中最小符号单元的数量十分有限，而要描述海量的“意义”必然会造成符号体系的过分膨胀，而单纯的符号化手段又并不足以解释哪些“意义”被采用，哪些意义是不表达的。因此，整个基因信息成为了庞大的字符库，里面的信息是杂乱无章的。就好像是没有空格和标点的字母文字，这些“空格”和“标点”就是控制符，是“意义”的起点或终点，是形成“意义”的关键。但是，在基因信息符号体系内，很难对那些“空格”与“标点”进行有效界定，许多生物学中的机制很难被还原为语言的机制，这也就是说单纯语言学方法的应用是不现实的。

再次，过程中变与不变的解释困境。作为决定蛋白质功能的氨基酸序列除了固定的碱基序列外，还依靠化学的键位以及物理的构象。物理、化学的解释对于生物层面的解释具有最终的支撑作用吗？我们应看到，如果在整个翻译、转录、表达过程中发生了某些变化，最终表达的产物会发生相应的变化，但是物理、化学的解释中所依据的法则是恒定的。也就是说，在生物过程的解释中，物理、化学的解释是必要但不是决定性的。举例来说，在遗传信息的框架内，突变的原因可以解释为符号序列的错配，但也有可能是某些物理、化学原因引起的结构变化。我们可以用物理、化学法则来说明这些变化过程，但是并不能说明其原因以及最终导致的后果。这种变化说明上的不对称致使基因信息的概念无法对遗传的变化过程提供有效的解释。

最后，符号间的相互规则。在碱基序列中，有时存在一串序列作为开关来调控其他序列段的复制、转录等过程，我们将其称为调节基因。这是一个奇特的机制，比如基因 A 控制基因 B，C，D，…，而 B，C，D，…又控制其他基因，这等于是在固有的“意义”之外增加了相应的对其他“意义”的选择功能，也就是说，除了表达层次的“意义”，这些符号还要体现调节层级的含义。这种特殊的机制无疑将意义表达的结构复杂化，基因信息符号已不仅仅是信息的载体，其本身也有可能成为信号的发送者。鉴于这种特性，符号体系的语义结构的复杂化不可避免。

由于以上原因，最终的关联机制存在不确定性。德雷斯科（Dretske）曾经提出一个“信道条件”（channel conditions）的概念，如果一个变量 A 与另一个变量 B 发生关系，那么我们可以说 B 载有关于 A 的信息[①]。例如，出现了相应的云会导致下雨，那么这种云便载有了雨的信息，它同下雨相关联。可以说“信道条件”的存在是形成有效解释的语义关联枢纽。但现实是，在基因信息与最终现象的关联机制中，由于不同层次存在的关联变量，使得基因信息的“信道条件”无法达成简单的线性对应。因此，虽然说基因能够作为信息载体，但是将其作为有效的解释依据却有些勉为其难。我们应当看到，基因文库作为一个庞大的信息库，包含了所有的意义，我们可以将其视作为一个语义源。而对于语义的选择与判读却是由另一套信息输入机制所控制的，不同层次的调节信息共同决定了最终的语义表达。从这个角度来看，基因信息的意义不言自明，事实上它作为生物学的基础是可行的，真正的问题在于基因信息是如何被编码的。无论是自然选择、种群隔离等宏观机制，抑或是诱发变异这种微观的机制，这些学说无疑都是对基因信息进行编码的一种机制，不过是水平与程度上的不同罢了。

3. 基因解释的意向性

根据细胞学说，每一个细胞都包含完整的基因文库信息，并且干细胞具有随时分化成为具有不同功能的细胞的能力。那么这里就存在“意向性”（intentional）的问题，即在不同情况下，细胞的生产会做出不同的调整。进一步的讲，由氨基酸序列以及一定的结构所构成的蛋白质已经不再作为信息的载体，它可能是一种酶也可能是一种功能纤维，表现出的功能成为了其自身的唯一解释。所以说，碱基序列是唯一具有意义传递功能的信息载体。作为一个信息载体，其最终的表达调节是“任意的”（arbitrary），并可以根据一定的外部反馈对自身的发生过程在一定范围内做出相应调整。这种观点与克里克（Francis Crick）在 1968 年提出的冻结机遇理论（frozen accident theory）有关。根据这一理论，遗传密码随意发展，

① F. Dretske. Knowledge and the Flow of Information. Cambridge: The MIT Press, 1981: 111.

直到当前密码的配置（密码序列）趋于稳定，自此之后，密码停止发展，因为其“选择有利性”已经达到最佳，任何密码的变动都有可能造成这种有利性的丧失或减少。也就是说，在环境稳定的情况下，子代的密码序列会直接继承祖先已经确立的配置，而环境一旦发生变化，密码的自由发展又开始启动，直到重新达到最佳的选择有利型。这种解释与达尔文关于稳定者生存的论断不谋而合，但整个过程的发起者成为了具有遗传功能的连续分子结构，或者简单将其统归为基因。自然的选择转化成为了基因的自我尝试与适应，基因本身具有了意向性。畅销书《自私的基因》的作者，理查德·道金斯（Richard Dawkins）在其书中就倾向于这样的观点。如果经典的遗传学焦点在于自然是如何在成千上万的多样性物种中选择最后的生存者，在分子遗传学的基因解释中，基因本身成为了主动对应变化并做出改变的决策者，这一活动本身是意向性的。当然，这种观点也面临着挑战。例如，贝蒂的偶然性进化假说就认为，新改变的基因与“规范”的基因在进化过程中的机遇是同等的，遗传密码的变化是高度随机的，并进一步认为，整个生物学的规律都是随机的[①]。萨卡尔（Sahotra Sarkar）也提出具有相似挑战的观点：如果一个关于 s 如何导致 σ 的理论不能排除不同的 s' 导致 σ，那么 s 只能被当作 σ 的“征兆”（sign）。在这个观点看来几乎所有的生物化学关联都是任意性的。生物化学理论只与特定的反应有关而与进化中的选择无关，可以说其理论构架是排斥选择的[②]。不过最近也有观点认为，在化学上表现出的任意性并不影响作为表达遗传代码的语义信息对于生物过程预期的确定性，化学的任意性对于分子遗传理论的语义关联并不是必要的条件，遗传密码在化学上的任意性对于基因序列所蕴含意义的影响显得既不充分也不必要[③]。

由以上可知，化学过程的任意性对于遗传信息的影响微乎其微。尽管在化学上的反应有多种可能，但是在真正的生物过程中，它只能按照确定的方向进行。从而我们可做出判断，基因在化学规律的基础上其本身具有意向性。当然，这里说的意向性并不代表确定性。就像之前所提到的，遗传密码的意义关联是动态平衡的。意向性的信息过程就像从基因所携带的各种可能表达的信息中选择一个更好的竞争者。进一步说，一个有意图的意向性尝试或语义信息就是在表达错误或误读情况下所获得的意义[④]。生物体经过亿万年的演变所获得的基因结构可以说

① J. Beatty. The Evolutionary Contingency Thesis//G. Wolters, J. Lennox, eds. Concepts, Theories, and Rationality in the Biological Sciences. Pittsburgh: University of Pittsburgh Press, 1995: 45-81.

② S. Sarkar. Information in Genetics and Developmental Biology: Comments on Maynard Smith. Philosophy of Science, 2000, 67 (2): 208-213.

③ Ulriche Stegmann. The Arbitrariness of the Genetic Code. Biology and Philosophy, 2004, 19: 219.

④ K. Sterelny, P. E. Griffiths. Sex and death: an Introduction to the Philosophy of Biology. Chicago: University of Chicago Press, 1999: 104.

是目前的最佳型。因此，遗传信息在确定状况下其意义是稳定的，这为利用遗传信息预测生物发生创造了条件。同时当环境的反馈发生改变时，信息表达的调整会表现出相应的意向性。当然，意向性并不代表基因的决定论，它本身是一个十分弱化的概念，不能将其纳入信息控制论的范畴来讨论。这也是为什么之前一再强调分子遗传信息体系只是一个类信息系统，不能将两种概念混淆。

总之，基因信息作为语义的载体对于进化机制的说明以及对于经典遗传学说的支持方面有着不可估量的作用。分子语境下以及经典遗传学语境下，理论的语义结构截然不同。分子语境下的基因解释的概念主体始终是具有具体生物功能的蛋白质和功能纤维等大分子。在这种语义的结构中，意义被限定于具体的功能语境中，化学与物理上的可能性在这样的语义结构中受到限制而仅仅提供最基本的合理性解释，在此基础上的理论语义结构的构成规则才是形成有效解释的核心所在。尽管作为基因信息的意义指向并不是恒定的，但是由于非稳定环境下的基因信息表达在固定的规则规定下始终是趋于稳定的，因此基因理论的语义结构是稳定的。我们可以将分子生物学理论的语义结构理解为被建构出的用以表示一定的关系规则，并在限定条件下可能导致某一结果。虽然基因信息是抽象化的概念，但在以其关联规则为基础的语义结构中，意义的指向根据相关环境反馈体现出带有一定意向性的调整。因此，可以认为基因信息理论稳定的语义结构是分子生物学理论的基石，是一种通过抽象概念构建的稳定语义结构，用以形成倾向性解释的说明机制。

饱受诟病的生物学理论所面临的往往是传统的理化科学模式的责难。相对于理化科学明显滞后的生物学，宽容显得尤为重要。从形式化的角度讲，生物学理论中的某些部分确实在尽力的模仿这种表述传统，像经典遗传学已经做得很成功。但从另一个角度上讲，生物学只是一个通过进化理论维系的相对松散的知识结构，并不存在必要性与可能性将其统一于一种规范的表述框架中，物理主义的一厢情愿就是例子。制约这种可能性的因素有：

（1）假说语境的不可通约。每种学说的语义关联只有在其学说语境中才具有语义指向的合理性，具体表现为不同语境间，最小语义单元在语义内涵上的显著区别。

（2）理论解释的层次性与上下层级的依赖性。生物学理论的层次性决定了其解释是多元化的，并且表现出很强的相互解释依赖性，这种交互影响的多元体系的说明机制，最终在整体上保证了生物学理论体系的逻辑自洽。

（3）语义结构的复杂性。单一解释元中的意义结构虽具有相对的稳定性，但各自复杂的变量机制使得在解释元的语义关联网络中，其意义的关联难度指数性增加，从微观变化到宏观表象的语义关联机制很难被准确把握。

（4）功能性解释本身的局限。功能性解释是通过外在表象与内在变化来建立的语义表达关联。将化学中的功能解释方法引入生物学具有一定的合理性，但生物学中的功能性解释由于其建立在不明确机制（各种功能假说）之上，语境之间的干扰使得意义通道的指向性并不稳定，解释是或然性的。

引入基因信息的概念可以帮助我们尝试突破以上这些限制。当然，这一概念的引入也必然会与经典遗传学的研究范式造成某种程度的冲突。尽管如此，根本性的问题却无发回避，那就是目前越来越多的生物学家都赞同进化理论中的选择机制并不是建立在性状选择上的，而是建立在分子水平上的。在这一平台上，作为语义载体的分子结构脱离了化学语境，成为一个专属生物学语境的语义群，自然选择过程转而成为了信息语义的选择。原本排斥在外的行为、心理、思维也被纳入新的解释机制，这一机制甚至能够被用于社会学研究，极大拓宽了生物学解释的范畴。不过，目前对这一理论的验证还不完善，并且理论结构中的语义关联不具稳定性，所以其解释是仍意向性的。而且，作为开放的类信息系统，外界环境信息的输入也是必须要考虑的对象，这为建立准确、有效的意义表达机制增加了难度。尽管存在着这些问题，基因信息概念对于解释进化理论机制的作用还是不可估量的。

就像汤普森所认为的那样，达尔文的进化理论框架由许多交互影响的理论所构成，框架内任何形式化的逻辑说明都必须把握这一交互性特征。理论结构的语义概念必须与其保持一致，而具体句法概念却并没这个必要①。在这个观点的基础上，应进一步明确，生物学的进化理论框架是一个多元解释体系，直观性和实用性是其首先要考虑的要素，根据解释范畴来严格限定理论的运用代表了这种取向。因此，生物学理论框架是一个多元语境，不同语境的语义结构决定了不同的解释机制与解释取向，并且，这一特点并不会削弱生物学理论在整体说明机制上的逻辑有效性。

---

① Paul Thompsom. The Structure of Biological Theories. New York：State University of New York Press，1989：97.

第七章　语境论的语义分析与科学哲学家的方法论辩护

伴随着科学哲学三大转向的不断演进，语境论的语义分析在科学哲学研究中的方法论地位日渐巩固，当代著名哲学家福多就坚持一种从心理语义分析的角度出发，通过物理主义的途径，对信念、愿望等具有意向性的命题做出科学实在论解释的尝试；从语境论视域出发对克里普克的指称理论进行考察，可以看出他通过强调主体意向在指称活动和实践中的重要性，所要表达的放弃狭隘的微观语义分析，走向语形、语义、语用相结合的后现代语义分析的语境观；在达米特的意义理论中，他也坚持意义的有机层次论观点，认为要理解句子就必须先理解语言的框架，以便在框架中寻求句子的意义，这也正是语境论的语义分析所强调的方式。本章主要通过对西方科学哲学家在语义分析与实在论方面的研究进行探讨，揭示出科学哲学家们对语境论的语义分析做出的方法论辩护，现实地展示出语义分析已经成为当代科学哲学研究必要的方法论手段，语境论的语义分析方法必将成为科学哲学研究未来发展的必然趋势。

第一节　福多对意向法则的实在论辩护

作为一名在当代享有盛誉的哲学家与认知心理学家，福多（J. A. Fodor）一直坚持一种从心理语义分析的角度出发，通过物理主义的途径，对信念、愿望等具有意向性的命题态度做出科学的实在论解释的尝试。在此基础上，他所倡导的意向实在论（intentional realism）已成为当代科学实在论阵营中具有代表性的、独具特色的理论形态之一。从一定意义上讲，福多在意向实在论立场上对意向法则的论证实际上也是站在自然主义的立场上对常识心理学所作的实在论的辩护。这是因为，他对意向法则所作论证的目的是要将意向解释纳入科学的解释当中，其实质是一种对意向层次上的行为解释所作的科学辩护，而意向解释在本质上恰恰是一种常识心理学的概括。显然，福多对心理状态意向实在论主张不仅给予命题态度以充分的本体论承诺，而且也在根本上肯定了意向法则（意向解释方法或常识心理学概括）的科学地位。正是在这个意义上，对福多意向实在论所具有的科学认识论价值的肯定，也就是对他的意向法则科学方法论意义的确立与认可。

一、基于自然主义的意向实在论立场的选择

福多对意向法则（intentional law）的论证是从他的意向实在论开始的。在对待信念、欲望等意向心理状态（命题态度）的态度上，福多坚决反对取消主义的主张。同时，他也不赞成工具主义对折中主义道路的选择。在这一点上，福多坚持的是一种实在论的立场。然而，他的这种实在论立场，并不仅仅是一般意义上的意向实在论，而是一种科学的意向实在论。具体而言，他的理论不限于将具有意向特性的命题态度看作是人脑实在存在着的内部状态，并且在行为的产生中因果地被蕴涵。在此基础上，福多进一步认为，科学的心理学理论应当包含常识心理学所预设的概念、术语及理论。这在实质上是对意向法则（即由意向术语描述的意向心理状态的法则）在科学心理学中地位的极强肯定。在福多看来，表征科学定律的符号命题中存在一定的意向特性，正因为如此，真正合理的科学心理学理论，就是要（应当）把类似于“命题态度”这样的心理状态列入科学研究，以说明科学的行为。而“科学的意向实在论恰恰是将常识心理学作为严肃的科学心理学的开端来严肃地谈论常识心理学的一种方式”①。常识心理学作为一种意向的解释方法与理论体系虽然与物理解释有着根本的区别，但这并非是对其与科学具有潜在一致性的否定，因而也并不意味它不能作为一个起点而发挥其科学解释的作用。正是这种基于意向状态真实存在的意向解释方式预设了那些在因果性上具有相同效应的意向心理状态，同时在语义上也是有价值的。从这个意义上讲，既然对意向科学的肯定就是对“意向心理状态的因果效力与语义性质可以共存”的肯定，那么，“存在使得这些意向心理状态（信念、欲望等命题态度）和行为等相互关联的意向法则”也必然成为一个不可争辩的事实。

通过上面的分析，我们可以看到福多对命题态度的实在性论证的关键就在于对命题态度所具有的因果效力与语义性质的肯定。正如他自己所言：“一个人是关于命题态度的实在论者，当且仅当：①这个人认为存在着这样的心理状态，这些心理状态的产生和相互作用能够引起特定的行为，而且，这些心理状态引起行为的方式与通过信念/欲望所进行的常识心理学概括的方式是相一致的（至少大致是如此）；②这个人认为这些心理状态在具有因果效力的同时，在语义上也同样是可评价的。”② 具体而言，这里的因果效力指的是常识心理学所预设的意向心理状态（命题态度）与刺激、行为及其他意向心理状态之间的引起和被引起的关

---

① Barry Loewer，George Rey. Meaning in Mind. Blackwell，1991：14.

② Jerry A. Fodor. Fodor's Guide to Mental Representation：The Intelligent Auntie's Vade- mecum//John D. Greenwood，ed. The Future of Folk Psychology. Cambridge University Press，1991：24.

系；而这里的语义性质则是指命题态度对世界上的客体、事件、关系和状态的关于性与指向性，也即命题态度的意向性。因此，对命题态度因果效力的肯定也就是要表明：特定的命题态度可引起特定的行为或特定的其他命题态度；而对命题态度语义性质的肯定则意味着对“命题态度总是指向或关于世界上的客体、事件、关系和状态”这一性质的肯定，这一点是不言而喻的。事实上，上述两方面的内容在本质上与福多将其用于科学行为解释中的心理意向法则都是有着密切关系的。因为，一方面，心理意向法则虽然不是一个严格的物理法则，但这样的法则却能将众多心理过程与行为之间的因果关系统摄于其下。也就是说，正是意向法则确保了诸如信念、欲望等命题态度这样的意向心理状态对行为的因果作用。另一方面，按照福多的主张，阐明意向法则自然化的实现机制是确保常识心理学的关键之所在。而要阐明意向法则得以实现的特定机制，则最终要依赖于对意向状态的因果效力何以与意向内容的语义性质具有一致性或者是对心理过程何以与心理表征的语义性质相一致的有力说明。[①] 也正是在这个意义上，福多对具有因果效力和语义性质的意向心理状态作实在论的辩护，在某种程度上是对意向法则的本体论地位的论证。这也从另一个角度揭示出：若要站在自然主义的基点上来说明命题态度的性质（具有因果效力和语义性质的意向状态，且二者表现出高度的一致性），则必须面对如何对意向法则的实现机制做出自然主义的说明这一基本问题。

那么，福多如何构建其自然化的意向实在论？在福多看来，意向非实在论的最深的动机导源于一种“本体论的直觉”（ontological intuition），即“在对世界物理主义的看法中没有意向性术语的位置；意向性的事物是不能被自然化的”[②]。对于这一点，他却持相反的看法。为此，他恰恰选择了物理主义的途径与策略，力图于物理主义地说明意向性如何能够通过世界与心之间的因果关系而得到自然化的目的。具体而言，他认为命题态度正是在一些物理系统（如神经系统、计算系统等）中得以实现的具有语义性质和因果效力的状态。[③] 而在此基础上，关于命题态度的常识心理学概括（即意向法则）也必定可以通过特定的物理机制从而物理地得到实现。然而，正如前面分析的，从传统的哲学观点来看，意向状态的自然性是很难与理性证明的逻辑性相联系的。换句话讲，意向实在论与物理主义能否在理论上相容还是一个有待阐明的问题。对于上述担忧，福多则不以为然，对此，他持彻底的乐观主义态度。在他看来，“自然主义的心理语义分析途径，完全可以满足意向实在论与物理主义之间的一致性”[④]。为了构建意向态度

① 田平．自然化的心灵．长沙：湖南教育出版社，2000：109.

② Jerry A. Fodor. Psychosematics. The MIT Press，1987：97.

③ Jerry A. Fodor. The Language of Thought. Harvard University Press，1975.

④ 郭贵春．后现代科学实在论．北京：知识出版社，1995：99.

与物理主义之间的联结点，福多依据他所创设的“心理表征理论” (the representational theory of mind，RTM)，通过还原的途径，将人类头脑中的心理意向性归结为符号句法的物理的可操作性。而意向法则也可以通过计算过程得以物理地实现。当然，需要说明的是，福多的意向实在论虽然倾向于物理主义的操作说明，但它却与传统经验的操作主义有着本质的区别。“因为操作定义回避本体，消除本体，从而走向反实在论的立场，而福多的物理主义，则是要通过计算式的、符号的句法操作映射本体，说明本体，回归本体，从而建立一切心理意向的实在论的本体论基础。”① 正是在这个意义上，福多对于具有因果效力和语义性质的信念、欲望等意向心理状态及意向法则作实在论立场的选择也就具有了鲜明的科学解释价值。

二、福多对意向法则论证的核心内容及其本质特征

如前所述，福多对意向法则的论证与他对意向实在论的辩护是密不可分的。作为一种常识心理学概括，意向法则使信念、欲望等意向心理状态与行为相互联系起来。然而，作为一种因果解释理论，其有效性、准确性和充分性则是在意向实在论的前提下得到肯定的。要言之，正是由于福多对意向实在论的论证给予意向法则（即意向心理状态之间以及意向心理状态与刺激和行为之间因果关系的常识心理学概括）以合法的、科学的地位的。而他在实在论基础上对意向法则的论证是从以下几方面具体地展开的。

1. 意向法则在本质上是一种“其他条件均同法则”

当意向法则运用到信念、欲望等意向心理状态与行为之间因果关系的解释时，可将其简要地概括为：

(1) *A*（信念持有者）具有欲望 *P*（即 *A* 想望 *P*）；

(2) *A* 具有信念 *Q*（即 *A* 相信 *Q*）；

(3) 其他条件均同；

(4) *A* 做 *B*（行为）。

从上述意向法则的基本形式中，我们可以看到在其他条件均同的情形下，想望 *P* 与相信 *Q* 是引起 *A* 做 *B* 的原因。这样的法则，实则是通过信念持有者 (*A*) 的欲望 (*P*) 和信念 (*Q*) 在特定的条件下完成了对信念持有者 (*A*) 行为 (*B*) 的解释，从而建立起该信念持有者信念、欲望等意向心理状态与其行为之间的相

① 郭贵春. 后现代科学实在论. 北京：知识出版社，1995：103-104.

互因果关联。例如：

（1）王强想望在这个周末看某场电影；

（2）王强相信如果他在这个周末之前做完作业，就能看那场电影；

（3）其他条件均同；

（4）王强在这个周末之前赶做作业。

不言而喻，上述这一实例是对意向法则工作原理、方式及过程具体而又明确的演绎。毫无疑问，它反映出意向法则的一个根本特点，就是运用意向法则对行为进行解释和预测时需要限定特定的前提条件，而这个前提条件便是“其他条件均同”的条件。可见，福多虽然强调意向法则的说明是一种因果解释，但它与一般性的因果解释并不是完全相同的。也就是说，常识心理学的解释与一般的因果解释是既有联系而又相互区别的。一方面，常识心理学的概括作为对行为的解释与一般的因果解释一样，是反事实支持的。这就是说，命题态度与要预测或解释的行为之间的因果关系是反事实支持的。这样，依据前面对意向法则基本形式的概括，如果信念持有者（*A*）没有想望 *P* 或者不相信 *Q*，那么他也就不会做 *B*。另一方面，常识心理学概括与一般因果解释的不同之处就在于它在解释和预测的过程中通常要诉诸“其他条件均同法则”（ceteris paribus law）。换言之，意向法则在本质上就归属于“其他条件均同法则”。但是，“其他条件均同法则”显然不是一个严格的因果法则。“它是一种开放的，可以具有无限多的其他条件均同从句的法则。”[①] 然而，只要在其他条件均同的前提下，信念、欲望等意向心理状态与行为之间的关系便是可以确定的。从这个意义上讲，意向法则的因果解释效力还是不容置疑的，正是这样一种意向法则，使得命题态度作为行为的心理原因可以得到解释与说明。

总之，基于上述对意向法则基本性质的分析，可以看出意向法则是一种非基本法则。如果基本法则是一种概率极高且不需要特殊限制与规定的因果法则，意向法则显然不同，它需要特定的机制才能实现。然而，正如我们前面所论述到的，说明意向法则何以通过特定的机制得到实现，关键在于对意向状态的因果效力何以与意向内容的语义性质具有一致性的具体说明。由之，运用意向法则在解释过程中的因果力（causal powers）与语义力（semantic powers）相一致的基本特性就因此而被突显出来。

2. 意向法则的说明突显出意向状态的因果效力与意向内容的语义性质相一致的基本特征

作为一种因果解释的非基本法则，如前所述，意向法则涵盖了对心理过程之

---

① 田平．自然化的心灵．长沙：湖南教育出版社，2000：106.

间及其与行为之间因果关系的说明，其特殊性也在此过程中被突显出来，即意向状态同时具有因果效力和语义性质的特征。不仅如此，这里的因果效力与语义性质还表现出高度的一致性。福多正是根据这一特征，沿着二者相关一致性何以可能的思路以心理表征理论和心理计算理论为基点来完成对意向法则的科学地位及其实现机制的论证与说明。他的论证是分两个步骤来进行的。第一步，福多运用他所提出的“心理表征理论”对命题态度这样的“意向法则”所预设的具有因果效力和语义性质的意向状态做出了必要的实在性说明，即解决了它们何以可能的问题。第二步，在第一步的基础上，运用他的“心理计算理论”（the computational theory of mind，CTM）对意向法则在使用过程中所呈现出的意向状态的因果效力与意向内容的语义性质之间的一致性、对称性特征做出了肯定性解释，也就是解决了意向法则在非意向层面（即物理层面）上如何得到实现的问题。

“心理表征理论”的核心是一种心理语言（mentalese）或思维语言（language of thought）的假设。因为心理表征理论主要是将命题态度看作是命题态度持有者与心理语言或思维语言中表达该命题态度的语句式的表征之间的某种关系。正如福多所言“我所要阐明的是心理表征理论……这一理论的核心是一种对思维语言假设：一个无限集合的‘心理表征’”，在这个假设或集合中，心理表征“既作为命题态度的直接对象，又作为心理过程的域而发生作用”①。可见，在这里，心理表征理论也可被看作是一种心理表征的无限集合。也就是说，按照他的理论，一个命题个例是一个个例的心理表征。尽管在命题态度和物理特征之间不存在普遍的类型关联，但个例关联的存在显然是不容怀疑的。而且，具有一个命题态度的机体与一个心理表征之间所具有的是一种功能关系。借助这种功能关系，表征成为真实的、以物理方式实现的存在物。因此，心理过程也在此意义上成为心理表征个例的因果序列。那么，这一理论怎样以心理语言或思维语言为基点来完成对命题态度的解释？

福多认为，思维是一种类似于语言的具有内容的表征系统。因为思维结构与语言之间的确存在一定的可比性。既然本身没有意义的自然语言如声音与标记能够用来表述意义，那么，作为一个心理表征的一个思想就可以被看作是思维语言中的一个语言表达。可见，思维语言只是一个假设大脑中有语言表达系统的类比。像一个符号的计算系统一样，它也有它自己的表征元素和组合规则，它也具有句法结构。然而，正是这一假设解释了心理表征的起因及其语义性质的来源。因此，依据心理表征理论，一方面，命题态度的语义性质来源于思维语言中原始的心理语言符号所具有的语义性质；而在另一方面，命题态度持有者具有的心理

① Jerry A. Fodor. Psychosematics. The MIT Press，1987：11.

趋向（即趋向于一个命题所承载的态度或趋向于承载特定态度的命题）或对心理表征持有的态度又取决于思维语言中的语句的个例的因果或功能的角色。显然，心理趋向在这里就成为心理表征符号的因果性结局。这样，意向法则中的意向心理状态（信念、欲望等命题态度）就通过上述两方面对思维语言的设想而获得了特定的本体论地位。当然，福多对思维语言的假设，也是建立自然的系统（神经系统）之上的。在福多及其拥护者看来，思维语言"是以某种神经的或神经化学的代码的形式编码在神经元网络上，就像计算机所用的机器语言以特定的物理形式上编码在计算机的特定物理构件上一样"①。

由此看来，福多对"心理表征理论"的说明是他的意向实在论在心理语义分析中的具体体现，是自然主义倾向的实现方式。正如福多所言："就心理表征理论与意向实在论之间的关系来说，给定了后者，前者在实践上就是强制性的了。"② 那么，在"心理表征理论"的基础上，也就是在意向心理状态实在性说明的基础上，意向法则是如何自然地实现的？意向法则中因果效力与语义性质是怎样统一的？为了说明这一点，也为了进一步阐明意向状态如何能够自然地发生因果关联，如何能够与对象世界和科学行为相互关联，福多又独创性地提出了"心理计算理论"，以此来补充、论证、完善他的"心理表征理论"。在福多看来，由图灵机所显示的计算的系统概念表明，任何逻辑理性的演算均可在句法上被构建的符号表征的简单操作而确定。所以，通过符号表征的计算或演算而在物理上被完成的意向心理过程的假设，可被称为"心理计算理论"。根据这一理论，一个符号的因果性质和它的语义性质是通过其句法（syntax）而联系起来的。在这里，句法显示了它作为符号的"某种高阶的物理特性"③。这种特性说明了我们可以把符号的句法结构看作是其形状（shape）所表现出来的抽象性质。这样，一方面，符号的因果角色潜在地由它们的句法所决定；而另一方面，符号之间特定的语义关联可以为它们之间的句法关联所摹仿。计算机的操作，就完全是由符号的转换所构成的，且仅仅对符号的句法特性产生敏感，并将符号操作限制于改变它们的结构形态。正是在这个意义上，计算机是可与人脑相比拟的"实在环境"，计算的过程也就类似于特定的"心理过程"。毫无疑问，这种将心理过程看作为计算过程的设想使得对心理意向法则的实现机制的解释成为一种可能。换言之，正是对心理学解释的计算层次的说明揭示了意向法则在低层次的实现机制。也正是在计算的层次上，符号的因果角色与符号所表达的命题的语义角色的一致性得到了解释。可见，正是"心理表征的假设"与计算机隐喻的结合，使

① 高新民．现代西方心灵哲学．武汉：武汉出版社，1994：374.

② Jerry A. Fodor. Psychosematics. The MIT Press，1987：18.

③ Jerry A. Fodor. Psychosematics. The MIT Press，1987：18.

得计算机表现出将符号的语义特性和因果特性结合起来的功能。

综上所述，福多的“心理表征理论”正是通过他的“心理计算理论”得到了辅助性的阐释和强化。它们在实质上是把心理状态解释为有机体神经系统的功能状态。一方面，这些功能状态具有因果力，这些因果力又是从实现它们的句法结构的物理特性中自然地获得的；另一方面，这些功能状态还具有语义力，它们与因果力相关，是通过符号表征状态的实现而获得的。“这些功能态所具有的因果力与语义力的心理统一，构成了心理状态的结构变换和对信息内容的加工处理，从而引生了人类的科学行为。”① 由此可见，福多的心理表征理论和心理计算理论就这样解释了在常识心理学的概括中所表现的意向法则在非意向的层次得到实现的问题。它们不但赋予了意向法则以科学的地位，而且还促成了常识心理学向科学心理学的过渡。

3. 意向法则在解释实践中的运用是意向内容外在论的关系性质与因果解释内在论的基本要求相统一的具体体现

如前所述，意向内容是意向性的一个主要维度，也是意向心理状态的关键性特征所在。福多在对意向法则论证过程中所强调的“心理表征理论”就是以心理状态的内容为根据和关键点的。这种理论认为命题态度之间、命题态度与刺激和行为之间都具有因果关系，而这种因果关系又是建立在命题态度所具有的特定的内容基础之上的。如果说关于意向内容的关系性质的看法可以划分为外在论（认为意向心理状态的内容是宽内容，它的确定必须要依赖于意向状态持有者所处的特定的环境因素）与内在论（认为意向心理状态内容是窄内容，它的确定只依赖于意向状态持有者头脑内部的过程和性质，而不涉及环境的因素）两大阵营的话，福多对此问题却持有一种较复杂的综合性观点。也就是说，他走的是一条中间线路：一方面，他认为信念、欲望等意向心理状态的内容是宽的，即关系地得到规定的；另一方面，他又坚持，意向法则作为一种常识心理学概括，其核心概念诸如信念、欲望等意向心理状态还具有非关系性质的窄内容，而正是这种窄内容满足了科学心理学解释的要求，从而对常识心理学的科学地位给予了进一步的论证。

由此可见，福多对意向法则的论证实则采用的是一种方法论上的个体主义（methodological individualism）策略。其上述主张的实质就在于“尽管我们的信念、欲望等心理状态是关系状态（与外部世界相关），具有语义性质，但它们的与外部世界的相关性以及它们的语义性质并不适合用来解释行为，在对行为的心

① 郭贵春．后现代科学实在论．北京：知识出版社，1995：103-104.

理学解释中，真正具有因果相关性的是其内在的性质，即窄内容"[1]。"显然，福多虽然并不一般地反对外在论的观点，但他却反对心理学解释中的非个体主义的主张。"[2] 然而，福多的方法论的个体主义主张是有一定前提的。这个前提便是他对窄内容的特殊规定，即"从本质上讲，窄内容就是从语境到真值条件的一种功能，而不同的窄内容事实上也就是不同的从语境到真值条件的功能"[3]。这里的窄内容具有抽象性与潜在性，它只是将语境与宽内容或真值条件相对应的特定功能。"当我们把窄内容具体化或现实化，即把窄内容放到特定的语境之中，那么，信念的内容就成为宽的了，就具有了指称或真值条件。"[4] 也正是在这个意义上，语义学中的外在论与心理学解释中的个体主义的相调和成为一种可能。一个人坚持语义学的外在论看法，并不表示这个人不可以在心理学的解释实践中遵循个体主义的原则；同样，一个人在心理学的解释实践中坚持方法论的个体主义也并不能断言这个人就是语义学外在论的反对者。换言之，"一个人完全可以在持有语义学上的外在论观点的同时持有心理学解释上的个体主义主张"[5]。这样，以科学实在论为背景的意向法则在解释实践中的运用（意向解释）就在此完成了对意向内容关系性质外在主张与对因果解释内在论的基本要求的相互统一。

三、福多对意向法则论证的理论意义及缺失

从某种意义上讲，对意向内容持外在论的主张是一种与常识的看法非常相似的观点。而方法论个体主义的主张却是迎合了科学的心理学解释的要求而产生的，因此，它与常识的看法相矛盾。然而，上述两种在传统看法中相对立的主张却在福多的理论中得以共存，并且相统一起来。其具体措施便是前面所论述的以语境为契机，通过对窄内容的特殊规定，即窄内容是使语境与宽内容相对应的功能的规定，从而使得窄内容与宽内容共存。在他的理论中，宽内容是由窄内容与语境一起决定的。语境在此发挥了至关重要的作用。正是在语境的基点上，宽内容与窄内容同时都成为科学的意向实在论中合理、合法的理论形态与观点。也正是在此意义上，常识的看法与科学的要求得以统一，常识与科学之间的矛盾也随之被合理地消解。可见，福多在实在论基础上对意向法则的论证在实质上是一种力图调和常识与科学、常识心理学与科学心理学之间矛盾的努力。正是这种努力打破了"在科学解释中没有心理意向分析方法任何地位"的传统认识的偏见，

① 田平．自然化的心灵．长沙：湖南教育出版社，2000：181.

② C. Macdonald，Graham MacDonald，eds. Philosophy of Psychology. Blackwell，1995：169.

③ Jerry A. Fodor. Psychosematics. The MIT Press，1987：53.

④ 田平．自然化的心灵．长沙：湖南教育出版社，2000：183.

⑤ 田平．自然化的心灵．长沙：湖南教育出版社，2000：182.

从而在一定程度上使得心理意向方法及包括其在内的常识心理学拥有了科学的地位。

纵观福多在实在论基点上对意向法则在科学心理学中地位的论证及其一系列理论的建构与阐释，他确实在深度和广度上拓展了当代西方科学实在论的论域，显示了他独有的特征。然而，恰恰是他的具有独创性的见解导致了人们对他的理论的广泛批评，其焦点往往集中于以下几个方面：①福多的“心理表征理论”把信念、愿望等意向心理状态当作是有机体所处的一种与心理表征或心理语句的关系或状态（这里的关系并不是与命题的关系）。然而，这种隐喻式的说明对于从根本上揭示这些意向状态的真实本质与特征是没有任何实质性的作用的。[①] ②福多的理论在面对一些复杂现象时，则失去了应有的解释能力。例如，对于处在前语言阶段的婴儿以及没有语言能力的高级动物而言，他们都没有自然语言，也没有心理语言，然而他们却有信念、愿望等意向心理状态，但根据福多关于信念、愿望等意向心理状态是与心理语言的关系的理论，必然会得到他们没有信念、愿望的推论（因为他们就不可能与心理语言发生关系）。因此，二者在逻辑上是前后矛盾的。[②] ③根据意向实在论的内在关联，心理表征的能力必须被表明满足了因果力的特定集合的逻辑要求。但福多对于符号表征、句法结构、语义特征及语境的内在关联方面，仍缺乏系统的理论性阐释。[③] ④福多关于窄内容的主张并不适合心理学解释的性质，因为心理学解释往往要诉诸具有宽内容或关系性质的说明，而窄内容的解释无法满足这种要求。事实上，将窄内容的解释放到特定的语境中就等于在解释中加入了内部状态的关系性质。这样一来，这种解释也就不再是个体主义的了。总之，上述这些批评都是相当尖锐的，但无论如何，我们必须明白，具有开创性的理性探索不可避免地会存在或多或少的局限性。况且，上述种种批评在理论上还是可争辩的。福多的理论虽然面临着许多困难，但他对意向法则所作的实在性论证一方面使得心理意向方法成为科学实在论在新的语境（即实在论与反实在论的相对弱化及相互渗透、融合）中的一种可接受的新方法；而另一方面又实现了通过心理意向方法在方法论上为科学实在论的辩护。

---

① Stephen Stich. Paying the Price for Methodological Solipsism//David M. Rosenthal, ed. The Nature of Mind, Oxford University Press, 1991.

② Stephen Stich. Paying the Price for Methodological Solipsism//David M. Rosenthal, ed. The Nature of Mind, Oxford University Press, 1991.

③ 郭贵春. 后现代科学实在论. 北京：知识出版社，1995：109.

第二节　语境视阈中的克里普克指称理论

在20世纪后期分析哲学规范语言学派与自然语言学派各自争雄的时代背景下，克里普克的指称理论独树一帜，同时也广具争议。一方面，它显示了规范语言学派在语义分析方法的指引下越来越趋于经院化和技术化的窘境；另一方面，它又坚持了实在论的立场，兼顾了社会、主体、实践等语境因素在确定指称中的作用。这反映了分析哲学内部在指称问题上对自身立场和方法论的反思，同时也孕育和召唤着新时代哲学思维方式的转换。语境论的提出，作为一种崭新的哲学战略和规划，为指称问题的研究提供了丰富的思想土壤。同时，在后现代语境论视域中对克里普克的指称理论进行考察，不仅有助于对因果历史指称理论本身进行准确定位，而且能使我们对语境基底上的指称理论和指称理论的后现代蝉变具有更清晰的理解和把握。

一、意义与指称：语境实在论辩护

历史上，以罗素为代表所主张的摹状词理论影响深远，而克里普克对此是持有反对态度的，他认为摹状词理论在说明和理解专名的意义与指称问题上并无作为。因此，我们必须“区别用摹状词给出意义和用它确定指称，表明其作为意义理论和指称理论的区别”①。对于克里普克来说，我们首先需要的是对意义的本质与内涵进行厘清。具体到专名问题上，克里普克认为指称对于专名而言通常是无效的，我们所能够承认的只是专名的“意义”。我们知道，康德的先天综合判断认为存在一些具有先天性的概念，这些概念具有意义，它们是必然的，因而也是可分析的。从这个角度出发，罗素的摹状词理论自然也难逃康德先验必然性的理论窠臼。那么，专名的意义是否存在呢？克里普克的答案是否定的。“须知，按照现在的观点，关于物种本质的发现并不构成意义变化，这个发现的可能性是那个原始事业的组成部分。”② 传统上，我们认为伴随着人类文化社会实践的变迁，语言和概念的意义也会相应地发生变迁。而在这一点上，克里普克对于专名的意义变迁持有抵触态度。其原因在于，按照克里普克的观点，专名既然是一种确定的指示名称，那么意义的变化就是不可想象的。因此，由先天综合判断所推导出的意义的先天必然性是令人可疑的。对于概念、名称及其理论实体而言，其意义与指称并不处在同一个层面上。人们在理论概念的构造、解释过程中主要任

① S. Kripke. Naming and Necessity. Basil Blackwell Publications，1980：4.

② S. Kripke. Naming and Necessity. Basil Blackwell Publications，1980：20

务是确定其具体的指称，以揭示理论概念的本质。可以看出，克里普克的意义与指称理论具有明显的科学实在论立场。因此，他对于具有模糊性特征的意义概念最终选择了回避，而“指称必须不失真地指代实实在在的实体”[①]。那么，人们指称的过程是如何实现的呢？克里普克认为，指称就是人们在一定的语境中为对象和事物赋予名称的过程。这一过程建立在人们的语境理解基础上，在其中文化、历史等因素都会对人们的命名过程产生影响。与此相关，英国的语言哲学家奥格登和理查德也持有类似的观点，“语词本身并不意味着什么，尽管人们普遍认为它们有所指称”[②]。我们认为，人们在语境之中对于语词、专名的指称运用与最初的专名内涵确定两者之间是存在差距的。人们的具体指称活动具有语境的历史性特征，而语词的相对确定性认识将会在语言实践的过程中发生转换，由此人们会根据语境条件和因素的变化不断地对语词的意义进行调整和修正。本质上来说，这是一种相对性和绝对性相统一的过程。人们在学习中接受了语词概念的知识，从而形成了对于语词概念指称的意向性判断，这是具体指称实践活动的前提。在此认知的基础上，人们会为语境中新的认识对象赋予意义。可见，语词概念意义的获得并非是一种单向的过程和活动，它涉及到主体的心理认识和判断，这种认识和判断是一种以语境为基础和条件的循环往复过程。我们在大脑的认知过程中，首先需要明确的是语词概念意义的使用方式及其路径范围，其次才是意义的应用和反馈。实际上，指称与意义是不可分割的，这是同一个问题的两个不同侧面表现。从概念指称关联的丰富性上来说，其根源就在于概念所存在的语形系统具有高度的抽象性特征，而指称关联的丰富性和条件性也由此赋予了意义以实现的多样可能性。在克里普克之后，持有反实在论立场的达米特在一定程度上否定了克里普克的因果历史指称理论。达米特认为，语言的意义包括指称取决于说话者变化着的知识。[③] 而在克里普克看来，指称具有一种实在的内核，人们在实践中对于指称的应用并没有改变指称本身，指称具有一种确定性。我们认为，无论是何种指称理论，它们在认识论上都涉及到如何看待和处理以主体为基础的语言与世界的本质及其之间的关系问题。指称问题关注的是有意义的语言是如何与世界之间建立起关联的。也就是说，指称为作为思想表征的语言探求实现的路径和方式。从这个角度上来说，指称问题的研究不仅有助于意义问题的研究，而且它在对于意义问题的探讨过程中也必将占据更加重要的位置。正是在类似于克里普克的实在论立场和类似于达米特的反实在论立场论争的过程（图7-1）中，具有科学实在论立场的指称观开始逐步确立起来。

---

① S. Kripke. Naming and Necessity. Basil Blackwell Publications，1980：90.

② 车铭洲．西方现代语言哲学．天津：南开大学出版社，1989：36.

③ Michael Dummett. Truth and other Enigmas. London：Duckworth，1978：17-18.

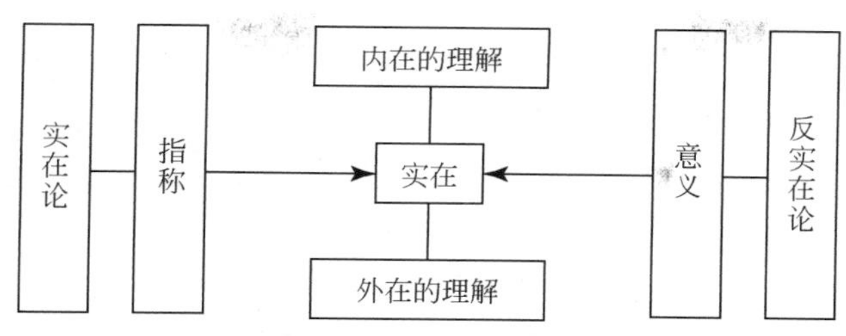

图 7-1　内在论取向与外在论取向的指称观

同时，正是如前所述，语境问题已经本质的与当代西方哲学的转向紧密结合起来，并且在理论判断与阐释的过程和环节中深入渗透。因此，作为语形、语义和语用相结合与统一基础上的语境论思想必然的与科学实在论产生了联姻关系，并逻辑地内化为科学实在论的一个有价值的前途和取向。克里普克的因果历史理论坚持了科学实在论的立场，而语境实在论正是在实在论与反实在论的长期斗争中，才成为了理论建构的必然选择。

就意义与指称的关系而言，意义要天然地比指称具有更多的内涵，意义代表着向语言内在方面的探讨，而指称则涉及到了语言的外延。在意义明确的前提下，指称域也具有相对的确定性，这样意义就可以在具体的语境条件下成为指称确定的条件。相对来说，意义与指称处在一种张力关系中，意义在语言的逻辑层面上越是抽象，指称就越“大”，而意义在语言的逻辑层面上越是具体，指称就越“小”，因此意义相对于指称而言其变动性和灵活性更小，“意义必然本质地高于指称，而指称内在地要求意义的丰富性”①。这种意义的丰富性意味着我们对于指称不能在单纯的句法规范层面加以断定，而必然在某种整体语境框架中进行多重选择，这是一个变动不居的过程，而非绝对和永恒地予以确定。可见，语境实在论作为科学实在论的崭新方向，在意义和指称关系的认识上已经超越了传统实在论和反实在论的狭隘性，既承认意义与指称的共存性，又对二者的关系和地位具有了新的认识，这在理论上具有重大的进步意义。另外需要指出的是，在克里普克对历史上摹状词理论的“描述范式”批判的过程中，他对内涵决定外延的传统直指观进行了彻底的否定，认为意义超越了直指，这一方面开创了指称理论新的研究方向；另一方面，站在语境实在论的立场上，我们说这种研究思维也正是实在论后现代转向过程中“意义大于指称”思想的某种体现和较好诠释。

①　郭贵春：科学实在论教程．北京：高等教育出版社，2001：227.

二、因果历史指称理论中的语境思想

纵观现代西方语言哲学指称理论的发展历程，无论是直接还是间接，语境的思想在指称确定的过程中都发挥了重要的作用，并且成为了我们对于指称理论的历史考察不可回避的一个重要方面。当然，按照语境论的思想，语境是由语形、语义和语用所构成的综合系统，语形–语义对于指称的重要性远远不如语义–语用所起到的作用大。而从克里普克的因果历史指称理论来看，他所强调的也是语用和实践在语词指称过程中的重要性，这与当代语境论的思想路径是基本一致的。

1. 因果历史指称理论实现了由语法语境向语用语境的转变

就语法本身而言，它并非是完全孤立存在的，而是与语言的使用方式及其情境要素紧密相关，并且其结构和形式都具有某种程度的模糊性与非确定性。当然，这些特性的存在本质上是主体在展开对于客观对象的认识过程中的一种产物和结果。在语境论的视域之中，或者说在语境论思想基础上指称理论的确定性与非确定性都是相对的而非绝对的，语境存在的多样性与具体性本身已经为语词的指称提供了具有一定开放性和可选择性的可能世界“场景”与条件。

在克里普克看来，由语形–语义所强调的语法层面在指称确定的过程中并不重要，“我打算不求助为指称提供一组必要而充分的条件来提出一种更好的描述”①，这一方面极大地超越了规范语言学派的狭隘性，另一方面也指出了指称理论的发展方向。在克里普克看来，我们必须要区分一般内涵的所指和具体语境中的说话者所指，而这种说话者所指恰恰是与语境表征的语用层面相一致的。语词的一般内涵所指，是指已经形成共识的且被确定下来的所指，而说话者所指则是指主体在特定的语境条件下表达其特有的意向性的所指。这两者并不是完全一致的，在很多时候说话者的所指是同指示词的语义学所指存在差异的。“一个说话者是不能肯定他是从谁那里获得他的指称的……这种确定指称对象的方式能可能得出错误的结论。”② 其根源就在于语境的变动性和具体性为语义学所指提供了一种“在场”的语境空间，这种语境空间使得主体能够灵活地进行思维的调整，从而表达其特定的意向。例如，我们在对于文本解读的过程中，就需要深入到作者所处的具体语境之中，考察其特定的语用指向，从而为语词和概念的指称提供可靠依据。在大多数情况下，人们把语用学作为研究语言表达式与解释者之

① S. 克里普克．命名与必然性．梅文译．上海：上海译文出版社，1988：96.
② S. 克里普克．命名与必然性．梅文译．上海：上海译文出版社，1988：160.

间关系的学问。实际上，语用学与语义学同样关注于意义问题，语用学所要揭示的是语言意义在有主体参与的语用过程之中的多样性、丰富性和结构性。“语用学的对象域处于语义学外部，主要研究语境起作用的方式。”① 当然，语用学所探讨的意义在其内在结构方面是属于“言语”层面的，它区别于“语形—语义”关联的“语言”层面，而语境的整体作用则避免了语义和语用之间链条的断裂。

从语境论的思想出发，我们认为克里普克是有意识地将名称的语义和语用结合起来进行讨论的。例如，克里普克的说话者指称和语义学指称就非常强调语词的一般涵义和特定涵义二者的统一，他说：“我们不妨遵循格莱斯的做法在说话者在某个特定的场合使用的语词所意谓的东西与说话者在那个场合说这些语词所意谓的东西之间做出区别。”② 在这里，克里普克是认识到了语词的语义和语用各自所具有的作用与功能的。事实上，对于语义学和语用学的比较而言，两者各自体现了某种具有差异性的认知模式，而克里普克提出其因果历史指称理论的时代背景也恰是在逻辑经验主义开始遭到人们的广泛质疑和批判的时候，因此克里普克在其潜意识当中也开始自觉地将语用的层面引入到了指称理论的研究之中。

需要指出的是，克里普克将语用语境进一步细化和推演，在更为广阔的境域中赋予了指称以确定性，他注重社会、历史和文化要素在确定指称中的重要性，并且把命名活动看作是基于人们实践的一种社会历史活动。克里普克认为，名称所指的确定绝非是一种纯粹个人的活动，也不是一段有限时间范围内的活动，而是一种由人类共同体所共同进行的具有历史性的集体活动。为此，持有类似观点的普特南也认为：“名称是社会的确定的……我们的词的外延是由集体实践确定的，而不是由我们头脑中的概念确定的。”③ 在这里，尽管克里普克所设想的因果传递的历史链条实际上只是一种抽象的理论模型，它与现实生活的实际并不一定完全对应。但是，克里普克指称理论的意义就在于他证明了以科学实在论立场为理论基础的指称理论已经全面超越了逻辑实证主义的狭隘静态指称观，由此人们开始向着科学语境论基础上包括多种要素相互作用的指称理论进行研究，这是指称理论发展的一大进步。

2. 因果历史指称理论强调语用语境作为确定名称所指依据的重要性

克里普克的因果历史指称理论的创新意义就在于，内在论式的逻辑语言系统在实践中已经被证明了其狭隘性和有限性，而由内在论向外在论进行转换的指称理论也已经超越了语法结构的经验逻辑分析。在克里普克看来，名称的涵义并不

① 郭贵春. 科学实在论教程. 北京：高等教育出版社，2001：241.

② A. 马蒂尼奇编. 语言哲学. 牟博，杨音莱，韩林合，等译. 北京：商务印书馆，1998：490.

③ H. Putnam. Mind，Language and Reality. Cambridge University Press，1975：461.

能够决定其语用的所指，同时名称的涵义也不能对于事物的特性实现完全刻画。同时，克里普克借鉴了模态逻辑的核心思想，并将其引入因果历史指称理论的展开过程。例如，克里普克认为，我们对于指示词的概念可以使用“可能世界”的理论模型来进行理解，这样我们就可以区分语词的内涵和外延，并且加深我们对于专名与通名的认识，“可能的世界是世界可能会采取的各种方式……这种直观赋予其技术手段以效能”①。那么，罗素的摹状词理论是有效的吗？克里普克认为这种理论完全是一种或然性的理论，它并不能对于人类实际的指称过程提出详细的指导。他认为，“关于所指如何被决定的理论所给出的全部图画似乎从根本上就是错误的。认为我们自己给出一些性质，单凭这些性质就会唯一辨别出一个对象，从而以这种方式决定我们的所指，这种想法看来是错误的”②。因此，在克里普克看来，关键的不是我们在语词游戏中如何为指称赋予一种逻辑化的解读，而关键的是我们应当从社会成员相互交际的实际情况出发，在具体语境中加深对于指称的多维理解。本质上来看，语言与人类群体的活动是不可分割的，语言是一种属人的社会活动，因此指称的动态化分析就成为了理论的必然选择。

我们知道，狭义的指称理论所强调的是语言与实在之间的对应关系，例如早期的分析哲学认为通过精密的形式体系构造就可以在表达式与对象之间建立起牢不可破的关联，从而确定语词相应的指称。这一点也是导致语义学研究长期停滞的重要原因，“注重整体上作为语法构成的语义学，而忽略了作为语词指称的语义学”③。例如，弗雷格在“指号-涵义-指称”之间建立了对应关系，在此“涵义”作为中介使得指号连接了实在。从逻辑学上来进行表述的话，涵义就表现为命题，指称则表现为真值。罗素则认为，通过逻辑分析可以对指谓词组进行还原，由复合命题还原为简单命题，并且通过“亲知原则”来确定其指称，而作为直接指称的是“专名”，作为间接指称的则是“摹状词”。我们可以看出，尽管在20世纪初哲学的“语言学转向”为语义学的发展带来了契机，但是由这种狭隘的静态指称理论研究所暴露出来的问题却是：分析哲学家们过于迷信对于语言的批判和分析了，他们认为通过这种语言的批判性活动就可以达到明白无误的思想和观念，并且确定语词的指称。历史地来看，这种分析哲学时代的指称理论给予我们的教训就在于，语言本身并不具有本体论的特殊性地位，因此它与实在之间的同构性关系也是不可想象的，语言本身处于动态的语用、语境和文化、社会的背景之中，因此这种追求确定性所指的指称理论必然难以逃脱失败的厄运。从克里普克的因果历史指称理论来看，尽管他将理论着眼点定位在语用语境上，

---

① S. 克里普克．命名与必然性．梅文译．上海：上海译文出版社，1988：18.

② Michael Dummett. Truth and Other Enigmas. London：Duckworth，1978：93.

③ 郭贵春．科学实在论教程．北京：高等教育出版社，2001：346.

但它强调这一语境诸环节绝对一致的对接，而语境论则强调语言使用环境的灵活性和多变性，体现了一种更为开放和科学的研究思维。

三、因果历史指称与后现代性批判

伴随着20世纪后期后现代主义所产生的强烈效应，后现代性特征成为了语境论发展过程中不可回避的一种重要趋势，由此导致了指称相对性的转化和主体意向性的回归。在此需要指出的是，语境论的扩张与哲学的后现代性走向并非截然分离，语境论是反基础主义和反本质主义的必然产物，它在科学理论实践中结合了历史、文化与社会的因素，集合了语形语义和语用分析的优势，为哲学理论的发展奠定了坚实的理论基础。哲学研究的语境化是一般后现代走向在哲学活动中的具体化。或者说，正是由于语境论和后现代性在内在特征上的某种契合，才造就了语境论的后现代性或者后现代性的语境论，二者共同为指称理论的发展提供了某种战略规划和方向指南。

1. 绝对所指观的狭隘性

客观地来说，克里普克的因果历史指称理论从其提出之日起就引起了人们的不断争议和讨论。从语境论的思想来看，主要争议点在于，克里普克的指称理论是否已经完全超越了逻辑经验主义的指称理论。应当指出，克里普克的指称理论的确具有很大的历史进步意义，同时也给予了20世纪后期指称理论的研究以很多新的启发。但是，克里普克在描述他的所谓“因果历史链条”时，同样具有一定的僵化性特征，这种缺陷给因果历史指称理论的前途蒙上了阴影。其主要原因在于，克里普克的因果历史链条没有深入对于人们的认识过程和经验的理解，没有对于这种实现过程的细节进行全面刻画。同样，为了追求一种确定性的目标，克里普克将指称确定之源追溯到前后相继的一条人际网络链条的始端，这种思维本质上仍然是为了追求指称的决定性。在这里，我们必须承认，人类的认识活动具有很大的有限性和相对性，由于主体认知能力和范围的局限性，我们很难揭示和反映人类认识活动的全部细节，因此克里普克所希望实现的指称确定性目标能否实现是值得怀疑的。

我们知道，以寻求确定性为最高目标的传统指称理论认为，只要建立起严格规范的形式语言，我们就能够使得语言与对象之间实现一一对应的映射关系。这种看法的问题在于，主体在使用语词以指称实在的过程中，语言事实和行为系统同样发挥了重要的作用，并且它作为一种中介和沟通环节间接地为主体实现指称意图提供了支撑，然而这种中介和沟通环节却绝非是直线式的而是受制于复杂的相关语境条件和因素的作用，因此语词的指称必然是一种重复的并且连续的应用与实践的过程。也就是说，世界的存在是一种具有动态性的发展过程，而特定阶段的以逻辑规则和语法为基础的认识论是相对的、有条件的，它会受到具体“语境”的制约。因此，人类的认识论系统本质上就是主观性与客观性交互作用的结果，它既是主观性与客观性的统一体，同时也是确定性与非确定性的统一体。

究其本质，克里普克的因果历史指称理论仍然保留了一定的微观语义分析特征，这种理论并没有能够全面地系统把握指称过程之中的丰富语境内涵，而后现代语境论认为确定名称所指是一种人们使用语言的具体指称活动，其中包含了各种主客观要素，从而使得指称活动呈现出灵活多变的特征。因此，摈弃绝对所指的语言实在观，建立后现代的语言实在观，就成为了后现代语义学研究的首要任务，而指称理论的后现代演变也正是在后现代语言实在观确立的基本背景中才得以展开和发展。总而言之，后现代语境论中绝对指称向相对指称的转变，使得在对象和语词之间建立一一对应世界的静态的、呆板的图画，转化为二者之间的动态的、多维的指称图景。在指称实践中，人们不再拘泥于单纯语义分析，而是在语形、语义和语用的统一语境中探求相对确定的名称所指，这标志着人们指称态度的合理化和科学化，并进一步完善和发展了因果历史指称理论，使指称理论的发展进入了一个新的科学的历史时期。

2. 主体心理意向与指称的关联

在具体的指称活动中，指称主体的心理意向对于指称确定具有重要意义，也自然的在因果历史指称理论中的得到了广泛扩张和深入体现。历史上，奥地利心理学家布伦塔诺早在20世纪初就提出了著名的“布伦塔诺命题”，认为意向性是一种精神的标志和表征。布伦塔诺的这一思想成为了后世语言哲学指称理论所坚持的指称意向性思想的理论来源和基础。

首先，依照克里普克的因果历史链条理论，名称的确定一方面通过直指的方式确定——当然这是就专名而言。对于通名而言，人们会依照摹状词的描述来进行刻画。无论是对于专名的指称确定而言，还是通名的指称确定，主体的意向性因素在其中都发挥了重要的作用。对于专名的指称而言，主体的知识背景和心理活动机制会以一种意向性作用施加于名称的指称确定过程中。而对于通名的指称而言，离开了主体的意向性和知识背景，我们就无法对于摹状词进行理解，而指称的确定也就无从实现了。当然，我们如果从克里普克本身的理论展开过程来看，他对于指称的意向性作用并没有深入分析，更没有将意向性活动机制与指称的确定结合起来，这可以说是他指称理论的一种缺陷，当然这种缺陷就其思想体系来说也是其历史局限性的反映和理论推导的必然结果。

其次，克里普克的因果历史指称理论所强调的是名称的因果链条传递，而这种传递过程是与主体的意向性作用参与无法脱离的。在克里普克看来，专名能够借助于某种历史事实而指称特定的对象。例如，人们的名字的形成，是与一系列的命名活动相关的。“克林顿”这个名称并不是克林顿本人天生就具有的一种称呼，而是他的父母出于某种喜好进行的选择。在他的父母为他选择这个名称之后，人们便运用这个称呼来与克林顿本人进行认识和交往。因此，在一定范围内，“克林顿”这一称呼便成为了克林顿本人的一种专属名称。处在因果历史链条之上的任何一个人，都可以使用“克林顿”这一称呼去指代那个叫做克林顿的人。在这里，名称的使用者并不需要考虑他是如何知道这一名称的所指对象的，重要的这种“历史链条”一旦建立以后，就会指导人们学会正确地使用名称。对于通名而言，克里普克认为它也是沿着因果历史的链条一环一环的往下传递的，“种名可以一环一环地传递下去，就像在专名的情形中那样”①。

应当指出，克里普克的这种关于名称的历史传递链条具有很大的假想性特征，其原因就在于人们是无法严格的将名称的意义毫无保留的传递并延续下去。在这里，克里普克假设了人们具有一种一般和普遍的意向性心理机制，这种机制可以保证人们完整无缺的实现名称的传递，最终使得人们获得确定的指称。问题在于，人们的意向性具有很大的变动性和灵活性特征，如何能够确保人们的意向性机制完全一致呢？如何能够保证名称的指称在人们具体的意向性参与作用的情况下不发生变化呢？事实上，我们已经看到了语词的指称在历史上切实地发生了变化，而这种变化是随着人们的意向性心理活动而指向不同对象的。归根到底，指称的变化还是源于语境的变化，而变动的语境赋予了主体的意向性以同样的变动性，两者之间是相互关联的，这就使得克里普克的指称理论缺乏了语境的意向性作用支撑，而这也是克里普克指称理论的一大缺陷。在某种程度上，克里普克也是认识到这种缺陷的，“目前这种指称……完全不考虑在历史的传递链条中保存这个指称的最初意图”②。例如，他认为，不同的事物有时候可能会具有同样的名称。这种现象是怎么形成的呢？克里普克也承认在名称传递的过程中由于传递链条的复杂性和多样性，有可能会出现指称的失误。传统的指称理论认为，名称具有内涵，涵义决定指称。然而，指称所依赖的语境从来都不是静止不变的，世界在变化，人们的语境也在主客体的相互作用过程中发生着变化，人们的认识会产生变动，由此原有名称的涵义也会发生变化。因此，我们对于名称的指称对象的确定，并非仅仅是依据名称固有的涵义而做出判断的，人们所认识的事物和对象的新的特性同样会对指称的确定产生影响。

通过以上的分析我们简单回顾和分析了克里普克对心理意向性的认识和理解，尽管存在种种偏颇和失误，但是足以表明主体意向在指称活动和实践中的重

---

① S. 克里普克. 命名与必然性. 梅文译. 上海：上海译文出版社，1988：139.

② S. 克里普克. 命名与必然性. 梅文译. 上海：上海译文出版社，1988：163.

要地位。同时，正是由于后现代语境观吸收和采纳了意向指称的思想，才使其理论本身获得了更为广阔的应用空间和存在地位，才使得克里普克理论中“外在的指称关联与内在的意向关联统一起来”①。我们认为，这并非是向传统心理主义的复归—这里的心理意向只有在语言使用中，在语词指称对象的具体语境中才获得其合理的存在价值。

在分析哲学的时代背景下，克里普克是在其语义学的理论背景下展开其指称理论研究的，具有一定的规范语言学派色彩，尤其是他借助于逻辑语义分析工具来界定可能性与必然性，进而建立科学的可能世界理论，从而为指称问题的研究开拓了新的视野和领域，体现了规范语言学派日益精细化和经院化的趋势。克里普克作为一名科学实在论者，超越了早期的朴素实在论所带来的狭隘性，他不只是在静态的句法规范结构中寻求指称，而是把命名看作事物获得其名称的必然过程，然而他的理论本身仍然预设了语言与实在之间的同构性，追求指称的唯一确定性和绝对所指，体现了强烈的二元论色彩，这是其历史局限所在。

客观地说，克里普克的指称理论在前人研究的基础上确实取得了长足的进步，它所体现的哲学分析方法和解决问题的某些途径也为语境论所认同和吸收。然而，这种传统的微观语义分析方法随着人类理论思维的发展，已不能适应指称理论的发展需要，同时也与当代语境论所倡导的语形、语义、语用相结合的整体思维存在较大差别。克里普克强调语用语境和主体意向的重要性，这在某种程度上体现了向生活和常识的回归，它给分析哲学时代枯燥单调的学术风气带来了极大的震荡和影响。我们说，这代表了分析哲学内部理论学者对自身立场和地位的反思，同时也召唤着我们放弃狭隘的微观语义分析，走向语形、语义、语用相结合的后现代语境观，从而把指称理论的研究全面的推向下一个历史进程。

第三节　克里普克论规则遵循

维特根斯坦在《逻辑哲学论》中表达了这样一种基本观点，即一个陈述通过它的真值条件或者它与事实的符合来获得其意义，而后期维特根斯坦强调一个语词的意义即它在语言中的使用，语言与“生活形式”联系起来。《哲学研究》中的规则遵循悖论（the rule-following paradox）及其相关问题，在后期维特根斯坦哲学中占有重要地位。通常认为，它与私人语言等论题密切相关，而对规则遵循问题的各种解释又往往涉及实在论与反实在论等方面。克里普克（Saul Kripke）对这一问题进行了系统阐述，在其专著《维特根斯坦论规则和私人语

① 郭贵春．论语境．哲学研究，1997，(4)：50.

言》（Wittgenstein on Rules and Private Language）中，他以加法运算中的规则为例对规则遵循悖论进行解读，进而提出了一种怀疑论解决方式。他的阐释广受争议，争论的焦点在于：克里普克解读的维特根斯坦是否正确？克里普克是否抓住了维特根斯坦的真实想法？很多人认为克里普克的解读曲解了维特根斯坦，也有人持相反的观点，然而很少有人注意到克里普克在提出怀疑论解决时所采用的具体方式是否合理。本节就以这个加法例子为切入点探讨其中的意向性问题，并尝试运用哥德尔关于数学直觉的观点进行深入分析，通过哥德尔对数学中语言约定论的批判性论证来表明：克里普克以加法为例进行扩展性解读，这种方式的合理性应受到质疑。最后，文章指出，语境分析方法可以为我们理解和解决规则遵循问题提供一种新的视角，指出可能的研究方向。

一、规则遵循悖论的提出及其解释

维特根斯坦在《哲学研究》201 节提出了规则遵循悖论，内容如下：

> 一条规则不能确定任何行动方式，因为我们可以使任何一种行动方式和这条规则相符合。刚才的回答是：要是可以使任何行动和规则相符合，那么也就可以使它和规则相矛盾。于是无所谓符合也无所谓矛盾。
>
> 我们依照这条思路提出一个接一个解释，这就已经表明这里的理解有误；就仿佛每一个解释让我们至少满意了一会儿，可不久我们又想到了它后面跟着的另一个解释。我们由此要表明的是，对规则的掌握不尽是〔对规则的〕解说；这种掌握从一例又一例的应用表现在我们称之为“遵从规则”和“违反规则”的情况中。
>
> 于是人们想说：每一个遵照规则的行动都是一种解说。但“解说”所称的却应该是：用规则的一种表达式来替换另一种表达式。①

在《维特根斯坦论规则和私人语言》一书中，克里普克以数学中的加法运算为例对这个问题进行了扩展性解读②：对于任意一个英语说话者，他使用“plus”（加）这个词和“+”这个符号指谓（denote）一个熟知的数学函项“加法”。这个函项是用来为所有的正整数对定义，并且，借助于外部符号表征和内在精神表达，他能够掌握这个加法规则。这样，尽管他过去进行的加法计算次数有限，但他所掌握的规则决定着他能对以前从未出现过的新计算做出解答。因此，他在加法中学习并掌握的规则可以表述为：他过去对加法的意向决定了对新

① 维特根斯坦．哲学研究．陈嘉映译．上海：上海人民出版社，2001：123.

② S. Kripke. Wittgenstein on Rules and Private Language. Oxford：Basil Blackwell，1982：7-9.

计算能够得出唯一答案。例如，假设“68+57”是他从没执行过的一个计算，他很自然地能得到125这个正确答案，因为在元语言意义上，“加”如同过去使用的那个语词一样，它指谓这样一个函项，当应用这个函项于“68”和“57”这两个数时，就会产生“125”这个唯一的值。这时克里普克描述了一位怀疑论者，他在元语言意义上对刚才的计算提出疑问，认为即使我们现在非常确信使用“+”这个符号时的意向是：“68+57”的结果指谓“125”，但这仍无法说明我们是根据怎样的规则来得出“125”的，虽然运用了多次用过的同一函项或规则，但究竟是什么规则使“125”成为这个加法的结果？过去所予的仅是有限次计算的例子来例证这个函项。或许在计算比57小的数时，“plus”和“+”是指谓函项“quus”，它以“⊕”作为符号，并且定义为

$$x \oplus y = \begin{cases} x + y, & x,\ y < 57 \\ 5, & \text{其他} \end{cases}$$

这就是说，只有在x，y都小于57的时候，$x \oplus y$的运算结果和$x+y$相同，但是在其他情况下都等于5，于是“68+57”的结果就是“5”。我们如何能断定“quus”不是以前用“+”所意谓的函项？作为指令的规则和执行之间的对应关系究竟是怎样的？如果我们遵循以前的例子所显示的规则进行计算，那么这个规则可以是“quus”，也可以是加法规则，为什么就一定会得出“125”，而不是“5”？因此就会怀疑是否存在某种事实使我们意谓“加”（“plus”），而不是“quus”。如果是这样，还要保证任何假定候选项满足这种事实的条件，怎样进行这样的运算必须已经被包含于这些事实中。因此，我们可以这样理解怀疑论者的问题：为了使我能够以“+”来意谓加法，我必须为这个词项实际和可能的运用建立一些正确的标准，我能够以“+”来意谓某事物的原因是，我有一个正确运用某个表达的意向或策略。换句话说，如果我以“+”来指谓加法，一定有关于我的某种事实以某种方式为我选出加法的函项，并且我已经形成了关于这种函项的意向方式，这种函项决定了我对该词项的正确使用。那么，是关于我的什么事实使得我运用加法而不是怀疑论者提出的“quus”作为我的标准？怀疑论者继续追问：加法以哪一种具体方式可以被“挑出来”使我形成了关于它的指定意向？接下来的怀疑论论证会证明这些问题并没有令人满意的答案，一些关于我的事实并没有“挑出”任何特殊的运算。我如何能获得一种指向加法函项的语义意向无法得到解释，怀疑论者想要找到任何事实作为说话者使用某词项的正确标准是不可能的。

很显然，克里普克提到的这种意义观念体现了经典实在论的倾向，他关注的是句子的意义与“实在论的”真值条件的关系。威尔逊（George M. Wilson）对他的解读进行过细致分析，并且将经典实在论者的意义观念概括为：

（1）一个句子U由于展示了一个可能的事实F而能意谓某事物。

（2）可能的事实 F 是 U 的使用的真值条件，也就是说，U 是真的，当且仅当可能的事实 F 真正得到承认。

（3）可能的事实 F 通过相关说话者观念上先在的意向系统成了 U 的真值标准。说话者已经为 U 中各种词项确立了指称和运用的正确标准。①

与经典实在论者的观点相反，怀疑论者的一般怀疑式论证则体现了鲜明的反实在论倾向。威尔逊认为，怀疑式论证的结构（the skeptic's general negative argument）也可以简单概括为以下几个步骤：

（1）如果说话者 S 以一个词项"T"来意谓什么，那么就会有这样一组属性 $P_1 \sim P_n$，它们由 S 确立起来并作为他运用"T"时意义形成的正确标准。

（2）如果有这样一组属性 $P_1 \sim P_n$，它们由 S 确立并作为"T"的意义形成的正确标准，那么一定有关于 S 的事实确定了 $P_1 \sim P_n$ 作为 S 采用的标准。

（3）不存在关于 S 的这样的事实，这些事实能确定一组属性 $P_1 \sim P_n$ 作为 S 使用"T"的正确标准。

把（1）（2）（3）这三点联系起来，共同作为前提，就可以得出如下结论：

（4）没有人曾以任何词项意谓任何东西。②

在威尔逊看来，这个结论正体现了所谓"怀疑论悖论"（the skeptical paradox）的内涵。克里普克在《维特根斯坦论规则和私人语言》一书中主要引用了《哲学研究》和《论数学的基础》中的材料来讨论关于意义的怀疑论悖论：不存在这样的事实，根据此事实意义的归因（meaning ascriptions）是真或假，如"琼斯以'+'来意谓加法"（"Johns means addition by '+'"），没有什么能够说明琼斯或"+"这一符号的本质，因而没有关于这些问题的事实，即是否一位说话者以他的语言表达来意谓一个事物而不是另一个。③ 这种怀疑论悖论涉及关于意义归因的非事实论（non-factualism），如果认为只有具备确定所指的语词才能获得其意义，只有陈述某个事实的表达才能获得意义，那么这种怀疑论论证无疑会得出一个可怕的结论："所有的语言都是无意义的"。

当代哲学家麦克道尔（John McDowell）和威尔逊在意义归因的非事实论方面有很大分歧，麦克道尔认为这种怀疑论的困境只有在"理解总是一种解释"的假设下才会必然出现，我们得到了一个表达的内容是因为说话者为它指定了一种解释，而说话者能够做出这种解释的行为本身也需要解释，这就带来解释的无穷

---

① George M. Wilson. Semantic Realism and Kripke's Wittgenstein. Philosophy and Phenomenological Research，1998，58（1）：106-108.

② George M. Wilson，Semantic Realism and Kripke's Wittgenstein. Philosophy and Phenomenological Research，1998，58（1）：106-108.

③ Alexander Miller，Crispin Wright. Rule- following and meaning. Montréal：McGill- Queen's University Press，2002：1.

后退。克里普克理解的维特根斯坦正是否定了有关于任何人事实的存在，使他能以一个词项意谓某事物，然而克里普克的阐释并没有正确地体现维特根斯坦的思想。威尔逊并不同意麦克道尔的观点，认为克里普克的维特根斯坦（Kripke's Wittgenstein）并没有依此路线得出“意义归因的非事实论”，麦克道尔误解了怀疑论论证的结构和怀疑论结论的内容，因而也误解了克里普克的解读。此外，在威尔逊看来，克里普克的怀疑论解决尽管是怀疑式的，却可以产生一种语义实在论（semantic realism）。

总体而言，麦克道尔认为，克里普克的阐释很大程度上是对维特根斯坦的一种误读，麦克道尔和那些持有相似观点的哲学家试图表明的是，维特根斯坦计划消解而非解决关于意义的哲学问题，他不想为意义的哲学解释留下任何余地。针对这些观点，威尔逊为克里普克的解读做了辩护，他认为如果我们能够合理地理解克里普克的诠释，就会知道，克里普克对规则遵循悖论及相关章节做出了丰富而融贯的解读，怀疑论解决方式并不会推导出非事实论的内容。

由此可见，克里普克对规则遵循问题的解释非常详细，他从加法规则入手引出了怀疑论悖论和怀疑论解决。在涉及怀疑论悖论方面，哲学家们就已产生很多评价和争议。暂且不论这些评价正确与否，回到克里普克自己的文本中来，我们可以发现，即使克里普克本人也不愿意造成这种怀疑论悖论，在《维特根斯坦论规则和私人语言》一书中，克里普克的维特根斯坦试图消解这种怀疑论论证的作用。即使意义归因的真假没有这样的事实作为依据，“所有的语言都是无意义的”这种疯狂的结论仍可以避免，在克里普克看来，通过他对“怀疑论悖论的怀疑式解决”就可以达到这种效果。意义归因的某些作用可以被看作是非陈述事实（non fact-stating）的，克里普克否认的只是语词意义背后作为根据或条件的“事实”，而不想否认语词形式本身的恰当性，所以把意义归于语言表达是适当的，它不会受到怀疑论悖论论证的威胁。同时，这种怀疑论解决必然要求在语言共同体中考查规则遵循问题。

二、派生的“意向性”与模糊的“意向性背景”

在克里普克对规则遵循问题的解读中，我们可以看到，克里普克多次提到加法运算中的“意向性”问题，正如上文所举的例子，“68+57”是运算者从没执行过的一个计算，他过去对加法的意向决定了对新计算能够得出唯一答案。这里克里普克对“意向”一词的使用并不清晰，一般说来，“意向性”体现了我们同实在世界的联系，是心灵联结我们与世界的特殊方法，它是“表示心灵能够以各种形式指向、关于、涉及世界上的物体和事态的一般性名称”。① 也即“心理状态借以指向或涉及在它们本身以外的对象和事态的那种特征”②。

在《心灵、语言和社会》中，约翰·塞尔把“意向性”区分为几种不同的类型：归属于自我的意向性，派生的意向性和没有任何真正归属的意向性。他以“饥饿”这一意向性现象为例来说明这几种不同的归属情况，如：在“我此刻非常饿”这一陈述中具有一种内在的意向性，其中“饿”的意向是归属于我自己的状态，不论外界的观察者怎么看待这种意向，“我”都有这种饥饿的状态，这种内在的意向性是独立于外界观察者的。而另一陈述“在法文中，‘J′ai grand faim en ce moment’的意思是我此刻非常饿”这句也体现了意向性的归属，但是法文句子中所含的意向性不是内在于句子的，而是源于说出这个法语句子的人的意向性。一个句子可以被说话者用来意谓某事物，也可以不意谓任何事物，它没有内在的意向，所以这个句子的意义也不是内在地固有的，而是来自于具有这种内在意向的行为主体。从这种意义上说，语句的意义源于行为者派生的意向性，这种派生的意向性依赖于观察者和使用者。此外，还有一种陈述体现了没有任何真正的意向性归属，像这样的陈述，“我园中的植物饿得需要养料”，它只是以拟人化的手法描写植物的状态，这样的“饥饿”只是一种表达方式，“好像”具有意向性，但实际上并没有真正的意向性。

依此思路，就规则遵循问题而言，克里普克提到的加法运算中的“意向性”可以理解为一种派生的意向性。运算者使用“plus”（加）这个词和“+”这个符号指谓一个熟知的数学函项“加法”，“plus”（加）和“+”是被用来指谓加法，这个语词和符号体现的意向和意义来自运算者内在的意向性，因而它的意义是派生的。怀疑论者在质疑究竟是什么规则使“125”成为“68+57”这个加法的结果时，指出：或许在计算比 57 小的数时，“plus”和“+”是指谓函项“quus”，这种以“quus”作为规则进行运算的意向性也是派生的。并且，“quus”以“⊕”为符号，被定义为

$$x \oplus y = \begin{cases} x + y, & x, y < 57 \\ 5, & \text{其他} \end{cases}$$

使得“68+57”可以等于“5”，而不是“125”，这就更加表明语词和符号所表达的语义规则并没有内在的意向性，而只具有行为主体派生的意向性，并且这种意向性依赖于使用者和观察者的意向性，因而怀疑论者会质疑是否可以由其他规则如“quus”来代替加法。

在上面的加法例子中，语词、符号及其定义的语义规则的意义都不是内在固

① 约翰·塞尔．心灵、语言和社会．李步楼译．上海：上海译文出版社，2006：83．

② 约翰·塞尔．心灵、语言和社会．李步楼译．上海：上海译文出版社，2006：97．

有的，需要注意的是，虽然它们所表示的意义是派生的，但并不是说语义规则的规定是任意的，行为主体不能随意按自己的意向来指定语义规则，因为意向性并不是作为一个孤立的心理能力而起作用的。除了一些信念和意向状态以外，意向状态实际发挥作用的方式还要考虑一套预设的背景能力，塞尔将这套能力、才能、倾向、习惯、性情、不言而喻的预设前提及方法一般地称为“背景”（background）。我们的意向状态只有以能使我们应付世界的方法和能力为背景才能发生作用，意向性这套思想能力只有以非思想的能力为背景才能产生作用，这种背景能力并非只是更多的意向状态。塞尔认为，在某种意义上说这种背景可以看成是先意向的（pre-intentional）。意向状态要发挥作用必须依赖技艺、习惯、才能等的集合，这种集合就构成了“意向性背景”，“整个意向性之网是以不属于心理状态的人的能力为背景起作用的”①。在克里普克的例子中，运算者计算“68+57”，很自然地能得到125这个正确答案，在元语言意义上，“加”如同过去使用的那个语词一样，它指谓这样一个函项，当应用这个函项于“68”和“57”这两个数时，就会产生“125”这个唯一的值。看上去运算者已经形成了加法函项的一种意向，这种意向将会确定他对“+”的正确使用，但这种意向是怎样产生作用的？按塞尔的理论，显然是某种集合构成了这种加法运算的“意向性背景”，然而构成这种集合的又是什么？是像怀疑论者所怀疑的那样：因为存在关于运算者的事实，并且这些事实以某种方式“挑出”加法，使他形成关于函项的一种意向吗？但显然找不到这样的事实来决定运算所应遵循的唯一规则，接下来怀疑论者的说明也证实了这一点，他们也表明想要找到任何事实作为说话者对某词项使用的正确标准是不可能的。那么究竟是什么构成了这种运算中的“意向性背景”？是什么形成了运算者关于加法函项的意向，使得某个加法运算能很自然地得到唯一答案？透彻地分析运算中的“意向性背景”的集合恐怕比较复杂，以“意向性背景”或“意向性之网”的理论来解释运算中的规则与意向问题也显得有些空泛，而且仅以这种理论能否解决这个问题是颇值得怀疑的。

因此，在克里普克以加法为例进行的扩展性的解读中，他虽然多次提到了运算中的意向性问题，但并未对这一问题做出系统清晰的阐释。通过分析可以看出，语词、符号及它们所表示的意义源于行为主体派生的意向性，运算者或说话者的意向要发挥作用依赖于由某种集合构成的“意向性背景”，然而这里的“意向性背景”仍有些模糊不明，孤立地探讨运算者或说话者的“意向性背景”显得空泛而乏力。所以，这种“意向性背景”或“意向性之网”必须被置于一个更广阔更具体的范围中才能得到说明。

---

① 约翰·塞尔．心、脑与科学．杨音莱译．上海：上海译文出版社，2006：58.

三、以加法为例解读规则遵循的不合理性

克里普克引用加法的例子来理解规则与行动的关系、语言表达和意义的关系并进而得出怀疑论解决方式，且不论克里普克的怀疑论解决是否误读了维特根斯坦，他援引类似于“68+57”这种加法例子来探讨规则（特别是语法规则、语义规则），这种方式是否合理本身就令人生疑。克里普克描述的怀疑论者提出按照“quus”的规则可以得出“68+57”的另一种值，怀疑论者还给这种计算规则下了定义，这种证明的方式让人想起卡尔纳普对数学本质的一种概括，即“数学是语言的句法”。

卡尔纳普在他《语言的逻辑句法》一书中就有把数学归约为语言句法的主张，他认为数学可以以独立于经验的语法为基础并完全归约为语言的句法，不须借助数学直觉，也不必依赖感性经验、数学对象和数学事实。数学定理的有效性仅由某些使用符号的语法约定来确定。哥德尔在《数学是语言的句法吗?》一文中集中批判了卡尔纳普的观点，他充分论证了抽象数学概念的意义和数学直觉的必不可少性，反对数学直觉可以被有关符号使用的约定所代替，揭示了抽象数学直觉是不可消除的。哥德尔把语言约定论归结为这样三个论题：① 数学直觉可由语法约定代替；② 数学不含内容，不存在数学对象，也不存在数学事实；③ 关于数学命题的语言约定不可能被任何可能的经验证伪，因此数学的先验确定性、语言约定论与严格经验论是一致的。[①]

哥德尔反对把数学说成是语言的语法，因为如果要将数学归约为语言句法的形式系统，就要求系统内的语法规则具有一致性，如果没有一致性证明，语法约定会被否定，实际上相当于假说了，但是根据哥德尔不完全性定理，对复杂的形式化系统，在系统内部不可能获得自身的一致性证明。卡尔纳普说数学不含内容，很明显是基于这样一种先验假定，即内容等同于物理事实内容，但是数学加到自然律上的只是关于事物组合的客观的概念性质，而不是关于物理实在的新性质，不是物理意义上的事实。哥德尔认为数学内容和数学直觉是不可消除的，这种直觉不能由任何语法约定所代替，数学的本质不是任意的语言约定。数学只能用约定加直觉，或者约定加相关的经验知识（在一定意义上等价于数学内容）来把握，而不能被约定所代替。[②] 在哥德尔看来，“人们不能靠自己的思考来创

---

① 刘晓力．哥德尔的哲学规划与胡塞尔的现象学——纪念哥德尔诞辰100周年．哲学研究，2006，(11)：73.

② 刘晓力．哥德尔的哲学规划与胡塞尔的现象学——纪念哥德尔诞辰100周年．哲学研究，2006，(11)：73.

造任何质上新的要素，而只能靠思考把给予的东西再现出来和组合起来。”① 他认为，卡尔纳普所说的“内容”只是事实内容，而不是数学所包含的概念内容。因此，我们必须借助抽象数学直觉来认识抽象概念中的数学内容。通常认为，哥德尔对语言约定论的批判与某种形式的柏拉图主义有关，也有学者称哥德尔的“直觉”只是为逻辑和数学实体的存在提供一种保证。然而，哥德尔虽然批判性地提出不能把数学化归为语言的句法，但认为要完全阐明概念和它们之间的关系的客观实在性问题非常困难，他也未能对数学的本质给予清楚的说明，因而数易其稿不愿发表这篇文章。尽管如此，哥德尔这些有力的论证无疑尖锐地指出了语言约定论所面临的深刻问题，并在我们理解相关问题时给予很多启示。

克里普克的怀疑论者虽然没有鲜明地提出“数学是语言的句法”这样的主张，但是，从论证过程我们可以看出，怀疑论者显然与20世纪30年代的卡尔纳普具有相同的思维倾向。

首先，怀疑论者的提问方式值得商榷。在上面加法的例子中，“68+57”是我从没执行过的一个计算，我很自然地能得到125这个正确答案，因为在元语言意义上，“加”如同过去使用的那个语词一样，它指谓这样一个函项，当应用这个函项于“68”和“57”这两个数时，就会产生“125”这个唯一的值。怀疑论者提出这样的质疑：你如何知道你以前所运用的规则是“加”（“plus”）而不是有特殊约定的“quus”？根据哥德尔的观点，我们要借抽象数学直觉来把握抽象概念中的数学内容，这种直觉不能由任何语法约定所代替。因此“68+57”的结果是指谓“125”，还是“5”，恐怕不是假设一种语义规则就可以约定其结果的。

其次，和卡尔纳普一样，怀疑论者也把数学概念内容和物理事实内容混为一谈。怀疑论者怀疑是否存在某种事实使我们意谓“加”（“plus”），而不是“quus”，并且还要保证任何假定候选项满足这种事实的条件，我在做运算时的正确过程和步骤已经被包含于这些事实中。在接下来的怀疑论论证中，怀疑论者声称所找到的一些关于我的事实并没有“挑出”任何特殊的运算，无法解释我如何能获得一种指向加法函项的语义意向，因而不存在这样的事实，使我在计算“68+57”时遵循的规则是“加”（“plus”）而不是“quus”。所以通过对经典实在论观点的反驳，怀疑论者就进一步论证了没有关于这些问题的事实，它使得一位说话者以他的语言表达来意谓一个事物而不是另一个。那么，这种怀疑论论证以数学运算为例展开，说明数学不含事实内容，显然也是基于这样一种先验假定，即内容等同于物理事实内容，但是却忽视了数学加到自然律上的只是关于事物的概念性质以及这些概念之间的关系，而不是关于物理实在的新性质，不是物理意义上的事实。因而以这个例子来理解规则与行动的关系、语言表达与意义的

① 王浩．哥德尔．康宏逵译．上海：上海译文出版社，2002：388.

关系有不合理之处，由此为开端论证得出“不存在这样的事实，根据此事实意义的归因是真或假”的结论自然也让人产生疑问。

总之，克里普克所描述的怀疑论者在提问方式和怀疑论论证方面都存在着不合理性，在这方面，哥德尔对卡尔纳普语言约定论的批判性论证很具启发性。国外众多学者针对克里普克的解读与维特根斯坦的思想是否一致已经展开了激烈争论，我们先不必急于坚持某一方的观点而陷入这些纷争，转而注意一下克里普克阐释这个问题的入手点，他引出怀疑论解决时所采用的具体方式本身就让人质疑。

四、解读规则遵循的新视角——语境分析

克里普克的怀疑论解决使得规则遵循问题引起广泛关注，但对于这个问题的具体解决方式仍然值得深入探讨，而且我们不能仅停留于关注悖论的解决方式上，由各种争论所带来的意义理解问题更需要深刻分析。“怀疑论解决”的积极方面就在于它试图解释意义归因在实际上如何能有意义，意义归因的某些作用可以被看作是非陈述事实（non fact-stating）的，这样似乎对我们理解规则遵循问题造成了一定的困难。如果仅仅拘泥于语言和外部世界的范围，并不能令人满意地解释一种语言表达可以意谓某个事物，或意义归因的真假可以没有特定的事实为依据。在探讨如何遵守某种规则时仅求助于语义解释已显得力不从心，维特根斯坦也曾说：“对规则的掌握不尽是〔对规则的〕解说；这种掌握从一例又一例的应用表现在我们称之为‘遵从规则’和‘违反规则’的情况中。”① 孤立地寻找意义归因背后的那个作为根据的实在显然徒劳无功，因而，我们需要把目光投向一个更广阔的视域，将语言、说话者和外部世界三者结合起来进行整体考查，在相互关联中体会实在，那么，其中不仅要包括语义分析，而且必然会涉及一种语用分析，综合这些方面，语境分析必然会进入我们的视野。我们知道，语境囊括了语形、语义和语用的所有因素。“语境分析是语形、语义和语用分析的集合。”② “当我们试图理解一个陈述、行为或对象的意义时，我们是把它放到我们需要理解的各种适当的语境中来进行的。”③ 维特根斯坦的语言游戏就是一种生活形式，语言游戏的参与者都要在这种生活形式之中进行实践活动，语言游戏所体现的规则和其意义也必然根植于语言共同体的实践过程中。只有把语言游戏看作一种特定的语境，把语言的使用及其规则也置于整体的社会语境中才能理解规

① 维特根斯坦．哲学研究．陈嘉映译．上海：上海人民出版社，2001：123.

② 郭贵春．语境分析的方法论意义．山西大学学报（哲学社会科学版）．2000：（3）：1.

③ Roy Dilley. The problem of context. Berghahn Books，1999：49-50.

则遵循问题。因此，语境分析方法就为我们理解规则遵循问题提供了一种视角，并为规则遵循悖论指出了一种可能的解决方式。对规则遵循问题的语境分析可以体现在以下几个方面：

第一，语言共同体的因素是理解和解决规则遵循问题的必要前提，也是语言游戏这个特定语境的构成要素之一。参与语言游戏的人都要遵循一定的规则，但我们不是先验地掌握了规则也不是在进行完语言游戏之后才总结出规则，否则就无法避免规则遵循悖论。仅对规则进行语义解释和语法分析无法说明这个问题，只有把语言游戏当作一种包容各种因素和特征的动态的语境，在言语行为的实践过程中才能领会和掌握规则。这里的语境包括说话者的心理状态和认知结构、听者、时间、空间、语言和指称的对象等各种要素。综合地考察了这些要素之后，我们才能理解遵守一条规则是如何可能的。维特根斯坦说："因此'遵从规则'是一种实践。以为〔自己〕在遵从规则并不是遵从规则。因此不可能'私自'遵从规则：否则以为自己在遵从规则就同遵从规则成为一回事了。"[①] 当克里普克提出在语言共同体中考察个体如何遵守规则时，他一定不是出于为意义归因寻找某个事实根据的考虑，因为对于个体无法找到的语言意义背后的那个终极实在，语言共同体同样会感到茫然无措（无论这个共同体的成员有多少），在这一点上个体和共同体是相同的。不同之处在于：语言共同体赞同或接受某种行之有效的规则，例如：一个语言共同体允许某个体以"+"来指谓加法，因而该个体被看作是一个"遵守规则的人"。当然，依靠语言共同体能否解决规则遵循悖论问题仍需深入探讨，但至少可以肯定的是，语言共同体的因素是理解和解决这个问题的必要前提，对规则的遵守和语言的使用必须要在整体的社会语境中才能得到正确理解。

第二，规则遵循中的意向性问题必须通过语境分析才能得到理解。就克里普克所举的加法例子而言，运算者计算"68+57"时能很自然地得到"125"这个唯一的值，因为运算者已经形成了关于加法函项的一种意向来确定他对"+"的正确使用。正如上文的分析，这种意向要发挥作用，必须考虑一整套预设的背景能力，正是某种集合构成了加法运算的"意向性背景"。这种"意向性背景"或"意向性之网"决定了运算者在面对问题时会产生怎样的意向内容，但是，进一步讲，运算者的意向性背景（包括认知结构、才能、倾向、习惯等）都是在具体的社会语境中形成和变化的，孤立地探讨运算者或说话者的"意向性背景"显得非常空泛。只有把个体的"意向性背景"和外在的各种具体条件看作一个整体的语境，在它们相互作用的动态过程中才能充分理解意向性问题。语境可以

---

① 维特根斯坦．哲学研究．陈嘉映译．上海：上海人民出版社，2001：123.

"将外在的指称关联与内在的意向关联统一起来"，而且"意义就存在于语境的结构关联之中"①。

第三，在对规则遵循问题的语用分析中，我们可以实现不同语境之间的转换，因此，在找不到意义归因的最终事实根据时，我们仍可以自然地遵守某种规则并使这种行为得到理解。为什么在面对从没执行过的一个计算时，运算者仍能形成关于运算规则的意向并得出唯一的值？为什么说话者能以某种语言表达意谓某事物？只有分析了言语行为的各种要素所构成的具体语境及语境转换时才可能理解这些行为。"正是在语用背景的基底上，在语用逻辑和语用推理的前提下，造成了语用假设的潜在选择，给出了言说行为的内在潜势和内在的语境趋向性，从而决定了由某一语境到另一语境的转换。"② 随着对规则遵循问题的深入探讨，我们可以发现，这种分析体现着以语境为基底的语形、语义和语用的整体性。

维特根斯坦说："遵从一条规则类似于服从一条命令。我们通过训练学会服从命令，以一种特定的方式对命令做出反应。但若一个人这样，另一个人那样，对命令和训练做出反应，那该怎么办？谁是对的？"③ 在同一节中，维特根斯坦也给出了解答该问题的思路："共同的人类行为方式是我们借以对自己解释一种未知语言的参照系。"仔细思索维特根斯坦富有启发性的语言，我们相信，将规则遵循问题置于具体的动态的语境中进行深入分析，将会为我们理解和解决这一难题提供新的视角，指出可能的研究方向。

第四节　达米特的语义分析思想

迈克尔·达米特（Michael Dummett）作为当今哲学领域内颇有影响的活跃者之一，在阐述20世纪"语言学转向"这一历史性趋势及其内容的分析与建构方面做出了突出贡献。他的新颖论述对语言哲学、逻辑哲学、数学哲学、心灵哲学和科学哲学的发展产生了积极作用，这种作用日益为人们所认可。约翰·巴斯摩尔把达米特看做是一个新近的哲学家，认为"他十年以前就为人们所熟悉。"④ 彼得·史密斯指出："达米特那卷帙浩繁、充满争论的著作已成为当代哲学中最能给人以深刻印象和启发性著作的主要组成部分。"⑤ 巴里·斯特劳德更是给予达米特以极高评价："这个务实的哲学家满怀激情竭尽全力追索人类理智的基本

---

① 郭贵春．论语境．哲学研究．1997，（4）：50.

② 郭贵春．科学实在论教程．北京：高等教育出版社，2001：248.

③ 维特根斯坦．哲学研究．陈嘉映译．上海：上海人民出版社，2001：124.

④ 约翰·巴斯摩尔．哲学百年——新近哲学家．洪汉鼎，陈波，孙祖培译．北京：商务印书馆，1996：600.

⑤ P. Smith. History and Philosophy of Logic Vol. 8. London：Taylor & Francis Ltd，1988：109.

问题，他所探索的问题接近了思想的极限”。所以，回顾20世纪的哲学发展，就不能不重视达米特的哲学思想。

一、达米特的哲学

正是鉴于达米特哲学的重要影响，现在愈来愈多的学者开始研究他的思想，并取得了一些重要成果。其中，国外出版的有关这方面的专著有：内尔·坦南特的《反实在论与逻辑》（1987年）、安赖特·马塔尔的《从达米特的哲学观点看》（1997年）、戴雷尔·岗森的《达米特与意义理论》（1998年）、伽德内尔的《对实在论的语义挑战：达米特与普特南》（2000年）、卡恩·格林的《达米特：语言哲学》（2001年）、勃恩哈德·威尔斯的《迈克尔 ·达米特》（2002年）；论文集有：忒勒尔编的《达米特：对哲学的贡献》（1987年）、玫格内斯与欧理弗雷编的《达米特的哲学》（1994年）、理查德·哈科编的《语言、思想与逻辑：致达米特的文集》（1997年）、玻兰道尔与苏理范编的《有关达米特哲学的新文集》（1998年）等。除了这些著作以外，还有大量探讨达米特思想的论文，例如，哈勒的“抽象对象”对达米特反柏拉图主义的分析，约翰·麦克道尔的“标准、可废除性和知识”对达米特的反实在论及其与维特根斯坦的“标准”之间联系的探讨等。

国内对达米特思想的介绍、翻译以及研究也方兴未艾。徐友渔、王路、江怡、张燕京、任晓明、胡洪泽、张汉生、徐向东、叶闯等都对达米特的思想进行了不同层面的思考和研究。其中值得一提的是，达米特的《形而上学的逻辑基础》和《分析哲学的起源》这两部重要著作分别由任晓明、李国山和王路翻译出版，而张燕京以达米特的意义理论为研究对象，较为系统地探讨了这一理论的内涵及其相关性问题，详细地分析了达米特自己所概括的那种“哲学贡献”。就当前对达米特哲学思想的研究现状来看，可将研究的主题归为以下几个方面：

1. 达米特哲学的渊源及其特点

就达米特哲学的渊源而言，当代学者一般倾向于把康德、弗雷格和后期维特根斯坦看做是达米特思想的先驱。马塔尔认为，达米特的哲学是形而上学实在论、传统哲学和分析哲学相结合的典范。首先，它带有明显的启蒙色彩，因为达米特坚信如果理性能正常地起作用，那么它将保证我们在一切方面取得进步。就此而论，达米特的思想带有康德式的外观。他与康德的相似不仅表现在哲学纲领上，而且还表现在方法上。他在回答“语言如何可能”这一问题上显现着康德的背景。达米特同康德一样，坚持哲学的自律性，把哲学的任务归结为谋取真理。马塔尔指出，达米特这里的“自律”是把哲学的本质看作是语法的、体系的，它提供了解决哲学问题的最终方法。达米特的哲学思想首先反映了方法论的变化，它的使命在于寻求对意义的理解，即将形而上学还原为认识论。因而，我们可把达米特的哲学方法表述为体系性原则和清晰性原则。在达米特这里，理性成为思想清晰和体系的别名，它是形式上的，表现为方法、策略，而非内容。这一要求使得达米特的思想不仅有创新性，而且有修正性，它的独特之处在于把即便是最为确定的习惯和实践都放置在证明、批判的层面上。

达米特是以研究弗雷格思想而闻名的。他在阐述弗雷格哲学思想的同时也表达了自己的观点，因此他的思想和弗雷格的哲学密切地结合在一起，在一些观点上，很难看出哪些是弗雷格的，哪些是达米特的。所以达米特肯定受弗雷格的影响。威尔斯把这种影响确定为弗雷格的那种柏拉图主义。格林在《达米特：语言哲学》的第一章阐述了达米特的哲学中具有弗雷格式的基础，他从达米特和弗雷格对"涵义"和"指称"的论述、弗雷格的柏拉图主义和语境原则等几个方面阐述了他们之间的关联，从而表明了弗雷格在思想上对达米特的影响。

在达米特哲学与维特根斯坦哲学的关系上，威尔斯指出达米特在很大程度上接受了维特根斯坦有关意义和理解的论述。格林更是把维特根斯坦对达米特的影响定位在"显示性"这个问题上。但据威尔斯分析，达米特并不认可维特根斯坦的那种哲学方法。因为达米特认为维特根斯坦强调的是分析我们提出哲学问题的原因，而不是解答它。他不赞同维特根斯坦将哲学看做消除错误的那种观点，而是将之看成为求真。马塔尔指出，达米特虽然在一定程度上接受了后期维特根斯坦的经验主义，但他并不是一个经验主义者，因为他反对表征；同时他也不是一个怀疑论者，因为他吸取了康德式的理论基础与弗雷格的理性主义。

达米特的哲学思想固然和弗雷格、维特根斯坦有很多联系，他在一些问题的阐述上，肯定受到了他们的影响，但目前研究的不足之处在于并没有分析这种影响到底是什么以及产生这种影响的基础何在。依据达米特自己的陈述，他的反实在论是从维特根斯坦的主张中获得的[①]，而他的修正性倾向则源于弗雷格的客观主义。[②] 现在张燕京着重从意义理论这个层面来探讨这些问题，可以说是一个很好的办法。另外，还有些学者开始关注达米特与蒯因、戴维森以及直觉主义之间的关系，像格林在《达米特：语言哲学》中就涉及这些内容。

就达米特哲学所表现出来的特征而言，马塔尔指出，它具有敢于冒险和乐观主义的特点。在达米特那里，哲学具有解释的功能，他以体系性来实现这种功能，让哲学活动成为体系化的理性活动。彼得·黑尔顿由此认为达米特不是一个

---

① Michael Dummett. Truth and Other Enigmas. London：Duckworth，1978：452.

② C. Wright. Realism，Meaning and Truth. Oxford：Blackwell，1986：341.

分析哲学家，对超验主义和体系建构的坚持，使他带有大陆哲学家的典型特征。① 另外，罗蒂和迈克道尔依据达米特坚持真理这一点，认为他是一个基础主义者。而我们认为，达米特的哲学思想其实是传统理性主义和英国经验主义两种相反思潮的现代融合。正因为这样，他的思想中才充满了问题。

2. “作为形而上学基础的意义理论”

达米特曾指出，如果他对哲学有所贡献，那么一定在于他阐明了“有助于解决形而上学问题的意义理论”，这已成为当前研究的重点所在。在意义问题上，达米特提出了和传统的真值条件意义理论不同的反实在论的意义理论，这与他对哲学的看法有关。在他看来，哲学的功能在于使我们获得语言活动的清晰观念，于是在方法上他把语义学和认识论结合起来。他强调“意义”的哲学问题：①最好能被解释成有关“理解”的问题，陈述的意义必须被解释成为知道它的意义；②阐述当我们懂得一种语言时我们究竟知道了什么，就必须把意义与理解联系，把理解与行为联系；③通过构造一种理论来实现对语言作用的清楚认识。

在达米特看来，自然语言的意义理论最好要描述言语者理解的内容。这样就有人认为达米特在意义理论方面提出了语言的功能论思想。但在我们看来，“意义”一词的功能并非达米特研究的重点，他并不满足“X 的意义是 Y”这种形式，而关注的是意义的形成，即构造问题。达米特从言语者的语用开始一直深入理论本身，他对涵义和指称间区别的重新解释，使我们认识到指称和真值已不能成为意义理论的基础。所以，威尔斯就把涵义和语力以及语句内容与语句的约定意义间的区分归结为达米特意义构造论的前提。

意义理论的形式是当前研究的一个重要内容。在这一问题上，马塔尔认为达米特没有坚持原子论、分子论，因为就功能来看，分子论对应于朴素的证实论，而原子论则对应于表象论。同时，他所坚持的也不是一般的整体论，而是有机的层次论，因为这更易于成为分析的基础，换句话，为了理解某个句子，就必须得理解某种语言的框架，以便在框架中寻求理解。与马塔尔的有机层次论分析相类似的是，威尔斯认为，达米特坚持的是体系性。从语句意义与语句形式的关系看，组合性、体系性更为重要。但与马塔尔不同，威尔斯承认达米特还坚持了分子论。他坚持分子论的原因在于：一方面是为了归属知识的需要；另一方面，它确保了断定的一致性要求。坦南特也赞同这一点，承认达米特的观点建立在一致性上。而岗森则在研究中突出了达米特的意义理论具有组合性的特征。他认为达米特拒斥整体论的原因在于，它的抽象性掩盖了语言的交流性。所以，岗森强调，达米特更倾向于分子论和原子论，因为它们更能说明言语者对他们概念知识的显示。

---

① Anat Matar. From Dummett’s Philosophical Perspective. New York：Walter de Gruyter，1997：47.

3. 达米特的真之理论

达米特虽然对经典意义上的“真”概念有所保留，但他更倾向从证实的层面上谈论真值。他指出：“真值概念的本质在于，它反映了所属陈述的客观特征。”① “句子为真仅在于成真证据的存在”②，不能以超越证据的形式来理解和形成真值。徐向东将这一点概括为：“真理是证实的产物。”③ 马塔尔提出了“普遍接受”的概念，一个陈述是否为真，就在于它是否能为人们普遍接受。④ 就马塔尔对达米特的评论来看，我们认为，“普遍同意”不能被看成为一个事实陈述，因为真命题被理解成为那种普遍接受的形式并没有给我们提供与给定的客观存在相一致的东西。所以，达米特的真值论不是表征的，而是体现了行为上的普遍接受情形。马塔尔把达米特的真值概念等同于“普遍接受”，表明他对达米特的真值论的理解带有概率论的色彩。

达米特一直坚持使用“真值”“理性”等概念，但却对它们的内容从未给以说明和证实，原因在于它们给我们承诺了某种目标和框架。达米特在形成自己思想的过程中把真与理性结合起来，坚持体系性的原则与方法，把真看做是理性研究的成果。客观地讲，他这里的合理性是指通过体系性思考来达到观念上的清晰。戴维森·帕品尼认为，达米特坚信理性的原因在于“我们用与众不同的模式来接近于我们自己的心理状态”⑤。达米特有时把“真”看做是辩护的“结果”，意在把它与逻辑相联系，以突出它的纯概念特征。而马塔尔强调，“证实”（verification）不同于“辩护”（justification），前者隐匿了对真值的坚持，却被用来阐述真值概念；而后者与“结果”对应，体现了真值的实用属性。

哲学中的真是否不变以及我们能否在原则上得到它？达米特对此持肯定的态度。而戴维森对达米特在真上所持的观点给予了批驳，因为“真”依赖于人的能力，而人的能力因人而异，所以他认为，“达米特把真作为一种内在于主观的标准而将其予以剥夺”⑥。

从直觉主义的角度来看帕努·赖梯坎恩认为达米特的真概念是不断变化的。前期他赞同现实主义（actualism），认为超验的真不存在，应把陈述的真等同于证据实际存在；后来他接受了可能论（possibilism），这一观点与实际上拥有证据

① Michael Dummett. Truth and Other Enigmas. London：Duckworth，1978：456.

② Michael Dummett. Truth and Other Enigmas. London：Duckworth，1978：155.

③ 徐向东．达米特：意义、真理和反实在论//《外国哲学》编委会．外国哲学．第16辑．北京：商务印书馆，2004：179.

④ Anat Matar. From Dummett's Philosophical Perspective. New York：Walter de Gruyter，1997：20.

⑤ D. Papineau. Reality and Representation. Oxford：Blackwell，1987：121.

⑥ D. Davidson. The Structure and Content of Truth. Journal of Philosophy，87：308-309.

不同，它强调的是证实的可能性。达米特认为，一个陈述为真，只要求我们有获得其证据的途径即可，而不管我们是否意识到事实，赖梯坎恩将这一点称为“自由的现实主义”。布雷维兹也指出：“达米特的真即是证实上的可能，他那里的证据独立于我们的知识。”

戈冉·桑德郝默着重从数学上的构造主义分析了达米特的真概念。他指出，在逻辑和认识的相互作用中有两个传统的原则起主要作用，一个是二值原则；另一个是知识。要保留真值的可知性，就必须限制二值原则。如果命题为真，那么就存在着“为真物”，在知识上表现为通过构造来证实命题，而命题为真表明意向能够实现，这样，断定命题为真的证据就不是对象，而成了行为。

4. 达米特的反实在论和实在论

达米特主张把给定句子的意义与它的断定条件联系起来，理解一个陈述的意义就是对支配这个陈述的证据予以掌握，既然他在意义问题上的这种看法不同于柏拉图式的实在论意义观。这样，人们就常常依据于他的这一主张将其看成是反实在论阵营中的一员。马塔尔曾指出，要完全了解达米特的哲学，就应研究他的反实在论。① 这足以反映反实在论观点在其哲学思想中的重要位置。

然而，当前的研究主要集中在达米特到底是一个什么样的反实在论者这个问题上。有些学者发现达米特并不是一个彻底的反实在论者。比如，桑德郝默从构造的观点出发，认为达米特的思想中存在着实在论的痕迹。② 还有，马塔尔认为，达米特的反实在论并不是一种思想，而是一种态度。③ 首先，他坚持的客观主义与实在论密切相关。④ 其次，如果考虑到达米特坚持真这一点，就会把他看做是实在论者，因为真是客观的，语句的真值由具有客观属性的东西来决定。这样，就像伽德内尔说的那样，“达米特并没有主张我们放弃真理的实在论概念”⑤。因此，考虑到达米特的实在论内容，马塔尔指出，一种更为合理的态度是把达米特看做是一个幼稚的实在论者。⑥ 罗森则进一步，他认为达米特根本就不是一个反实在论者。⑦

---

① Anat Matar, From Dummett's Philosophical Perspective. New York: Walter de Gruyter, 1997: 8.

② Goran Sundholm. Vestiges of Realism, The Philosophy of Michael Dummett. Netherlands: Kluwer Academic Publishers, 1994: 137-165.

③ Anat Matar. From Dummett's Philosophical Perspective. New York: Walter de Gruyter, 1997: 47.

④ Anat Matar. From Dummett's Philosophical Perspective. New York: Walter de Gruyter, 1997: 19.

⑤ Mark Quentin Gardiner. Semantic Challenges to Realism: Dummett and Putnam. University of Toronto Press, 2000: X.

⑥ Anat Matar: From Dummett's Philosophical Perspective. New York: Walter de Gruyter, 1997: 20.

⑦ Gideon Rosen. The Shoals of Language. Mind, 1995, 104: 599

在这个问题上，有些学者倾向于把达米特归结为一个语义反实在论者。“他选用的是‘争论的陈述类’，而非‘争论的对象类’，实在之为实在并不取决于什么对象存在，而取决于什么命题行得通。”① 威尔斯提出，最好从语义学层面上来看待达米特关于实在论的形而上学争论。首先，只有在语义层面上，我们才能把握实在论的形而上学争论的特征；其次，关于实在论争论的失误在于反对的一方缺乏清晰性，而语义方法承诺给予其清晰内容。意义理论详述了语义理论的接受性，因此同样不能离开达米特的意义理论来讨论他对实在论的描述。然而他对意义理论的思考破坏了实在论的语义论②，因而招来了很多批评。例如，迈克道尔认为达米特把与实在论相关的重要问题放错了地方，接受二值原则并不重要，重要的是接受认识上不受限制的真概念。

伽德内尔认为语义实在论是一种在认识上无限制的观点。在这里，“超识别”是最合适的概念，一个语句的真值独立于言语者，证据能否适用于它都无关紧要。而语义反实在论则认为只有对真值予以认识的概念才是充分的。这样，语句的真值至少在原则上表明了证据对语句的适用性。达米特指出，当我们考虑到言语者不能理解有效判定的语句时，这一点就更为明显，即没有“有效判定程序确定它们的真值条件是否实现”③。这种句子的典型就是数学，但达米特提出，这一概念应被概括成以覆盖特定的含有经验主体的句子，例如，有关过去的、无限数量的以及具有反事实条件的句子。有意思的是，伽德内尔把语义反实在论运动分为消极和积极这两个方面：“消极的方案”是攻击实在论；而“积极的方案”则探讨当不用实在论的真值条件形式时，如何解释言语者对语言的理解。

坦南特也认为达米特是一个语义反实在论者。他从进化论的角度对达米特的语义反实在论给予辩护。他指出反实在论赖以存在的四个论点之一就是达米特原则，它在具体阐述显示意义理解的规范方式除去公共性时出现，即运用认知能力。另外，坦南特还把达米特的反实在论与科学反实在论相分离，以至于声称：“把语义学作为自然科学分支的科学实在论者一定会认为他的研究是一种语义反实在论。”④ 他指出，语义实在论与反实在论解决的是意义理论中的问题，而科学实在论与反实在论解决的则是本体论问题。科学实在论的教条是“存在是毫不含糊的”，这在语义上可被表述为：存在变量是毫不含糊的。本体论所认为的科学理论所描述的世界独立于我们的思想，而语义学则声称我们对它的陈述是确定

---

① 任晓明．译者导言//达米特．形而上学的逻辑基础．任晓明，李国山译．北京：中国人民大学出版社，2004：8.

② Michael Dummett. The Interpretation of Frege's Philosophy. London：Duckworth，1981：433.

③ Mark Quentin Gardiner. Semantic Challenges to Realism：Dummett and Putnam. University of Toronto Press，2000：56.

④ Michael Dummett. The Seas of Language. Oxford：Oxford University Press，1993：277.

地真或者假。

我们认为，当前人们更多地把分化实在论和反实在论的标准归结为二值原则，这虽然反映了达米特的概念特征，但在很大程度上把他的思想简单化。因此，徐向东指出，达米特对二值原则的反驳或许不构成他抛弃全局实在论的充分根据。[①] 达米特反对将他的反实在论看做是经过很好定义而形成的理论，威尔斯由此认为人们把他归为反实在论者实属一种误解，要把他的哲学方案推向前进，就必须消除这种误解。[②] 也就是说不要把达米特看成是熟练的反实在论者。其实，达米特自己也无法确定实在论与反实在论哪一方的观点正确，他只是指出所有反实在论的共性在于“拒斥实在论的强动机”[③]。人们印象中的反实在论一般都抛弃了独立的实在。[④] 而达米特的反实在论并没有放弃现实，它“很少探讨存在是什么，而更多地关注应当是什么存在，以及为什么存在”[⑤]。“语言学转向”以后，“实在就成为指称的领域”[⑥]，虽然我们对语义值以及它们如何被确定感兴趣，“而决定语义值的是世界”[⑦]，这表明他并没有抛弃实在。

二、达米特哲学之解读

达米特的哲学包容了很多问题，有些问题是非常难的，甚至他自身的努力也没有完全解决他思想中的那些问题。因此，学者普遍认为，达米特的哲学很难。在我们看来，他的哲学所凸显出来的明显特征就是建构性，这完全是一种新颖面孔。达米特的思维过程其实就是一种论证过程，让你相信他的思考和论断是正确的。所以他的论述相当机敏，具有很强的挑战性。然而就其内容来讲，他的哲学其实是在“语言学转向 ”这一背景下对认识论、知识论的一种思考和把握。

在风格上，我们认为达米特一方面努力地将自己的哲学放置在自弗雷格以来的分析传统中，另一方面他又强调自己的哲学与其他哲学流派有所不同。因而在研究达米特的哲学思想时有必要对那个时代的哲学运动进行考察，以揭示他和这些哲学运动间的关系。比如，达米特的哲学和日常语言学派之间的关系。就这一点而言，其实他对日常语言学派通过对“语用”方式的经验观察来解决哲学问

---

① 徐向东．达米特：意义、真理和反实在论//《外国哲学》编委会．外国哲学．第16辑．北京：商务印书馆，2004：189.

② Bernhard Weiss. Michael Dummett. Acumen，2002：68.

③ Bernhard Weiss. Michael Dummett. Acumen，2002：70.

④ Anat Matar. From Dummett's Philosophical Perspective. New York：Walter de Gruyter，1997：53.

⑤ Neil Tennant. Antirealism and Logic. Oxford：Clarendon Press，1987：7.

⑥ Michael Dummett. The Interpretation of Frege's Philosophy. London：Duckworth，1981：432.

⑦ Michael Dummett. The Interpretation of Frege's Philosophy. London：Duckworth，1981：150.

题这种观点的排他性并不满，认为日常语言哲学家的实践与他们的方法相悖。与日常语言哲学中的可感性相比，达米特的深刻之处在于突出了语言的体系性研究这一要求。他强调语言和掌握语言具有内在的关联，并指出这种关联能被体系地表示出来。因此，给出语言的一种体系性表示，就解释了它的复杂性。

达米特的哲学和逻辑实证主义之间的关系也应成为当前研究的一个重要内容。我们知道，逻辑实证主义者在构造一种旨在消除哲学问题或导出具有科学特征的方法论过程中，展开有关“意义”本质的概念。而达米特也致力于从证实上来刻画“意义”的本质。因此，有人提出达米特就是一个实证主义者。例如，密柴尔、罗蒂和哈肯等以达米特坚持证实方法，以证实形式给出句子的意义为由，主张把他归属于逻辑实证主义的阵营。当然也有人持相反的观点，比如威尔斯。因为达米特不像逻辑实证主义者那样强调形而上学的空洞，而是认为我们应努力概括形而上学争论的实质及其内容。其次，他不像逻辑实证主义者那样觉得自己拥有判断推论为真的标准，他并不怀疑陈述意义的有无，而是寻求对陈述意义的正确概括是怎么回事。这样，对逻辑实证主义者而言，拥有证实方法是陈述有意义的标准；而对达米特来说，它只是该陈述有真值这一假设成理的标准。因此，达米特会对逻辑实证主义持批判的态度，因为逻辑实证主义对意义理论要素的经验主义态度使它往往忽视了语法间的联系。马塔尔也承认达米特与实证主义者不同。他指出，达米特把“证实”作为意义理论的中心概念是非常遗憾的，因为它隐含着与实证主义的趋同性，给人带来了许多误解，达米特在《语言之海》中使用“辩明”（justification）一词的意图就在于消除这种误解。我们认为，在相关问题的阐述上，达米特和逻辑实证主义之间有一致的地方，也有区别之处。实际上，达米特强调的是一种证实主义（verificationism），这种证实主义是认识论意义上的，它在具体阐述对意义的理解、即运用再认知能力时被表现出来。这种证实不仅包含着经验证实，也包含着逻辑证实，可以说他的证实主义超越了逻辑实证主义，因而可把他称为一个后实证主义者。

另外，需要补充的一点是，达米特的哲学和现象主义也有一定的关联，因为达米特在《分析哲学的起源》中阐述了胡塞尔的现象学问题，所以，这也是应当予以研究的一个重要方面。而这些很少为学者所关注，是当前研究上的一个不足之处。但最近令人欣慰的是，张燕京开始在意义理论这个层面上来进行这方面的研究。①

在达米特自己思想的分析上，我们必须抓住意义理论这个问题。可以说，这个理论是达米特语言哲学的核心，体现了达米特思考语言本质、解释对语言的理解、实现观念上的清晰这一要求。他把意义理论看成是形而上学的基础，有关形

① 张燕京．分析哲学与现象学的相通与分歧——达米特从意义理论视角的一种理解．南京社会科学，2006，（12）：30-34.

而上学争论的解决要通过意义理论来达到。这样，就把形而上学上的争论表达成有关言语者对其语言知识正确表征的争论，从而分析了有关世界以及我们对其进行表征的本质。

在我们看来，目前研究达米特意义理论的难点包括以下几方面。

1. 达米特的意义理论所采取的形式

尽管在这一点上还存在着分歧，但从目前的研究来看，可以确定，他至少坚持了分子论和系统论。坚持分子论的原因就在于它能更好地把意义理论的知识归属给言语者，换句话，它能富有成效地说明言语者形成语言的意义，实现观念上的清晰。忽视分子论的这一属性，我们就无法理解事物。在意义问题上，达米特是反对整体论的。他认为“意义理论与内容表征的形式有关，但整体论则拒绝这种表征”①。然而，在我们看来，达米特对整体论的批判只是试探性的。他对整体论的批判并不彻底，他只是要求我们实现语言作用以及思维过程的清晰性，从而以那些含有体系性、组合性、协调性、有机性含义的概念来替代整体论。显然，这些概念实质上是弗雷格语境思想的再现，可称其为“体系化的语境论”，因而我们可以认为达米特容许了一种弱的整体论。与此相关的是，达米特对意义理论中“体系”形式的规定，直接产生了修正主义。例如，坦南特认为协调性要求是达米特提出修正主义的关键；而赖特则反驳说达米特的修正主义源于他对意义理论形式中的体系概念的含混规定。②

2. “隐含知识”

在谈论理解问题时，达米特提出了“隐含知识”概念，认为这一概念是对意义的形码化，它在某种意义上已为言语者所掌握，是一种有关使用语言的知识或者拥有的实际能力。言语者理解一个语句就在于他能区分那些使其为真或为假的条件。然而由于达米特的观点和方法是含糊而有争议的，所以他并没有很好地解决意义理论归属给言语者的知识问题，这样他的论述就无法得以广泛的辩护。在我们看来，如果不寻求体现这种知识的实际方面以及我们对它的意识，那么把意义理论的中心问题转化为理解理论就不可能。

与“隐含知识”相关的是“显示性”问题，因为语言知识的归属性限制提出了显示性要求。这一观点认为，言语者对一语句的理解从他的行为以及能力上显示出来。当前对达米特的显示性主张的批判着重指向了他的语言理解概念，因

① Michael Dummett. Replies to Essays//Barry M. Taylor，ed. Michael Dummett. Contributions to Philosophy. Berlin：Springer，1987：251.

② C. Wright. Realism，Meaning and Truth. Oxford：Blackwell，1986：341.

为这一观点强调言语者对一个语句的理解必须包含识别其真值条件是否获得的能力。比如伽德内尔就反对达米特的显示主张。他的策略是把言语者不理解的无法识别的真值条件情形等同于实在论的真之超识别观点，因为事实上不存在其真值条件不可识别的句子。首先，他指 出达米特的可断定性概念是模糊的，因为一个语句是可断定的，就必须要求所有言语者都能应用一种能保证其真值的有效程序。其次，他从随意性的意义上否定了达米特给出的非有效断定语句的例子。最后，他得出结论，由于所有的语句都是可断定的，因而不存在不可识别的真值条件。我们认为，伽德内尔的观点并非很有说服力。他对随意的非模糊性的赞成是以对最保守的非模糊性的拒斥为根据的，因为后者认为语句只是相对于具体的个体和时间才是可断定的。在这里，他忽略了两者中的适中观点。按照这个观点，一个语句对言语者来说是可断定的，只要言语者相对切近它，就能展开这一程序。所以，可以对伽德内尔的反显示性观点的策略提出直接的反驳。正如他所承认的，实在论赋予语句以不可识别的真值条件，那么如何表现言语者对它的理解？在这里，并不存在与达米特的理解概念相一致的答案。这样，伽德内尔在不向达米特的理解性概念提出挑战时就反驳他的显示性观点未免有些唐突。

3. 与意义理论相关的实在论争论

达米特的意义理论复苏了传统哲学中有关实在论的争论。然而，他对实在论的描述太狭窄，所以当我们从总体上评价时，就会发现语义方法争论的焦点是含糊的。即便如此，达米特还是比较成功地抓住了实在论的重要内容。因此，需要明确这一点，即达米特对实在论的描述是以语义论和意义论之间的关系为依据的。在这里，他把语义理论看做是意义理论的基础。这样，对语义理论的选择就不受意义和理解的支配。然而，达米特认为意义和理解提供了在语义理论中进行断定以及解决形而上学问题的主要途径，但很难论述这一点。这样，他对实在论的描述就受到了威胁，因而人们常常给他贴上反实在论者的标签。但在我们看来，把达米特看成是一个普遍的反实在论者并不科学。他依然坚持着实在论的观点，强调对哲学本身值得进行实在论描述，并始终坚持用实在论的观点来看待哲学争论的特征。[①] 所以客观地讲，达米特并不是一个彻底的反实在论者，他并不否定世界的客观性，只是在方法论上采取了和反实在论类似的观点。

另外，在达米特的真之理论上，我们必须构造一个并不把任何由客观决定的真值概念看成是基本的概念。达米特认为，真值内在于我们的语言，内在于合理的语法中。这完全出自他对逻辑的关注而形成的一种逻辑真观点。再有，他把哲

① Anat Matar. From Dummett's Philosophical Perspective. New York: Walter de Gruyter, 1997: 19.

学看成是自律的，从而有把哲学的本质“语法化”的倾向。一般来讲，“真”体现着客观性，而反实在论则不坚持客观的“真”。反实在论把真值和断定能力相等同，认为言语者对一个陈述句的理解在于对其断定条件的把握。伽德内尔认为那类真值条件不能有效断定的语句是其真值条件的获得不能被识别的语句，因为一个能被断定的语句等同于它有一个真值条件，它的获得可被识别。这一主张从总体上说是错误的。我们认为，如果一个语句是可断定的，那么它的真值条件的获得将是可被识别的，但反过来讲就不合理了。正如我们所理解的，反实在论对非有效断定的语句也持类似的观点，即使语句是不可断定的，它所有真值条件的满足也是可被识别的。达米特这里的“语法”概念与维特根斯坦在“论确定”中的观点相一致，但维特根斯坦对“真”这个概念给出了实在论的解释，而达米特则从认识的层面上强调了成真的重要。因此，我们更倾向于接受戴维森对达米特在真之理论上的那些评价。

尽管达米特的思想给人们留下了很多争议，但这并不有损于他的哲学价值。在其思想的研究进路上，我们认为，必须针对达米特哲学的特点，采取相应的研究方法，或许能更好地理解和把握它的内涵。由于达米特明确地把语言哲学作为一切哲学的基础，强调只有通过研究语言才能研究思想，这样，“语言哲学”逐渐地就成为一个独立的研究领域。在这一领域内，他还阐述了许多相关性问题，比如逻辑、数学、时间等。所以，可以采取分门别类的研究方法，将他的贡献归为语言哲学、数学哲学、逻辑哲学以及现象学等。然后，再对这些进行有效的研究，格林的《达米特：语言哲学》就是这方面的典范。倘若这样，那么当前的不足之处就在于对他的数学哲学和逻辑哲学的研究上。尽管在他的数学哲学方面有些论文，但还没有系统化，而在他的逻辑哲学研究上几乎还没有什么成果。另外，心灵哲学也可以归结为达米特哲学思想研究的一个重要内容，因为从理解的层面看，意义的产生应当与言语者的认知活动和认知能力密切相关。在这一点上，威尔斯的评述似乎对我们更富有启发性，“达米特的意义理论试图对我们自身以及我们如何表述世界给予解释，这样就使用了我们认知结构中最强有力的要素”;①所以，从认知的角度来分析意义理论必将成为一个重要的趋向。达米特说明意义理论时非常看重约定，因为这是意义形成过程中的一个重要概念，是人们在认识世界过程中给出的，与人们的认知活动密切相关。

第五节　规则遵循中的语言共同体与规范性

规则遵循悖论及其相关问题向来广受争议。克里普克在《维特根斯坦论规则

---

① Bernhard Weiss. Michael Dummett. Acumen，2002：10.

和私人语言》中系统阐释了这一问题，他以加法运算中的规则为例对规则遵循悖论进行扩展性解读，进而提出了一种怀疑论解决方案。这一方案实际上由两个方面组成，一方面暂且接受怀疑论论证的结论，即：不存在能够判断意义归因（meaning ascriptions）是真或假的事实根据；另一方面拒绝由于怀疑论论证的扩展而造成的彻底怀疑论立场，并且肯定意义归因的一些作用。但这二者的结合如何可能？意义归因的某些作用是非陈述事实的，所以无需事实来作辩护。尽管这种意义归因的具体使用不符合经典的真值条件的意义观念，却是合理而有意义的。那么如何判断人的活动是否遵守了某种规则？克里普克认为，共同体的规则模式是我们的活动（包括语言）的基础，我们正是通过语言交流来活动的。“我们所达成一致意见的反应的集合及其与我们的活动交织在一起的方式是我们的生活形式。”① 比如，我们在具体的加法运算中能够得到相同的答案，并不是因为我们都以相同方式理解了加法的概念，而是因为我们彼此都同意以“+”来意谓加法，这是一种“语言游戏”的一部分。怀特（Crispin Wright）也有相似的观点。他认为，人们存在共有的理解力。“正是一致的约定使得所有规则和规则支配的制度得以保存。我们的规则所施加于我们的要求归因于这种约定的存在。”②

因此，规则遵循问题与语言共同体和社会约定密切相关。本节试图分析克里普克共同体观点所面临的困境，并且表明，我们追问规则遵循活动的标准，追问语言表达的运用的根据，从而为语言表达的运用提供辩护，其实就是追问意义归因与意义的规范性问题，而语境分析在阐释语言共同体的作用和规范性问题时具有重要作用。

一、克里普克的共同体观点面临困境

在《维特根斯坦论规则和私人语言》一书中，克里普克谈到规则遵循问题时强调了语言共同体和社会约定的作用，他试图从语言共同体的角度来反对私人语言的存在，并且为规则遵循活动提供一种判断标准。然而，克里普克在语言共同体方面的一些观点很难为规则遵循活动提供合理解释，他的论证方式也值得商榷。

第一，克里普克认为，从真值条件的确立方面来看，一个人不能从他自己的意向中建立真值条件，而语言共同体却可以，这一观点令人生疑。因为语言共同体也不能为规则遵循活动的判断标准确立真值条件，而且就意义的本质方面而

① Saul Kripke. Wittgenstein on Rules and Private Language. Oxford：Basil Blackwell，1982：96.

② Crispin Wright. Wittgenstein's rule-following considerations and the central project of theoretical linguistics//A. George，ed. Reflections on Chomsky. Oxford：Basil Blackwell，1989：244.

言，个体的活动并不是只有符合共同体的一致判断才有意义。

以加法为例，运算者并没有独立的准则来确定目前对加法规则的使用与过去相同，他不能证实在用符号“+”做具体运算时所指谓的究竟是什么。然而，语言共同体也无法获得不证自明的事实，因而无法证实自己所判断的真或假的基础。[①] 一个共同体所能做的只是，其共同体成员在语词的正确使用方面达成协议，在其成员所理解的“真”和声称什么为“真”的方面达成一致，所以，在真值条件的确立方面共同体并不比个体更有利。语言规则或行动规则的关键是达成一致的意见，我们据此解释在某种情形中人的相似反应，进而判断人们遵守或违反规则的行为。此外，对于一个私人的规则遵循者来说，他的活动并不是由于符合共同体的一致判断才有意义，他所需要的只是“充足的复杂性的活动规律来产生规范性”[②]。因此，尽管意义具有共同的或社会的方面，共同体成员做出的判断具有一致性，但这些并不是规则遵循活动具有意义的本质方面。

第二，克里普克提出语言共同体观点的一个重要原因是为了避免产生私人语言。然而，从他论证私人语言可能性的方式来看，语言共同体可能会与个体面临相同的情况，因而语言共同体的提出并不能避免私人语言问题。

首先，克里普克认为，私人语言的不可能性恰恰表现为语言和规则的私人模式的不可能性，因为私人语言中的规则遵循只能通过一种私人模式来分析，而问题在于这种私人模式本身是不正确的。语言共同体的观点可以排除私人语言的可能性，这是因为：①一个语言上处于孤立状态的人不可能拥有一种语言，因为他不仅与一个共同体没有联系，而且不能将我们关于规则的概念应用于言行之中，因而这种私人语言不能被创造出来；②如果一种语言只有说话者自己可以理解，这种私人语言也不可能存在，因为说话者所做的一切或者被翻译成某人自己的语言或者作为非语言而被排除。

尽管一个人不能在没有规则概念的情况下仅从自己的例子中掌握语言，但这并不意味着我们必须接受共同体的观点或否定语言的真值条件。即使我们暂且同意克里普克的观点，一个语言上处于孤立状态的人不能通过确立真值条件来证明规则遵循活动的正确性，但他仍然可以建立自己所认为客观的规则，确立私人的规范标准，而一个语言共同体能做到的并不比这更多。这样，一个处于孤立状态的人就与一个共同体处境相同了。

其次，克里普克反驳了一种倾向性的共同体观点（a dispositional communitarian view）。他认为，语言规则是公共的准则，而不能仅仅是对共同体倾向和习惯的

---

① Patricia H. Werhane. Some Paradoxes in Kripke's Interpretation of Wittgenstein. Synthese，1987，（73）：253-273.

② G. P. Baker，P. M. S. Hacker. Scepticism，Rules and Language. Oxford：Blackwell，1984：42.

描述，意义和意向与未来行动的关系是规范性的。[①] 但是，按照克里普克的思路，如果规则是一种规范性的标准，它产生于共同体的约定，这种约定在语言共同体中正是作为标准来发挥作用，它却无法得到证实和辩护，那么孤立的个人为什么就不能确立起自己的独立标准？他确立自己所认为的规范标准也无法得到证实和辩护，没有理由认为个体不能有自己的标准作为语言的基础，因此共同体并不比个体更具有优越性。如果克里普克认为一个语言上处于孤立状态的人没有任何关于规则的概念，因而他不能拥有一种语言，那么他的观点或许还可以接受，然而，克里普克实际上说的却是，一个孤立的个人仅有他自己的规则的概念，他只是没有客观的准则来评价这种概念。从这种意义上讲，语言共同体也处于一种孤立的状态。

最后，克里普克的共同体观点在某种层次上也会产生私人语言问题。如果规则遵循是一种社会约定，每个个体做出判断的标准都只是共同体观点的反映，那么个体就无法对共同体观点做出任何合理的判断，他也无法知道自己是否理解另一个共同体的观点并对其做出判断，以一个共同体的约定为标准就导致了无法对其他共同体做出评价。“在某种程度上用来反驳私人语言可能性的共同体观点在另一个层次上却产生了自己的私人语言问题。”[②]

第三，克里普克对维特根斯坦观点的一些错误解释可能源于他对“私人的”一词的狭隘解读，一般认为，对于维特根斯坦的“私人的”一词至少可以有三种理解方式：①相对于公共的对象而言，它指的是只能被一个人所体验和了解的现象；②相对于可以翻译的或可以公共理解的东西，它谈论的是只能被一个人所理解的东西；③相对于团体或社会实践而言，它指的是某个或某些个体的实践。[③] 克里普克似乎只是从第三种意义上理解“私人的”这个词的含义，因此他认为遵守规则不能是个体的行为。如果我们在①或②的意义上理解“私人的”一词，遵守规则就可以是个人的行为。按照克里普克的理解，“私人语言”只局限于在孤立状态中的个人所获得的语言，因此规则遵循活动只是在社会实践的意义上而言的，他还错误地援引维特根斯坦《哲学研究》的199节作为论据。这一节的内容是：

> 我们称为“遵从一条规则”的事情，会不会是只有一个人能做，在他一生中只做一次的事情？——这当然是对“遵从规则”这个表达式的语法注解。

---

① Saul Kripke. Wittgenstein on Rules and Private Language. Oxford：Basil Blackwell，1982：37.

② Patricia H. Werhane. Some Paradoxes in Kripke's Interpretation of Wittgenstein. Synthese，1987，（73）：253-273.

③ Patricia H. Werhane. Some Paradoxes in Kripke's Interpretation of Wittgenstein. Synthese，1987，（73）：253-273.

> 只有一个人只那么一次遵从一条规则是不可能的。不可能只那么一次只做了一个报告、只下达了或只理解了一个命令，等等。——遵从一条规则，作一个报告，下一个命令，下一盘棋，这些都是习惯（风俗、建制）。
>
> 理解一个句子就是说：理解一种语言。理解一种语言就是说：掌握一种技术。①

克里普克将“只有一个人只那么一次遵从一条规则是不可能的”理解为：规则遵循必须与社会实践密切相关。这样看来，199 节似乎提出了规则遵循是个体的还是社会的论题，但这节真正要表明的并非规则遵循必然要与社会实践相关联，因为如果从“只那么一次遵从一条规则”出发，也可以把 199 节理解成“规则”不是只发生一次的现象，这样也可以把“规则”看作一种正式机制，它为不同和重复的应用或解释阐明了准则，这点正是韦哈恩（Patricia H. Werhane）与克里普克的分歧所在。这节表明一个或一些个体不可能只在某一个场合使用一条规则，对这句话可以从不同角度理解，克里普克将规则限于社会实践，但这并不一定是维特根斯坦真正意味的东西。麦金（Colin McGinn）认为：“维特根斯坦在这些章节的核心主张是，规则需要很多显示的场合。”② 也就是说，维特根斯坦并没有表明私人地遵守规则是不可能的，因为规则需要被不止一次地遵守的论断并没有排除这种可能性。

可见，在理解维特根斯坦的这段文字中，克里普克关注了“只有一个人”遵守一条规则的不可能性，因此强调社会实践的重要性，得出规则遵循必须在社会实践中才是可能的，而如果我们关注“只那么一次”遵守一条规则的不可能性，理解就会不同，它可能强调的是一条规则需要更多显示自身的场合。语言共同体并非与规则遵循活动不可分割，而且可以据此推断语言共同体的提出并非必要。

总之，克里普克对语言共同体地位的论证处境尴尬，语言共同体既不能为规则遵循活动的判断标准确立真值条件，也不能避免私人语言问题。克里普克之所以要求助于具体的社会实践和社会约定，是要寻找判断规则遵循活动的根据，为什么我们在某个场合、某个时刻会遵守一种规则或以一个表达意味什么？他把这种标准或根据放在了在语言共同体之中。语言共同体和社会约定并非没有重要作用，而是克里普克的论证方式面临重重困境。面对规则遵循问题，我们都无法避免对规则遵循活动的根据或标准的追问，这其实就是追问意义归因与意义的规范

---

① 维特根斯坦．哲学研究．陈嘉映译．上海：上海人民出版社，2001：122.

② Colin McGinn. Wittgenstein on Meaning. Oxford：Basil Blackwell，1984：81.

性问题。

二、规则遵循中意义的规范性

克里普克在讲怀疑论悖论时已经涉及意义归因的非事实论，这在某种程度上意味着意义的概念是与实践相关联的，它不能在一般意义上被理论化地建立起来，而应该是被说话者彼此心照不宣地理解的一种概念。要清楚阐释意义归因问题需要结合这几个方面，即决定意义的基础、语言表达式的意义和应用等。然而，无论是探讨决定意义的基础与表达式意义之间的关系，还是探讨表达式的意义与应用之间的关系，都离不开意义的规范性。探讨意义的规范性问题时，首先要澄清这里所讲的“意义”。我们知道，语词的意思或涵义（sense）在使用之前就能够存在，可以被预先确定下来而不依赖于人的使用，一个语词可能有特定的涵义或好几种词义，这都是在 sense 的层面上讲的，而它们的意义（meaning）却一定要和使用相联系才能理解，并且这种意义根植于社会的生活形式之中。我们也可以借助维特根斯坦的表层语法和深层语法的理论来做区分，从表层语法上而言，语词在使用之前可以有确定涵义，如词典上有关于各种词语的明确意思，它们并不依赖于人的使用。然而很多语言表达有涵义也符合表层语法却没有意义，因为语词的意义必然是我们日常生活的使用才能赋予的，意义与使用密切相关，这正是在深层语法的层面上讲的。与规则相关的“意义”探讨的是关于“meaning”的问题，而不是从“sense”的角度来探讨。与之相联系，我们可以从两个不同的层面来理解“规范性”。

第一，“规范性”是围绕意义本身的形成或确定而言，“规范”被看作一种实在的确定不变的标准，意义由这种外在的标准所决定，语词或语句的意义本身与某种外在的实在之间有一种确定关系，这是一种抽象和先验的意义观。

第二，“规范性”涉及的是语言表达式及其运用之间的关系，探讨正确运用有意义的表达式需要满足什么条件，或者规则及其正确运用之间的关系，分析如何在某个时刻的特定场合中为某种语言表达式的正确使用提供根据或者辩护。

意义的规范性涉及语言表达式的意义和运用的关系、规则和运用的关系，因此在第二个层面上可以讲意义的规范性。它分析为什么在某个时刻、在某种情况下我们可以运用某种表达式来意谓某事物，这种有意义的运用有什么根据。就规则遵循活动而言，它分析为什么在某种特定场合中我们会遵守某种规则，这是为具体语境中的规则运用提供辩护，只有分辨不同场合中的具体情况，才能正确地运用规则。按照维特根斯坦的看法，如果在语言表达中存在作为一个标准来发挥作用的东西，它是作为语法规则的一部分，那么这种语法规则不能作为事实上的根据，也不存在事实上的真假，它只是要为语词在具体语境中的使用提供辩护，这样就与社会实践相联系，并且涉及社会约定的问题。在这种意义上，意义的规范性是存在的，对这种“规范性”的理解也需要结合语境分析。

那么在第一个层面上能否讲意义的规范性？这种规范性脱离了使用语词和语句的具体动态的语境来理解它们的意义，认为意义的规范性与经验的事实根据密不可分，从这个角度讲，意义的规范性是不存在的，我们也无法探讨意义的规范性。帕金（Peter Pagin）所反对的规范性准则（N）正是在这个意义上讲的，这一准则表述为：“一个话语（utterance）可以表达一种信念或其他态度，仅当被说出的这个表达式的意义已经预先被确定（或决定）下来。”①

由这个规范性的准则可以得出：决定意义的东西与意义之间有内在而非偶然的关联，这意味着（N）要求意义被私人的理解状态确定下来，而且这要求理解状态和被表达的规则或概念之间有一种非偶然的联系。帕金提出了一个逻辑论证来证明（N）的不合理性（在这里，我们将帕金前后的论证结合起来，并且为了避免在论证顺序上产生误解，在不影响内容的前提下，将他论证过程中一些步骤的序号作适当改动），其主要步骤为②：

（1）规则预先决定了正确的应用（假设1）。

（2）决定意义的东西内在地与意义相关联。

（3）（1）和（2）是不协调的。

（4）因此，（1）是错误的。

（5）如果（1）是错误的，句子的意义就没有被预先确定下来。

（6）我们没有表达信念（从（4）、（N）和（5）得出）。

（7）我们确实表达了信念（事实）。

（8）矛盾。因此，或者（4）是错误的（那么（1）是正确的），或者（N）是错误的。

（9）但是，如果（1）是正确的，那么（N）是错误的（从（3）得出，因为从（N）可以得出（2））。

（10）因此，（N）是错误的（从（8）和（9）得出）。

这是一种关于意义的规范性准则（N）的归谬法。帕金通过这种逻辑的论证过程对（N）进行了有力反驳，同时从逻辑上证明了在第一种层面上理解意义的规范性是错误的，因此我们应该放弃在第一种层面上探讨规范性问题。实际上，

---

① Peter Pagin. Rule-following, Compositionality and the Normativity of Meaning//Dag Prawitz, ed. Meaning and Interpretation: Conference Held in Stockholm, September 24-26, 1998. Stockholm : Kungl. Vitterhets Historieoch Antikvitets Akademien, distributed by Almqvist & Wiksell International, 2002: 171.

② Peter Pagin. Rule-following, Compositionality and the Normativity of Meaning//Dag Prawitz, ed. Meaning and Interpretation: Conference Held in Stockholm, September 24-26, 1998. Stockholm : Kungl. Vitterhets Historieoch Antikvitets Akademien, distributed by Almqvist & Wiksell International, 2002: 175-181.

在逻辑论证之外，帕金偶尔涉及了交流中的一些情况但没有给予充分阐释。这些情况应当引起我们的注意，因为如果我们不通过帕金这样的逻辑推理过程，而结合实际交流中的一些情况也可以证明第一个层面上的规范性不合理。

第一，如果接受（N），那么对规则的理解将是不可能的。因为从（N）可以得到这样的推论：如果某人确实理解了正确的规则，那么必须有对于意义的一种确定，这要在此人的理解状态之内发生，人的理解状态和被表达的规则或概念之间要有一种必然联系。然而我们知道，这种理解不能存在于有限的状态或实体中，因为任何有限的状态或实体，都不可能必然地与一种无限的规则相联系，或者与一条有限规则的未曾有的应用相联系。

第二，从实际的交流情形来看，（N）是不适当的。一个说话者在交流中可能已经具有关于某种特定事态的知识，只是自己没有观察到，而与他交流的人却观察到了。说话者可能已经通过语言交流而得知了这种事态，并且已经通过他们的言语表达了某种态度。说话者在交流中能够彼此传达信念、期望或其他态度，至少在某些场合，我们并不需要预定的意义来达到自发地理解。因此，我们不必为了使得成功的语言交流成为可能，而假设（N）存在。

第三，在实际交流中，（N）并不足以解释所有情况，所以它实际上是不充分的。如果假设（N）是必需的，那么当交流中遇到新情况时，说话者要表达的意义已被预先确定的标准就不足以解释所面临的问题了。因为新情况不是确定的，当说话者把一种表达式应用于一种新情况时，那种表达式的意义并没有为这种新情况而被预先确定下来。在新情况中说话者并非仅仅遵循已有规则或者应用某种概念，还有对已有规则或概念的扩展，因此还存在说话者在具体境遇中运用表达式时的自主选择。

另外，从（N）的内涵来看，它也是不成立的。帕金认为，（N）有两个关键的成分，即时间性（temporality）和充分性①，但他只是简单地解释了这两个成分的含义。实际上，我们从这两方面就可以有力地反驳（N），进而论证意义的规范性在第一个层面上不可能存在。

第一个成分是时间性。时间性的内涵为：①如果语词的意义决定于某种规则或准则，那么显然如果一个语词要被有意义地运用，它的意义必然已经被预先确定了。②如果语词的意义是预先确定下来的，那么必然有其他的东西，如语义准则，先于该语词的运用来决定它的意义。

时间性的内涵表明，只有当一个语词的意义被预先确定下来时，这个语词才

---

① Peter Pagin. Rule-following, Compositionality and the Normativity of Meaning//Dag Prawitz, ed. Meaning and Interpretation: Conference Held in Stockholm, September 24-26, 1998. Stockholm: Kungl. Vitterhets Historieoch Antikvitets Akademien, distributed by Almqvist & Wiksell International, 2002: 173.

能被有意义地运用，那么必然有语义准则之类的东西来预先决定这个语词的意义。这种抽象和先验的意义观似乎仍然在寻找哲学中的“阿基米德支点”，它预设了一个先验可靠的基础性的存在，语词的意义可以被孤立地确立下来，这体现了认识论中本质主义、基础主义和还原论的倾向。它表明语言表达及其意义是从实在的外部东西中派生出来的，并且要在逻辑上符合这种实在的东西，是在一种静态的关系中寻找语词和语句的意义，这种观点遭到很多哲学家的反对，也是与后期维特根斯坦的“语境论”思想相冲突的。

第二个成分是充分性。如果一个“决定的行为”自身不足以充分决定意义，而需要某种另外的关联准则把行为和意义联系起来，它就不能体现规范性。因为如果这种联系是偶然的，我们还需要某种另外的准则。这样一来，我们还要询问那种准则的正确性及它又是如何被决定的。这种充分性要求那些决定意义的事实、特性、行为和被决定的意义之间有一种内在的联系。

然而，这种充分性在实际的交流中不可能达到。根据交流中语言发生作用的方式，语言中各种表达式的意义都不是完全确定的，语言的本质是在交流中体现的，它是一种社会的行为。我们是在任意的语言游戏中，或明确或隐含地使用了一些相关的规则或采取了某种社会约定，各种语言因为其所采取的不同规则和社会约定而有所不同，而且，一个言说行为所表达的意义，必然随着场合及语境的变化而有不同含义。如果要解释某个语词或语句的意义，为它们的使用做一种辩护或寻找一种根据，我们常常需要借助多种标准，而不可能依赖某种单一孤立的标准。因此不可能由所谓的一种“决定的行为”就可以充分地决定其意义。在探讨语词和语句的意义时，如果只从对语言的命题分析和语义分析的角度来寻找其中的逻辑联系，或者只对某种和某些行为做简单的语用分析，将是不充分和不准确的，会有其局限性。因此，在探讨规范性问题时，我们要在语义分析和语用分析的基础上扩大视域，寻求将语形、语义和语用分析结合起来的基础，而语境分析能够提供这几个方面统一的基底。

因此，第一个层面意义的规范性要素——时间性内涵和充分性内涵都必然遭到质疑，这种意义的规范性是不存在的，并且它也从另一个角度表明了语境分析的必要性。综合这两个层面对意义的规范性的分析，并结合后期维特根斯坦的语境论思想可知，规范性问题只有根据语境才能回答。例如，维特根斯坦讲人在表达“我害怕”这一感受时，会在不同情况中以不同语调说出来，因而意义会有差别，“这些句子每一个都带有一个特殊的语调，不同的语境”[①]。如果要想明白“我害怕”的含义到底是什么，是找不到答案的。“‘这话是在哪一种语境中出现

① 维特根斯坦．哲学研究．陈嘉映译．上海：上海人民出版社，2001：292.

的?’才是个问题。”① 可见，语境分析是理解规范性问题的合理和有效方式。

三、语言共同体与规范性问题的语境选择

从以上对语言共同体和意义的规范性的分析可知，语境思维的重要性渗透于其中，而以语境分析方法来探讨这些问题是一个合理的途径。这体现为以下几方面。

1. 语言共同体可以看作一个具体动态的语境的基础

对克里普克语言共同体观点的反驳和质疑并不表明共同体本身的存在是不必要的，布莱克本（Simon Blackburn）和佩蒂特（Philip Pettit）强调，我们可以从其他角度论证共同体的地位和作用。比如，语言的规范性使我们能够判断话语是否正确。语言的规范性与其他共有的社会约定所具有的规范性相似，它依赖于共有的社会维度，无法脱离整体的社会语境，因而对共同体的研究需要综合这个语境中的社会、历史、文化等各方面因素。显然，这种建议为分析共同体问题指出了一种语境选择。

克里普克在探讨共同体问题时指出，一个语言上处于孤立状态的人不可能拥有一种语言，但是这种观点也遭到了批评。布莱克本等认为，表面上我们无法排除一个处于孤立状态的人可能指称事物或表达思想，因为他显然能够有真正的词语技术。“他或她给事物命名或贴标签的实践能够形成应付环境的方式的一部分。没有明显的理由表明其他人的出场是必要的。在这里，论证依赖于语言的规范性质。”② 布莱克本认为语言具有规范的性质，正是这种性质使得我们能够判断话语的正确或错误，因此，他同意佩蒂特的观点，认为语言的规范性只能在共有的社会维度才能产生。从规范性的实际产生过程来看，规范性必须是生物之间的相互交往和预期的产物，这些生物通过彼此发送信号来传递正确或错误的信息。③ 语言所具有的规范性使得它与其他正当行为方式的规范一样，语言和各种行为方式在本质上都是我们彼此之间如何交往的问题，孤立的个人无法复制这种规范。当然，从语言的规范性来分析论证共同体地位的合理性也有待于考查，但它无疑为分析规则遵循问题提供了新颖的方法与视角，也指出了论证语言共同体问题时与语境相结合的必要性。

---

① 维特根斯坦．哲学研究．陈嘉映译．上海：上海人民出版社，2001：292.

② 西蒙·布莱克本．语言哲学．朱志方译//欧阳康主编．当代英美哲学地图．北京：人民出版社，2005：531-532.

③ 西蒙·布莱克本．语言哲学．朱志方译//欧阳康主编．当代英美哲学地图．北京：人民出版社，2005：532.

2. 意义的规范性问题涉及命题态度、心理表征与语义特性之间的关系，而命题态度体现了语境的趋向，也是语境的结构性体现

通过上文对（N）的分析，可以看到命题态度和语义特性之间的重要关联。

（1）从（N）可以有这样的推论，如果某人确实理解了正确的规则，就要有对于意义的一种确定，但是这必须在此人的理解状态之内发生，人的理解状态和被表达的规则或概念之间要有一种必然联系。

（2）与第一个层面上意义的规范性观点形成对照的是非规范性观点。戴维森（Donald Davidson）就持这种观点。在戴维森看来，一个表达具有什么意义，决定于说话者对他的表达的态度，正是这样的态度解释了真实的言语行为，体现了合理的使用。因此没有这种可能性，即在表达一种信念或其他态度之前，意义就已经预先被确定下来。虽然帕金和戴维森在构成性问题方面持有异议，[①] 但在以下方面他们是一致的，即只有在表达式的使用的基础上，自然语言理论中的语义概念对于语言表达才是适用的。因此如果我们不想迫使说话者陷入一种危险的倒退中，就不能要求他预先规定表达的意义。

由以上这两点可知，命题态度和心理表征与它们的语义特性之间的密切关系，我们在考查一个表达式具有什么意义时必须要考虑说话者表达的态度，因为正是这样的态度解释了真实的言语行为。那么如果要了解说话者在某种表达中的态度，也必然要知道这个表达的语义特性和意向性特征。“命题态度和心理表征都依赖于对它们的语义特性和意向性特征的说明。因为，只有通过心理表征的语义特征，才能说明命题态度的语义特性。……在命题之间的语义关联和心理状态之间的因果关联具有内在的一致性和同晶性。”[②] 所以，我们可以在把握语义特征的基础上来分析命题态度及其意义。

3. 在第二个层面上探讨意义的规范性并反驳（N）时，体现了语用分析与语义分析的重要关联及其相结合的必要性

（1）（N）在实际的交流情形中是不适当的。我们不必为了使得成功的语言交流成为可能，而要求一个表达的意义被预先确定下来。说话者在交流中不借助预先确定的意义而达到自发地理解是可能的。所以，不能认为句子的命题内容是预先确定的，我们要考虑实际的交流情况，在语义分析的同时结合适当的语用分析，才能结合特定的语境找出需要遵守的规则。

---

① Peter Pagin. Radical interpretation and compositional structure//Urszula M. Zeglen, ed. Donald Davidson: Truth, Meaning and Knowledge. London: Routledge, 1999.

② 郭贵春．语义学研究的方法论意义．中国社会科学，2007，(3)：77-87.

（2）在面对新的情况时，说话者并不是仅仅遵循已有的规则或者应用某种概念，他们还有对已有规则或概念的扩展，因此说话者在具体境遇中运用语言表达时要进行一些自主选择。可见，一个句子的命题内容并非一成不变的，对它的使用要考虑具体的语境，并随着语境的转换而做出调整，这样才能知道我们在具体的语境中怎样做到遵守规则。

这两个方面正是自然语言的语用学特征的一些表现。因为自然语言的语用学“研究在社会语境中语言学的表征使用。但存在着两条极其不同的探索方式，而它们的任何表征又都依赖于语境。其一，一个句子的命题内容是随着语境的转换而变化着的；其二，即使一个句子的命题内容已被确定，它的使用也存在着其他的重要因素，而这些因素仍将随着语境而变化”①。前者考查的是在特定的语境中使用什么样的规则，我们要通过具体的语用语境来确定命题的内容和意义，这属于语义语用学的研究范围。阐释意义的规范性问题蕴含着语义学分析与语用学分析的内在一致性，而这正是语义语用学的研究的一个重要体现。因此，语义语用学方面的理论对于进一步探讨规则遵循和意义的规范性问题具有重要作用。

4. 在论证语言共同体的作用和地位，正确理解和合理解释规范性问题时，语境分析方法为我们提供了一种视角

（1）论证语言共同体的作用和地位时需要结合特定的语境来分析。虽然克里普克对共同体作用的解释有很多欠缺，但不能因此否定语言共同体的重要作用。我们可以结合语言的规范性来论证共同体的作用，而这种规范性依赖于共有的社会维度，因此本质上也是一个语境分析的问题。语言共同体是语言游戏这个特定语境的一个构成要素，在语言游戏这种语境中解释意义问题要考虑语言共同体的因素，语言游戏所体现的规则及其意义也需要联系语言共同体的实践过程才能得到合理解答，它是理解和解决规则遵循问题的必要前提。语言共同体的地位正是在语言游戏这种具体语境中才能彰显出来，也必然要结合语境分析才能有令人信服的解释。

（2）语境分析是理解规范性问题的重要途径。规范性涉及语言表达及其运用之间的关系，也涉及规则及其运用之间的关系。这需要为某种语言表达或规则在具体语境中的正确使用提供辩护，这种辩护会涉及社会实践和社会约定，而这些离开语境都无法得到解释。如果仅从语义方面来分析社会约定，将无法合理地解释约定性与必然性之间的对立以及语言共同体存在的意义，容易造成狭隘性和不可通约性，对共同体成员的行为仅做语用分析也明显不足。而语境分析体现了

① 郭贵春．语义学研究的方法论意义．中国社会科学，2007，(3)：84.

语形、语义和语用分析各自的优点，语境结构性地将社会、文化、心理等各种要素统一起来，将语言、说话者和外部世界三者相结合，在语境分析的过程中，可以鲜明地体现对本质主义、基础主义和还原论倾向的有力驳难。这种方法正与后期维特根斯坦语境论思想相契合。

（3）意义与语境有本质上的关联。意义是在具体的语境化过程中显现出来的，对意义的理解需要借助语境的解释，意义的问题在特定的语境基底上才能得到回答。后期维特根斯坦把语言游戏看作意义的基本单位，一个表达式可以用在不同的语言游戏中，这种不确定性并不是对其意义的否定。因为语言游戏是一种包容各种因素和特征的动态的语境，只有在言语行为的具体实践过程中才能把握表达式的意义，只有在语用分析的基础上实现不同语境的转换才能澄清表达式在语言游戏中的使用。“一个词在语言中的用法就是它的意义。”① 要解释语言表达的意义就要揭示其具体使用。维特根斯坦的语境论“突破了逻辑语形、语义分析的狭隘层面，引入语用分析方法，将语形、语义和语用融于语境的整体，保持整体论与各种分析方法之间的必要张力”②。生活形式、语言游戏是多种多样的，意义也随着各种语境中语言表达的不同而发生变化，意义就是在动态语境的结构关联之中体现出来的。

---

① 维特根斯坦．哲学语法．程志民译//涂纪亮主编．维特根斯坦全集．第四卷．石家庄：河北教育出版社，2003：51.

② 郭贵春．语境与后现代科学哲学的发展．北京：科学出版社，2002：117.